신고

산림토양학

손요환 · 김춘식 · 노남진 · 박관수 · 윤태경 · 이계한

향 문 사

내가 오늘 이 책을 읽을 수 있다는 것은 내 생애에 가장 기록될 날이다. 훗날 내가 이 책을 다시 손에 들었을 때 오늘과 그 날을 비교해 보고, 나의 지식이 넓어졌음을 감개 깊게 느낄 것이다.

년 월 일

성 명

머리말

『산림토양학』이 발간된 지 어느덧 5년 가까이 흘렀다. 그동안 기후변화 대응을 위한 탄소 중립이 국제사회는 물론이고 우리나라에서도 중대한 국가적 · 사회적 화두로 자리 잡으면서 탄소 흡수원으로서 기후변화를 완화할 산림의 역할이 이전보다 크게 주목을 받고 있다. 특히 산림 형성과 유지의 바탕이 되는 산림토양에 대한 관심이 부쩍 높아졌다. 산림에 저장된 총 탄소량 가운데 대략 절반 이상이 토양에 있고 산림토양을 적절히 관리함으로써 탄소 흡수량을 늘릴 수 있다는 측면에서 산림토양을 이해하고 관리하는 데 필요한 지식과 경험이 더욱 중요해졌다. 또한 산림이 제공하는 다양한 생태계서비스의 지속가능성을 지원할 기반으로서도 산림토양을 재조명하고 있다.

이러한 사회적 변화 및 요구와 맞물려 우리나라의 산림토양 연구가 최근 많은 진전을 이루었다. 무엇보다 2009년부터 2021년까지 13년간 추진한 1 : 5,000 축척의 산림입지토양도가 완성되어 전국 산림토양에 대한 보다 방대하고 상세한 정보 체계가 구축되었다.

산림토양을 둘러싼 여건이 이처럼 바뀌면서 기존 『산림토양학』을 개정할 필요성이 제기되었고, 집필진을 보강하여 『신고 산림토양학』을 출간하기에 이르렀다. 기후대별 산림토양의 분류, 산림토양의 물리적 · 화학적 · 생물적 성질의 상호작용, 토양 침식, 광해 및 매립지 토양, 가로수 토양 등을 추가하였고, 기존 내용도 최신의 자료와 연구 결과를 반영하여 수정, 보완하였다.

산림과학 중에서도 산림토양학은 다른 학문 분야에 비해 연구자의 수가 적고 연구 활동도 상대적으로 활발하지 못한 실정인바 『신고 산림토양학』이 산림토양학의 교육과 연구 발전에 기여할 수 있기를 기대한다. 책의 내용에 오류가 있다면 지적을 겸허히 받아들여 기꺼이 고쳐 나가겠다. 귀중한 원고를 집필해 주신 교수님들과, 이를 정리하는 데 도움을 준 고려대학교 이정민 양, 권상근 군을 비롯한 여러 학생들에게도 고마움을 표한다. 아울러 자문에 응해 주신 미국 Northern Arizona University의 Dan Binkley 교수님께 감사드리며, 흔쾌히 책을 발간해 준 향문사 대표와 관계자들에게도 감사의 인사를 전한다.

고려대학교 연구실에서
저자대표 손요환

서 론 11 손요환

제 I 편 산림토양의 기초

제1장 산림토양의 생성 및 분류 28 김춘식

제2장 산림토양의 성질 64 노남진, 박관수, 이계한

제 Ⅱ 편 산림토양의 응용

제1장 산림의 양분 순환 116

이계한

제2장 산림생산력과 양분 관리 152

김춘식

제3장 산림작업과 복원 182

윤태경

제Ⅲ편 산림토양과 생태계 관리

제1장 토양산성화와 산불 214 윤태경, 김춘식

제2장 기후변화와 산림토양 246 손요환

제3장 도시 토양 266

손요환

서 론

0·1 산림과 산림토양

토양은 물리적으로 임목을 지지하고 임목에 물과 양분을 공급하며, 반대로 임목은 많은 에너지를 가진 유기물을 토양에 공급한다. 토양으로 유입된 유기물은 토양 내 미생물과 동물의 에너지로 사용되고, 임목 뿌리를 포함한 토양 생물은 다시 토양의 성질을 바꾼다. 임목이 살아가는 이치를 이해하기 위해서는 토양에 관한 지식이 필요하고, 동시에 토양을 이해하기 위해서는 임목을 비롯한 생물에 관한 지식이 필요하다.

산림은 토양의 영향을 받아 형성되기 때문에 토양에 따라 산림의 분포와 생장이 달라지며, 아울러 산림은 토양에 영향을 주므로 동일한 토양이라도 다른 수종의 산림이 발달하면 토양의 성질도 달라진다. 즉 산림과 토양은 일방의 관계가 아니라 상호작용을 하는 관계를 맺고 있다. 공간적으로 기후, 모재, 지형, 생물 등의 변이가 있고, 이들 인자가 토양 생성에 영향을 끼치기 때문에 토양도 공간적으로 변이를 보인다. 이러한 토양의 공간적 변이는 토양 내 수분과 양분의 차이로 이어져 산림에서 수종 구성이나 생장이 달라지는 원인이 된다.

산림에서 하층에 위치한 소나무류가 자연적으로 갱신되기 어려운 원인으로 보통 상층 임목의 피압으로 인한 광 부족을 꼽는다. 그러나 실제 도랑을 파서 수분과 양분에 대한 주변 임목과의 경쟁을 완화해 주면 상층의 임목이 여전히 있음에도 불구하고 소나무류의 치수 발달이 왕성해짐을 확인할 수 있다. 이와 같은 연구 결과는, 산림과 생태계 생산성은 여러 환경인자로부터 영향을 받으며 환경 인자에는 거의 대부분 토양과 관련한 인자가 포함된다는 점을 알려 준다(Binkley & Fisher, 2020).

인류는 오랫동안 산림으로부터 목재나 부산물 등을 얻는 데 주로 관심을 두었으며, 이를 위해 임목의 유전적 성질을 개선하고 간벌이나 여러 조림적 관리기술을 향상하며 산림의 양분 관리와 시비 등을 통해 토양 성질을 개선하는 방법을 강구하였다(Gessel & Harrison, 1999). 그러나 점차 인구가 증가하고 삶의 질이 향상함에 따라 수원 함양, 대기오염 정화 등의 여러 편익을 포함한 총체적 산림생태계서비스에 대한 수요가 증대하고 있다. 이러한 수요에 능동적으로 대처하기 위해 산림을 집약적으로 관리하고 이용할 필요성이 대두되었고, 이에 따라 토양에 관한 전문 지식과 자료가 이전보다 더욱 중요해졌다.

산림을 조성할 때에는 토양의 성질을 감안하여 수종을 선정하고 각종 작업 방법을 결정하며, 토양의 성질을 개선하기 위한 시비나, 경우에 따라서는 관수 · 배수와 같은 작업도 고려할 수 있다. 이를 위해서는 기본적인 토양의 물리 · 화학 · 생물적 특징에 관한 정확한 자료를 비롯하여 각기 다른 토양의 공간적 분포 및 산림 생장과의 관계, 그리고 각종 작업이 토양에 미치는 영향 정도 등을 명확히 이해해야 한다. 비단 산림을 관리하고 이용하는 측면에서뿐만 아니라 산림을 복원, 보호, 보전하는 데에도 토양에 관한 자료는 필수적이다.

인류는 인위적으로 산림을 훼손함으로써 산림토양의 변화를 초래해 왔다. 그 가운데 가장 큰 영향을 미친 요인은 산림을 벌채하고 농경지나 다른 용도로 전용한 일이다. 이 밖에도 산불 발생의 빈도 · 강도를 높였고, 의도적이든 의도적이지 않든 간에 산림에 피해를 입히는 병해충을 도입하였으며, 이산화탄소와 질소 및 황 산화물을 배출하여 대기 조성을 바꾸기도 하였다(Binkley & Fisher, 2020).

이러한 산림에 대한 인류의 영향력은 근래 들어 빈도와 강도 면에서 모두 급증하고 있으며, 산림생태계 전체를 위협할 만한 수준에 이른 곳도 있다. 그러나 아직까지 인위적 활동의 결과가 산림토양에 미친 영향들이 완전히 파악되지 않았고, 특히 미세먼지나 미세플라스틱과 같은 새로운 유형의 외부 인자가 산림토양에 어떠한 영향을 끼치는지에 대해서는 밝혀진 바가 적다.

0·2 산림토양의 개념

0·2·1 산림토양을 바라보는 관점

산림토양의 개념과 관련하여 토양을 바라보는 관점에는 ①자연체(自然體, natural body), ②식물 생장을 위한 매개체(媒介體, medium), ③생태계(生態系, ecosystem) 또는 생태계 구성 요소, ④식생을 유지하는 수분(水分) 전달 맨틀(mantle) 등 네 가지가 있다(표 0-1 참조). 이러한 관점에 따라 토양의 역할과 작용 및 시간적 단위가 달라지며, 이 모든 개념을 포괄한 토양에 기반하여 산림이 형성되면 산림토양이라고 할 수 있다.

일반적으로 산림토양은 좁은 의미에서 현재 산림 식생을 유지하고 있는 토양으로 정의하고, 넓은 의미에서는 주로 임목의 영향을 받아 형성된 토양으로 정의한다. 산림 식생은 토양의 깊은 곳까지 뿌리를 내리고 분해되기까지 오랜 시간이 걸리지만 많은 양의 유기물을 토양에 공급한다. 지구 육지 면적의 1/3 이상이 넓은 의미의 산림토양이며, 그중 대략 1/3에서 산림 식생이 제거되어 농경지, 주거지, 산업용지 등 다른 용도로 이용되고 있다(Binkley & Fisher, 2020).

표 0-1 산림토양의 개념과 관련이 있는 토양에 대한 관점

관 점	토양의 역할 · 작용 및 시간적 단위
자연체	지질, 지형, 풍화작용 등에 따라 특징적인 형태와 경관이 결정되고 각기 다른 역할을 함 토양 분류와 지도 제작의 기초로 활용함 1,000~10,000,000년 시간 단위 기준
식물 생장을 위한 매개체	식물을 물리적으로 지지하고 수분과 양분을 공급하는 역할을 강조함 동일한 기후에서도 토성, 경사, 배수 상태, 무기광물의 종류 등에 따라 작용이 다름 1~100년 시간 단위 기준
생태계 또는 생태계 구성 요소	에너지와 양분의 이동 또는 다양한 생물체와의 관계에 기반을 둠 광합성으로 생성된 에너지는 대부분 토양에서 소도되고 분해 산물은 토양의 발달 및 기능적 속성을 결정함 1개월~100년 시간 단위 기준
식생을 유지하는 수분 전달 맨틀	수분의 침투, 이동, 저장, 증발산 및 맨틀의 안정성에 중점을 둠 지질과 기후에 따라 유역의 반응이 정해지지만 식생과 처리에 따라 변동이 생김 1개월~100년 시간 단위 기준

[Stone, 1975]

0·2·2 산림토양과 농경지토양

산림토양은 농경지토양과 몇 가지 다른 특징을 지니고 있다. 일반적으로 평지에 있어 배수가 잘되고 토심이 깊게 발달하고 비옥한 토양은 농경지로 사용되고, 나머지 토양에서 자연적으로 산림이 발달하거나 인위적으로 산림을 조성함으로써 산림토양이 형성된다.

농경지토양에서는 매년 또는 주기적으로 지상부에 축적된 유기들을 회수하거나 제거하지만, 산림토양에서는 이와 같은 유기물 회수 활동이 거의 없기 때문에 토양의 가장 윗부분에 유기물층이 형성된다. 유기물이 집적되어 있는 유기물층은 유기물과 양분의 공급원이자 여러 미생물과 토양 동물의 서식지가 되고 동시에 밑에 있는 무기광물 토양의 온도나 수분의 급격한 변화를 완충하는 역할을 한다.

산림토양은 식생을 유지하고 유기물이 쌓여 있어 강수를 차단하므로 토양 구조가 발달하고 수분침투율이 높으며, 결과적으로 토양 침식이나 표면 유출이 농경지토양에 비해 적다. 또한 산림토양은 특별한 경우가 아니면 갈아엎는 일이 없기 때문에 위부터 아래까지 수직적으로 구별되는 특징적인 층을 형성한다(Binkley & Fisher, 2020).

수평적으로 보았을 때 농경지토양은 비교적 동질적이지만 산림토양은 짧은 거리에서도 토양 내 뿌리, 동물 활동, 수분 침투 등의 영향을 받아서 속성이 이질적인 특성을 보인다. 또한 농경지토양에 비해 뿌리가 깊숙이 발달하고 토심(土深, soil depth)도 훨씬 깊은 것이 보

통이다(Fisher *et al.*, 2005; Lal, 2003; 표 0-2 참조).

표 0-2 산림토양과 농경지토양의 비교

구 분	산림토양	농경지토양
토양층위(단면)	자연적	인위적(교란 상태)
토양 온도	일 · 계절적 변이가 낮음	일 · 계절적 변이가 높음
토양 습도	균일	심한 변동
수분침투율	높음	낮음
토양동물상	많은 종류 및 높은 활동성	적은 종류 및 낮은 활동성
양분 순환 기작	빠르고 강한 전환	느리고 약한 전환
토양 유기탄소의 양	많음	적음
뿌리 침투	깊은 층까지 침투	얕은 층에 집중
낙엽 공급량	많음	적음
미세기후	변이가 적음	변이가 큼
하층토의 중요성	뿌리가 깊어 중요함	뿌리가 얕아 덜 중요함
인위적 영향	거의 없거나 식재 초기에 국한	계절별로 반복 발생
토양 개량 활동	거의 없거나 극히 일부 시비	주기적이며 집약적 개량

[Lal, 2003]

0·2·3 산림토양을 이해하는 관점

산림토양은 농경지토양을 포함한 다른 토양과 구별되는 성질을 갖고 있기 때문에 산림토양을 이해하는 관점도 다를 수 밖에 없다. 우선 산림토양을, 물리적 · 화학적 간섭을 통해 토양 내의 제반 현상을 적극적으로 조절 혹은 통제할 수 있는 대상이라기보다는 생태적 현상이 자연적으로 일어나는 장소로 보는 관점이다. 즉 산림토양이 가지고 있는 원래의 자연적 구조와 기능을 중시하고, 이를 바탕으로 필요한 경우에 문제 해결을 위한 방안을 강구하는 방식이다(DeLuca, 2024).

두 번째로 아주 오랜 시간에 걸쳐 산림토양의 성질이 결정되므로 산림경영 방식이나 영향을 평가하는 데 수십 년 혹은 수백 년의 시간 개념으로 접근해야 한다는 관점이다. 이는 자원에 대한 인간의 수요를 단기간에 충족하기 위해 토양을 인위적으로 처리하는 데 중점을 두던 과거와는 근본적으로 다른 방식을 적용해야 한다는 의미이다(DeLuca, 2024).

마지막으로 생태계의 저항력, 회복력, 복원 등은 가장 본질적인 산림토양층에 따라 달라지며 이러한 생태계의 속성은, 식생이 형성될 수 있는 기초이자 물과 양분을 식물에 공급할 수 있는 산림토양으로부터 출발한다는 관점이다. 따라서 산림토양의 물리적 · 화학적 · 생물적 성질을 명확하게 이해하기 위해서는 다양한 센서와 도구를 활용하여 자료를 수집하고 적합한 통계기법으로 분석하는 노력이 필요하다고 강조한다(DeLuca, 2024).

0·3 산림토양의 중요성

산림으로부터 얻는 목재 및 부산물 생산은 물론이고 각종 생태계서비스를 최고 수준으로 유지하기 위해서는 개개 임목과 임분 단위로 최적 생장을 이루도록 해야 한다. 이러한 임목과 임분의 최적 생장을 위해서는 입지와 토양 성질에 맞는 수종과, 수종 내에서도 유전형을 선정하여 조림지 준비작업을 하고 건전한 묘목을 식재한 다음 풀베기, 가지치기, 간벌, 시비 등 제반 작업을 통해 광, 수분, 양분 등을 최적 상태로 공급해야 한다.

디지털 정보에 기반을 둔 각종 자료를 분석하고 드론이나 위성을 활용하며, 토양은 물론 지형, 임분 상태 등을 고려한 철저한 계획을 바탕으로 기계화에 치중하여 임목 생장을 최적화하는 이른바 정밀임업(精密林業, precision forestry)의 방식에서도 토양에 관한 자료는 필수적이다. 정확한 토양 자료에 바탕을 두고 수종 선정부터 시비까지 입지에 적합한 방식을 선택하여 산림을 관리함으로써 수확량을 현저하게 증대한 사례는 많다. 예를 들면 브라질의 유칼립투스 인공조림지에서 토양 내 유기물 함량, 수분 조건, 인(P) 농도, 양이온교환용량 등의 자료에 기반하여 시비나 관수량을 결정함으로써 이전에 산림을 조방적으로 경영하던 것과 비교하여 훨씬 더 많은 목재를 수확한 사례가 있다(Fisher *et al.*, 2005). 이 과정에 원격탐사기술이 사용되었으며, 특정한 토양 성질에 맞는 수종을 선정하거나, 나아가 잎의 양분 결핍이나 활력 정도를 원격탐사기법으로 탐지하고 여기에 적합한 비료를 처방하는 일까지 가능해졌다.

산림토양에 관한 자료와 정보는 단지 목재 생산을 위한 목적에 국한되지 않고 수질과 수량, 하천과 어류 보호, 퇴적물 관리, 임도 설치 및 유지, 수확 시 기계 사용, 산림 내 습지나 서식지 보호 등 여러 분야에서 필수적으로 활용된다. 아울러 산림의 지속가능성을 위해서는 이용과 보전이 균형을 이루어야 하고, 산림 이용 요구도가 증가할수록 당연히 인위적인 산림 조성 및 관리가 중요하게 다루어지며, 이를 위해 산림토양에 대한 깊은 이해가 반드시 필요하다. 특히 기후변화에 대응하기 위한 탄소중립이 중요한 화두가 되면서 대기 중 이산화탄소를 흡수하여 저장할 수 있는 산림 식생과 토양에 대한 관심이 높아지고 산림토양의 중요성이 더욱 강조되고 있다. 앞으로 우리나라는 물론이고 전 지구적으로 산림자원 이용이 증대함에 따라 산림토양에 대한 상세하고 정확한 자료의 요구가 계속 늘어날 것으로 예상된다.

0·4 산림토양 연구의 역사

0·4·1 산림토양 연구의 발전 과정

인류는 오래전부터 경험을 통해 농업 생산성과 토양 성질 사이의 밀접한 관계를 이해하고 있었으며, 이와 관련 있는 기록이 고대 이집트와 중국 문헌에서 발견되었다. 산림과 토양 간의 관련성은, 기원전 5세기 플라톤이 "산림을 벌채하면 토양이 노출되고 대규모 토사 유출이 일어날 수 있다."고 경고한 데서 찾을 수 있다(Knoepp *et al.*, 2019).

토양과 식물의 관계를 과학적으로 접근하기 시작한 사람은 프랑스의 팔리시(B. Palissy)이다. 그는 1563년 '농업에서의 여러 가지 염류에 관하여(On various salts in agriculture)'라는 논문에서 식물에 필요한 무기양분의 근원은 토양이라고 하였다. 그 후 1840년 독일의 리비히(J. Liebig)가 『농업과 생리학에의 유기화학 응용(Organic chemistry in its application to agriculture and physiology)』이라는 책에서 토양과 토양에 공급된 부식질로부터 생긴 무기양분이 식물 생장에 반드시 필요하고, 농업의 생산 증대를 위해서는 양분 공급이 중요하다는 점을 설명하였다. 당시 유럽은 심각한 식량난을 겪고 있었기 때문에 토양에 관한 초기 연구의 대부분이 농업적 이용을 염두에 둔 것이었다(Binkley & Fisher, 2020).

19세기부터 토양 조사와 분류, 토양도(土壤圖) 작성이 본격화하여 유럽을 시작으로 아시아와 러시아, 그리고 북아메리카로 점차 확대되었다. 이러한 활동도 주로 농업 생산성을 예측하고 향상하며 토양 침식을 조절하는 데 목적이 있었다(Knoepp *et al.*, 2019).

19세기 중반부터 유럽에서는 산림에서 생산되는 목재, 연료, 부산물 등이 더욱 중요해짐에 따라, 농업을 중심으로 토양을 인식하고 연구하던 전통적 관점에서 벗어나 산림토양을 별도의 영역으로 간주하기에 이른다. 유럽에서는 목재 생산에 대한 사회적 관심에 대응하는 측면에서, 즉 산림의 집약적 이용과 관리를 위해 산림토양을 오랫동안 연구하였다. 반면에 북아메리카에서는 먼저 방대한 천연산림자원을 이용하는 데 치중하였고, 나중에 농사 후 방치한 황폐지를 복원할 목적으로 산림토양을 연구하였다.

전 세계적으로 20세기 초 반세기 동안 산림토양 연구의 중심 주제는 토양 조사, 조림, 벌채, 화학적 성질, 유기물 등이었고, 대부분의 연구 결과는 미국, 스웨덴, 뉴질랜드에서 나왔다. 1950년대 이후에는 미국, 구 소련, 캐나다, 구 서독 등지에서 주로 산림토양 연구 결과를 발표하였으며 재조림용 수종 선정, 조림지 준비작업 방법, 임지 생산력 추정 방법, 임목 양분과 시비 반응, 산림관리에 따른 토양 변화 등이 주요한 연구 주제였다. 20세기 후반에 이르러서는 대기오염물질에 의한 산성화 및 양분 유입, 단벌기 조림이나 바이오연료 생산을 위한 집약적 벌채에 대응하는 산림의 지속가능성, 생태계와 관련이 있는 영역(기후변화, 수질, 탄소 저장 등)으로 범위가 확대되고 집중적인 연구가 진행되었다(Binkley & Fisher, 2020; Knoepp *et al.*, 2019).

아울러 산림토양 연구 방법도 초기에는 입지를 평가하거나 작업에 따른 영향을 파악하는 전통적 단일 연구지 또는 정교한 연속 실험(공간으로 시간 대체) 중심이었다. 그러다가 생태계 개념을 포함하여 산림에서의 물, 에너지, 양분의 변동 과정을 평가하는 실험으로 진화하였고, 점차 연구 범위와 기간, 연구지 규모가 확대되고 있다(Knoepp *et al.*, 2019).

미국에서 산림토양을 농경지토양으로부터 분리하여 집중적으로 논의하게 된 계기는, 1948년 오리건주에서 열린 회의에서 산림토양 연구의 우선 순위를 ①생산성과 입지 분류, ②수목 생리 · 양분 · 수분과 토양의 관계, ③묘포 토양, ④산림관리와 토양, ⑤산림토양의 물리 · 화학 · 생물적 속성 등의 다섯 가지로 정하면서부터이다.

이 회의 후 연구자, 정책 결정자 등이 모여 산림토양에 관한 연구 결과를 공유하는 북아메리카산림토양회의(North American Forest Soils Conference, NAFSC)가 시작되었다. 첫 회의는 1958년 개최되어 '산림토양(Forest Soils)'이라는 주제로 산림토양의 미래 문제(산림토양의 다목적 이용, 산림을 위한 토양 관리, 공학 측면의 산림토양 관리, 토양 분류 및 도면 제작)와 토양 성질 분석, 토양과 산림 식생의 관계 등을 다루었다. 이후 5년마다 다양한

표 0-3 북아메리카산림토양회의의 역대 주제 및 주요 관심사

연 도	주 제	주요 관심사
1958	산림토양	임목 양분 및 양분 순환, 토양 관리, 미래 산림토양 연구 과제
1963	북아메리카에서의 산림-토양 관계	산림토양 조사, 토양과 식생 관계, 양분 흡수
1968	임목 생장과 산림토양	산림 시비, 산림 생물, 활엽수 토양 관리
1973	산림토양과 토지관리	토지이용, 산림관리, 조림지 정리, 환경의 영향
1978	산림토양과 토지이용	환경의 질, 광산 복원, 식생과 토양
1983	산림토양과 처리 영향	산림생산성 관리, 산성비에 대한 산림토양 반응, 산림토양 및 입지 분류와 지도 제작
1988	산림토양의 지속적 생산성	산림생산성 변화, 입지 평가, 산림작업의 생산성에 대한 영향
1993	산림토양에서 탄소의 형태와 기능	토양 탄소 측정 방법, 탄소 순환, 산림작업과 토양 탄소
1998	산림토양과 생태계 지속가능성	산림경영이 산림토양에 미치는 영향, 산림토양의 영향 측정 방법과 경관 단위로 확장
2003	산림토양 연구 이론과 실제 및 기술에서의 역할	지속가능성, 산불, 탄소 흡수 및 저장
2008	산림토양의 현상과 관리	산림경영과 산림토양 성질 변화, 산림 시비의 장기적 영향, 산림토양과 수질 및 수량
2013	생태계서비스의 지속성을 위한 산림토양 역할	산림토양과 수질, 산림의 변화와 기후변화, 바이오매스 및 바이오에너지 생산과 산림토양, 토양 연구의 새로운 기술
2018	환경 변화에 따른 토양-산림의 상호작용	기후변화 완화 및 적응에서 산림과 산림토양의 역할, 산불과 산림토양, 산림작업과 토지이용 변화 및 산림생산성, 산림토양 연구의 기술적 발전, 산림토양 모니터링
2023	지속가능한 생태계서비스를 위한 산림토양계의 관리	양분 순환과 산림생산성, 산림토양에서의 탄소 이동, 산림토양학과 산림경영의 피드백, 산림토양계의 장기관측, 산불과 산림토양

[McFee & Kelly, 2005]

주제를 대상으로 한 연구 결과를 발표해 오고 있다(McFee & Kelly, 2005; 표 0-3 참조).

NAFSC에서 발표된 연구 결과들을 보면 초기에는 주로 산림토양의 성질을 기술하거나 경험에 근거한 변화를 예측하는 수준이었지만 점차 산림토양에서 일어나는 제반 현상과 과정 그리고 이들이 산림생태계 기능 면에서 어떤 역할을 하는가를 이해하는 방향으로 발전하였다. 기후변화나 생태계서비스와 같은 새로 부각된 주제는 물론이고 산림토양의 전통적인 연구 주제들도 지속적으로 다루어지되 연구 방법과 이해 차원이 점차 고도화되어 왔다(Adams *et al.*, 2009).

산림토양에 관한 연구의 발전은, 과학기술이 발달하면서 컴퓨터를 이용한 자료 처리의 신속성과 편의성, 토양과 식물체 대상의 실험실 내 분석기술과 기기 발달(자동 이온 · 원소 분석기, 질량분석기, 가스 · 액체 · 이온 크로마토그래피, 적외선분광기 등), 데이터로거와 같은 실외 모니터링 기술 발달, 연구비 지원 규모 확대, 다양한 연구 인력 참여 등과 함께 이루어졌다(Adams *et al.*, 2009).

캐나다의 경우 미국과는 다른 방향으로 산림토양 분야가 발전하여 주로 산림관리를 목적으로 한 입지 구분 연구나 관련 교육에 치중하였다. 이러한 현상은 캐나다의 산림이 생태, 기후, 소유권 측면에서 비교적 균일하고, 특히 토양을 입지의 한 구성 요소로 취급한 데서 기인한다(Gessel & Harrison, 1999).

0·4·2 우리나라의 산림토양 연구

우리나라의 조림에 관한 최초 기록에는 234년 소나무와 해송을 심었다고 나오며, 그 후 다양한 수종을 심은 기록들이 전해진다. 15세기(1469년)에 이르러 각 고을에 적합한 나무를 골라 심도록 하는 적지적수(適地適樹)의 개념에 따른 조림이 권장되었다. 1911년에는 지력(地力)의 요구도에 따라 수종을 분류하고, 도별로 간이적지적수표를 작성하여 표토가 얕은 건조지, 적윤지, 습지 등의 토양 조건에 맞는 식재 수종을 제시하였다(국립산림과학원, 2009).

토양의 성질을 감안한 수종 선정에 관한 연구 논문으로 '아까시나무의 효용 및 적지에 대하여'(1912)와 '낙엽송 분포 및 적지에 대하여'(1918)가 『조선농회보』에 발표되었다. 1936년에는 임업시험장에서 '적송의 천연 갱신의 기초 요건으로서의 양광 및 토양 수분 연구'를 발표하였다(이천용 등, 2009). 이와 같은 적지적수 개념은 계속 발전하여 1970년대 치산녹화계획의 수종 선정에 반영되었고 산림녹화에 크게 기여하였다(Kim *et al.*, 2017).

우리나라에서 임지의 생산력을 증대하고 합리적인 임지 이용을 도모하기 위해 이전과 달리 전국 단위에서 광범위하고 체계적으로 실행한 산림토양 조사는 1969년 임업시험장(현 국립산림과학원) 산하 산림자원조사소에서 시행한 '적지적수 조림을 위한 산림토양 조사'이다. 여기에서 산림토양을 생성 원인과 형태 등에 따라 분류하고 이들 토양의 분포 범위를 조사하였으며, 토양별 주요 임목 생육 상태 및 갱신과의 관계를 바탕으로 적지적수 조림 원칙을 이행하였다(국립산림과학원, 2009; 표 0-4 참조).

1972년 산림자원조사소는 산림청 직속 산림자원조사연구소로 독립하여 토양조사과에서 체계적인 산림토양 조사를 진행하였다(산림청, 2017). 이후 임업시험장, 국립산림과학원, 한국임업진흥원 등을 거치며 산림토양 조사와 산림입지토양도 제작 등의 사업을 계속하여 2021년에 592만 ha를 대상으로 한 1 : 5,000 산림입지토양도를 완성하였다(산림청, 2022).

0·4·3 산림토양학 전문서 발간

1850년대 유럽의 산림 분야 교과서에 산림토양에 관한 내용이 처음 포함되었고, 마침내 1893년 독일에서 라만(E. Ramann)이, 1908년 프랑스에서 앙리(E. Henry)가 산림토양만을 다룬 교재를 발간하였다.

북아메리카에서는 산림자원이 풍부하여 산림을 집약적으로 이용하는 데 대한 관심이 적었고, 산림토양학이 일반토양학에서 출발하여 별도의 학문으로 발전하기까지 유럽보다 시기적으로 늦었다. 미국에서 제2차 세계대전 후 1946년 와일드(S.A. Wilde)가 『산림토양과 산림 생장(Forest soils and forest growth)』, 러츠(H.J. Lutz)와 챈들러(R.F. Chandler)가 『산림토양학(Forest soils)』이라는 제목으로 각각 산림토양학 교재를 저술하였으며, 특히 와일드는 유럽(러시아)의 토양학 체계를 북아메리카에 소개하였다.

1977년 캐나다에서 암슨(K.A. Armson)이 『산림토양: 속성 및 과정(Forest soils: properties and processes)』을 저술하였다. 그리고 1979년 미국의 프리쳇(W.L. Pritchett)이 『산림토양의 속성과 관리

표 0-4 입지능력급수 분류기준표

구분	1급지	2급지	3급지	4급지	5급지	6급지	7급지	8급지
토심	>120cm	>90cm	<90cm	>60cm	<60cm	>30cm	<30cm	–
지형	계간 평지, 평탄지	계간 평지, 평탄지	산록	산록	산복	산정	산정	제지
경사	>5°	<10°	<20°	<30°	<30°	<45°	>45°	–
습도	약습–적윤	적윤–약건	적윤–약건	약건–적윤	약건–건조	건조–과건	과건	–
침식	A층, B층, C층 있음	A층, B층, C층 있음	B층, C층 있음	B층, C층 있음	약간의 B층, C층 있음	약간의 B층, C층 있음	모재 노출	암석 노출지 및 제지
비옥도	>7%	>2%	>1.2%	>1.2%	<0.8%	–	–	–
토양형	BE	BE, BD	BE, BD(α)	BD(α), BC	BC, BB, Eα(β)	BB, BD, Eβ(α)	BA, RA, Eγ(α)	–

[산림자원조사소, 1970; 국립산림과학원, 2009]

(Properties and management of forest soils)』라는 교재를 발간하였으며, 이 책은 개정을 거듭하여 2020년 빈클리(D. Binkley)와 피셔(R.F. Fisher)가 『산림토양의 생태와 관리(Ecology and management of forest soils)』로 개정 5판을 발간하였다(Binkley & Fisher, 2020; Gessel & Harrison, 1999).

우리나라에서 발간된 최초의 산림토양학 전문 서적은 정인구의 『비배임업(肥培林業)』(1975)이다. 이 책에서는 양분 관리에 초점을 두어 쇠퇴한 지력과 감소한 생산력을 회복함으로써 황폐 임지를 복구하고 나아가 임목 생장을 증대하고자 하였다. 그 후 이천용이 산림토양의 생성, 발달, 특성, 조사, 분류, 관리 등 산림토양학의 전반적인 내용을 다룬 『산림환경토양학(山林環境土壤學)』(1992)을, 진현오 등이 『삼림토양학(森林土壤學)』(1994)을 각각 출간하였다. 이어서 이천용이 일반 산림토양학의 내용에 특수 산림토양인 산불지, 도시림, 황폐지, 해안매립지, 묘포 토양 등을 추가한 『산림환경토양학』(2020)을, 손요환 등이 산림토양의 기초와 응용, 그리고 산림토양과 생태계 관리를 포함한 『산림토양학』(2020)을 출간하였다.

0·5 산림토양 연구의 발전 전망

0·5·1 산림토양에 영향을 주는 인자

토양의 생성에 관여하는 인자로 도쿠차예프(Dokuchaev, 1898)는 기후, 생물, 암석, 시간 등을 들었고, 쇼(Shaw, 1930)는 모재, 기후, 식생, 시간, 강하물 또는 침식이라고 하였으며, 제니(Jenny, 1941)는 계량화가 가능한 기후, 모재, 생물, 지형, 시간 등으로 보았다. 그러나 이제 사람이 어떤 인자보다도 토양 생성에 큰 영향을 주는 시대에 이르면서 추가로 사람의 활동을 인자에 포함하는 일이 보편화하고 있다(Binkley, 2019). 여기서 사람의 활동은 ①기후변화, ②수종 변화, ③양분 유입과 유출 변화 등의 세 가지 방향으로 나타나고 있다.

앞으로의 기후는 현재의 산림토양을 생성하는 데 영향을 주었던 과거의 기후와는 다를 것이다. 일반적으로 온도가 상승하면 화학반응 속도가 빨라지므로 온난화가 분해속도를 높이고 토양 내 탄소 저장량을 줄일 것으로 예상할 수 있다. 그러나 산림에서의 현상은 그렇게 간단하지 않아 기후변화에 의한 산림토양의 변화를 일반화하기 어렵다.

계속해서 단일 수종의 대면적 인공조림이 확대되면서 외래종이 늘어나고 고유종은 줄어들어 산림의 종 구성에도 변화가 일어날 것이다. 종에 따라 산림토양에 미치는 영향이 다르므로 이러한 수종 변화로 산림토양의 성질이 변화할 것이다. 또한 시비나 화석연료 연소에 따른 추가 양분 유입과 집약적인 벌채로 인한 양분 손실로 산림토양의 양분 상태가 과거와는 달라질 것이다(Binkley, 2019). 따라서 토양 생성에 관여하는 인자를 중심으로 산림토양에서 일어나는 현상을 모니터링하여 기작을 이해하고 앞으로의 변화를 예측하는 일이 산림토양 연구의 과제이며, 이러한 전통적 주제와 더불어 특히 사람의 활동으로 일어나는 산림토양의 변화가 미래의 연구 주제가 될 것이다.

0·5·2 산림토양 연구의 방향

산림토양학은 초기에 산림토양의 상태를 정확하게 기술하는 데 초점이 맞춰졌다면 점차 이들 자료를 바탕으로 산림토양을 이용하는 데 관심을 두고 발전해 왔다. 19세기에 토양 유기물이나 양이온 교환과 같은 산림토양의 중요한 개념들이 정립되었고, 20세기에는 보다 응용적인 측면에서 토양과 입지의 관계, 토양 성질을 바탕으로 한 입지 생산성 예측, 시비에 의한 임목 생장 변화, 산림경영 작업이 토양생산력에 미치는 영향과 같은 주제들이 연구의 주류를 이루었다. 그렇다면 앞으로의 연구 방향은 어떻게 될 것인가?

21세기 산림토양학은 기초와 응용, 이용과 보전의 균형, 새로운 기술의 적용과 동시에 전통적 · 장기적 · 지속적 연구 병행 등의 방향으로 나아갈 것으로 전망된다. 비록 19세기 이후로 산림토양의 성질이나 그 안에서 일어나는 현상에 대한 연구가 이미 꾸준하게 진행되어 왔지만 산림토양에 대한 기초 연구는 여전히 필요하다. 산림토양의 성질 자체가 오랜 세월을 거쳐 형성되었고, 따라서 산림토양에 대한 각종 인위적 처리나 영향의 효과가 상당한 시간을 두고 나타나는 경우가 대부분이므로 산림토양 성질의 변화에 대한 연구는 장기적이고 지속적으로 이루어져야 한다.

예를 들면 산림경영 활동이 토양의 탄소 저장, 물리적 성질, 양분 순환, 임목 생장 등에 끼치는 장기간의 영향에 관해서는 여전히 연구가 더 진행되어야 한다. 우리나라에서도 약도 · 중도 · 강도 등 간벌 강도에 따른 소나무, 일본잎갈나무(낙엽송), 참나무류의 수종별 낙엽층, 고사목, 토양 등 지하부의 탄소 저장량 변동을 3년마다 주기적으로 비교적 장기간 연구한 사례가 있으며(Kim *et al.*, 2018), 이와 같은 연구는 단기간에 효과를 확인하기 어려운 산림토양의 변화를 파악하는 데 유용하다. 그러나 임목의 수명과 산림의 윤벌기가 길기 때문에 산림토양 연구에는 제약이 따를 수밖에 없다.

목재 수확을 증대하고 아울러 환경의 질을 유지하는 데 유용한 의사 결정을 지원할 수 있도록 산림토양에 관한 새로운 자료를 산림관리자에게 제공하기 위한 응용 측면의 연구가 필요하다. 다른 자료와의 통합도 산림토양 연구에서 중요한 과제가 되고 있다. 이는 최신 컴퓨터 기술을 활용하여 해결할 수 있다. 현재 모든 산림관리자가 개인용 컴퓨터와 지리정보시스템(geographic information system, GIS) 기술에 접근할 수 있지만 자료나 기법이 필요할 때 바로 제공되지는 않는다. 즉 사용자 편의성을 우선하는 방향으로 기술이 발전해야만 실제로 효과를 거둘 수 있으며, 이미 상당한 수준에서 실용화할 수 있는 발전을 보이고 있다.

어떠한 토양 인자가 임목 생장을 제한하는지, 그리고 산림작업 효과가 어떻게 나타나는지 등에 대한 연구 결과는 산림토양의 질이나 지속가능성을 판단하는 지표를 개발하는 데 도움을 준다. 이를 위해 임목 생장과 더불어 산림토양의 질을 나타내는 변수를 지속적으로 관찰해야 한다. 임목 생장과 환경의 지속가능성을 유지하는 최적 작업을 개발하기 위해서는 연구, 실행, 모니터링의 순환적 과정을 지속적으로 이행해야 한다(그림 0-1 참조).

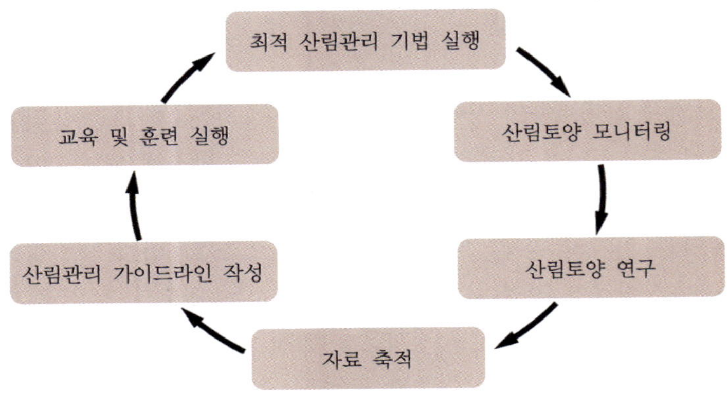

그림 0-1 산림토양의 지속가능한 생산성을 위한 순환적 이행 과정
[Fisher *et al.*, 2005]

점차 심각해지는 기후변화에 대응하기 위한 방편으로 대기 중 증가한 이산화탄소의 효과를 산림토양이 완화할 수 있다는 측면에서, 다양한 토지관리 방법을 통해 토양에 저장된 탄소를 유지하고 토양으로의 탄소 이동을 증진하는 산림토양 탄소 관리도 중요하다. 아울러 산림자원의 지속가능성을 위해서는 이용과 동시에 보전을 고려해야 하므로 산림토양 자체의 보전을 위한 방안도 연구되어야 한다(Fisher *et al.*, 2005).

앞으로의 산림토양 연구는 산업체, 대학, 정부기관 등이 이전보다 더욱 긴밀하게 협조하며 진행해야 한다. 연구 결과를 실제 활용하려는 분야에서 구체적으로 무엇을 필요로 하는지 파악하여 이에 대응하는 연구 정책을 우선 고려해야 한다. 또한 산림토양에 관한 연구 결과가 아무리 뛰어나더라도 사용자 편의성이 떨어지거나 산림관리자에게 효과적으로 전달되지 않는다면 성과를 기대할 수 없다. 많은 연구를 통해 축적된 산림토양 자료를 종합하고 의미를 해석한 뒤 산림관리자가 직접 활용할 수 있는 형태로 가공하여 전달해야 한다.

다른 학문의 성과를 산림토양학에 적용할 수 있는 분야로는 분자생물학을 들 수 있다. 예를 들면 토양 내 생물, 특히 미생물의 형태와 기능을 이해하는 데 분자유전학 기법을 적극적으로 응용할 수 있다. 새로운 기법을 활용하여 토양 미생물 군집의 속성과 기능을 보다 명확히 파악할 수 있고, 이로써 토양 유기물의 분해와 순환을 알아내면 이들 정보를 작업 관리에 활용하는 일도 가능해진다.

낙엽층과 토양에 저장되어 있는 유기물은 전 지구적 탄소 순환에서 중요한 역할을 할 뿐만 아니라 양분 순환, 토양의 물리적 성질, 토양 유실, 수질 등 여러 방면에 영향을 끼치기 때문에 의미가 크다. 따라서 다른 학문 분야에서 개발한 기법을 산림토양 분야에 적극 활용하는 일이 앞으로의 중요한 과제이다. 대표적인 사례로 농경지토양에서 활발하게 활용하고 있는 바이오차(biochar)를 산림토양에서도 연구해 볼 수 있다(McFee & Kelly, 2005).

표 0-5의 예시와 같이 환경 또는 산림에서의 광범위한 문제들이 직접 또는 간접적으로 산림토양과 관련 있다. 결국 산림토양학의 다양한 연구 주제가 더욱 심화하고 발전된 연구 방법과 기술을 통해 다루어질 것이다.

표 0-5 산림토양학 분야의 주요 과제 및 관련 연구 주제 예시

주요 과제	관련 연구 주제
환경오염	산성강하물 영향에 관한 장기 모니터링 산림에 유입되는 바이오고형물(biosolid; 플라스틱 포함)의 영향 평가
기후변화	토양 유기물 동태 토양 미생물, 곤충 등의 변화 토양 성질 변화 장기 모니터링 및 변화 예측 도형 개발
지속가능한 생산성	산림작업 종류별 토양에 미치는 영향 장기 모니터링 시비와 토양 성질 변화 입지와 생산성 관계 및 예측 모형
토지이용 변화 및 토지 황폐화	단벌기 조림과 토양 성질의 관계 작업에 따른 토양 유실과 황폐화 생태계 복원과 토양 안정화
산림생태계서비스	작업이 수질 및 수량에 미치는 영향

[Gessel, 1978; Gessel & Harrison, 1999; Powers, 1987; 이천용 등, 2009]

0·5·3 산림토양도와 전자토양도

산림토양도(山林土壤圖, forest soils map)는 산림토양 자체의 연구와 산림관리에 필수적인 각종 정보를 제공해 주는 주요 수단이다. 기존에 제작된 산림트양도는 ①현장조사 자료를 기반으로 제작되어 한번 제작한 이후에는 변화된 내용을 반영하여 수정하는 데 시간이 오래 걸리고, ②자료 단위가 폴리곤(polygon) 형태로 되어 있어 연속적 토양 변이를 반영하기 어려우며, ③한 가지 축척으로 제작되어 공간적 규모를 반영한 다른 축척으로의 변환이 어렵고, ④토양 형태를 중심으로 제작되어 기후나 경관, 수문현상을 모의하는 데 필요한 속성 정보가 부족한 한계가 있다. 이에 따라 토양과 토양생성인자 간의 상관관계를 파악한 뒤 공간분석 방법을 이용하여 토양의 형태와 속성을 예측하는 새로운 유형의 토양도인 전자토양도(電子土壤圖, digital soil mapping, DSM) 제작이 점차 확산하고 있다(박수진 등, 2010).

일반적으로 토양을 몇 개의 유형으로 분류하고, 토양이 불연속적이라고 보는 관점을 바탕으로 토양 유형에 따라 경관을 구분하여 토양도를 제작한다. 이에 반해 토양이 연속적 변이의 속성을 지녔다고 보고 경관에 걸쳐 나타나는 토양 성질의 변이는 지구통계학과 회귀식을 이용하여 파악할 수 있다는 관점을 기반으로 전자토양도를 제작한다. 전자토양도에서는 토양이 가진 불연속적 특징을 토양 분류에서의 예측 모형을 통해 표현할 수 있고, 연속적 토양

속성은 모형 외에도 회귀식과 공간의 자기상관(autocorrelation)을 통해 표출할 수 있다(Bulmer *et al.*, 2019).

전자토양도를 활용하면 토양도 제작에 소요되는 비용과 노력을 줄일 수 있고, 연속적이면서 토양 속성이 잘 드러나는 여러 축척의 토양도를 작성할 수 있다(박수진 등, 2010). 이때 토양도 자체가 지닌 불확실성을 해소하기 위해 여러 가지 통계기법으로 계산하고 표현하여 정확도가 높은 지도를 제작할 수 있다. 무엇보다 전자토양도 제작에 사용되는 모형을 정교화하고 결과를 검증하는 데 필요한 현지조사 자료가 충분히 확보되어야 하며, 토양과 산림에 대한 기본 이해를 바탕으로 계산과학(computational science)을 접목할 수 있는 인력의 확보와 훈련, 그리고 제작한 전자토양도를 산림관리자가 활용할 수 있도록 연계하는 방안 등의 과제가 해결되어야만 산림토양 분야에서 전자토양도의 실제 활용도를 높일 수 있다(Bulmer *et al.*, 2019).

연습문제 ▌

1. 산림토양의 중요성을 사회 · 경제적 측면과 자연환경적 측면으로 나누어 설명하시오.
2. 산림토양학의 발전 과정과 주요 연구 결과를 설명하시오.
3. 우리나라 산림토양학 연구의 발전 과정과 앞으로의 과제는 무엇인지 설명하시오.
4. 산림토양 분야의 21세기 연구 과제로는 어떠한 것이 있는지 설명하시오.
5. 전자토양도의 개념과 제작 과정 및 활용성을 설명하시오.

참고문헌 ▌

1. 국립산림과학원. 2009. 적지적수 역사와 그 활용 연구. 국립산림과학원 연구보고 09-01.
2. 박수진, 손연규, 홍석영, 박찬원, 장용선. 2010. 한국 주요 토양유형의 공간적 분포와 토양형성요인을 이용한 예측 가능성 평가. 대한지리학회지 45: 95-118.
3. 산림청. 2017. 산림청 50년사.
4. 산림청, 한국임업진흥원. 2022. 1 : 5,000 산림입지토양도: 13년의 성과와 미래.
5. 손요환, 김춘식, 박관수, 윤태경, 이계한. 2020. 산림토양학. 향문사.
6. 이천용. 1992. 산림환경토양학. 보성문화사.
7. 이천용. 2020. 산림환경토양학. 구민사.
8. 이천용, 정진현, 손요환, 변재경, 구창덕. 2009. 산림토양. 한국토양비료학회지 42: 238-258.
9. 정인구. 1975. 비배임업. 사단법인 가리연구회.
10. 진현오, 이명종, 신영오, 김정제, 전상근. 1994. 삼림토양학. 향문사.
11. Adams MB, Cole DW, Davey CB, Chang S. 2009. Special Issue: Forest Soil Science: Celebrating 50 Years of Research on Properties, Processes and Manage-

ment of Forest Soils Introduction. Forest Ecology and Management 258(10): IX.

12. Binkley D. 2019. Soils in the Anthropocene. In: Busse M *et al.* (ed). Global Change and Forest Soils. Elsevier.
13. Binkely D, Fisher RF. 2020. Ecology and Management of Forest Soils. 5th edition. Wiley–Blackwell.
14. Bulmer C, Pare D, Domke GM. 2019. A new era of digital soil mapping across forested landscapes. In: Busse M *et al.* (ed). Global Change and Forest Soils. Elsevier.
15. DeLuca TH. 2024. On being a forest soil scientist–Reflections at the 14th North American Forest Soils Conference. Soil Science Society of America Journal 88(2): 203–206.
16. Fisher RF, Fox TR, Harrison RB, Terry T. 2005. Forest soils education and research: Trends, needs, and wild ideas. Forest Ecology and Management 220: 1–16.
17. Gessel SP. 1978. Soil in the practice of forestry. In: Youngberg CT (ed). Forest Soils and Land Use. Ft. Collins.
18. Gessel SP, Harrison RB. 1999. A short history of forest soils research and development in North America. In: Steen HK (ed). Forest and Wildlife Science in America: A history. Forest History Society, Durham, NC.
19. Kim S, Kim C, Han SH *et al.* 2018. A multi–site approach toward assessing the effect of thinning on soil carbon contents across temperate pine, oak, and larch forests. Forest Ecology and Management 424: 62–70.
20. Kim S, Li G, Son Y. 2017. The contribution of traditional ecological knowledge and practices to forest management: The case of Northeast Asia. Forests 8(12): 496.
21. Knoepp JD, Adams MB, Harrison R, West L, Laseter SH, Markewitz D, Richter DD, Callaham MA. 2019. History of forest soils and research. In: Busse M *et al.* (ed). Global Change and Forest Soils. Elsevier.
22. Lal, R. 2003. Management impact on compaction in forest soils. In: Kimble JM (ed). The Potential of U.S. Forest Soils to Sequester Carbon and Mitigate the Greenhouse Effect. CRC Press.
23. McFee WW, Kelly JM. 2005. Forest soils research and changing societal needs and values. Forest Ecology and Management 220: 326–330.
24. Powers RF. 1987. Predicting growth responses to soil management practices: Avoiding future shock in research. In: Future Development on Soil Science Research. SSSA.
25. Stone EL. 1975. Soil and man's use of forest land. In: Bernier B, Winget CH (ed). Forest Soils and Forest Land Management. Les Presses De L'Universite Laval, Quebec.

MEMO

제 I 편

산림토양의 기초

토양 생물 중 대형 동물에 속하는 지렁이는 토양 구조를 개선하고 통기성을 높이는 등 산림토양에 있어 중요한 역할을 한다. 즉 토양에 섞여 있는 유기물을 섭취해 분해하고(왼쪽) 이동하면서 굴을 파며(오른쪽 위) 지렁이의 배설물인 분변토는 토양의 입단 형성을 돕는다(오른쪽 아래). ⓒ김가은

제1장

산림토양의 생성 및 분류

1·1 토양 생성 및 조사

암석, 무기물, 토양은 암석권(지각의 상부)의 구성 요소이며, 암석과 무기물은 대부분 토양 발달을 위한 모재에 해당한다. 암석과 무기물은 파편화하거나 쪼개지는 붕괴 과정과, 복잡한 물질을 단순화하는 분해 과정을 통해 부드럽고 미고결화한 모재로 변환된다. 이와 같은 과정을 풍화(風化, weathering)라고 하며, 풍화작용으로 생성된 물질은 발생한 장소에 남아 있거나 물, 바람, 빙하와 같은 매개물에 의해 다른 곳으로 옮겨진다.

토양은 오랜 시간에 걸쳐 모재 위에서 일어나는 기후, 생물, 지형의 활동에 의해 생성된다. 토양 생성에는 부가, 손실, 변형, 전이 등의 여러 자연적 과정이 계속 작용한다. 그 결과 동질적이고 정적인 모재가 복잡하고 이질적이며 동적인 토양으로 전환되어 여러 층위로 분화한다(Osman, 2013). 토양은 지구 표면에서 3차원의 자연체로 존재한다.

1·1·1 암석

암석은 지구에서 자연적으로 발생하여 단단하게 고결화(固結化)한 물질이며 하나 또는 다수의 무기물로 구성된다. 암석은 풍화작용을 거쳐 토양 모재를 형성하기 때문에 토양의 성질과 지형의 발달에 크게 관여한다.

암석은 화성암, 퇴적암, 변성암으로 분류한다. 화성암은 용해된 마그마로부터 형성된 암석으로 화강암과 현무암이 대표적이다. 퇴적암은 암석 입자가 물에 의해 운반되어 퇴적된 후 모래는 사암, 점토는 혈암으로 고결화한 암석이다. 변성암은 고온 · 고압에 의한 변성작용으로 만들어진 암석이며, 변성을 거치면 화강암은 편마암, 석회암은 대리암, 혈암은 점판암이 된다.

우리나라 산림의 지질은 화강암, 화강편마암, 석회암이 주종을 이룬다. 석회암은 주로 경상도와 강원도 일부 지역에, 화강암과 화강편마암은 그 밖의 전국에, 현무암은 제주도와 울릉도에 분포한다.

1·1·2 풍화

열, 물, 바람, 빙하, 생물, 화학반응과 같은 자연적 힘이 작용하면 암석과 무기물의 물리적 풍화인 붕괴(崩壞, disintegration)와 화학적 풍화인 분해(分解, decomposition)가 일어난다. 물리적 풍화작용에서는 커다란 암석이 작은 조각으로 파편화하고, 화학적 풍화작용에서는 광물적 구성 성분이 변질되거나 수용성 또는 비수용성 산물로 분해되어 새로운 물질이 합성된다. 풍화의 또 다른 형태인 생물적 풍화작용은 생물이 원인인 물리적 · 화학적 풍화작용이다.

물리적 풍화작용은, 다양한 무기물질로 구성된 암석이 태양복사에너지에 의해 서로 다른 비율로 팽창하거나 수축함으로 인해 지표면의 바위가 내부 압력으로 파편화하는 과정이다. 식물 또한 바위의 균열 부분에 뿌리를 신장하여 생장하므로 암석에 측면 압력을 작용하는 요인이 된다(그림 1-1 참조).

그림 1-1 뿌리의 생장에 따른 생물적 풍화작용

화학적 풍화작용은 물에 의한 산, 염기, 염분, 철과 같은 무기물의 반응 및 분해 산물의 방출로부터 발생한다. 화학적 풍화의 주요한 과정으로는 용해(溶解, dissolution), 수화작용(水和作用, hydration), 가수분해(加水分解, hydrolysis), 산화환원(酸化還元, oxidation-reduction), 산반응(酸反應, acid reaction) 등이 있다. 화학적 풍화의 결과로 입자의 크기가 줄어들고 구성 성분은 용해성 풍화 산물로 바뀐다. 용해된 물질은 새로운 2차광물로 재합성되기도 하고 토양으로부터 손실되거나 뿌리에 의해 흡수되기도 한다. 화학적 풍화는 물과 산소뿐만 아니라 미생물이나 식물이 생산하는 유기산과 같은 대사물질에 의해서도 촉진된다.

생물은 탄산이나 유기산을 생산함으로써 암석의 화학적 변형을 일으킬 수 있다. 식물이나 미소 생물은 킬레이트(chelate) 화합물을 방출하거나 이산화탄소 또는 유기산을 생산하여 토양 pH, 질산화작용 등에 영향을 끼친다. 생물체로부터 직접 방출되거나 유기물 분해 부산물에서 유래한 유기산은 생물 · 화학적 풍화에 가장 크게 기여한다.

물리적 풍화는 기온이 낮거나 건조할 때, 화학적 풍화는 기후가 습하거나 기온이 높을 때 주로 발생한다. 대개는 물리적 · 화학적 풍화작용이 함께 일어나고 각각의 작용이 상대 작용을 가속화하는 경향이 있다. 예를 들면 물리적 연마작용으로 입자의 크기가 작아지면 표면적이 늘어나 화학적 반응이 급속하게 진행된다. 풍화는 광물질 토양의 모재가 형성되는 과정이며, 풍화와 토양 생성은 동시에 일어난다(그림 1-2 참조).

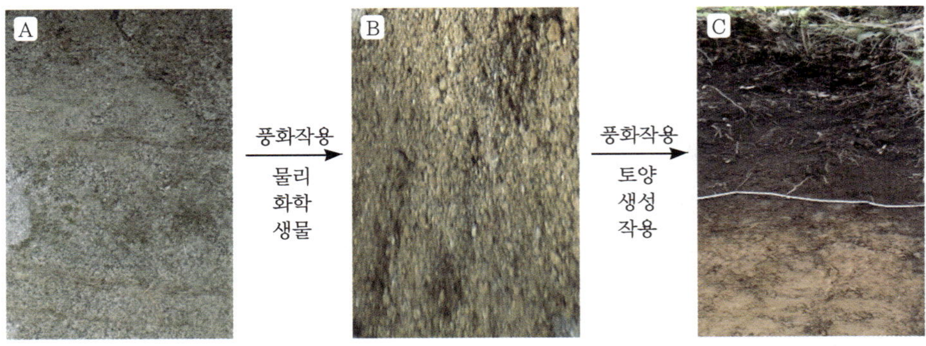

그림 1-2 풍화 및 토양 생성의 과정(A: 기반암, B: 모재, C: 토양)

1·1·3 광물질의 풍화도와 풍화 산물

유사한 환경 조건에서도 여러 가지 광물질의 풍화율이 다르게 나타나며, 일반적으로 광물질 조성이 복잡할수록 풍화가 보다 쉽게 일어난다. 예를 들면 각섬석[$Ca_2Al_2Mg_2Fe_3Si_6O_{22}(OH)_2$]은 쉽게 분해되지만 석영($SiO_2$)은 풍화에 대한 저항성이 크다.

풍화 산물은 광물질 조성 성분과 풍화 조건에 따라 달라진다. 완전히 용해된 방해석의 풍화 산물은 수용성이지만 규소는 화학적 풍화에 비교적 강하다. 풍화에 저항성이 강한 석영은 풍화가 진행됨에 따라 축적되는 경향이 있지만 장석은 쉽게 풍화되어 점토광물을 형성한다. 화학적 풍화는 대부분 물과 함께 발생하고, 강수량과 온도는 풍화의 유형과 속도에 영향을 끼친다.

1·1·4 토양생성인자

토양의 발달 과정을 결정하거나 토양의 성질에 영향을 끼치는 물질과 조건을 토양생성인자라고 한다. 토양생성인자는 모재, 기후, 지형, 생물, 시간이다(그림 1-3 참조). 기후와 생물은 토양 생성에 직접적으로 작용하는 능동적 인자이고 지형, 모재, 시간은 수동적 인자이다.

산림토양의 구조와 형성 과정은 토양 생성에 영향을 끼치는 주도적 변수에 의해 결정된다. 기후, 모재, 지형(경관 위치, 경사, 방위), 토지이용은 토양 생성의 주도적 변수이고 식생, 동물, 미생물, 토양의 물리 · 화학적 성질은 상태변수이다. 주도적 변수는 시간에 대해 상태변수와 상호작용을 하고, 토양과 식생의 발달은 함께 진행된다. 이러한 모든 과정은 시공간적 차원에서 발생한다(그림 1-4 참조).

1 모재

모재(母材, parent material)는 하나의 토양이 형성되기 위한 주요 원재료이며, 토양의 많은 성질이 모재로부터 유래하기 때문에 모재의 광물, 화학적 구성 성분이 토양 생성에 중요

그림 1-3 토양 생성에 영향을 끼치는 다섯 가지 인자

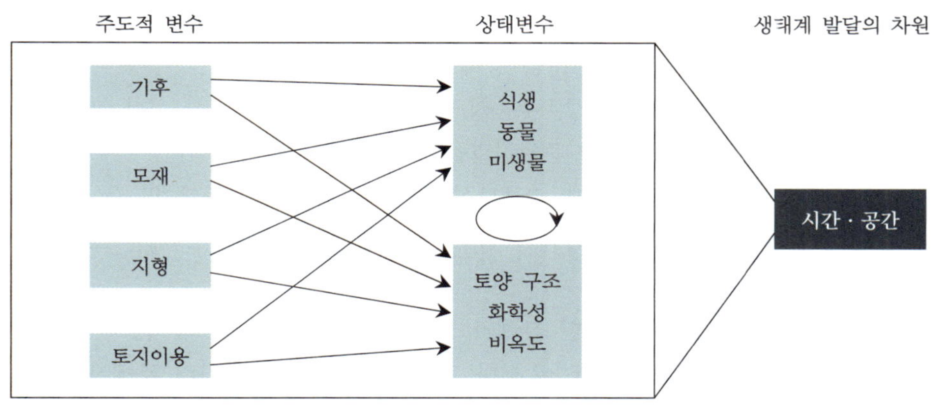

그림 1-4 토양 발달의 구성 요인(상태변수와 주도적 변수의 상호작용이 시공간적 차원에서 진행된다.)[Binkley & Fisher, 2020]

하다. 예를 들면 조립질 모재는 조립질 토양을, 산성 모재는 산성 토양을, 석회가 풍부한 모재는 칼슘 함량이 많은 토양을 형성한다.

모재의 영향은 토양생성과정이 짧은 미숙토양에서 우세하고 온대나 습윤 기후에서는 토양이 노쇠함에 따라 대부분 사라진다. 그러나 서로 다른 종류의 모재도 기후와 같은 토양생성 인자에 의해 유사한 토양으로 발달할 수 있다.

유기질 토양은 식생의 퇴적물인 유기 모재로부터 발달하며, 잔적모재 토양(잔적토)은 고결화하지 않은 암석 물질이 존재하는 자리에서 생성되고 발달한다. 운적모재 토양(운적토)은 풍화 산물이 발생한 곳으로부터 물, 바람, 빙하 등에 의해 다른 곳으로 옮겨진 뒤 생성되며,

물에 의해 이동한 충적토, 바람에 의해 이동한 풍적토, 높은 곳에서 분리된 암석 파편이 경사면을 따라 낮은 곳으로 이동하여 형성된 붕적토 등이 있다(그림 1-5 참조).

그림 1-5 잔적 및 운적 모재로부터 생성된 유기질 토양(A), 잔적토(B), 충적토(C), 풍적토(D), 붕적토(E)

2 기후

기후(氣候, climate) 요소인 강수량과 기온은 토양 생성에 중요한 두 가지 인자이며, 풍화의 종류나 정도, 풍화 산물의 보유나 손실, 바이오매스 생산, 유기물 분해, 모재에 작용하는 생물지구화학적 과정, 토양 내 물질 순환 등에 영향을 끼친다. 특히 강수량은 풍화율, 풍화 깊이, 풍화 산물의 다양성, 점토 생성, 수용성 물질 방출, 유기물 생산 등에 관여한다. 한편 용액과 부유 물질의 용탈은 강수량이 증발산량을 초과한 경우에 발생한다.

온도는 화학반응의 속도를 조절하여 10℃ 상승할 때마다 반응속도가 약 두 배 빨라진다. 토양 수분이 적합한 조건일 경우 풍화율과 점토 생성, 유기물 생산과 분해는 토양 온도가 상승함에 따라 증가한다.

한대림의 산림토양은 미생물에 의한 분해가 느리게 진행되어 토양 유기물이 풍부하다. 반면에 열대우림은 유기물 생산량이 한대림보다 많지만 높은 온도로 인해 분해가 급속하게 진행되어 토양 유기물의 함량이 적다. 온대림은 동절기에 식물 생장이나 유기물 분해가 느리며, 온대우림의 토양 내 유기물 함량은 열대우림과 유사하다.

3 지형

지형(地形, topography)은 토지의 형상을 말하며 토양 발달에 영향을 크게 끼친다. 산복의 사면을 따라 발달한 토양은 지표의 물질이 계속적으로 제거되어 토심이 얕은 반면에 산록과 계곡은 토심이 깊고 다양한 토양층위가 발달한다.

지형은 배수, 수분 침투, 지표유거수, 침식, 태양광, 바람 등에 노출됨으로써 토양 생성에 영향을 끼친다. 빗물이 사면의 상부에서 하부로 이동하고 여분의 물이 산록에 집수되므로 산록의 토양은 산정의 토양보다 습하다. 기후, 생물, 모재, 시간 등이 같은 조건에서 토양이 생성되더라도 산정의 건조한 토양은 산록의 습윤한 토양과 완전히 다르다.

지형의 구성 요소로는 해발고, 경사도, 방위 등이 있다. 경사가 심하던 토양물질(土壤物質, soil material)이 사면의 표면으로부터 계속 제거되어 산록부나 계곡에 집적된다. 사면의 방위 중에서 북반구의 남사면과 서사면은 북사면과 동사면에 비해 태양광의 유입량이 많아 건조하고 온난하며, 이에 따라 토양과 식생 분포도 다르게 나타난다.

4 생물

토양을 기반으로 살아가는 생물(生物, organism)은 유기물의 부가와 분해, 식물 양분의 부가와 손실, 생물지구화학적 순환, 토양 혼합, 토양 구조와 공극의 변화에 관여한다. 식물은 토심 깊숙이까지 뿌리를 확장하여 수분과 양분을 흡수하고 물의 이동이 용이한 통로를 만들며, 낙엽·낙지의 분해 과정을 통해 지표에 부식(腐植, humus)을 생성한다. 토양으로부터 식물이 흡수하는 양분의 양과 비율은 종에 따라 달라 어떤 식물은 염기성 이온을 많이 흡수하여 낙엽·낙지로 환원함으로써 토양산성화를 예방하기도 한다.

같은 모암(parent rock)으로부터 생성된 토양이더라도 식생의 차이에 따라 토양단면의 특성 및 화학적 성질이 달라진다. 온대 침엽수림은 식생의 염기 보유량과 양분 재순환율이 낮고 용탈이 심하여 산성 토양을 형성한다. 온대 활엽수림은 식생의 염기 보유량이 많고 양분 재순환율이 높아 약산성 토양이 되기 쉽다. 열대 활엽수림은 풍화나 용탈이 집중적으로 발생하여 철·알루미늄 산화물, 수산화물 등이 풍부하지만 유기물 축적량이 적고 산성 토양을 형성한다.

토양 미생물은 유기물을 무기화하여 질소, 인, 황, 철 등으로 변형하거나 금속성 이온을 복합화(complexation) 또는 킬레이트화(chelation)한 유기물질을 생산하기도 한다. 토양 곤충과 동물은 유기물을 부가하거나 토양물질을 측방 또는 수직으로 혼합한다. 지렁이의 경우 토양을 섭식하고 배설하는 과정에서 토양 입단의 안정성을 향상하고 통기성 및 투수성 증대에 기여하는 통로를 만들기도 한다.

5 시간

시간(時間, time) 경과는 토양의 발달과 성숙에 중요한 역할을 한다. 그러나 토양을 미숙토 또는 성숙토로 구분하는 경우에는 토양의 나이가 아니라 풍화와 토양 발달의 정도를 의미한다.

토양 발달에 필요한 시간은 토양생성인자에 따라 달라져 수백 년에서 수백만 년까지 다양하다. 일반적으로 온난하고 습윤한 산림은 염기, 콜로이드(colloid, 膠質物), 무기물의 풍화나 용탈이 많기 때문에 토양단면의 발달과 층위 분화가 빠르다. 온화한 기후 조건에서는 토양이 약 1cm 생성되기까지 평균 200~400년이 소요되지만 열대 지역에서는 200년보다 훨씬 적게 걸린다(Osman, 2013).

1·1·5 토양생성과정

1 기본 토양생성과정

자연계에서 토양 생성의 기본적인 과정은 부가, 손실, 변형, 전이로 구성되며(그림 1-6 참조), 이들 과정을 통해 여러 가지 물질이 토양의 내 · 외부로 순환한 결과 모재가 여러 토양층위로 분화한다.

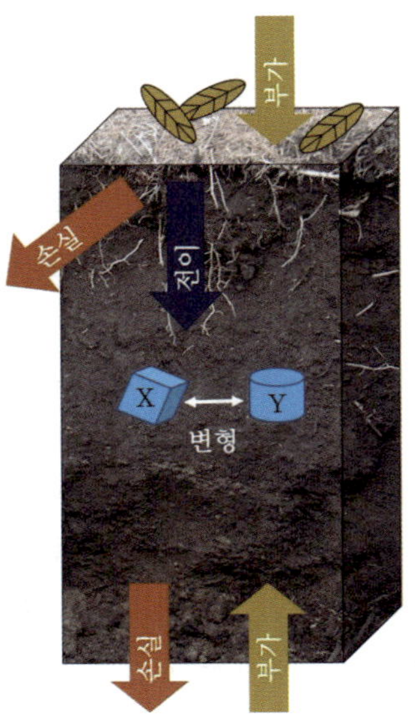

그림 1-6 기본 토양생성과정

① 부가

토양에 대한 물질이나 에너지의 부가(附加, addition)는 대기, 생물체, 암석, 광물질, 지하수 등으로부터 발생한다. 사람도 특정 물질을 토양에 부가할 수 있다.

대기로부터 태양에너지, 수분, 가스, 먼지, 때로는 오염물질 등이 유입되며, 태양에너지의 유입량은 지리적 위치, 지형, 광물학적 구성, 수분 포화 정도에 따라 달라진다. 강수를 통한 수분 공급은 기후 조건, 식생, 경사 방향 등에 따라 달라진다. 공기는 통기성이나 산화환원반응에 필요하며, 공기에 들어 있는 산소(O_2), 이산화탄소(CO_2), 질소(N_2)는 토양의 여러 가지 기능에 관여하는 중요한 기체이다.

암석이나 광물질은 토양을 생성할 수 있는 모재로 작용하고, 생물은 토양 표면에 낙엽 · 낙지, 동식물 유체, 미생물과 같은 유기물을 부가한다. 수분이나 수용성 물질은 지하수의 모세관 상승을 통해 부가되기도 한다.

② 손실

토양에서의 휘산, 증발, 물의 하향 이동, 바이오매스 수확을 통해 여러 가지 물질의 손실(損失, loss)이 발생한다. 가스 상태의 손실은 증발산, 휘산, 확산 등에서 발생하고, 수분은 증발산과 투수에 의해 토양으로부터 계속 손실된다. 지표유거수로 인한 침식이 발생하면 비옥한 표토 및 세립질 입자뿐만 아니라 급경사지의 경우 A층 또는 토양층 전체가 손실되기도 한다.

③ 변형

토양에서는 물리 · 물리화학 · 화학 · 생물적 과정을 포함한 가역적 또는 비가역적 변형(變形, transformation)이 항상 발생한다. 토양에서 발생하는 가장 중요한 물리적 변형은 토양입자의 입단화나 토괴 형성이다. 화학적 변형은 수화작용, 가수분해, 산화, 환원, 탄산화, 기타 산반응을 포함한다. 복합화, 침전, 킬레이트화, 이온 교환, 분산, 응결 등은 토양 생성과 관계가 있는 또 다른 화학적 또는 물리화학적 변형이고, 유기물 분해나 부식화는 중요한 생물적 변형이다.

④ 전이

전이(轉移, translocation)는 토양의 틈이나 통로를 통한 용액이나 부유물의 이동으로 발생한다. 토양물질이 물과 함께 하향으로 이동하여 토양체로부터 손실되는 경우를 용탈(溶脫, leaching)이라고 하며, 용액이나 부유물이 상부의 토양층위로부터 하부의 토양층위로 이동하는 현상은 세탈(洗脫, eluviation)이라고 한다. 세탈은 보통 표토층(A층)에서 발생하며 세탈된 부식, 점토, 철 산화물, 석회 등의 물질은 B층에 집적(集積, illuviation)된다(Osman, 2013). 쥐, 지렁이, 곤충과 같은 동물에 의해서도 상당량의 토양물질이 수직 · 수평으로 전이된다.

[2] 특이 토양생성과정

토양은 자연적 힘에 의해 다양한 조건에서 발달하기 때문에 자연계에는 여러 과정을 통해 생성된 서로 다른 형태의 토양이 있다. 이러한 일련의 자연적인 과정은 라테라이트화, 포드졸화, 석회화, 염류화와 같은 토양 생성의 특이 작용에도 관여한다.

① 라테라이트화

라테라이트화(laterization) 작용은 토양에 철 · 망가니즈 · 알루미늄 산화물, 수산화물 등이 풍부해지는 과정으로, 철과 알루미늄이 용액 상태로 토양에 유입되고 침전된다. 습윤한 열대 상록활엽수 임분에서 일어나는 주요한 토양생성과정이며, 오랜 기간 집중적인 풍화가 발생함에 따라 용탈도 극심하다. 잠재적인 분해율이 바이오매스 생산보다 높아 토양 유기물의 축적량은 적다.

② 포드졸화

포드졸화(podzolization) 작용은 습윤한 온대 및 한대 기후의 산림 식생에서 발생하는 토양생성과정으로, 조립질 토양 모재에 침엽수류나 진달래와 같이 산성의 낙엽을 생산하는 식생에서 주로 발달한다. 유기물 분해가 비교적 느리고 분해 과정에서 상당량의 유기산이 생산된다. 표토의 pH가 4 이하인 강산성 환경에서는 부식, 철, 알루미늄 등이 A층 또는 E층에서 B층으로 전이되어 Spodic층이 발달할 수 있다.

③ 석회화

석회화(calcification) 작용은 토양에 2차 탄산칼슘($CaCO_3$)이 침전되고 축적되는 과정이다. 용탈에 의한 물의 가용도가 낮은 건조지대나 반건조지대의 초지 토양에서 발달하며, 탄산칼슘의 용해성이 낮아 토양에 축적된다.

④ 염류화

염류화(salinization) 작용은 토양에서 생산된 수용성 염류가 축적되는 과정으로, 천연 염류피각이 건조지의 토양 표면에 종종 축적된다. 토양에 축적되는 염류에는 염화나트륨(NaCl), 질산나트륨($NaNO_3$), 황산칼륨(K_2SO_4), 황산칼슘($CaSO_4$), 황산마그네슘($MgSO_4$) 등이 있다. 배수가 불량한 습윤지대 토양에서도 염류를 함유한 지하수의 모세관 상승으로 염류화가 발생할 수 있다.

1·1·6 토양단면의 특성

[1] 페돈, 폴리페돈, 경관

토양의 특성을 설명할 수 있는 효과적인 단위체를 페돈(pedon)이라고 한다. 페돈은 윗면이 1~10m² 크기의 육각형이고 토양이 발달한 지표부터 모재까지의 깊이를 포함한다. 하나의 경관(景觀, landscape)을 점유하는 유사한 페돈의 집단을 폴리페돈(polypedon)이라고 하며, 경관에서의 토양은 서로 다른 특성을 지닌 폴리페돈으로 구성된다(그림 1-7 참조).

그림 1-7 페돈, 폴리페돈, 경관의 관계

2 토양단면

토양단면(土壤斷面, soil profile)은 페돈의 노출된 옆면으로, 지표부터 모재에 이르는 수직적인 단면이다(Osman, 2013). 토양단면의 수평적 층위(horizontal layer)는 거의 평행을 이루며 유사한 토양생성과정을 통해 발달한다. 토양층위는 O, A, E, B, C, R로 표기하는 6개의 주층(主層, master horizon)으로 구분할 수 있으며, 광물질 토양은 보통 이러한 토양층위를 모두 포함하지만 이 중 한두 개의 층위가 안 나타나기도 한다.

지면부터 기암층 상부까지 경화하지 않은 미고결층을 전토층(regolith)이라고 하며, 전토층 내 A층과 B층을 진토층(solum)이라고도 한다(그림 1-8 참조). O층은 산림토양에서 주로 발견되는 층이며 산림 분야에서는 임상(林床, forest floor)이라고 일컫는다.

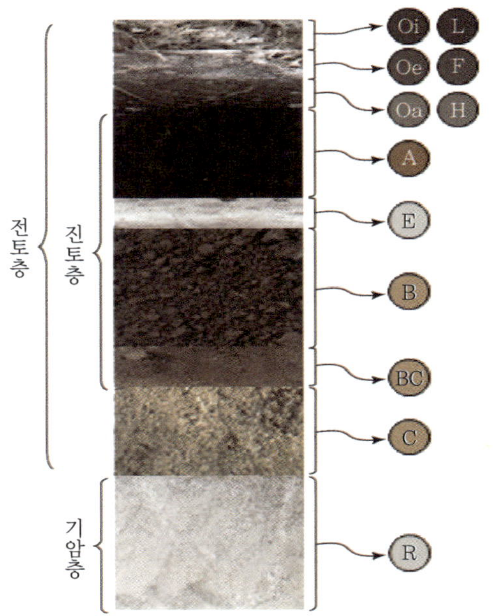

그림 1-8 온대 습윤 산림지대에서 발달할 수 있는 가상적 토양단면

토양단면의 층위 경계는 규칙적이거나 명확하지 않으며 상부 층위가 하부 층위로 확산되어 가는 형태를 보인다. 한편 하나의 주층이 다른 층으로 점차 변해 가는 층위를 전이층(傳移層,

transition horizon)이라고 하며 AB, BA, BC 등으로 표기한다. 주층의 하위 분류는 Ap나 Bt와 같이 주층 기호에 소문자를 더해 표기하며 종속층(從屬層, subordinate horizon)이라고 한다(표 1-1 참조). 주층 내 서로 다른 구조와 토색을 보이는 층위는 A1, A2, Bw1, Bw2와 같이 아라비아숫자를 붙일 수 있다(Osman, 2013).

1) **O층**(유기물층): 잎, 가지, 수피, 소지, 꽃, 열매 등 여러 단계의 분해 과정이 진행 중인 유기물 잔재로 구성된다. 일반적으로 온대 침엽수 임분에서는 O층이 두껍거 발달한다. O층은 세 개의 종속층인 Oi(신선한 유기 잔재가 있는 가장 위층), Oe(중간 정도 분해된 층), Oa(완전히 분해된 층)로 구분할 수 있다. 산림 분야에서는 이를 각각 L(litter), F(fermentation), H(humus) 층으로 표기하기도 한다.
2) **A층**(무기물 표층): 광물질 토양의 표토층으로 유기물과 무기물이 혼합되어 있으며, 상당한 세탈이 일어나 하위층에 비해 토성이 조립질이다. 입상 구조가 주로 나타나며, 토양에서 가장 비옥한 부분으로 뿌리 생육이나 생물적 활동에 양호한 환경을 이루고 있다.
3) **E층**(세탈층): 규산염 점토나 알루미늄 등이 손실되고 석영 입자와 같은 풍화에 저항성이 있는 물질이 남겨진 광물질 토양층이다.
4) **B층**(집적층): A층, E층 또는 O층 아래에 형성되며, 원래 암석 특성의 많은 부분이 제거되고 규산염 점토, 철, 알루미늄, 부식, 탄산, 석고, 규소 등이 집적된 층이다.
5) **C층**(모재층): A층이나 B층 하부에 나타나고 고결화하지 않은 풍화 산물로 된 층으로 토양생성과정이 거의 발생하지 않으며, 모재라고 불리는 부분이다.
6) **R층**(기암층): 풍화가 거의 일어나지 않은 고결화한 암석층이다.

표 1-1 종속층의 기호 및 특징

기호	특 징	기호	특 징
a	잘 분해된 유기물	m	강한 교결(cementation)
b	매몰 토층	n	나트륨 집적
c	결핵(concretion) 또는 결괴(nodule)	o	철 · 알루미늄 산화물 집적
d	치밀한 미고결 물질	p	경운(경작)
e	중간 정도 분해된 유기물	q	규소 집적
f	동결 토양	r	잘 풍화된 부드러운 기암
g	강한 글레이(환원) 토양(반문)	t	규산염 점토 집적
h	유기물의 이동 및 집적	u	인위적 형성 토층
i	약간 분해된 유기물	w	점토 집적은 없고 분명한 토색과 구조 발달
j	황색 황산염 광물	x	높은 용적밀도와 분쇄되기 쉬운 반층
k	탄산염 집적	z	수용성 염 집적

[Weil & Brady, 2017]

1·1·7 산림 입지환경 및 토양단면 조사

산림 지역의 입지환경 및 토양단면에 대한 조사 결과는, 임목 식재의 적합성, 산림생산력과 침식 위험도 예측, 산림용 장비 사용 제한성과 같은 산림계획 수립과 산림의 효율적 관리를 위한 다양한 정보를 제공한다. 그러나 산림토양은 농경지토양보다 시공간적 이질성이 높고 암석과 석력 함량이 많으며, 낙엽이나 고사목 등이 토양 상부에 불규칙하게 존재하여 토양 성질을 명확하게 특정하기 어렵다.

산림토양 조사의 경우 목적에 따라 조사 방법이 다르지만 한 지역의 토양 성질에 대한 정보의 체계화나 산림토양 분류, 산림토양도 제작을 위해서는 토양단면 조사를 일반적으로 실시한다. 국내외에 다양한 토양 조사 방법이 있지만 아직까지 산림토양을 대상으로 표준화한 조사 방법이 없어 우리나라의 1 : 5,000 산림입지토양도 제작 시 적용한 조사 방법을 중심으로 설명하고자 한다(국립산림과학원, 2015).

현지조사 준비단계에는 조사 지역의 항공사진, 지형도, 지질도, 기상 자료, 이전에 조사한 토양 자료, 임상도(식생 자료), 산림경영계획 관련 자료 등이 필요하다. 토양 조사를 위한 장비와 도구로는 단면 작업에 필요한 삽, 단면 삽, 토양단면 칼, 줄자, 전정가위 등과 단면 조사 및 시료 채취에 필요한 토양단면 조사야장, 토색첩, 토양견밀도 측정기, 확대경, 시료주머니, 디지털카메라, 레이블, 유성펜 등이 있다.

1 산림 입지환경 조사

토양 생성의 모재가 되고 토양의 물리 · 화학적 성질에 중대한 영향을 끼치는 모암은 지질도로부터 결정한다. 표고는 GIS 분석자료 또는 GPS(global positioning system) 장비를 이용하여 미터 단위로 기록하고, 현장에서 경사계(clinometer)로 사면 상부와 하부의 평균 경사를 측정한다. 경사도는 평탄지(<5°), 완경사지(5~15°), 경사지(16~20°), 급경사지(21~25°), 험준지(26~30°), 절험지(>31°)로 구분한다. 방위는 나침반을 이용하여 도(°) 단위로 측정하거나 GIS 분석자료를 이용한다.

기후대의 경우 연평균기온에 따라 온대북부(5~9℃), 온대중부(9~12℃), 온대남부(12~14℃), 난대(>14℃) 등으로 구분한다. 지형은 평야지대인 경사 5° 미만의 '평탄지', 산지와 평탄지 간의 전이 지형으로 경사 5~10°의 낮은 산지인 '구릉지', 고산지 주변이나 산맥의 줄기 등 연속된 산지의 일부로서 단일 사면의 경사길이가 500m 이상인 '산지'로 구분한다. 사면 위치는 구릉지 및 산지의 8부 능선 이상은 '산정', 구릉지 및 산지의 4~7부 능선은 '산복', 구릉지와 산지 사면 하단부에 위치하며 주로 경작지에 연접한 3부 능선 이하는 '산록', 산록과 산록 사이 수계가 있는 부분은 '계곡'으로 구분한다.

퇴적 양식은 풍화 모재 위에 생성된 토양이 그대로 쌓인 '잔적토', 사면 상부로부터의 퇴적과 하부로의 이동이 거의 평행하게 일어나며 주로 산복의 경사면에 분포하는 '포행토', 사면 상부로부터 중력에 의해 이동한 토양과 암석이 혼재되어 불규칙한 토양단면을 보이는 '붕적토'로 구분한다. 바람 노출도는 산정과 고원 등 각 풍향에 대해 거의 보호받지 못하는 곳은 '노출', 높은 산에 둘러싸여 주풍에는 보호되지만 완전히 보호받지 못하는 곳은 '보통', 계곡과 산록 등 바람의 영향을 거의 받지 않는 곳은 '보호'로 구분한다.

경사 형태는 상승사면, 평형사면, 하강사면으로 구분하여 조사한다. 침식 상태는 A층이 침식되지 않은 '없다', A층 일부가 침식된 '있다', A층의 대부분과 B층의 일부가 유실된 '많다'로 구분한다. 암석 노출도는 지면을 덮고 있는 암석 및 석력지의 비율로 10% 이하는 '적다', 11~30%는 '있다', 31~50%는 '많다', 51~75%는 '매우 많다'로 분류한다.

토양 배수는 지하수위가 높아 상당히 오랫동안 습한 상태를 유지하고 세립질 토성에 반문(斑紋, mottle)과 회갈색 층위가 나타나는 '불량', 지하수위가 비교적 높고 중립질 토성의 모재층에 반문이 나타나는 '보통', A층이 얇고 사토류의 조립질 토성에서 주로 발생하는 '양호'로 나누며, '매우 양호'는 암쇄토 또는 험준지 이상의 경사지에서 주로 나타난다.

2 산림 토양단면 조사

토양단면을 조사하기에 앞서 해당 지역을 대상으로 자연적 또는 인위적 교란이 발생한 지점을 피해서 간이 조사를 실시한 후 토양의 특성을 대표할 만한 곳을 선정한다. 선정한 지점에 있는 관목이나 하층 식생을 전정가위로 제거한 후 경사 방향과 직각으로 굴취하여 토양단면이 나타나도록 한다.

토양단면의 크기는 너비 1m 정도에 모재나 모암이 분포하는 깊이까지 파 내려간다. 완성된 토양단면으로부터 토성, 토양 구조, 토색, 토양 견밀도의 차이에 기반하여 층위 경계를 구분하고, 지정한 층위의 깊이를 센티미터 단위로 측정한다. 만일 O층이 존재하면 O층의 깊이와 분해 정도를 결정한다.

전토심은 모재층을 제외한 B층의 최하단부 토양까지의 깊이를 의미한다. 유효토심은 토양 미생물의 활동, 뿌리 발달, 양분 및 수분 보유, 토양 공기 유통 등 임목이 생장하는 데 가장 큰 영향을 끼치는 토양의 깊이로, 토양단면상에서 지름 1cm 이하의 중근 및 세근이 가장 많이 분포하는 깊이를 센티미터 단위로 측정한다.

토양단면에서 구별되는 분명한 외형적 특징인 토색은 표준토색첩(標準土色帖, Standard Soil Color Charts)이나 먼셀토색첩(Munsell Soil Color Charts)을 이용하여 색상(hue), 명도(value), 채도(chroma) 순으로 표기한다. 토양 발달 정도의 지표인 모재의 풍화 정도는 풍화 산물에 따라 상 · 중 · 하로 구분한다. 토성은 촉감법(feeling method)으로 모래 · 미사 · 점토의 상대적 함량비를 파악하여 미국 농무부의 토성 분류 체계에 따라 판정한다(그림 1-9 참조).

토양층위의 건습도는 계절, 강우, 식생 등에 따라 변화가 크기 때문에 토양단면의 수분 상태나 유기물 및 점토 함량 등을 고려하여 종합적으로 판단한 뒤 건조, 약건, 적윤, 약습, 습으로 구분한다(표 1-2 참조). 토양 구조는 유기 콜로이드, 점토 함량, 균사 등에 의해 각각의 토양입자가 서로 결합한 상태로 배열된 방식을 뜻하며 세립상(fine granular), 입상(granular), 홑알(single grain), 떼알(crumb), 견과상(nutty), 괴상(angular blocky), 판상(platy), 무구조(massive) 등으로 구분한다(표 1-3 참조).

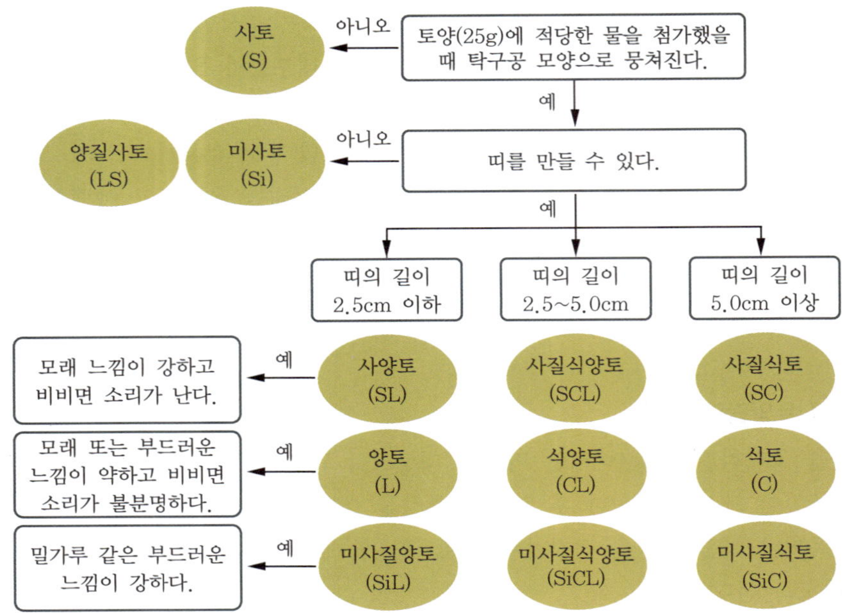

그림 1-9 촉감법에 의한 토성 분류(미국 농무부 기준)

표 1-2 산림토양의 건습도 구분 및 기준

구분	기 준	해당 장소	비 고
건조	손으로 꽉 쥐었을 때 수분에 대한 감촉이 거의 없음	산정, 능선	
약건	꽉 쥐었을 때 손바닥에 습기가 약간 느껴짐	산복, 경사면	
적윤	꽉 쥐었을 때 손바닥 전체에 습기가 느껴지고 물의 감촉이 뚜렷함	계곡, 평탄지, 계곡 평지, 산록	
약습	꽉 쥐었을 때 손가락 사이로 약간의 물기가 묻어남	경사가 완만한 계곡, 평탄지	
습	꽉 쥐었을 때 손가락 사이로 물방울이 맺힘	요(凹)형 지형의 지하수위가 높은 지역	

[국립산림과학원, 2015]

표 1-3 산림토양의 토양 구조 구분 및 기준

구 분	기 준	비 고
세립상	미세한 토양입자(1~2mm)가 단독으로 배열되거나 균사가 달라붙어 있는 상태로 매우 건조한 토양에서 발달함	
입상	토양입자가 비교적 소형(2~5mm)으로 둥글며 유기물 함량이 많은 표토에서 발달함	
홑알	응집력이 없는 토양입자(모래)가 단독으로 배열된 구조로 매우 건조한 토양에서 발달함	
떼알	토양입자가 수 밀리미터 정도의 입단을 이룬 상태로 수분이 많아 감촉이 부드럽고 쉽게 분쇄되며 유기물 함량이 많은 표토에서 주로 발달함	
견과상	모서리의 각이 비교적 뚜렷하고 단단하며 1~3cm의 크기로 건조한 토양의 하층에서 발달함	
괴상	감자와 유사하게 둥글둥글하며(지름 1 cm 이상) 적윤한 토양의 심토에서 발달함	
판상	수평 형태로 발달하여 판으로 분리되고 답압이 심한 지역에서 발달함	
무구조(벽상)	응집력 있는 토양입자가 서로 분리되어 있어 어떠한 형태의 배열도 없는 구조	

[국립산림과학원, 2015]

토양단면 내 석력의 함량은 5% 이하, 5~15%, 16~30%, 31~50%, 50% 이상의 다섯 단계로 구분한다. 토양 강도의 판정은 토양견밀도 측정기(soil penetrometer)로 측정하여 심송(0.5kg·cm^{-2} 이하), 송(0.5~1.0kg·cm^{-2}), 연(1.0~1.5kg·cm^{-2}), 견(1.5~2.5kg·cm^{-2}), 강견(2.5kg·cm^{-2} 이상)으로 구분한다.

이상의 조사 결과를 바탕으로 조사 지역의 산림토양형을 결정하고, 필요한 경우 토양의 물리·화학적 성질을 분석하기 위한 시료를 채취한다. 한편 1 : 5,000 산림입지토양 조사가 다른 토양 조사와 구별되는 특징은 산림생산력과 밀접한 관련이 있는 입지환경 및 토양단면 속성을 주로 조사하고, 메타데이터(metadata)로 이용할 수 있는 지상부의 식생 현황 및 토양단면의 현장조사 결과를 디지털 사진으로 기록한 점이다(그림 1-10 참조).

산림입지 · 토양 조사 야장

도엽번호 37913097	표준지번호 장성097-03	GPS 좌표	X 392181
			Y 391553
행정구역 경상북도 울진군 금강송면 전곡리			
조사일자 7/2/2019	날씨 맑음	조사자 홍석주, 안정준	

산 림 입 지 환 경

모 암	대분류	①화성암	3	중분류	⑪화강암류, ⑫반암류, ⑬규장암류, ⑭안산암류, ⑮현무암류, ⑯섬록암류	31
		②퇴적암			㉑석회암류, ㉒사암류, ㉓이암류, ㉔셰일(혈암류), ㉕응회암류, ㉖역암류	
		③변성암			㉛편마암류, ㉜편암류, ㉝천매암류, ㉞점판암류	

표 고	835m	경 사 도	13°	방 위	101°

항목	구분	값	항목	구분	값
기 후 대	①온대북부, ②온대중부, ③온대남부, ④난대	1			
지 형	①평탄지, ②구릉지, ③산지	3			
사 면 위 치	①산정, ②산복, ③산록, ④계곡	4	경 사 형 태	①상승, ②평행, ③하강	3
퇴 적 양 식	①잔적토, ②포행토, ③붕적토	3	풍 노 출 도	①노출, ②보통, ③보호	3
배 수 상 태	①불량, ②보통, ③양호, ④매우 양호	2	침 식 상 태	①없다, ②있다, ③많다	1
암석노출도	①10% 이하, ②11~30%, ③31~50%, ④51~75%	1			

산 림 토 양 단 면

항 목		층위 A	층위 B
유기물층두께 (cm)		1.1	
유 효 토 심 (cm)		32	
토 심 (cm)		15	80
토 색		10YR 3/3	10YR 4/4
풍 화 정 도	①상, ②중, ③하	2	
토 성	①SL, ②L, ③SiL, ④SiCL, ⑤SCL, ⑥CL, ⑦LS, ⑧S	2	2 
토 양 구 조	①세립상, ②입상, ③홑알, ④떼알, ⑤견과상, ⑥괴상, ⑦판상, ⑧벽상	4	6
건 습 도	①건조, ②약건, ③적윤, ④약습, ⑤습	3	3
석 력 함 량 (%)	①<5%, ②5%~15%, ③16%~30%, ④31%~50%, ⑤50%<	1	3
견 밀 도 (kg/cm^2)	①<0.5, ②0.5~1.0, ③1.1~2.0, ④2.1~3.5, ⑤3.5<	2	3
시 료 채 취		○	○
특 기 사 항	시료채취(A, B) 281.2°		

토 양 형: B_3

그림 1-10 1 : 5,000 산림입지 · 토양 조사 야장[한국산지환경조사연구회]

1·2 토양 분류

1·2·1 분류 체계

1970년대 전 세계 토양자원을 보다 정확히 이해하기 위한 두 가지 국제적 토양 분류 체계가 등장하였다. 그중 하나는 미국 농무부의 토양조사단(Soil Survey Staff)이 제안한 '토양분류체계(Soil Taxonomy)'이고, 다른 하나는 유엔식량농업기구(Food and Agriculture Organization of the United Nations, FAO)와 유네스코(United Nations Educational, Scientific and Cultural Organization, UNESCO)가 제안하여 추후 '세계토양자원참조기준(World Reference Base for Soil Resources, WRB)'으로 발전한 분류 체계이다(표 1-4 참조). 우리나라는 농경지토양에 대해 미국 토양분류체계를 공식적인 분류 체계로 채택하고 있다(National Academy of Agricultural Science, 2014).

1 미국

토양단면의 형태적 특성을 강조한 미국의 Soil Taxonomy(Soil Survey Staff, 2022)는 포괄적 토양 분류 체계(comprehensive soil classification system)를 채택하고 있다. 토양의 생성 기작보다는 객관적으로 관찰되거나 측정할 수 있는 토양의 특성에 기반을 두고 있으며, 라틴어와 그리스어에서 유래한 음절의 조합을 바탕으로 토양의 주된 특성을 함축할 수 있는 명명법(命名法, nomenclature)을 갖추었다.

Soil Taxonomy의 분류 단위는 목(目, Order), 아목(亞目, Suborder), 대군(大群, Great Group), 아군(亞群, Subgroup), 속(屬, Family), 통(統, Series)이며, 현재까지 12개의 토양목이 분류되어

표 1-4 토양의 분류 체계 및 분류 단위

구분	분류 성격	명칭	분류 단위	분류군 수	최종 수정 연도
미국	포괄적(형태적) 체계	Soil Taxonomy	목, 아목, 대군, 아군, 속, 통	12목, 680아목, 444대군, 2,500아군, 8,000속, 25,000통	2022
IUSS	세계 각국의 토양 분류 체계와 미국 토양분류체계	World Reference Base for Soil Resources (WRB)	참조토양군, 한정자	32참조토양군, 120한정자	2022
한국	포괄적(형태적) 체계	Taxonomical Classification of Korean Soils	목, 아목, 대군, 아군, 속, 통	7목, 17아목, 39대군, 85아군, 405통	2019

있다(표 1-5 참조).

표 1-5 Soil Taxonomy의 분류 단위 중 목의 특징

목	발음 및 조어 요소	특 징
Alfisols	Pedalfer	점토가 용탈되어 B층에 집적될 정도의 충분한 강수가 발생하는 지역으로 Argillic층, Natric층, Kandic층이 발달하고, 염기포화도가 높거나 중간 정도임
Andisols	Andesite	화산분출물에 의해 잘 발달한 토양단면. 알로팬이나 알루미늄-부식 복합체
Aridisols	Arid	용탈이 거의 발생하지 않은 건조한 지역. Orchic층, Argillic층, Natric층이 발달함
Entisols	Recent	토양단면이 발달하지 않고 Ochric층이 발달함
Gelisols	Jelly	영구동토대에 존재함
Histosols	Histology	유기물 함량이 20% 이상으로 많고 산소 함량이 적음
Inceptisols	Inception	토양단면의 발달이 빈약하고 Ochric층, Umbric층, Cambic층이 발달함
Mollisols	Mollify	염기포화도가 50% 이상이며 깊고 검은색의 A층. Argillic층, Natric층이 발달함
Oxisols	Oxide	점토 함량이 적고 용탈이 극심하며 Oxic층이 발달함
Spodosols	Podzol	E층이 존재하고 산성화한 B층과 지표에 유기물이 축적되며 Spodic층이 발달함
Ultisols	Ultimate	B층은 점토가 풍부하고 염기포화도가 낮으며 Argillic층, Kandic층이 발달함
Vertisols	Invert	팽윤성 점토가 30% 이상이고 건조가 지속될 경우 토양 균열이 발생함

[Weil & Brady, 2017]

① 감식표층 및 감식차표층

토양을 분류할 때 토양단면의 표토(surface)에 나타나는 특징적인 층위를 감식표층(epipedon)이라 하고(표 1-6 참조), 심토층(subsurface)에서의 특징적인 층위는 감식차표층(endopedon)이라고 한다(표 1-7 참조).

② 토양수분상 및 토양온도상

토양수분상은 1년 중 특정 시기 동안 가용 수분과 수분이 포화되는 조건의 존재 여부를 나타낸다. 우리나라의 경우 토양이 물로 포화되어 산소가 부족한 상태로 회색화나 반문이 나타나는 Aquic과, 토양 수분이 연중 식물에 필요한 양을 충족할 정도인 Udic 수분상이 주로 분포한다.

토양온도상은 토양 50cm 깊이에서 측정한 토양 온도가 기준이며, 우리나라 산림 지역은 대부분 8~15℃의 Mesic에 속한다.

표 1-6 주요 감식표층의 특징

감식표층	특 징
Histic	유기물 함량이 매우 많고 1년 중 상당 기간 과습 상태
Melanic	흑색의 유기물 함량이 많고(>6% 유기탄소), 화산재에서 발달함
Mollic	두껍고(>25cm), 암색에 높은 염기포화도(>50%), 토양 구조가 잘 발달함
Ochric	담색, 유기물 함량이 적어 Mollic층이 될 수 없음
Umbric	염기포화도가 낮다는 점을 제외하고는 Mollic층과 유사함

[Weil & Brady, 2017]

표 1-7 주요 감식차표층의 특징

감식차표층	특 징
Agric(A, B)	경작층 아래에 유기물과 점토가 축적됨
Albic(E)	담색, 점토나 철 · 알루미늄 산화물이 제거됨
Argillic(Bt)	규산염 점토 축적
Cambic(Bw, Bg)	물리적 이동이나 화학적 반응에 의해 변형되고 구조가 발달함
Duripan(Bqm)	잘 분쇄되지 않는 규소에 의한 경반층
Fragipan(Bx)	쉽게 분쇄되는 양토 계열의 반층
Gypsic(By)	석고($CaSO_4 \cdot 2H_2O$) 축적
Kandic(Bt)	저활성 규산염 점토 축적
Natric(Btn)	나트륨 함량이 많고 주상 또는 프리즘상의 토양 구조
Oxic(Bo)	고도로 풍화되고 철 · 알루미늄 산화물 함량이 매우 많음. 점착성이 없는 규산염 점토
Salic(Bz)	염류 축적
Sombric(Bh)	유기물 축적
Spodic(Bh, Bs)	유기물과 철 · 알루미늄 산화물 축적

[Weil & Brady, 2017]

③ 목 이하 분류 단위

아목은 토양생성적인 면에서 목과 동질성을 갖도록 세분한 단위로 배수 상태, 기후, 식생, 토성, 화학광물적 성질 등을 포함한다. 목의 조어 요소 앞에 습윤한 성질인 Aqu-, Argillic층이 존재하는 Arg-, Ochric층이 존재하는 Ochr-, 사질 토성인 Psamm-, 습윤한 기후인 Ud- 등을 붙여 아목을 나타낸다.

대군은 점토, 철, 부식의 축적 및 반층(盤層, pan)의 유무와 토양의 수분 상태, 토양 온도, 염기 함량, 기타 감식층의 유무 등을 반영하며, 아목 앞에 조어 요소를 붙여 대군의 이름을 만든다. 예를 들면 Dyst-가 붙은 경우 염기포화도가 낮다는 의미이다. 아군은 ①대군을 가장 잘 나타내는 중심적인 토양, ②다른 목, 아목 또는 대군이 가지고 있는 성질을 약간 공통적으로 소유하고 있는 토양, ③다른 대군과 공통점이 없는 토양으로 세분한다.

속은 식물 생장에 있어서 중요한 토양 성질인 토성, 광물적 조성, 토양 온도, 토양 반응 등과 그 지역의 강수량, 침투율, 토층 두께, 구조, 견지성 등도 표시한다. 통 범주는 분류 체계의 가장 구체적인 단위로 토양생성작용과는 관련이 없으며, 해당 통을 처음 조사한 곳의 지명, 강, 호수 등을 나타낸다. 그림 1-11은 우리나라 산림토양에 가장 많이 분포하는(약 97만 ha) 삼각통(Samgag Series)의 계통 분류명이다.

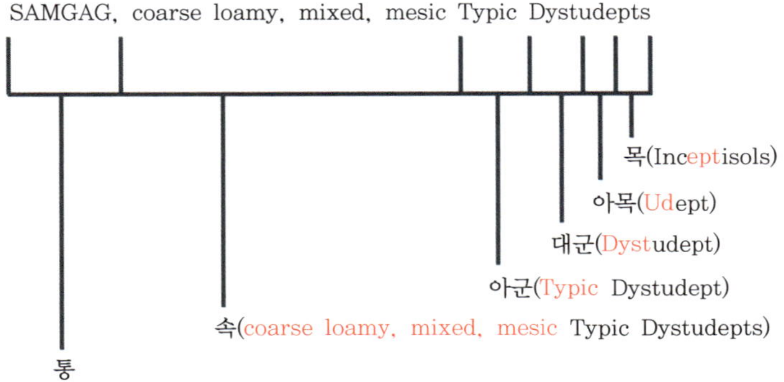

그림 1-11 삼각통의 계통 분류명

2 FAO/IUSS

FAO/UNESCO는 1971년부터 세계 토양자원의 이용 및 토양관리 기술의 이전이 용이하도록 1 : 5,000,000 세계 토양도(Soil Map of the World)를 작도하였고 1974년에는 고차와 저차의 2개 분류 단위를 사용한 토양도의 범례를 발표하였다. 고차 분류 단위는 미국 Soil Taxonomy의 목 및 아목, 구 소련에서 만든 토양 분류 체계의 토양형을 기반으로 하였다. 1974년 최초 분류에서는 세계 토양을 26개 토양군으로 분류하였지만 1988년 보완한 FAO 토양도에서는 감식층의 유무에 따라 28개 주요 토양주군(Major Soil Groups), 153개 토양단위(Soil Units)로 세분하였다. 그 후 FAO 토양도의 범례 기준과 여러 분류 기준을 통합 조정하여 국제토양학연합회(International Union of Soil Sciences, IUSS)에서 1998년 세계토양자원참조기준(WRB)을 발표하였다.

1998년 발표할 당시 세계 토양을 30개 토양군으로 분류하였지만 2006년에 Technosols과 Stagnosols을 추가하였고, 2014년에는 Albeluvisols을 Retisols로 변경하였다. WRB의 고차(제1차) 수준인 32개의 참조토양군(Reference Soil Groups, RSG)은 토양단면의 감식층 및 특성 등으로 분류하며, 제2차 수준인 한정자(限定者, qualifier)는 토양의 주된 특성에 따른 주한정자(主限定者, principal qualifier)와, 세부적인 토양단면 특성을 설명하는 보조한정자(補助限定者, supplementary qualifier)로 구분한다(표 1-8 참조). 다음은 우리나라 산림토양에 가장 많이 분포하는 삼각통의 WRB 분류명이다.

Cambisols ································ 참조토양군
Haplic Cambisols ························· 주한정자

표 1-8 WRB 참조토양군의 기호와 특징

참조토양군	기호	특 징
1. 두꺼운 유기물층을 가진 토양		
Histosols	HS	
2. 인위적인 영향을 강하게 받은 토양		
Anthrosols	AT	장기간 집약적 농업 토양
Technosols	TC	상당량의 인공물을 포함한 토양
3. 뿌리 생장에 제한을 받는 토양		
Cryosols	CR	영구동토대의 영향을 받는 토양
Leptosols	LP	얕거나 >2mm의 석력이 많은 토양
Solonetz	SN	교환성 Na^+ 함량이 많은 토양
Vertisols	VR	우기-건기 기후 조건 아래 수축과 팽창형 점토를 가진 토양
Solonchaks	SC	가용성 염류가 많은 토양
4. Fe/Al의 특성이 뚜렷한 토양		
Gleysols	GL	지하수나 조수의 영향을 받는 토양
Andosols	AN	알로팬이나 알루미늄-부식 복합체 토양
Podzols	PZ	부식과 산화물이 심토층에 집적된 토양
Plinthosols	PT	철(Fe)이 집적되거나 재분포된 토양
Nitisols	NT	저활성 점토, 인(P) 고정, 철 산화물이 많은 토양
Ferralsols	FR	카올리나이트와 산화물이 우세한 토양
Planosols	PL	정체된 물로 인해 토양 입경분포에 급격한 변화가 있는 토양
Stagnosols	ST	정체된 물로 인해 토양 구조나 토양 입경분포 차가 발생한 토양
5. 표토층에 유기물 집적이 뚜렷한 토양		
Chernozems	CH	암흑색의 표층과 2차 탄산염을 가진 토양
Kastanozems	KS	흑색의 표층과 2차 탄산염을 가진 토양
Phaeozems	PH	흑색의 표층과 2차 탄산염은 존재하지 않지만 염기포화도가 높은 토양
Umbrisols	UM	흑색의 표층에 염기포화도가 낮은 토양
6. 수용성 염이나 비염류성 물질이 축적된 토양		
Durisols	DU	2차 규산염 점토가 집적하거나 고결화한 토양
Gypsisols	GY	2차 석고가 집적된 토양
Calcisols	CL	2차 탄산염이 집적된 토양
7. 심토에 점토가 풍부한 토양		
Retisols	RT	토색이 강한 세립질의 토양단면에 토색이 밝은 조립질 입자가 끼어 들어가 있는 토양
Acrisols	AC	저활성 점토, 낮은 염기포화도
Lixisols	LX	저활성 점토, 높은 염기포화도
Alisols	AL	고활성 점토, 낮은 염기포화도
Luvisols	LV	고활성 점토, 높은 염기포화도
8. 미분화되거나 약간 발달한 토층을 가진 토양		
Cambisols	CM	토층이 적절하게 발달한 토양
Arenosols	AR	모래 토양
Fluvisols	FL	바다나 호수에서 유래한 퇴적물 토양
Regosols	RG	토양 생성 층위가 발달하지 않은 토양

[IUSS Working Group WRB, 2022]

3 한국

우리나라에서는 1963년 한국토양조사사업기구를 설치하여 미국의 구 분류법으로 토양을 분류하였지만 현재는 미국 Soil Taxonomy에 따라 7목, 17아목, 39대군, 85아군, 405통으로 분류한다(표 1-9 참조).

토양이 어느 정도 발달하였지만 특징적인 토양층이 나타나지 않는 Inceptisols이 가장 광범위하게 분포한다. 이는 기복이 심한 산악지의 경우 여름의 집중호우로 인한 토양 유실이나 침식이 빈번하고 곡간지의 경우 붕적토가 계속 쌓여 토층 분화가 잘 일어나지 않았기 때문이다. 침식이 급격하게 일어나는 산지에는 Entisols이 분포하고, B층의 Argillic 감식층과 염기포화도가 35% 이상인 Alfisols은 산록에, 염기포화도가 35% 이하인 Ultisols은 주로 구릉지에 분포한다(박수진 등, 2010).

WRB 분류 체계로는 Cambisols(5,764,928ha), Regosols(1,486,880ha), Gleysols (1,004,338ha), Luvisols(524,791ha), Alisols(212,475ha), Fluvisols(159,727ha), Andosols(144,131ha), Umbrisols(57,961ha), Arenosols(23,282ha), Phaeozems(22,576ha), Technosols(7,940ha), Acrisols(2,788ha), Leptosols(816ha), Histols(408ha) 등 12개의 참조토양군이 분포한다(흙토람, 2023).

표 1-9 미국 Soil Taxonomy에 따른 우리나라 토양목의 분포 면적과 비율

목	아목	대군	아군	통	면적(천 ha)	비율(%)
Alfisols	2	5	11	66	778.1	8.3
Andisols	2	4	12	44	142.0	1.5
Entisols	4	8	17	58	1,014.3	10.8
Histosols	2	2	2	2	0.4	0.0
Inceptisols	2	8	19	147	6,084.4	65.1
Mollisols	2	4	8	23	69.1	0.7
Ultisols	3	8	13	65	1,264.1	13.5
계	17	39	85	405	9,351.5	100.0

[Song *et al.*, 2019]

1·2·2 기후대별 식생과 산림토양

식생은 토양 생성의 주요 요인이며 토양은 식생의 천이과정과 함께 발달해 왔다. 식생형은 주로 기후 요인과 관계되기 때문에 기온과 강수량에 따라 다양한 식생형과 토양형이 분포한다. 이러한 토양형을 Soil Taxonomy와 WRB로 구분하여 분류할 수 있다(표 1-10 참조). 지구상에서 가장 넓은 면적을 차지하는 토양목은 Aridisols이나 수목이 생육하기에 너무 건조하기 때문에 산림토양으로서는 중요하지 않다.

표 1-10 Soil Taxonomy와 WRB의 토양 분포 및 대표 식성

특 징	Soil Taxonomy	WRB	대표 식생 또는 지역	육지 면적(%)
매우 건조한 지역	Aridisols	Solonetz, Solonchaks	건조지 산림	23.4
B층이 약간 발달함	Inceptisols	Cambisols	온대 침엽수림 · 혼효림 · 활엽수림, 한대림, 열대우림, 몬순림, 건조지 산림	16.0
B층에 점토가 집적됨	Alfisols	Luvisols	온대 침엽수림 · 혼효림 · 활엽수림	13.5
토양층위 발달이 미숙함	Entisols	Regosols, Fluvisols	온대 침엽수림 · 혼효림 · 활엽수림	11.0
극심한 풍화가 발생함	Oxisols	Ferralsols	열대우림, 몬순림, 열대 산악림, 건조지 산림	8.7
점토가 집적된 산성 토양	Ultisols	Acrisols	온대 침엽수림 · 혼효림 · 활엽수림, 열대우림, 몬순림, 건조지 산림	8.3
영구동토대	Gelisols	Cryosols, Cambisols	동토대, 한대림	6.0
A층에 유기탄소 함량이 높음	Mollisols	Chernozems, Kastanozems	초지, 일부 활엽수림	4.1
B층 상부에 철, 알루미늄, 유기물이 집적됨	Spodosols	Podzols	한대 습윤 침엽수림	3.6
수축 · 팽창하는 점토를 포함함	Vertisols	Vertisols	건기와 우기가 뚜렷한 지역	2.4
화산재로부터 발달함	Andisols	Andosols	열대우림, 몬순림, 산악림	1.8
유기토양	Histosols	Histosols	한대림, 이탄토, 습지	1.2

[Binkley and Fisher, 2020]

열대림의 토양은 주로 Oxisols(Ferralsols, Plinthosols, Nitisols) 곷 Ultisols(Plinthosols, Alisols)이고 일부 지역에 Alfisols(Luvisols)이 분포한다. 토양 생성 및 발달에 장기간이 소요되는 Ultisols은 강수량이 많은 지역에서 생성되고, Oxisols은 극심한 풍화작용이 일어난 토양으로 점토 함량이 높으나 이온교환용량은 낮다. 온대림의 전형적인 토양은 Alfisols과 Histosols이며, Alfisols은 잘 발달한 토양단면의 활엽수림에서 생성되고, Histosols은 배수가 불량한 지역의 산림토양이다. 한대림의 전형적인 토양은 Spodosols(Podzols)로 강수량이 많고 조립질 모재의 침엽수림에서 주로 생성되며, Gelisols(Cryosols)은 영구동토대, Histosols은 기온이 낮고 침수되기 쉬운 지역에 분포한다. Entisols(Regosols, Leptosols, Fluvisols, Arenosols)과 Inceptisols(Cambisols, Umbrisols, Nitisols) 등은 모든 기후대에서 나타나지만 온대나 한대 지역에 주로 분포한다. Andisols(Andosols)은 대륙의 가

장자리에 제한된 토양목으로 비정질(非晶質, amorphous) 점토와 유기물 함량이 높아 산림생산력이 높다(그림 1-12, 표 1-11 참조).

1 열대림

열대우림의 50% 이상이 중 · 남아메리카, 아프리카, 아시아-태평양 지역에 위치하며, 극심한 풍화가 일어난 Oxisols과 Ultisols이 주로 분포한다. 열대 상록활엽수나 낙엽활엽수가 분

그림 1-12 기후대별 식생의 대표 토양목(A: 열대림, B: 온대림, C: 한대림)
[USDA NRCS, 2015]

표 1-11 홀드리지(Holdridge) 생물-기후군에 의한 Soil Taxonomy의 토양목과 WRB의 참조토양군 분포

홀드리지 생물-기후군	Soil Taxonomy	WRB	면적 (백만 ha)
난 · 온대 습윤림	Ultisols	Acrisols	154
냉 · 온대 습윤림	Molisols	Chernozems, Phaezeoms, Greyzems	166
냉 · 온대 습윤림 한정	Alfisols(Eutroboralfs)	Podzoluvisols, Albic Luvisols	75
난 · 온대 습윤	Oxisols	Ferrasols	10
난대와 냉 · 온대	Histosols, Inceptisols, Entisols(Aquepts, Aquents)	Histosols, Gleyosols	102
전 지역	모든 토양군의 Lithic 아군	Lithosols, Leptosols	324
냉 · 온대 습윤과 난 · 온대 건조	Mollisols	Kastanozems	56
전 지역	Alfisols, Inceptisols	Orthic Luvisols, Cambisols	451
난 · 온대 습윤과 난 · 온대 건조	Alfisols, Ultisols	Nitosols, Ferric Luvisols	15
냉 · 온대 한정	Spodosols	Podzols	18
난 · 온대 한정	Psamments	Arenosols, Sandy Regosols	7
전 지역(과습 제외)	Alfisols, Inceptisols	Chromic Luvisols, Cambisols	133
난 · 온대 건조와 습윤 한정	Aridsols(Salothids와 Natric 대군)	Solonchak, Solonetz	44
전 지역	Andisols	Andosols	51
난 · 온대 한정	Vertisols	Vertisols	18
냉 · 온대 습윤 및 난 · 온대 건조	Alfisols, Ultisols, Aridsols	Planosols	27
냉 · 온대 건조	Aridsols, Entisols(Psamments)	Xerosols	32
대부분 난 · 온대림	Aridsols, Entisols(Psamments)	Yemosols	54

[Adams *et al*., 2019]

포하는 Oxisols은 높은 기온과 습도로 인해 낙엽 분해와 양분 순환이 빠르고, 풍화작용이 활발하여 토심이 깊게 나타난다. 풍화와 용탈로 인해 표토로부터 규산염 광물이 제거되었고 심토는 철이나 알루미늄 함수산화물의 함량이 높다. 약산성 토양(pH 5.5~6.0)을 형성하고 철, 알루미늄, 망가니즈 등이 산화물로 침전되어 적색이나 적황색의 토색을 보인다. Ultisols은 Oxisols에 비해 풍화작용의 영향이 크지 않으며 토양 비옥도도 낮다. Oxisols과 Ultisols은 강산성으로 인해 교환성 알루미늄 함량이 높으며 인, 칼륨, 칼슘, 질소, 마그네슘과 미량원소 함량이 낮아 수목 뿌리는 용탈된 양분을 흡수하기 위해 깊게 발달한다. 수계 가까이 있는 범람지에는 Inceptiols이 분포하며 퇴적물의 공급원에 따라 토양 비옥도가 달라진다.

열대 몬순림은 건기 5개월 동안 900mm 이내의 강수가 발생하는 지역으로 낙엽활엽수가 분포하나 습윤 지역은 티크(*Tectona grandis*), 핀카도(*Xylia xylocarpa*) 등이 우점한다. 토양은 열대우림에 비해 풍화작용의 영향이 크지 않으며 Ultisols, Oxisols, Vertisols이 분포한다.

열대 건조림의 산림토양은 유기물 함량이 낮고 용탈이 심하지 않으며, 표토에 칼슘염이 집적된 지역은 Inceptisols과 Alfisols이 분포한다. 열대림 중 해발고가 높은 산악림(Motane forests) 지역은 소나무과, 측백나무과, 자작나무과, 목련과 등이 우점하며 Andisols, Inceptisols, Alfisols, Ultisols 등이 분포한다.

2 온대림

온대의 토양은 지상부 식생뿐만 아니라 기온과 강수량의 계절적 변이성을 반영하여 다양한 토양목과 아목이 산림지대에서 발견된다. 온대 지역의 산림토양 대부분은 Alfisols과 Inceptisols이 우점하며, 표면에 단단한 암석과 토심이 매우 얕은 암쇄토도 일부 분포한다. 온대 지역의 산림은 대부분 질소가 생장을 제한하지만 대기로부터의 질소 유입이 많은 일부 지역은 질소의 포화가 발생하기도 한다.

온대 낙엽수는 비교적 온난한 습윤 지역에 우점하며 Entisols, Inceptisols, Alfisols, Ultisols이 분포한다. Entisols과 Inceptisols은 미숙토양으로 층위 발달이 빈약하고, 붕적모재에 의한 경사지나 하천 범람지의 충적모재로부터 생성되기도 한다. Alfisols은 상당량의 점토가 B층에 집적되고 염기포화도가 35% 이상이며 토양 비옥도도 높다. Ultisols은 심하게 풍화된 토양으로 양분이 표토 수 센티미터 내에 대부분 분포하고 토심이 깊어질수록 양분량이 감소한다.

온대 상록수림은 낙엽수림에 비해 토양 비옥도가 낮은 지역에서 생육하는 경향이 있다. 냉·온대 습윤 지역의 침엽수림에는 Spodosols(Podzols)이 주로 분포하며, 강산성 토양에서 생육하는 식생은 철이나 알루미늄에 의한 가용성 인(P)의 불용화로 수목 생장이 제한되기도 한다.

3 한대림

한대림 및 아한대림은 북아메리카, 유럽, 아시아의 넓은 지역에 분포한다. 한대림에 분포하는 주요 토양목 중 Spodosols은 기후 요인, Gelisols은 지형 요인, Histosols은 기후와 지형의 복합적인 요인에 의해 생성된다.

Spodosols은 포드졸화 작용에 의해 생성되며 토양 표면에 집적된 유기물질로부터 생성된 수용성 유기산이 심토로 이동하거나 철과 알루미늄 이온 복합체(킬레이트)의 생성으로부터 발생한다. 그 결과 토양 상층부에 재(ash)와 같은 회색 층위가 형성되고, 층위 아래에는 유기물, 철, 알루미늄이 풍부하다. 냉대기후의 습한 환경에서 침엽수 낙엽의 분해가 느리게 진행되거나, 토양으로부터 용탈이 쉽게 발생할 수 있는 투수성이 양호한 지역, 석영이 풍부한 모재 등은 포드졸화 작용을 촉진한다. 모래 함량이 높은 사질 토성급의 포드졸화 작용은 수백 년이 소요되지만 성숙한 Spodosols의 생성에는 2,300~5,000년 정도가 필요하다(Thiffault, 2019). 강수량이 적거나 토양 수분의 침투 및 투수가 불량한 산림 지역에는 Inceptisols이나 Entisols이 분포하기도 한다.

Gelisols은 극저온 지역에서 발생하는 해동과 동결 같은 요인이 토양 생성에 기여하며 캐나다, 알래스카, 러시아, 몽골, 중국, 북유럽의 영구동토대 심토층에 주로 분포한다. Alfisols은 추운 겨울과 짧고 서늘한 여름의 습윤한 기후 조건 아래 침엽수림이나 혼효림의 평지에서 발달한다. 일반적으로 기온이 낮고 침수가 발생한 지역은 유기물 분해가 느리게 진행되며 10~60cm의 두꺼운 유기물층이 형성되는 Histosols이 분포한다.

1·3 산림토양 분류

Soil Taxonomy와 WRB에는 산림토양이 토양 분류 체계에 포함되어 있으며, 대부분의 국가도 농경지, 산지, 초지 등에 대해 하나의 토양 분류 기준을 적용하고 있다. 그러나 한국, 일본, 북한 등은 산림생산적인 면을 중요시하는, 독자적인 산림토양 분류 체계를 구축하였다(표 1-12 참조).

표 1-12 국가별 산림토양 분류 체계 및 분류 단위

국가	분류 체계	분류 단위	발표(수정)연도	분류군 수
한국	형태적 분류	토양군, 토양아군, 토양형	2005	8토양군, 11토양아군, 28토양형
일본	형태적 분류	토양군, 토양아군, 토양형, 토양아형	1975	8토양군, 24토양아군, 74토양형, 12아형
북한	생성론적 분류	토양형, 토양아형, 토양속, 토양종	1990	10토양형, 22토양아형, 모암에 따른 토양속, 토양종

1·3·1 한국

우리나라에서 산림토양에 대한 조사는 1968년 안성천, 상주천, 동진강 유역을 대상으로, 1970년대에는 전국 14개 대단지 산지개발계획에 따라 실시하였다. 1974년에는 전국 산림 664만 ha를 대상으로 임지 생산능력을 5등급으로 구분한 후 조림수종 선정지침을 위한 간이 산림토양도를 제작한 바 있다. 1980년대에는 80개의 경제림 단지 209,000ha에 대한 정밀 토양 조사를 진행하고 토양 약 26,551점에 대한 물리 · 화학적 성질을 분석하였다(이천용 등, 2009).

표 1-13 우리나라의 산림토양 분류

토양군		토양아군		토양형		면적 (천 ha)
갈색산림토양 (Brown forest soils)	B	갈색산림토양	B	갈색건조산림토양	B_1	1,810
				갈색약건산림토양	B_2	2,309
				갈색적윤산림토양	B_3	330
				갈색약습산림토양	B_4	20
		적색계갈색산림토양	rB	적색계갈색건조산림토양	rB_1	36
				적색계갈색약건산림토양	rB_2	49
적황색산림토양 (Red & Yellow forest soils)	R·Y	적색산림토양	R	적색건조산림토양	R_1	1
				적색약건산림토양	R_2	2
		황색산림토양	Y	황색건조산림토양	Y	–
암적색산림토양 (Dark Red forest soils)	DR	암적색산림토양	DR	암적색건조산림토양	DR_1	111
				암적색약건산림토양	DR_2	121
				암적색적윤산림토양	DR_3	7
		암적갈색산림토양	DRb	암적갈색건조산림토양	DRb_1	172
				암적갈색약건산림토양	DRb_2	195
회갈색산림토양 (Gray Brown forest soils)	GrB	회갈색산림토양	GrB	회갈색건조산림토양	GrB_1	174
				회갈색약건산림토양	GrB_2	209
화산회산림토양 (Volcanic ash forest soils)	Va	화산회산림토양	Va	화산회건조산림토양	Va_1	18
				화산회약건산림토양	Va_2	32
				화산회적윤산림토양	Va_3	16
				화산회습윤산림토양	Va_4	2
				화산회자갈많은산림토양	Va-gr	0.2
				화산회성적색건조산림토양	$Va\text{-}R_1$	0.1
				화산회성적색약건산림토양	$Va\text{-}R_2$	1
침식토양 (Eroded soils)	Er	침식토양	Er	약침식토양	Er_1	23
				강침식토양	Er_2	6
				사방지토양	Er-c	30
미숙토양 (Immature soils)	Im	미숙토양	Im	미숙토양	Im	4
암쇄토양 (Lithosols)	Li	암쇄토양	Li	암쇄토양	Li	18
8개 토양군		11개 토양아군		28개 토양형		

[국립산림과학원, 2005; 산림청 · 한국임업진흥원, 2022]

산림자원의 과학적이고 효율적인 관리를 위한 산림지리정보시스템(forest geographic information system, FGIS) 구축사업의 일환으로 1995~2004년 640만 ha 산림의 입지환경과 토양 성질 및 주요 수종의 생산력 등 34개 주요 인자를 조사하고 분석하여 1 : 25,000의 산림입지도에 대한 GIS 정보를 구축한 바 있다. 2009~2021년에는 전국 산림을 대상으로 산림 입지환경 및 토양단면을 구분하여 조사하고 세부 정밀 지도인 1 : 5,000 산림입지토양도를 제작하였다.

우리나라의 산림토양은 주로 화강암과 화강편마암에서 유래한 모암으로부터 생성되어 모래함량이 높은 사양토와 산성 토양의 특성을 지니고 있다. 과거에 식생의 도·남벌 및 유기물층 제거와 같은 인위적 교란이 심했던 탓에 산림 내 정상적인 물질 순환이 이루어지지 않아 토양단면의 발달이 빈약하고 유기물 함량이 낮은 지역이 많이 분포한다. 경사지가 많고 여름철 장마기 동안 빈번한 집중호우로 토양 침식과 유실이 심하지만 일부 산록부의 경우는 붕적으로 인해 토심이 깊게 나타난다. 지형에 따라 토양 수분의 조건이 다르게 나타나 산정 부근은 건조, 산복은 약건, 산록 하부는 적윤이나 약습을 보이는 경우가 많다.

우리나라의 산림토양은, 1988년 임업연구원(현 국립산림과학원)에서 자연분류계통 방식의 독자적인 분류 체계를 수립하여 발표한 이후로 현재까지 가장 광범위한 범주인 8개 산림토양군(Soil Group)과 11개 산림토양아군(Subgroup), 그리고 가장 세부적 범주인 28개 산림토양형(Type)으로 나뉜다(표 1-13 참조).

모암으로부터 유래한 토색이나 지형에 따른 수분 조건의 변화를 중시하였으며, 토양군으로는 화강암과 편마암 모재로부터 유래한 갈색산림토양군, 석회암 모재의 암적색산림토양군, 응회암이나 사암 모재의 암적갈색산림토양군, 현무암 모재나 화산재가 포함된 화산회산림토양군 등이 있다(부록 참조). 산림토양형의 경우 침식토양군을 제외하고 산지에서 주로 나타나는 수분 조건을 4개의 정성적인 특성에 따라 세분하여 건조산림토양형은 1, 약건산림토양형은 2, 적윤산림토양형은 3, 약습산림토양형은 4를 아래첨자로 토양아군의 기호 뒤에 더해 표기한다.

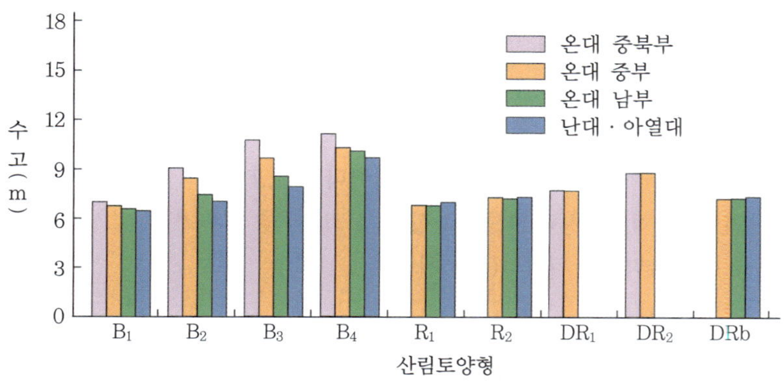

그림 1-13 산림기후대 및 산림토양형별 20년생 소나무의 수고 생장 특성
[鄭鎭炫 등, 1994]

산림토양형 분포는 산림 지역의 지형 발달과 밀접한 관계가 있으며 산림기후대별 산림생산력(그림 1-13 참조)을 비교적 정확하게 판정하거나 예측할 수 있다고 알려져 있다(鄭鎭炫 등, 1994).

1·3·2 일본

일본은 1976년 임업시험장(현 森林總合研究所)에서 산림 지역을 대상으로 한 「임야 토양의 분류(林野土壤の分類)」(林業試驗場, 1976)를 발표하여 적용해 오다가 2017년 이후에는 농경지토양 분류와 통합한 일본토양분류체계(日本土壤分類体系, Soil Classification System of Japan)로 전환하였다. 산림토양의 분류 체계는 자연분류계통 방식을 채용하여 토양군(Soil Group), 토양아군(Subgroup), 토양형(Type), 아형(Subtype)의 네 단계로 구분하고 있다(표 1-14 참조).

토양군의 경우 토양단면이 유사한 감식층에 유사한 배열과 특성을 나타낸다. 토양아군은 ① 토양군에서 나타나는 전형적인 특성을 보이는 토양, ②다른 토양군의 토양생성과정에서 영향을 받은 토양, ③하나의 토양군과 다른 토양군 사이로 전이를 나타내는 토양 등이다. 토양형은 감식층의 발달 정도나 토양 구조의 차이에 따라 분류하고 산악지대의 미세지형 차이에 기반을 둔 수분 조건을 반영하며, 아형은 토양형 구분에 사용하는 토양 구조와 같은 특성에 기반을 둔 토양형의 하위 분류 단위이다.

1·3·3 북한

북한의 산림토양 분류 체계는 토양생성과정에 기반을 두었지만 산림생산적 원칙도 고려한 절충형 분류 체계라고 할 수 있다. 토양의 분류 단위는 토양형(Type), 토양아형(Subtype), 토양속(Genus), 토양종(Species)의 네 단계이며, 토양생성인자인 생물, 기후, 수문 등이 비교적 동일한 조건에서 발달하고 토양의 생산적 특성에서 공통성이 있는 고차 분류 단위로 3개의 토양대성에 10개의 토양형이 있다(표 1-15 참조).

토양아형은 산림토양형 내 토양생성과정과 토양의 생산적 특성이 토양형보다는 좁은 범위에서 차이를 보이는 토양 유형이고, 토양속의 경우 토양아형 내에서 토양 생성 모암의 기원과 조성, 지하수의 수질에 따라 분류하는 단위이다. 토양종의 경우 토양속 내에서 토양 내 여러 가지 물질의 수직 및 수평적 이동 과정과 집적 과정에서 가장 밀접한 공통성이 있는 기본적인 토양의 유형적 분류 단위이다(김용찬, 1990).

표 1-14 일본의 산림토양 분류

토양군		토양아군		토양형	아형
포드졸 (Podzolic soils)	P	건성 포드졸(Dry podzolic soils)	P_D	P_{DI}, P_{DII}, P_{DIII}	
		습성 철형 포드졸(Wet-iron podzolic soils)	$P_W(i)$	$P_W(i)_I$, $P_W(i)_{II}$, $P_W(i)_{III}$	
		습성 부식형 포드졸(Wet-humus podzolic soils)	$P_W(h)$	$P_W(h)_I$, $P_W(h)_{II}$, $P_W(h)_{III}$	
갈색 삼림토 (Brown forest soils)	B	갈색 삼림토(Brown forest soils)	B	B_A, B_B, B_C, B_D, B_E, B_F	$B_D(d)$
		암색계 갈색 삼림토(Dark-brown forest soils)	*d*B	dB_D, dB_E	$dB_D(d)$
		적색계 갈색 삼림토(Reddish-brown forest soils)	*r*B	rB_A, rB_B, rB_C, rB_D	$rB_D(d)$
		황색계 갈색 삼림토(Yellowish-brown forest soils)	*y*B	yB_A, yB_B, yB_C, yB_D, yB_E	$yB_D(d)$
		표층 글레이화 갈색 삼림토(Surface-gleyed brown forest soils)	*g*B	gB_B, gB_C, gB_D, gB_E	$gB_D(d)$
적·황색토 (Red and Yellow soils)	RY	적색토(Red soils)	R	R_A, R_B, R_C, R_D	$R_D(d)$
		황색토(Yellow soils)	Y	Y_A, Y_B, Y_C, Y_D, Y_E	$Y_D(d)$
		표층 글레이계 적색 및 황색토(Surface-gleyed red and yellow soils)	*g*RY	gRY_I, gRY_{II}, $gRYb_I$, $gRYb_{II}$	
흑색토 (Black soils)	B*l*	흑색토(Black soils, typical)	B*l*	Bl_B, Bl_C, Bl_D, Bl_E, Bl_F	$Bl_D(d)$
		담흑색토(Light-colored black soils)	*l*B*l*	lBl_B, lBl_C, lBl_D, lBl_E, lBl_F	$lBl_D(d)$
암적색토 (Dark-red soils)	DR	염기계 암적색토(Eutric dark-red soils)	*e*DR	eDR_A, eDR_B, eDR_C, eDR_D, eDR_E	$eDR_D(d)$
		비염기계 암적색토(Dystric dark-red soils)	*d*DR	dDR_A, dDR_B, dDR_C, dDR_D, dDR_E	$dDR_D(d)$
		화산계 암적색토(Volcanogenus dark-red soils)	*v*DR	vDR_A, vDR_B, vDR_C, vDR_D, vDR_E	$vDR_D(d)$
글레이 (Gley soils)	G	글레이(Gley soils)	G	G	
		유사 글레이(Pseudogley)	psG	psG	
		글레이포드졸(Podzolic gley)	PG	PG	
이탄토 (Peaty soils)	Pt	이탄토(Peat soil)	Pt	Pt	
		흑니토(Muck soil)	Mc	Mc	
		이탄포드졸(Peat podzol)	Pp	Pp	
미숙토 (Immature soils)	Im	수식토(Eroded soils)	Er		
		미숙토(Immature soils)	Im		

[林業試驗場, 1976]

표 1-15 북한의 산림토양 분류

토양대성		토양형	토양아형	토양속	토양종
수직대성 토양	1	고산 습초원 토양 (Alpine meadow soil)	고산 부식 집적 습초원 토양 고산 미발달 습초원 토양 산악 관목림 습초원 토양	토양 생성 모암[화강암, 화강편마암, 석회암, 현무암, 편암류, 비석회질 퇴적암, 속돌(경석)]에 따라 분류함	강침식지 토양 중침식지 토양 약침식지 토양 건조지 토양 적습지 토양 과습지 토양 바닷가 모래질 토양 강가 모래질 토양 암질 토양 부식 집적 토양 이탄 토양 염성 토양
	2	산악 표백성 토양	산악 산림 부식 집적 표백성 토양(Humic mountain forest soil) 산악 산림 표백성 토양(Podzolic mountain forest soil) 산악 갈매화 산림 표백성 토양(Gley mountain-podzolized brown forest soil)		
	3	산악 표백화 산림 갈색 토양	산악 표백성 산림 갈색 토양(Podzolic mountain-brown forest soil) 산악 및 붉은색 표백화 산림 갈색 토양(Senile red mountain-podzolized brown forest soil)		
수평대성 토양	4	산림 갈색 토양	산림 암갈색 토양(Dark-brown forest soil) 산림 담갈색 토양(Raw brown forest soil) 옛붉은색 산림 갈색 토양(Senile red brown forest soil)		
	5	산림 적갈색 토양	산림 암적갈색 토양(Dark reddish brown forest soil) 산림 담적갈색 토양(Raw red-brown forest soil) 옛붉은색 산림 적갈색 토양(Senile red reddish brown forest soil)		
	6	적색 토양(Red soil)			
	7	황색 토양(Yellow soil)			
간대성 토양	8	충적지 토양	옛충적지 토양(Senile alluvial soil) 현대 충적지 토양(Juvenile alluvial soil)		
	9	진펄 토양	고위치 진펄 토양(Highland boggy soil) 저위치 진펄 토양(Lowland boggy soil)		
	10	속돌층 토양	산악 표백성 속돌층 토양 산악 표백화 속돌층 토양		

[김용찬, 1990]

1·4 산림토양의 공간정보

산림 분야에서 GIS와 GPS를 활용한 산림관리의 중요성이 증대함에 따라 산림토양 분야에서도 다양한 축척의 공간정보에 대한 필요성이 높아지고 있다. 산림토양은 마이크로 규모뿐만 아니라 층위, 페돈, 소지형, 유역 등 서로 다른 축척의 위치 및 속성 정보를 포함하고 있

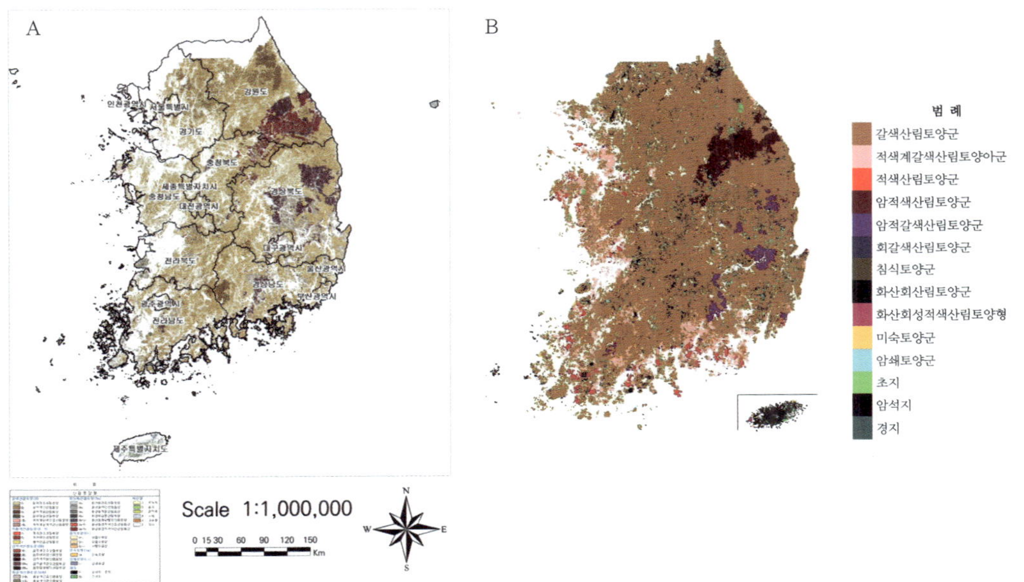

그림 1-14 1 : 5,000 산림입지토양도(A)와 1 : 25,000 산림입지도(B)를 기반으로 작성한 산림토양군 분포도

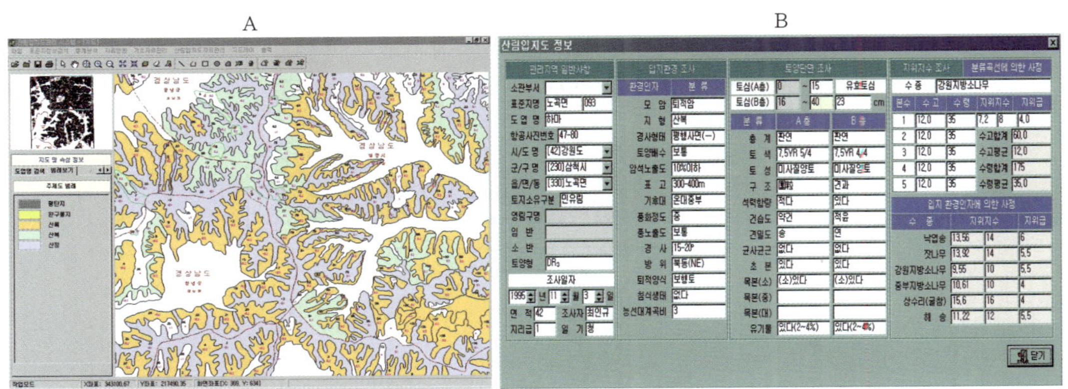

그림 1-15 1 : 25,000 산림입지도의 위치 정보(A)와 속성 정보(B)

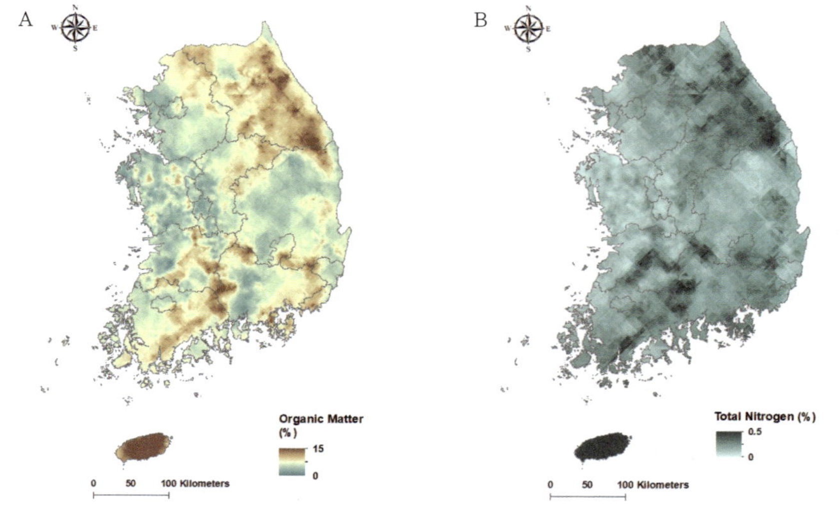

그림 1-16 산림토양의 유기물(A) 및 전질소(B) 분포도[산림청 · 한국임업진흥원, 2022]

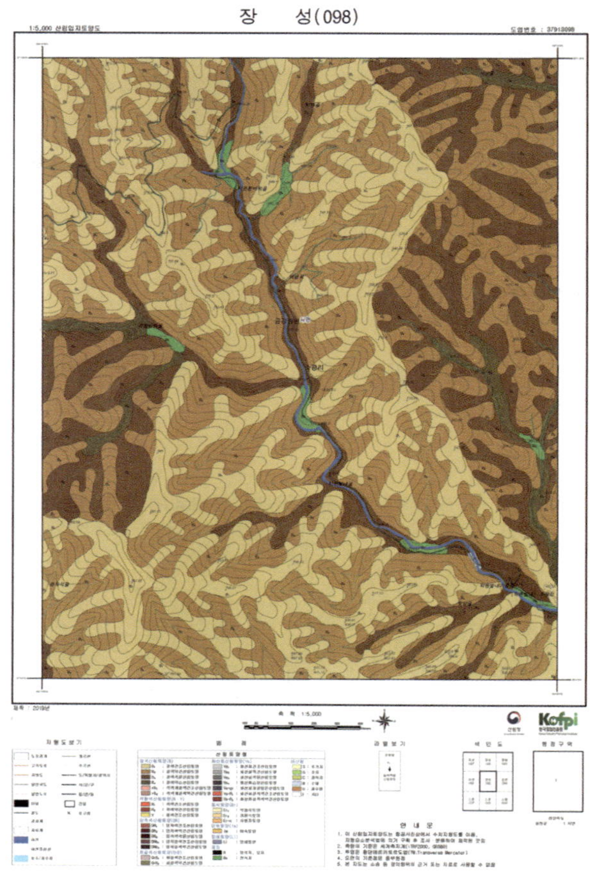

그림 1-17 1 : 5,000 산림입지토양도와 산림토양형 구획[한국산지환경조사연구회]

다. 산림 지역의 입지환경, 토양 성질과 임목 생육 상태, 잠재 생산력 등의 유형별 분류 및 도면화는 산림자원 조성을 위한 산림사업의 기초 자료로 제공될 수 있다.

산림 지역의 입지환경과 토양단면의 위치 및 속성 정보가 1 : 25,000 산림입지도와 1 : 5,000 산림입지토양도(그림 1-14 참조)로 구축됨으로써 산림자원 관리정책 결정의 효율성 확보와 함께 정밀임업을 수행할 수 있는 기반이 조성되었다. 지형 정보와 속성 정보가 웹 기반으로 구축되어(그림 1-15 참조) 사용자가 쉽게 접근할 수 있으며, 여러 가지 조건을 선택하면 필요한 정보나 자료를 내려받을 수 있다.

이러한 자료를 바탕으로 정밀도가 높은 적지적수 선정 프로그램이나 산사태 위험지 판정 프로그램 등 다양한 산림관리 응용 프로그램을 개발하고, 토양 유기물이나 전질소 분포도(그림 1-16 참조)와 같은 산림토양 분야의 각종 주제도를 생산할 수 있게 되었다. 1 : 5,000 산림입지토양도(그림 1-17 참조)의 경우 모암 외 12개 인자의 산림 입지환경 정보와 유기물층 두께 외 8개의 산림 토양단면 정보에는 전토심, 유효토심, 토양 건습도, 토양 견밀도 등의 정성적 · 정량적 속성 정보가 포함되어 소규모 지역 단위에서도 산림생산력 추정을 위한 지위 판정이나 적지적수 선정 등과 관련이 있는 모델을 개발할 수 있다.

1·5 맺음말

토양 모재의 기원과 풍화의 기작 및 이동 · 퇴적과 같은 특성은 토양 생성을 이해하는 데 중요하다. 지형에 따라 오랜 시간 동안 변형된 모재는 기후나 생물과 같은 토양생성인자의 영향 아래 다양한 종류의 토양으로 발달한다. 두 지역에 토양생성인자가 같은 영향을 끼치고 있다면 이들 지역에서는 서로 유사한 토양이 생성된다.

일반적으로 모재에 존재하지 않던 층위가 토양단면에 나타나면 토양 생성이 시작되었다고 보며, 표토층의 유기물 집적과 용해성 이온 및 점토의 하향 이동은 토양생성과정이 진행 중이라는 증거이다. 토양단면 내 층위의 특성은 그 지점의 과거와 현재의 기후, 생물, 지질학적 특성에 대한 정보를 반영하고 있다.

토양 분류에서 Soil Taxonomy와 WRB가 광범위하게 사용되고 있지만 산림토양 분류로 직접 적용하기에는 어려움이 있다. 우리나라의 산림토양 분류는 토양단면의 형태적 특성을 일부 반영한 일종의 실용적 분류 체계를 적용하고 있으며, 그 결과 조림적지 판정이나 산림 생산력 예측의 정확도가 높다고 알려져 있다. 그러나 분류한 28개의 산림토양형으로는, 산림 면적과 모재나 기후 등의 토양생성인자를 고려할 때 다양하게 분포하는 산림토양의 특성을 적절하게 반영하지 못하는 한계가 있다. 한편 1 : 5,000 산림입지토양도의 구축으로 산림 입지환경 및 토양단면의 위치 및 속성 정보가 제공됨에 따라 지속가능한 산림자원 관리를 위한 올바른 의사 결정을 지원할 수 있게 되었다.

연습문제

1. 물리적 풍화작용과 화학적 풍화작용에서의 물의 역할을 설명하시오.
2. 토양 생성에 영향을 끼치는 다섯 가지 인자를 설명하고, 주도적 변수와 상태변수를 구분하시오.
3. 토양 생성의 네 가지 기본 과정을 설명하시오.
4. 온대 습윤 산림대에서 발달할 수 있는 가상적인 토양단면을 그리고, 각 층위의 특징을 설명하시오.
5. 미국 토양분류체계(Soil Taxonomy)와 WRB를 구분하시오.
6. 우리나라의 산림토양 분류 체계를 구분하고, 특징을 설명하시오.

참고문헌

1. 국립산림과학원. 2005. 산림토양단면도집. 연구신서 제6호.
2. 국립산림과학원. 2015. 산림입지토양조사 필드 가이드.
3. 김용찬. 1990. 산림토양의 유형적 분류에서 제기되는 몇 가지 문제. 산림과학 9(1): 340-344.
4. 박수진, 손연규, 홍석영, 박찬원, 장용선. 2010. 한국 주요 토양 유형의 공간적 분포와 토양형성요인을 이용한 예측 가능성 평가. 대한지리학회지 45(1): 95-118.
5. 산림청, 한국임업진흥원. 2022. 1 : 5,000 산림입지토양도: 13년의 성과와 미래.
6. 손요환, 김춘식, 박관수, 윤태경, 이계한. 2020. 산림토양학. 향문사.
7. 이천용, 정진현, 손요환, 변재경, 구창덕. 2009. 산림토양. 한국토양비료학회지 42: 238-258.
8. 흙토람. 2023. FAO분류(WRB). soil.rda.go.kr.
9. 林業試驗場. 1976. 林野土壤の分類. 林業試驗場研究報告 280: 1-28.
10. 鄭鎭炫, 金泰勳, 具敎常, 車淳馨. 1994. 韓國の森林土壤分類および褐色森林土壤群の性質と林木生長. 日本土壤肥料學會雜誌 65: 483-492.
11. Adams MB, Kelly C, Kabrick J, Schuler J. 2019. Temperate forests and soils. In: Busse M *et al.* (ed). Global Change and Forest Soils: Cultivating Stewardship of a Finite Natural Resource. Elsevier.
12. Binkley D, Fisher RF. 2020. Ecology and Management of Forest Soils. 5th edition. John Wiley & Sons Ltd.
13. IUSS Working Group WRB. 2022. World Reference Base for Soil Resources. International soil classification system for naming soils and creating legends for soil maps. 4th edition. International Union of Soil Science (IUSS), Vienna, Austria.
14. National Academy of Agricultural Science. 2014. Taxonomical Classification of Korean Soils.
15. Osman KT. 2013. Forest Soils: Properties and Management. Springer.
16. Soil Survey Staff. 2022. Key to Soil Taxonomy. 13th edition. USDA Natural

Resources Conservation Service.

17. Song KC, Hyun BK, Kang HJ. 2019. Reclassification of Korean soils according to revised soil taxonomy. Korean Journal of Soil Science and Fertilizer 52(2): 93–104.
18. Thiffault E. 2019. Boreal forests and soils. In: Busse M *et al.* (ed). Global Change and Forest Soils: Cultivating Stewardship of a Finite Natural Resource. Elsevier.
19. USDA NRCS. 2015. Illustrated Guide to Soil Taxonomy.
20. Weil RR, Brady NC. 2017. The Nature and Properties of Soils. 15th edition. Pearson Education.

제2장

산림토양의 성질

산림에서 임목이 정상적으로 생육하기 위해서는 빛, 온도, 양분과 수분 공급, 토양 환경 등 여러 가지 필수적인 조건이 충족되어야 한다. 산림생태계 구성 인자인 토양은 식물이 정착하여 살아가기 위한 장소를 제공하고, 식물에게 수분과 양분의 공급원이 되며, 뿌리 호흡을 위한 산소를 공급하고, 유기물을 분해하는 수많은 토양 생물의 서식처가 된다. 임목의 생육에 필요한 여러 조건을 충족하는 능력은 토양마다 다르다.

토양 수분은 임목 생장을 조절하는 결정적 인자이다. 토양에 축적되는 수분의 양, 식물에 대한 수분 유효도, 그리고 배수와 증발 모두 토양의 물리적 성질에 의해 결정된다. 토양의 골격을 이루는 토성을 포함하여 토양 구조, 공극률, 토양 온도와 같은 산림토양의 물리적 성질은 토양의 통기성, 토양의 잠재적 비옥도, 생물적 활동성, 뿌리 신장에 영향을 준다.

식물이 필요로 하는 양분 공급은 토양의 화학적 성질을 포함하여 토양의 유기물 함량, 토양 수분, 토양 공기, 토양 동물과 미생물, 토양 온도 등에 의해 결정된다. 이와 같은 산림토양의 물리 · 화학 · 생물적 성질은 모두 상호 작용하면서 서로 다른 토양의 성질에 영향을 끼친다. 이 장에서는 이와 같은 토양의 물리 · 화학 · 생물적 성질, 유기물, 토양수를 알아본다.

2·1 산림토양의 물리적 성질

2·1·1 토양입자

토양은 다양한 크기의 입자로 구성되어 있다. 토양에는 개개의 토양 알갱이로 된 1차입자와, 1차입자가 뭉쳐진 2차입자, 즉 입단이 있다. 보통 농경지토양에서 지름이 2mm 이상인 자갈 또는 작은 돌 등은 물리 · 화학적 성질 면에서 역할이 매우 적으므로 토성에 포함시키지 않는다. 그러나 2mm 이상의 큰 입자를 산림토양에서 발견하기는 어렵지 않다. 산림토양에서는 크기가 2mm 이상인 입자가 전체 토양 중 80% 또는 그 이상도 자주 나타난다 (Osman, 2013). 지름이 2mm 이하인 1차입자는 다시 모래 · 미사 · 점토의 세 가지로 분류한다. 토양입자들은 크기에서 차이가 있을 뿐만 아니라 물리적 성질과 광물적 특성에서도 많은 차이가 있다.

토양을 구성하는 광물질 입자의 크기(입경) 분포는 토성을 결정하는 요인이 된다. 토양의 입경에 대한 분류 체계는 나라마다 다르게 발전해 왔다. 국제토양학회와 미국 농무부에서는 토양입자를 표 1-16과 같이 분류하였다. 미국 농무부는 모래를 2.0~0.05mm, 미사를 0.05~0.002mm, 점토를 0.002mm 이하로 분류하였다. 미국 농무부의 분류에 따르면 입자의 크기가 가장 큰 극조사의 1g당 입자 수는 약 90개, 비표면적은 11cm^2 정도이고, 크기가 가장 작은 점토의 1g당 입자 수는 약 900억 개, 비표면적은 800만 cm^2 정도여서 차이가 크게 난다.

표 1-16 토양입자의 구분과 특성

구 분	지름(mm)		입자 수	비표면적
	미국 농무부	국제토양학회	(개·g^{-1})	(cm^2·g^{-1})
극조사(very coarse sand)	2.00~1.00	–	90	11
조사(coarse sand)	1.00~0.50	2.00~0.20	720	23
중간사(medium sand)	0.50~0.25	–	5,700	45
세사(find sand)	0.25~0.10	0.20~0.02	46,000	91
극세사(very find sand)	0.10~0.05	–	722,000	227
미사(silt)	0.05~0.002	0.02~0.002	5,776,000	454
점토(clay)	0.002 이하	0.002 이하	90,260,853,000	8,000,000

[진현오 등, 2013]

수분과 양분 흡착 및 가스교환에 관여하는 토양의 비표면적이 토양의 수분 보유력, 유기물과의 결합, 양이온 교환, 생물적 활동에 결정적인 역할을 하므로 토양입자의 분포는 임목 생장에 매우 중요하다.

2·1·2 토성

토성(土性, soil texture)이란 토양에 있는 무기질 입자의 크기 구성에 따른 토양의 분류를 말한다. 즉 토성은 토양에 있는 모래(sand), 미사(silt), 점토(clay)의 상대적인 비율로 결정되며, 임목의 생육에 중요한 여러 가지 물리 · 화학적 성질을 결정하는 주요 인자이다.

1 토성 구분

입도분석을 하지 않고도 현장에서 손가락의 촉감으로 토성을 분류하는 촉감법(제 I 편 제1장 1·1·7 참조)은 간단하고 편리하게 토성을 구분할 수 있지만 모래 · 미사 · 점토 각각의 비율을 알아낼 수 없는 단점이 있다. 일반적으로는 피펫법 또는 비중계법을 사용하여 입도분석에서 얻은 모래 · 미사 · 점토의 중량에 대한 각각의 백분율을 계산한 뒤 토성삼각도(土性三角

圖, soil textural triangle)에 따라 토성을 결정한다. 예를 들어 토양에 모래 40%, 미사 40%, 점토 20%가 포함되어 있으면 이를 양토라고 한다. 미국 농무부의 토성삼각도에 표시된 총 12개의 토양명은 그림 1-18과 같다.

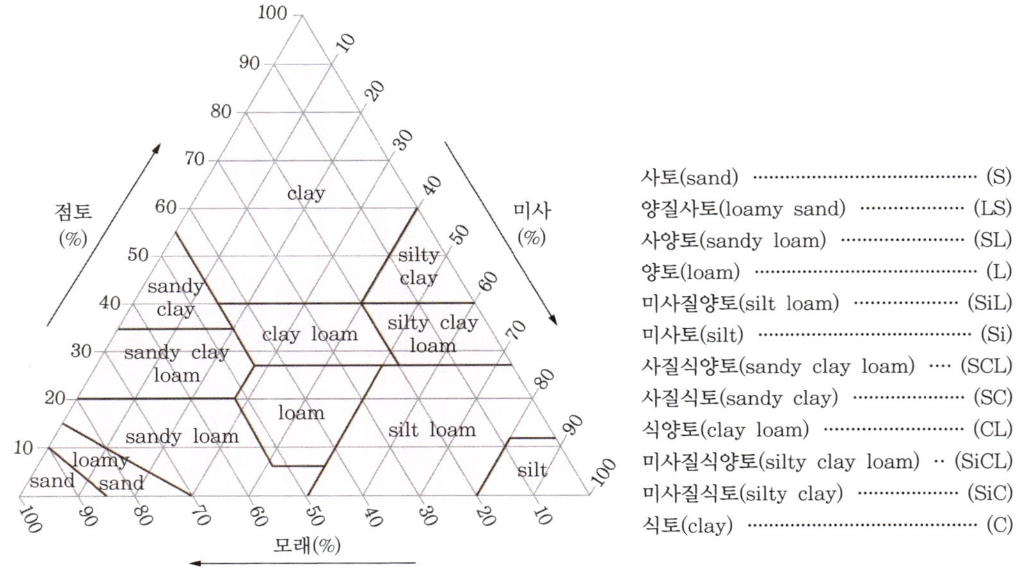

그림 1-18 미국 농무부의 토성삼각도와 12개 토성[진현오 등, 2013]

2 물리 · 화학적 성질

토성의 차이는 수분 보유력, 양이온교환용량과 같은 토양 특성에 큰 영향을 미친다. 굵고 거친 입자의 모래가 많은 사토(sand)는 입자 사이가 넓고 잘 흩어진다. 이에 따라 사토는 수분을 쉽게 흡수하고 빨리 배수하며, 토양에 수분이 많거나 건조하더라도 경운하기가 쉽다. 또한 사토는 유기물 함량이 적고 양이온교환용량이 낮아 양분 용탈이 쉽게 일어나며, 구조적 안정성이 낮아 침식이 일어나기 쉽다(Osman, 2013).

중간 정도 크기의 입자가 많은 양토(loam)는 사토보다 더 많은 부식과 양분을 함유하며, 식토보다 배수성과 수분침투율이 더 좋다. 양토는 비교적 다공성이며 수분, 양분, 공기를 충분히 함유한다. 대부분의 임목은 사양토에서 식양토에 이르는 양토 토양에서 잘 생육한다.

식토(clay)와 같이 점토가 많은 토양은 치밀하고 단단히 뭉쳐져 있다. 식토는 수분이 많을 때 잘 달라붙고 건조할 때 단단히 뭉치기 때문에 토양에 수분이 많거나 토양이 건조할 때 모두 경운하기가 어렵다. 식토는 비옥하고 많은 물을 보유할 수 있지만 배수가 불량하여 일부 지역에서 임목이 산소 결핍을 겪기도 한다.

3 토성과 임목 생장

산림토양에서 토성은 임목 생장에 많은 영향을 끼치지만 직접적 영향이라기보다는 간접적 영향이라고 할 수 있다. 토심이 깊고 조립질인 사질 토양에서는 양분과 수분의 요구도가 낮은 수종인 소나무류 등의 빈약한 산림이 형성된다. 식토와 양토로 이루어진 토양에서는 양분과 수분의 요구도가 높은 가문비나무류, 전나무류, 단풍나무류, 피나무류 등이 주로 한랭·습윤한 곳에서 자라며, 이보다 온난한 기후에서는 다양한 활엽수가 자란다(Binkley & Fisher, 2020).

2·1·3 토양 구조

토양 구조(soil structure)는 토양입자인 모래·미사·점토 등이 서로 결합하여 생긴 집합체들의 배열 상태를 말한다. 즉 기본 입자인 모래·미사·점토 개개의 단순한 배열, 또는 이와 같은 입자들이 물리·화학적 작용으로 결합하면서 만들어진 입단(粒團, aggregate) 또는 토괴(ped)라고 부르는 2차입자의 배열 상태를 토양 구조라고 한다. 토양에서 입단은 작은 토양입자들이 서로 응집하여 뭉쳐진 덩어리 형태의 토양을 의미하며, 입체적으로 배열되어 수분 이동, 열 전도, 공기 유통 등에 필요한 공극을 이룬다.

1 토양 구조의 형태

토양의 구조는 토양단면 각 층위에서의 모양 또는 형태, 크기, 발달 정도에 따라 분류한다. 모양에 따라서는 구상(spherical) 또는 입상(granul), 판상(platy), 괴상(blocky), 주상(prismatic), 단립상(single grain), 벽상(massive) 등으로 구분할 수 있다(Binkley & Fisher, 2020). 단립상 구조는 입단이 전혀 또는 거의 발달하지 않은 구조로 해안가 모래가 이에 해당한다. 벽상 구조는 토양 전체에 아주 작은 토양입자가 균일하게 집합하여 벽 모양의 토양층을 형성한 구조이며, 벽상 구조와 단립상 구조는 무구조로 판단한다.

일반적으로 토양의 입단화된 형상에 따라 토양 구조의 종류가 결정된다. 우리나라에서 사용하는 산림토양의 구조 분류는 제 I 편 제1장 1·1·7에서 설명하였다.

2 토양 구조의 형성

토양의 입단화는, 음이온의 성질을 띤 점토입자와 이들 사이에 위치한 칼슘(Ca)이나 철(Fe)과 같은 양이온이 정전기적으로 작용하여 점토가 뭉쳐지는 과정에 유기물이 첨가되면서 안정된 형태로 변화하는 현상이다. 따라서 토양의 입단화에 중요한 역할을 하는 요소는 토양 중 양이온, 점토, 부식 등이며, 이 외에 뿌리의 생장·고사, 토양의 결빙·해빙, 토양의 습윤·건조와 같은 물리적 현상도 토양 입단의 형성에 도움을 준다.

토성은 토양 입단의 발달에 많은 영향을 끼친다. 입단의 발달이 어려운 사토에서는 단립구조가 형성되는 반면에 입단이 잘 발달하는 양토나 점토가 많은 식토에서는 다양한 토양 구조가 발달한다. 지렁이나 노래기와 같은 토양 생물은 유기물을 섭취하여 토양 구조의 발달에 필요한 분변토를 만들어 냄으로써 토양에서 입단의 형성을 돕는다. 미생물에 의해 생성되는 분해 · 합성 물질인 부식은 점토와 결합하여 토양 입단의 안정화에 크게 기여한다.

토양 입단은 농경지토양보다 자연적으로 유지되는 산림토양에서 좀 더 안정적이다. 농경지에서의 지속적인 경작은, 입단 안정제 역할을 하는 유기물 함량, 미생물 분비물, 균류의 균사 등을 감소함에 더해 입단의 기계적인 파괴를 유발하므로 대부분의 농경지토양에서 입단이 점차 감소한다.

3 토양 구조와 임목 생장

토양 구조는 토양 공극의 크기, 공극의 수와 분포, 토양의 총공극량을 결정한다(Osman, 2013). 따라서 수분침투율, 투수성, 배수, 용탈, 삼투와 같은 토양수의 이동과 보유는 모두 토양 구조의 영향을 받는다. 또한 토양 구조는 뿌리의 분포, 수분과 양분의 흡착력, 나아가 임목 생장에 영향을 끼친다. 한편 토양 구조는 산소와 수분의 침투를 돕고 수분 보유력을 개선한다. 유기물 분해, 양분 무기화 · 안정화 · 질산화, 질소고정과 같은 미생물적 과정도 토양 구조의 영향을 받는다.

2·1·4 입자밀도와 용적밀도

1 입자밀도

입자밀도(particle density)는 토양 3상(고상 · 액상 · 기상) 중 고상의 단위용적당 중량, 즉 공극과 수분의 무게를 제외하고 단지 고형 성분만 고려한 밀도이며, 보통 $g \cdot cm^{-3}$ 또는 $Mg \cdot m^{-3}$로 나타낸다. 입자밀도는 토양입자의 배열이나 크기와는 거의 관계가 없고 주로 토양을 구성하는 광물의 종류와 양, 유기물 함량에 따라 차이가 생긴다. 입자밀도(D_p)는 다음 식으로 산출한다.

$$D_p(g \cdot cm^{-3}) = \frac{\text{고형 입자의 무게}}{\text{고형 입자의 용적}} \quad \cdots\cdots (1\cdot1)$$

입자밀도의 값은 토양마다 다르지만 보통 무기질 토양의 밀도는 $2.6{\sim}2.75 g \cdot cm^{-3}$인 경우가 많다. 이는 토양 광물의 주된 성분이 석영, 장석, 운모류이고 이들 물질의 밀도가 이 범위에 있기 때문이다(Binkley & Fisher, 2020). 유기물은 광물보다 가볍기 때문에 입자밀도가 $1.1{\sim}1.3 g \cdot cm^{-3}$ 범위에 있다.

2 용적밀도

용적밀도(bulk density)는 자연 상태에 있는 건조 토양의 무게를 토양의 용적으로 나눈 밀도이다. 즉 토양의 무기질 및 유기질 입자 외에 토양 공기와 수분까지 포함한 토양의 단위용적에 대한 고상의 중량을 말하며, $g \cdot cm^{-3}$로 나타낸다. 용적밀도는 토성, 토양 구조, 공극률, 유기물 함량 등에 따라 차이가 난다. 용적밀도(D_b)는 다음 식으로 산출한다.

$$D_b(\text{g}\cdot\text{cm}^{-3}) = \frac{\text{건조 토양의 무게}}{\text{공극을 포함하는 토양의 용적}} \quad \cdots\cdots (1\cdot2)$$

산림토양의 용적밀도는 유기물 함량이 많은 유기물층의 경우 0.2g·cm^{-3}, 입자가 큰 사토의 경우 1.9g·cm^{-3}로 범위가 넓다(Binkley & Fisher, 2020). 유기물 함량이 많거나 입자 사이가 넓고 공극이 많은 토양일수록 용적밀도가 낮고, 유기물 함량이 적고 답압된 토양일수록 용적밀도가 높다.

3 용적밀도와 임목 생장

용적밀도가 1.75g·cm^{-3} 이상인 치밀한 사토와 1.55g·cm^{-3} 이상인 식토에서는 임목 뿌리의 신장이 저하하며, 수분침투율이 감소하고 토양의 통기성이 낮아지면서 뿌리와 토양 생물의 활동성이 크게 떨어진다. 브라질 중앙의 사바나 지역에서 조사한 바에 따르면 깊이 0~20cm 토양의 평균 용적밀도가 1.25g·cm^{-3}인 곳에서 자란 4년생 임목의 수간 재적이 1ha당 25m^{3}인 반면에 평균 용적밀도가 1.06g·cm^{-3}인 곳에서는 임목의 수간 재적이 1ha당 90m^{3}로 세 배 이상 높았다(Goncalves *et al.*, 1997).

산림에서 가축을 키우기 위한 방목, 임목 뿌리 자체의 확장, 중장비 또는 경장비의 반복적인 사용은 토양에 압력을 가할 수 있고, 이러한 토양 답압(soil compaction)으로 인해 공극이 감소하고 표토에 있는 입단이 파괴된다. 따라서 지속적인 답압은 토양 공기의 확산을 막고 수분침투율을 떨어뜨리며 공극을 좁혀 뿌리 신장을 어렵게 하는 등 임목 생장에 부정적 영향을 끼친다(그림 1-19 참조). 답압은 사질 토양보다 점토가 많은 토양에서, 건조한 토양보다 수분이 많은 토양에서 빈번하다.

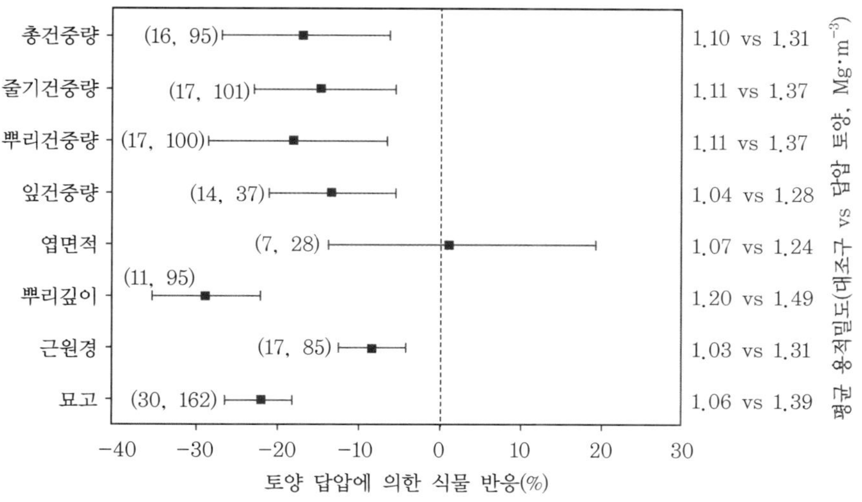

그림 1-19 토양 답압(용적밀도)이 식물의 형태적 특성에 미치는 영향을 메타분석한 결과 (괄호는 연구 및 관측 자료의 수를 나타냄)[Mariotti *et al.*, 2020]

답압에 의한 임목 생장의 감소는, 라디에타소나무(Potter & Lamb, 1974), 테다소나무(Duffy & McClurkin, 1974), 폰데로사소나무(Trujillo, 1976), 미송(Berben, 1973), 독일가문비나무(Sokolovskaya *et al.*, 1977) 등의 목재를 생산하기 위해 기계를 사용하는 주요 경제림에서 가장 흔히 발생한다(Mariotti *et al.*, 2020). 또한 캐나다 앨버타주의 캐나다가문비나무와 로지폴소나무에서 토양 답압으로 인해 묘목의 뿌리 길이, 지상부와 지하부의 건중량, 총건중량, 근원경, 수고, 생존율이 유의적으로 감소하였으며 용적밀도의 증가도 관찰되었다(Corns, 1988).

2·1·5 토양 공극

토양입자들 사이에는 공기와 수분으로 채워질 수 있는 공간이 있는데, 이 공간을 공극(孔隙, pore space)이라고 한다. 공극은 공기의 통로이자 수분의 저장소 또는 통로가 된다. 토양 내의 공극은 광물의 불규칙한 배열, 입단화, 뿌리와 동물의 침입 등에 의해 형성된다. 자연 상태에서 공극은 항상 공기 또는 물로 채워져 있다.

1 공극률

토양에서는 고상을 제외한 공간이 공극이며, 공극의 총량을 공극률(porosity)로 나타낸다. 토양의 공극률은 토양의 입자밀도와 용적밀도를 이용하여 다음과 같이 계산한다.

$$\text{공극률}(\%) = \left(1 - \frac{\text{용적밀도}}{\text{입자밀도}}\right) \times 100 \quad \cdots\cdots (1\cdot3)$$

토양의 총공극률은 토양입자의 크기, 유기물 함량, 답압, 입단과 같은 여러 요인에 따라 다양하게 나타난다. 모래가 많은 토양의 경우 총공극률이 35~50%이고, 미사 또는 점토 토양의 경우 40~60%이며, 토양 중 유기물 함량이 많을 때에는 공극률이 이보다 높다(Binkley & Fisher, 2020). 답압된 심토의 공극률은 25~30%이며, 이런 경우 통기성이 나쁘고 뿌리 신장이 방해를 받는다.

토양 입단은 토양의 공극률에 큰 영향을 끼친다. 농경지에서의 사람과 기계에 의한 지속적인 경작과 초지에서의 방목은 토양입자의 결합 상태를 기계적으로 파괴하고 유기물 함량을 떨어뜨린다. 또한 미생물의 분비물 감소로 인해 토양의 결합작용이 부진해지면서 대부분 토양에서 입단이 줄어들고 따라서 공극률도 감소한다. 산림토양의 공극률은 30~65%이다.

2 토양 공극의 크기

토양의 보수성과 통기성은 공극의 크기에 따라 달라진다. 일반적으로 공극은 대공극(macropore, 0.08~5mm 이상)과 소공극(micropore, 0.08mm 이하)으로 구분하며, 소공극은 다시 중공극, 소공극, 미세공극, 극소공극으로 세분화할 수 있다. 극소공극(cryptopore,

0.0001 이하)은 미생물도 생육할 수 없는 아주 작은 공극을 말한다(김계훈 등, 2011). 토양 내 배수와 통기는 대부분 대공극에서 이루어지며, 소공극은 수분을 보유하고 있지만 공기와 수분의 이동이 적고 느린 점이 특징이다.

사토는 식토보다 총공극량이 적지만 대공극이 많기 때문에 공기와 수분의 이동이 빠르다. 반면에 식토는 총공극량이 많지만 물과 공기의 이동이 느리며, 심한 경우 항상 수분으로 채워져 있다. 식물 생육에는 총공극량의 많고 적음보다는 공극 하나하나의 크기가 중요하며, 대공극과 소공극이 알맞은 균형을 유지하는 것이 더욱 중요하다(조성진 등, 2005).

3 토양 공기와 임목 생장

대기 및 토양 공기를 구성하는 성분에는 질소, 산소, 이산화탄소, 수증기 등이 있다(표 1-17 참조). 그중에서 임목 생장에 가장 중요한 요소는 토양 중 산소의 양이다. 토양에서 식물 뿌리와 토양 생물은 산소를 흡수하고 이산화탄소를 방출하며, 유기물이 분해될 때에도 이산화탄소가 방출된다. 따라서 토양 공기에는 대기보다 이산화탄소의 양이 많고 산소의 양이 적다.

표 1-17 대기와 토양 공기의 조성(단위: %)

구 분	대 기	표층토	심층토
질소(N_2)	78	75~80	75~80
산소(O_2)	21	14~20.6	3~10
이산화탄소(CO_2)	0.040	0.5~6	7~18
수증기(H_2O)	20~90	95~100	98~100

[김계훈 등, 2011]

산소가 토양에 충분히 공급되지 않으면 뿌리 호흡이 비효율적으로 일어나고, 뿌리의 필수적인 기능을 유지하기 위한 에너지를 얻기가 어려워진다. 식물 뿌리와 미생물의 원활한 호흡을 위해 가장 바람직한 조건은 토양과 대기 사이에서 공기가 빠르게 교환되는 것이다. 토양 공기와 대기 사이의 가스교환에 영향을 끼치는 요인은 토양 공극의 크기와 연속성, 토양 온도, 토양 깊이, 토양의 습윤 · 건조 등이다.

산림토양에서 산소가 부족한 상황을 견디는 능력은 수종과 수령에 따라 달라진다. 침수 등으로 인해 토양 중 산소 농도가 2% 이하로 떨어지더라도 짧은 시간 동안만 지속된다면 대부분의 수종은 피해를 입지 않으며 오리나무류, 가문비나무류, 낙우송류 등은 토양 중에 산소가 매우 적어도 생장에 큰 영향을 받지 않는다(Binkley & Fisher, 2020). 그러나 소나무류를 포함한 대부분의 수목은 토양 중 산소 농도가 10% 아래로 떨어지면 생장이 크게 저하한다(Osman, 2013). 토양 중 산소 농도가 10% 이상이면 수목 뿌리가 생육하는 데 대부분 문제가 없다(Kozlowski, 1985).

2·1·6 토양 온도

토양 온도는 열 흡수와 손실 사이의 균형이다. 토양의 열원은 주로 태양광이며, 열 손실은 열의 복사와 전도, 대류 현상 때문에 발생한다. 산림생태계에서 토양 온도는 유기물 분해, 부식 생성, 뿌리 생장 · 활동 · 호흡을 조절한다.

1 토양 온도에 영향을 끼치는 인자

우선 토양 사면의 방향과 각도가 토양 온도와 관련이 깊다. 일반적으로 남쪽 및 서쪽 사면에 비해 북쪽 및 동쪽 사면의 토양 온도가 낮고 유기물 분해도 느리다. 또한 임목의 수관과 임상은 토양 온도가 급격히 변하지 않게 하는 역할을 한다. 즉 태양복사를 차단하여 여름철 고온으로부터 토양을 보호하며 겨울철에 발생하는 열 손실을 줄여 준다. 추운 기후에서 발생하는 토양의 동결은, 산림이 잘 조성된 임지보다 나지의 토양에서 더 빨리 그리고 깊게 진행된다. 그 밖에 토양 공극과 토성, 토양 수분 함량이 토양 온도에 영향을 끼친다(표 1-18 참조).

표 1-18 토양 온도에 영향을 끼치는 인자

구 분	인 자
기 후	태양복사, 기온, 강수량, 풍속
위 치	위도, 고도, 경사, 사면, 방위
지 표	식생 피복, 임상, 적설, 표면 굴곡
토 양	수분, 토색, 유기물, 토성, 답압

[Osman, 2013]

2 토양 온도와 임목 생장

산림에서 토양 온도의 적절한 유지는 종자의 발아와 어린 나무의 생존 및 성장을 위해 필수적이다(Binkley & Fisher, 2020). 추운 지방에서는 수관이 울폐된 산림의 경우 빛이 들어오지 않기 때문에 토양 온도가 오르지 않아 종자의 발아와 어린 나무의 성장이 더딜 수 있다. 산림에서 수관이나 토양 유기물과 같은 지피물이 제거된 경우에는 종자 발아에 치명적인 수준까지 토양 온도가 상승할 수 있기 때문에 주의해야 한다.

임목 뿌리의 생장은 토양 온도가 낮은 겨울 동안 느려지고, 덥고 건조한 여름 동안에도 감소한다(그림 1-20 참조). 아한대와 아고산대의 추운 지역에서는 토양 온도가 뿌리 생장에 결정적인 요인이 된다. 연구 결과에 따르면 아한대에 분포하는 여러 침엽수종은 토양 온도가 5℃ 이상 되면 뿌리 생장이 시작되고, 10℃ 이상에서 빠르게 생장하며, 20℃에서 최대로 생장하다가 그 이상의 온도에서 감소하였다(Lopushinsky & Max, 1990). 토양 온도는 기온이 낮은 산림생태계의 연간 생육기간을 결정하는 요인이며, 산림생태계의 군집 구성과 구조에 영향을 끼친다.

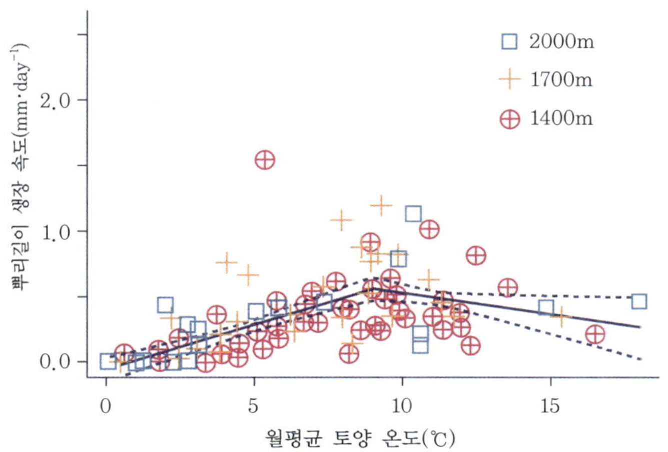

그림 1-20 온대 전나무림의 해발고도에 따른 토양 온도와 뿌리 길이 생장 간의 관계 [Wang *et al.*, 2018]

산림토양에서 발생하는 대부분의 생물적 과정에 대한 최적온도는 20~40℃이며, 토양 온도가 10℃ 이하 또는 40℃ 이상일 경우 생물적 과정은 지극히 제한을 받는다(Stathers & Spittlehouse, 1990). 아한대림의 토양 온도는 대부분의 계절 동안 최적온도보다 낮고, 많은 온대림에서 겨울철 토양 온도가 낮아진다. 따라서 유기물 분해 및 이산화탄소 발생과 같은 생물적 그리고 화학적 반응은 열대림에서 훨씬 높다.

2·1·7 토색

토색(soil color)은 산림토양의 물리적 성질 중 육안으로 확인할 수 있는 가장 명백한 특성이다. 각 층위의 토양을 자연 상태로 채취한 뒤 음지에서 토색첩(soil color charts) 위에 올려 놓고 색상, 명도, 채도 순으로 토색을 구분한다. 토양의 색은 토양층위를 구별하는 데 중요한 인자이며 갈색산림토양, 적황색산림토양, 미숙토양, 화산회산림토양과 같이 산림토양의 분류에도 사용된다(제 I 편 제1장 표 1-13 참조).

토양의 색은 토양생성과정에서 일어나는 여러 가지 반응과 토양 광물의 영향을 크게 받는다(Pritchett & Fisher, 1987). 토양 광물 중에서 중요한 석영과 장석류는 연한 색깔을 띠고 철, 망가니즈, 유기물 등은 토양의 색을 짙게 만든다. 토양이 적색을 띤다면 주로 철산화물 때문이며, 통기성과 배수성이 양호한 토양에서는 적색을 띠지만 배수가 불량할수록 황색을 거쳐 회색 또는 녹색을 띤다. 산림에서 분해가 조금 진행된 유기물은 갈색을 띠지만 분해가 많이 진행된 유기물은 거의 흑색에 가깝다.

토색은 임목 생장과 직접적인 관련이 없다. 다만 토양의 지질적 기원, 모재의 풍화 정도, 산화 · 환원의 정도, 유기물 함량, 철의 축적 및 용탈과 같은 여러 중요한 특성의 지표로 토색을 활용할 수 있다. 어두운색을 띠는 표토는 밝은색을 띠는 토양보다 열을 많이 흡수하고 토양에 유기물이 많을 경우 토양 수분도 많기 때문에 어두운색의 토양이 밝은색의 토양보다 배수가 좋고 온도가 천천히 상승한다. 토색은 운동장과 같은 나지에 비해 임목과 임상이 있는 산림에서 토양 온도에 미치는 영향이 적다.

2·2 산림토양의 화학적 성질

과거 임업인에게 산림토양의 화학적 성질은 큰 관심사가 아니었다. 임목은 농작물보다 양분을 적게 필요로 하고, 토양에 양분이 결핍되어도 임목 생장에 큰 영향을 끼치지 않는다고 생각했기 때문이다.

그러나 토메와 코스티안(Toumey & Korstian, 1947)은 임목 생육에 토양의 화학적 성질이 물리적 성질보다 중요하지 않다는 생각에 동의하지 않았다. 그들은 ①대부분의 임목은 토양에서 많은 양분을 흡수하기 위해 넓은 범위의 토양을 활용할 수 있도록 효과적인 뿌리 체계를 가지고 있고, ②토양에서 흡수한 양분은 손실 최소화와 장기적인 생장을 위해 효과적으로 순환되며, ③매우 생산적인 임지도 농경지로 전용되면 생산력이 떨어진다고 주장하였다.

임목 생장과 관련한 토양의 화학적 성질이 점차 중요하게 인식되면서 많은 주목을 받고 있다. 전 세계적으로 양묘장과 채종원, 목재 생산을 위해 집중적으로 경영하는 산림, 벌채 주기가 짧은 산림 등이 늘어나면서 산림토양의 화학성에 대한 중요성이 커지고 있다.

2·2·1 토양의 화학적 성분

토양에는 100종이 넘는 화학원소가 있지만 대부분은 산소(49.0%), 규소(33.0%), 알루미늄(7.1%), 철(4.0%), 칼슘(5.0%), 마그네슘(0.5%), 칼륨(1.4%) 등이 차지하고 있다(Osman, 2013). 칼슘, 마그네슘, 칼륨, 나트륨, 인, 황 등의 식물 양분은 광물에서 유래하며, 토양 콜로이드에 붙어 있거나 토양용액에도 존재한다. 산소, 규소, 알루미늄 등도 광물의 구성 성분이고 토양에서 산화물로 존재하며, 철은 주로 산화물과 수산화물의 형태로 존재한다. 대부분의 원소는 순수한 원소 형태로 존재하지 않고 광물질에 결합되어 있다. 유기물의 특성을 제외하고 농경지토양과 산림토양의 화학적 구성 성분에는 차이가 거의 없다.

토양은 무기광물과 유기물로 구성되어 있지만 광물질 토양에서는 유기물 함량의 비율이 상대적으로 낮다. 산림에서 광물질 토양의 유기물 함량은 건조중량의 5% 미만인 경우가 많으며, 이탄과 같은 유기토양의 유기물 함량은 건조중량의 20% 이상이다. 산림토양은 농경지토양보다 유기물 함량이 많고 토양 표면에 유기물이 많이 있으며, 대부분의 온대림과 아한대림의 토양은 임상에 유기물을 많이 함유하고 있다.

2·2·2 토양용액

토양용액(soil solution)은 용질이 용해되어 있는 토양의 액상을 의미한다. 토양용액의 주요 양이온으로는 칼슘, 마그네슘, 나트륨, 칼륨, 암모늄, 알루미늄, 철, 망가니즈 등이 있고 음이온으로는 질산염, 황산염, 염화물, 탄산염 등이 있다(Osman, 2013). 산림토양의 토양용액에 들어 있는 가장 일반적인 금속 양이온은 칼슘이온이다. 또한 가장 일반적인 음이온으로 산성 토양에는 질산염과 황산염, 알칼리성 토양에는 탄산염과 중탄산염이 있다.

토양용액에는 식물의 잔해, 토양 부식, 미생물 유체, 뿌리 삼출물로부터 전환된 용존 유기물 등이 포함되어 있다. 유기산, 당, 아미노산과 같은 저분자 물질로 이루어진 용존 유기물은 일부 물질만 화학적 식별이 가능하다. 토양 내 용존 유기물의 대부분은 복잡한 고분자물질인 부식 물질이다. 토양용액에는 일부 용존 유기질소가 포함되어 있으며, 이는 대부분 활엽수림과 침엽수림의 임상에서 침출되는 질소 형태이다. 산림토양 내 용존 유기질소의 화학적 조성은 산림을 구성하는 수종과 분해율에 따라 달라진다.

2·2·3 토양 산도

토양 반응(soil reaction)은 토양에서 나타나는 산성 또는 알칼리성의 정도를 뜻하며 토양 pH로 나타낸다. pH는 매우 희석된 용액에서의 수소이온 농도($mole \cdot L^{-1}$)와 동일한 수소이온 활성도의 상용로그에 음의 부호(−)를 붙인 값으로 정의한다. pH의 범위는 0~14이고 pH가 7.0이면 중성이다. 토양 pH가 7.0 미만이면 산성을 나타내고 7.0 초과이면 알칼리성을 나타낸다. 토양에서 중성의 pH 범위는 6.5~7.5이다.

산림토양의 산도(acidity)는 범위가 매우 넓으며 산림생태계의 질과 유형을 결정하는 중요한 요소이다. 건조한 지역의 산림토양은 pH 7.0~8.0이며, 습윤한 온대림 토양은 pH 3.0~5.0, 열대림 토양은 pH 4.0~6.0, 해안가 황산염 산림토양은 pH 3.0 이하, 맹그로브 산림토양은 pH 7.5 정도이다. 표 1-19는 전 세계 여러 산림토양의 pH 범위를 나타낸다(Osman, 2013). 산림토양의 pH가 4.0 이하 또는 8.5 이상으로 극단적인 경우에는 식물체에 독성으로 작용하고 여러 양분의 유효도가 떨어진다.

토양 내 수소이온(H^+)과 알루미늄이온(Al^{3+})의 위치에 따라 토양 산도를 활산도, 교환성 산도, 잔류 산도의 세 가지로 구분한다(그림 1-21 참조). 활산도(active acidity)는 토양용액에 용해되어 있는 수소이온과 알루미늄이온에 의한 산도이며, 토양 미생물 활동과 식물 생장에 직접적인 영향을 끼친다. 일반적으로 측정하는 토양 pH가 활산도의 값이다.

교환성 산도(exchangeable acidity)는 토양 콜로이드에 흡착되어 있는 수소이온과 알루미늄이온의 양이다. 즉 양이온교환용량에서 차지하는 수소이온과 알루미늄이온의 양에 해당하

표 1-19 토양 종류별 pH 범위

토양 종류	pH	토양 종류	pH
나트륨성 산림토양	8.5~10.0	온대성 산림토양	3.0~5.0
석회질 산림토양	7.5~8.0	이탄토	3.5~4.5
열대성 산림토양	4.0~6.0	해안지대 황산염 산림토양	2.0~4.0
맹그로브 산림토양	7.0~8.0	우리나라 산림토양	3.0~7.0

[Osman, 2013]

며, 염화칼륨(KCl)이나 염화나트륨(NaCl) 등이 용해된 염기성 용액과 만나면 교환될 수 있는 상태이다.

잔류 산도(residual acidity)는 토양 콜로이드의 비교환성 자리에 결합되어 있는 수소이온과 알루미늄이온의 양이다. 토양 내 불용성 상태이지만 잠재적으로 풍화나 물질과의 반응을 통해 토양 콜로이드와의 결합이 끊어지면 교환성 산도나 활산도로 전환될 수 있다.

잠산도(potential acidity)는 교환성 산도와 잔류 산도의 합이고, 전산도(total acidity)는 활산도, 교환성 산도, 잔류 산도의 총합이다. 잠산도는, 석회를 시용하거나 시비를 하는 농경지토양에서는 크게 중요하지 않지만 상당한 양의 교환성 산도를 가지고 있는 산림토양에서는 중요하다.

산림에서 낙엽 분해로부터 발생한 유기산, 산성비, 질소비료의 시용과 같은 요인에 의해 토양 산도가 증가하면 토양용액에 들어 있는 교환성 알루미늄이온과 수소이온이 토양 콜로이드에 붙어 있는 칼슘, 마그네슘, 칼륨 등의 교환성 이온과 자리를 바꾸고, 토양용액으로 나온 양이온은 대부분 빗물과 함께 토양에서 용탈된다. 이러한 과정에서 양분 유효도가 감소하고 토양용액 내 알루미늄 농도가 증가하면서 식물의 뿌리 생장이 위축되거나 생리적 기능이

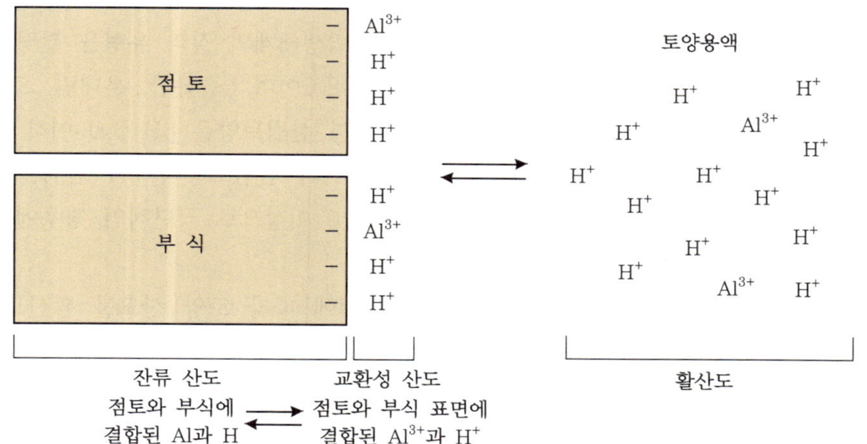

그림 1-21 토양용액 및 토양 콜로이드에서의 위치에 따른 활산도, 교환성 산도, 잔류 산도
[김계훈 등, 2011; 김수정 등, 2015]

손상된다. 그러므로 토양의 산성화로 인한 토양용액 내 알루미늄, 철, 망가니즈의 증가는 생물적 피해의 주요 원인이 된다.

산림토양의 산도는 계절에 따라 변동한다(Binkley & Fisher, 2020). 일반적으로 광물질 토양에서 가장 높은 pH 값은 겨울철에, 그리고 가장 낮은 값은 여름철에 나타난다. 토양 pH 값이 연간 변동하는 폭은 계절적 변화의 정도에 따라 다르지만 보통 ±1.0 이내이다. 신선한 낙엽으로부터 발생한 염기이온 때문에 임상의 pH 값은 가을에 가장 높고, 특히 활엽수림에서 더욱 높다(그림 1-22 참조).

같은 토양이라도 각 토양층마다 산도에 상당한 차이가 있다. 산림에 있는 유기물층과 A층은 주로 산성을 나타내고, 아래로 갈수록 pH 값이 높아진다. 모재의 풍화로 형성된 토양은 아래 토양층보다 표토의 산성화도가 더욱 높으며, 이는 표토에서 많은 용탈이 일어나기 때문이다.

임목은 뿌리로 아래 토양층에서 염기를 흡수하여 이용한 후 낙엽과 같은 유기물로 토양에 양분을 다시 돌려 준다. 이와 같은 양분 순환 때문에 강우가 많지 않은 지역에서는 표층 토양의 염기 함량이 좀 더 많아진다.

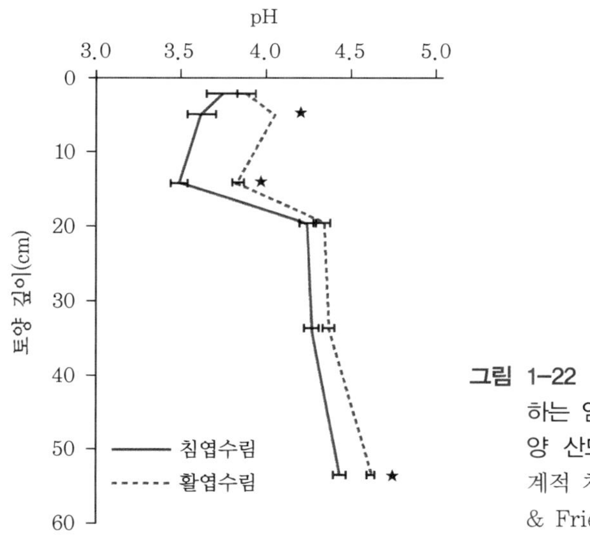

그림 1-22 침엽수 및 활엽수가 우점하는 임분의 토양 깊이에 따른 토양 산도의 변화(★은 수종 간 통계적 차이를 의미함)[Richardson & Friedland, 2015]

1 토양 산도와 임목 생장

토양 산도가 임목 생장을 간접적으로 결정할 수 있는 이유는 양분 유효도나 미생물 활동을 비롯한 토양 환경에 토양 산도가 영향을 끼치기 때문이다(그림 1-23 참조). 토양의 pH 5.5~7.0은 양분 유효도와 생산력에 가장 적합한 범위이며, 이보다 낮아지면 질소, 인, 칼륨, 칼슘, 마그네슘, 황과 같은 다량양분은 식물이 필요로 하는 양분 균형을 유지하기 어려울 정도로 감소하기도 한다(손요환 등, 2024). 반대로 붕소, 구리, 망가니즈, 철과 같은 미량양분의 유효도는 일반적으로 토양 pH가 낮아지면 증가한다. 미량양분 농도가 낮은 토양에서 pH

가 너무 높아지면 이러한 미량양분 중 하나 또는 다수가 결핍된다.

붕소와 철의 일시적인 결핍은 미국 남동쪽 해안지대의 슬래시소나무(slash pine) 조림지에서 관찰되었다(Pritchett & Fisher, 1987). 석회석이 많은 임도에서 발생한 미세입자가 바람과 물을 타고 이동하여 조림지의 토양 pH를 상당히 높였으며, 이로 인해 임도로부터 거리 10~20m 내에 위치한 어린 나무에서 미량원소의 결핍이 나타났다. 미량양분 결핍의 징후는 몇 년 후 뿌리가 깊게 발달하면서 사라졌다.

묘목을 키우는 묘포에 일정량 이상의 염기를 함유한 물을 관수하면 토양 산도가 낮아져 철분이 결핍될 수 있으며, 침엽수 묘포의 토양 pH가 5.5 이상이 되면 모잘록병이나 다른 병원균이 발생할 수 있다. 이러한 이유로 침엽수 묘포의 경우 토양 pH를 5.2~5.6으로 유지하며, 활엽수 묘포의 경우에는 토양 pH를 5.6~6.0으로 유지한다(Pritchett & Fisher, 1987). 묘포에서는 황산암모늄과 같이 산을 형성하는 비료를 시용하여 토양 산도를 유지하거나 높이기도 한다.

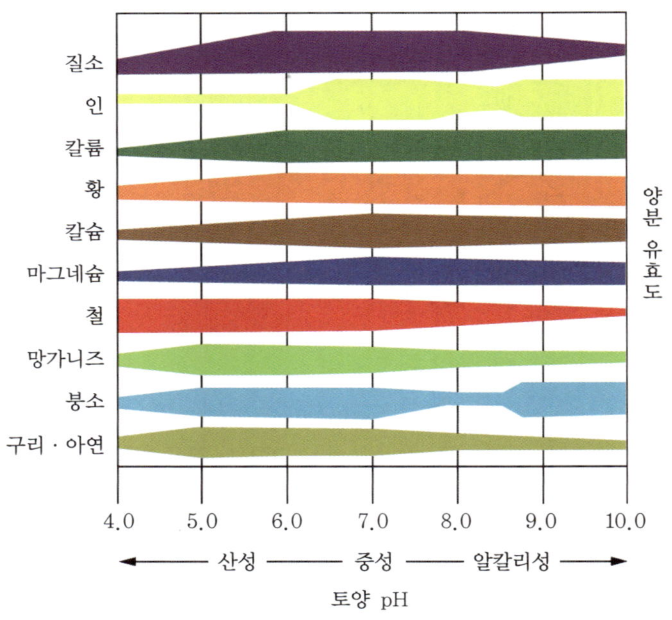

그림 1-23 토양 pH의 변화에 따른 양분 유효도[손요환 등, 2024]

2 수종과 토양 산도

수종에 따라 낙엽에 포함된 염기의 양이 달라지므로 수종은 토양 산도에 많은 영향을 끼친다. 일반적으로 침엽수의 잎과 낙엽은 활엽수보다 염기 함량이 적기 때문에 침엽수종이 자라고 있는 토양은 활엽수종이 자라고 있는 토양보다 pH가 낮다(그림 1-22 참조). 이러한 경향이 항상 절대적이지는 않으며, 원인과 결과에 대한 해석 또한 명확하지 않다.

토양 산도에 대한 내성은 식생에 따라 달라지기 때문에 식물 군집이 토양 반응에 영향을 준다기보다 토양 조건이 식물 군집의 구성에 영향을 준다고 판단된다. 예를 들면 버즘나무, 백합나무, 참나무류와 같은 활엽수는 중성 부근의 토양에서 생장이 가장 좋으며, 다른 수종의 활엽수는 약산성의 토양에서 가장 잘 생장한다(Binkley & Fisher, 2020). 대부분의 가문비나무, 전나무, 소나무류 등은 산성 토양에서 잘 자라며 잎과 낙엽 또한 산성이다. 몇몇 수종을 제외하고 수목은 산성의 토양에 적응하였고 어느 정도 산성 토양인 지역에서 가장 잘 생장한다. 그러나 산도에 민감한 식물의 경우에는 토양 pH가 분포에 영향을 끼친다.

야자수류는 표토에 석회석이 함유되어 있는 토양에서 자주 나타나기 때문에 가끔 지표식물로 활용된다. 그렇다고 해도 기후 조건과 토양의 양분 및 수분 공급이 임목 생장에 더 큰 변수로 작용하기 때문에 지표식물의 분포가 항상 토양 산도를 예측할 수 있는 척도가 되지는 않는다. 나아가 솔송나무나 전나무와 같이 산성에 내성이 큰 일부 수종은 가끔 석회질 토양에서도 잘 자라며, 만약 다른 수종과의 경쟁이 심하지 않다면 토양 pH가 비교적 높은 조건에서도 생존한다.

2·2·4 이온 교환

산림 내 임목은 대부분 양분이 부족한 환경에서 생장하기 때문에 토양에서 식물이 이용할 수 있는 형태의 양분을 확보하는 일이 중요하다. 이온 교환(ion exchange) 현상은 토양용액과 토양 콜로이드 사이에서 양이온과 음이온이 교환되는 가변 과정이다(그림 1-24 참조). 이온 교환은 점토 및 콜로이드성 유기물과 관련이 있어 일반적으로 점토 함량이 적은 토양에서는 이온 교환이 적게 일어난다.

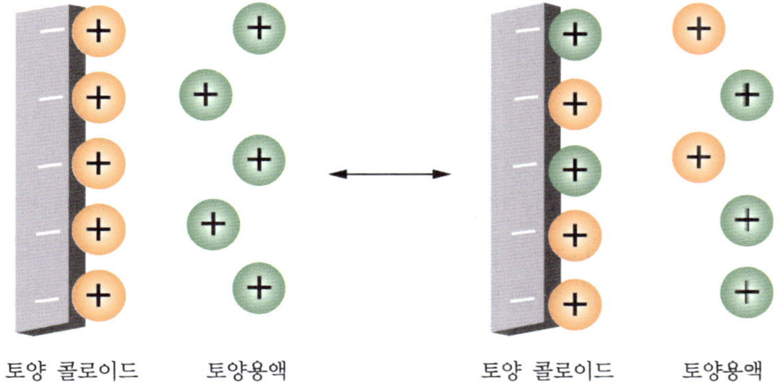

그림 1-24 토양 콜로이드와 토양용액 사이의 양이온 교환[Osman, 2013]

1 양이온 교환

식물에 필수적인 양분 중 대부분은 양이온 형태로 흡수되기 때문에 양이온 교환이 음이온 교환보다 토양 비옥도를 판단하는 중요한 요인이 된다. 점토와 유기 콜로이드에서 발달한 음전하는 콜로이드 표면에 붙어 있는 양이온에 의해 중화된다. 이때 토양에 붙어 있는 양이온의 총량은 건조 토양의 킬로그램당 몰수(centimoles of charge, $cmol_c$)로 규정한 토양의 양이온교환용량(cation exchange capacity, CEC)으로 나타낸다.

콜로이드에 붙어 있는 양이온이 모두 같은 정도로 교환되지는 않는다. 대부분의 2가 양이온과 3가 양이온은 수소이온을 제외한 1가 양이온보다 더 단단히 붙어 있으며, 수화작용의 정도가 클수록 이온이 약하게 고정되어 있다.

토양 콜로이드는 종류에 따라 음전하의 수가 다르기 때문에 양이온교환용량에도 큰 차이가 있다(표 1-20 참조). 토양 콜로이드의 대부분은 점토와 부식이다. 점토와 비교하면 부식은 표면적이 넓고 표면에 많은 양전하를 갖기 때문에 양이온교환용량도 매우 높다.

표 1-20 토양 콜로이드 종류 및 토양입자 크기에 따른 양이온교환용량(단위: $cmol_c \cdot kg^{-1}$)

토양 콜로이드 종류	양이온교환용량	토양입자 크기(mm)	양이온교환용량
카올리나이트(kaolinite)	1~10	조사, 극조사(0.50~2.00)	<1
몬트모릴로나이트(montmorillonite)	80~120	중간사(0.25~0.50)	<1
버미큘라이트(vermiculite)	120~150	세사, 극세사(0.05~0.25)	<1
클로라이트(chlorite)	20~40	미사(0.002~0.05)	<1
수산화물(hydrous oxides)	2~4	점토(<0.002)	20~150
깁사이트(gibbsite)	1~10	부식(<0.002)	150~500
부식(humus)	100~300		

[Osman, 2013; Paul & Frey, 2024]

일반적으로 농경지토양보다 산림토양의 부식 함량이 많고 양이온교환용량도 높다. 우리나라 산림토양의 평균 양이온교환용량은 A층 토양에서 $12.5 cmol_c \cdot kg^{-1}$, B층 토양에서 $10.7 cmol_c \cdot kg^{-1}$이다(정진현 등, 2002).

2 음이온 교환

토양에 존재하는 황산염(SO_4^{2-}), 질산염(NO_3^-), 염소(Cl^-), 인산염(PO_4^{3-})과 같은 음이온은 각각의 교환 특성에 따라 다른 정도로 콜로이드 표면에 흡착되어 있다(Osman, 2013). PO_4^{3-}는 산성 토양에서 대부분 비용해성 인산철과 인산알루미늄, 그리고 중성이나 알칼리성 토양에서는 인산칼슘이나 인산마그네슘과 같은 침전물로 강하게 붙어 있다. 질소비료의 시용 후 생성되는 NO_3^-은 미생물이나 뿌리에 흡착되지 않으면 산성 산림토양을 포함한 모든 토양에서 쉽게 용탈된다. 음이온 교환은 대부분 pH 의존적인 전하에서 이루어지기 때문에 토양이 산성일수록 음이온교환용량이 커지며, 대부분의 산림토양은 농경지토양보다 음이온 보유력이 크다.

2·2·5 토양의 완충용량

토양의 완충용량(buffer capacity)이란 토양에 산이나 염기를 가해도 토양 산도의 변화를 최소화할 수 있는 능력을 의미한다. 원래 물에 산이나 염기를 넣으면 H^+과 OH^- 농도가 변하는 만큼 pH가 변화한다. 그러나 토양은 산이나 염기의 투입에 따른 pH의 변화에 저항성을 갖고 있으며, 이러한 토양의 능력이 완충용량이다.

토양에 H^+을 추가하면 콜로이드 표면에 흡착되어 있는 양이온과의 교환이 일어나면서 활산도의 변화가 억제된다. 반대로 토양에 OH^-을 추가하면 토양용액 내 H^+과 물로 결합하는 중화반응이 일어나고, 토양용액 내 H^+이 감소한 만큼 토양 콜로이드에서 H^+이 분리되어 토양용액으로 공급된다. 즉 토양용액 내 H^+의 증감은 토양용액 내 H^+(활산도)과 토양 콜로이드에 흡착되어 있는 H^+(교환성 산도) 사이의 평형으로 완화된다. 완충용량은 토양 콜로이드가 이온을 흡착할 수 있는 용량, 즉 양이온교환용량에 비례한다.

토양은 점토, 부식, 기타 콜로이드성 물질과 같은 전해질, 염기 등을 보유하기 때문에 일정한 완충용량을 유지하고 있다(Osman, 2013). 유기물 함량이 많고 점토와 같이 입자가 아주 작은 무기광물을 보유한 산림토양은 교환용량이 크기 때문에 완충용량도 크다(그림 1-25 참조). 토양의 완충용량은 고등식물과 토양 미생물에 치명적인 피해를 줄 수 있는 급격한 pH 변화, 양분 유효도 등의 환경 변화를 막아 주기 때문에 중요하게 다루어지는 토양 특성이다.

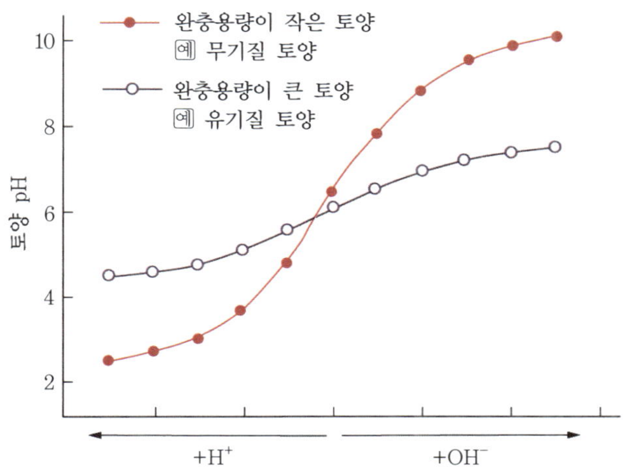

그림 1-25 무기질 토양과 유기질 토양의 완충용량[김계훈 등, 2011]

2·2·6 토양의 염기포화도

토양의 염기포화도(base saturation percentage)는 토양 콜로이드에 존재하는 음전하에 염기성 양이온(칼슘, 마그네슘, 나트륨, 칼륨 이온)이 얼마나 흡착하고 있는가를 나타내며, 교환성 염기의 합을 양이온교환용량으로 나누어 계산한다. 토양 내 교환성 염기의 합은 양이온교환용량에서 교환성 수소이온과 교환성 알루미늄이온을 빼거나(산성포화도) 또는 교환성 나트륨, 칼륨, 칼슘, 마그네슘 이온을 합하여 계산할 수 있다(Osman, 2013).

$$\text{염기포화도}(\%) = \frac{\text{교환성 } Ca^{2+}, Mg^{2+}, Na^{+}, K^{+} \text{ 농도 합}(cmol_c \cdot kg^{-1})}{\text{양이온교환용량}(cmol_c \cdot kg^{-1})} \times 100 \qquad (1 \cdot 4)$$

산림토양의 pH와 염기포화도는 정의 상관관계가 있다(Osman, 2013; Binkley & Fisher, 2020; 그림 1-26 참조). 즉 산성 토양의 염기포화도는 낮고 알칼리성 토양의 염기포화도는 높다. 산림토양의 염기포화도는 토양 pH에 따라 5% 미만부터 95% 이상까지로 범위가 넓다(Osman, 2013).

실제로 벨기에의 포드졸 산림토양에서 총 10개 조사 지역 중 7개 지역의 염기포화도가 20% 미만이고 그중 3개 지역의 염기포화도가 5% 미만으로 매우 낮았으며(Roskams, 1997), 폴란드 산림의 경우 토양 깊이 0~5cm에서 염기포화도의 범위가 6.76~97.9%로 넓었다(Osman, 2013). 토양의 염기포화도가 25% 이하일 경우에는 토양산성화를 우려해야 하고, 10% 이하일 경우에는 알루미늄이 활성화되는 등 문제가 심각한 토양이라고 할 수 있다(Cronan *et al.*, 1989).

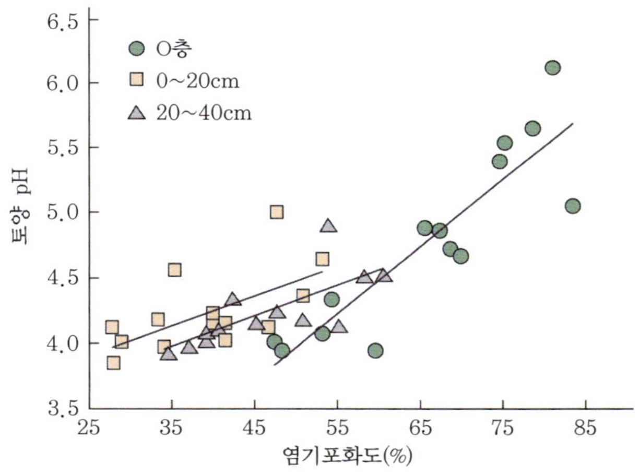

그림 1-26 토양 pH와 염기포화도의 관계[Binkley & Fisher, 2020]

2·2·7 산화환원반응

산화와 환원은 토양에서 발생하는 주요 화학적 반응 중 하나로 토양 내 화학성분 유효도, 화학적 형태 변화, 여러 생물적 현상에 많은 영향을 끼친다(김이열 등, 2015). 산화환원반응은 토양이 호기성일 경우 산화로 진행되고, 토양에 물이 차면서 산소 공급량이 줄어들면 환원으로 진행된다. 산화환원 변동은 논토양 또는 열대림 생태계의 특징으로 토양 내 산소와 무산소 환경이 몇 시간 또는 수일에 걸쳐 바뀌면서 발생하는 현상이다(Silver *et al.*, 2001).

산화환원전위의 측정값은 Eh로 나타내며 볼트(V) 또는 밀리볼트(mV)로 표시한다. Eh는 800~-400mV의 범위에서 나타나며, 양의 값은 산화 상태로 값이 클수록 산화물의 농도가 높고, 음의 값은 환원 상태로 절댓값이 클수록 환원물의 농도가 높다는 의미이다.

산화환원전위는 토양의 통기성에 따라 변한다. 통기성이 불량한 토양은 산소 공급이 충분하지 않기 때문에 산소 대신 다른 전자수용체를 이용한다. 이렇게 환원이 진행되면서 철·황화물 및 다른 전자수용체는 환원되고 토양의 산화환원전위는 낮아진다. 트양의 통기성이 좋아지면서 산소가 토양에 공급되면 환원되었던 물질은 전자를 산소에 공여하여 산화되고 토양의 산화환원전위가 상승한다.

맹그로브 산림토양은 일반적으로 물에 잠기므로 혐기성 미생물의 분해가 일련의 산화환원반응을 통해 일어난다. 완전한 무산소 퇴적물은 Eh가 −200mV 미만이고, 전형적인 산소화 토양은 Eh가 +300mV 이상이다(Osman, 2013).

2·3 산림토양의 생물적 특성

산림에 서식하고 있는 토양 동물은 자신에게 적합한 공간, 즉 빛이 들어오는 임상의 표면이나 유기물층에 서식지를 마련한다. 물론 토양 동물이 자주 이동하기는 하지만 먹이가 되는 유기물에 의지해 살아가기 때문에 토양 깊은 곳까지 들어가는 경우는 매우 드물다. 토양 미생물의 경우 토양단면 전체에서 발견되며 각자에게 맞는 깊이에서 살아간다. 녹조류와 같이 광합성을 하는 식물은 빛을 이용할 수 있는 표층 토양에서 주로 발견된다.

대부분의 미생물은 복잡한 유기화합물로부터 탄소를 얻기 때문에 토양 내 개체수가 유기물의 유무와 주변 환경으로부터 직접적인 영향을 받는다. 대형 식물군에 속하는 임목의 경우 뿌리에서 나오는 삼출물이 뿌리 표면에 있는 미생물의 생장을 자극한다. 따라서 뿌리와 가까운 근권 주변에는 다른 곳보다 수십 배 또는 수백 배 많은 미생물이 존재한다. 일반적으로 생물의 개체수는 임상과 근권 주변에 가장 많으며 토양 하부로 깊이 내려갈수록 점진적으로 감소한다.

2·3·1 토양 생물의 종류

토양 생물은 동물상(fauna)과 식물상(flora)으로 나눌 수 있다. 동물상은 크기에 따라 미소동물(몸의 너비 <0.1mm), 중형 동물(0.1~2.0mm), 대형 동물(>2mm)로 나눈다(Osman, 2013). 미소 동물로는 원생동물과 선충류가 있고, 중형 동물로는 미소 절지동물이 있으며,

대형 동물로는 지렁이, 흰개미, 노래기 등이 있다. 식물 뿌리는 대형 식물상에 속하며, 미생물상(microbiota)으로는 조류, 세균, 균류, 방선균 등이 있다. 그림 1-27은 산림토양 생물의 크기에 따른 분류 및 토양입자 크기와의 비교를 나타낸다.

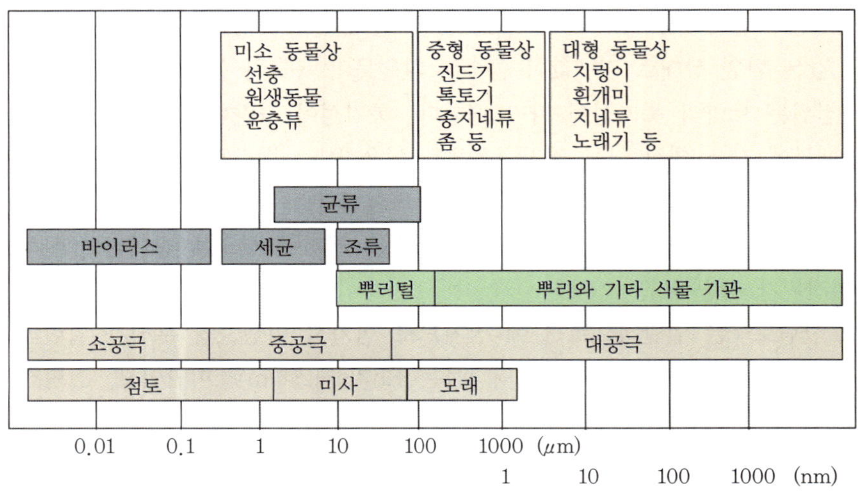

그림 1-27 산림토양 생물의 크기에 따른 분류 및 토양입자 크기와의 비교
[Nortcliff *et al.*, 2012]

토지이용별 토양 생물의 분포를 조사한 보고에 따르면 농경지, 초지, 산림토양 각각의 세균 개체수는 큰 차이가 없었다. 또한 균류, 원생동물, 절지동물의 개체수는 초지 및 농경지에 비해 산림토양에서 현저히 많았다. 지렁이의 개체수는 초지와 산림토양 사이에 큰 차이가 없었지만 침엽수림에는 전혀 없었다(Fortuna, 2012; Osman, 2013; 표 1-21 참조).

2·3·2 토양동물군

산림생태계에서 살아가는 모든 동물은 어떠한 방식으로든 토양의 성질에 영향을 끼치며, 토양에 대한 이러한 영향은 결국 임목 생장으로도 이어진다. 토양 동물의 종류는 크기에 따라 원생동물부터 대형 동물까지 다양하다. 동물이 토양에 끼치는 영향은 몸 크기가 클수록적어 산림토양에 대한 대형 동물의 영향이 방목지를 제외하고는 미미하다. 그러나 산림에서 방목할 경우 지피식물이 감소하고 수종 구성이 변화하며 답압과 수분침투율의 감소로 침식이 발생한다.

1 척추동물

네발 달린 동물이 대부분인 토양 척추동물은 토양에 홈을 내거나 굴을 파기도 하면서 유기물을 잘게 부수어 유기물의 표면적을 늘리는 데 도움을 준다. 토양을 파는 행위는 임상에 있

표 1-21 농경지, 초지, 산림생태계에 존재하는 토양 생물의 분포

토양 생물		농경지	초지	산림
세균 균류 원생동물 선충	토양 1g당 개체수 또는 길이	1억~10억 수 m 1,000 이상 10~20	1억~10억 10~100m 1,000 이상 10~100	1억~10억 1~60km(침엽수) 1,000,000 이상 100 이상
절지동물 지렁이	1m^{2}당 개체수	<10 4~25	45~200 8~42	900~2,300 8~42(침엽수 0)

[Fortuna, 2012; Osman, 2013]

는 유기물과 표층 토양이 섞이게 하고, 이러한 유기물이 토양 아래 깊숙한 곳까지 전달되도록 한다. 잘게 부서진 유기물은 동물이 먹이로 사용하면서 토양층에 다시 섞이고 결국 분해 속도가 점점 빨라진다.

산림토양에는 생쥐나 두더지와 같이 땅을 파는 동물이 많이 서식하고 있다. 예를 들어 북아메리카의 활엽수 혼효림에는 1ha당 평균 4,814g의 포유류가 토양에서 살고 있다(Pritchett & Fisher, 1987). 땅을 파는 설치류가 토양 중에 만든 수많은 미로는 수분과 공기의 침투를 돕고 이들의 배설물, 저장물질, 사체는 토양의 유기물 함량과 비옥도를 높인다. 이러한 작은 동물들은 육식성이어서 지렁이나 유충, 벌레 등을 잡아먹는다. 몇몇 설치류는 묘목과 어린 나무에 피해를 주기도 한다(Crouch, 1982).

2 절지동물

절지동물은 몸체와 다리가 체절로 연결된 토양 동물을 말하며 주로 임상에 서식한다. 1m^{2}당 100만 마리 이상 서식하는 진드기는 썩은 잎, 목질부, 균근균, 다른 동물의 배설물을 먹으며 표층 토양에서 입상의 토양 구조를 형성하는 데 중요한 역할을 한다(Paul & Frey, 2024). 부생동물인 노래기와 톡토기는 썩은 유기물을 먹고 살며, 딱정벌레의 유충과 성충은 임상에 떨어진 유기물을 잘게 부수고 표층 토양의 구조를 개선한다. 개미는 깊은 토양층에 있는 토양을 지표로 나르고 유기물층이나 표층에 있는 유기물을 깊은 토양층에 묻는 등 많은 양의 토양과 유기물을 옮긴다.

3 환형동물

지렁이는 산림토양에 서식하는 가장 중요한 대형 동물이다. 많은 지렁이 종류 가운데 대형 및 중간 크기의 모든 지렁이는 낚시지렁이과로 분류하며, 작고 밝은색의 애기지렁이는 지렁이과에 속한다(Osman, 2013).

지렁이는 토양에 섞여 있는 낙엽이나 유기 잔재물을 함께 섭취하며, 지렁이의 몸속을 통과해 나온 배설물인 분변토는 토양의 전질소, 질산태질소, 유효태 인산, 칼륨 · 칼슘 · 마그네슘

등과의 양이온교환용량을 늘리고 토양 pH를 높인다(Binkley & Fisher, 2020; Kim *et al*., 2022; 그림 1-28 참조). 이 외에도 지렁이는 토양에서 굴을 파면서 이동하여 유기물과 토양을 섞고 토양 구조를 개선하며 통기성을 높여 준다.

온대 낙엽수림 또는 열대림의 통기가 잘되는 환경에서는 1m²당 100~400마리까지 지렁이가 분포할 수 있다. 지렁이가 서식하기에 적합한 토양 pH는 6.0~8.0으로 산성화한 침엽수림과 건조한 사토에는 드물게 분포하며, 실제 개체수는 기후와 토양 조건에 따라 달라진다(Binkley & Fisher, 2020; Paul & Frey, 2024).

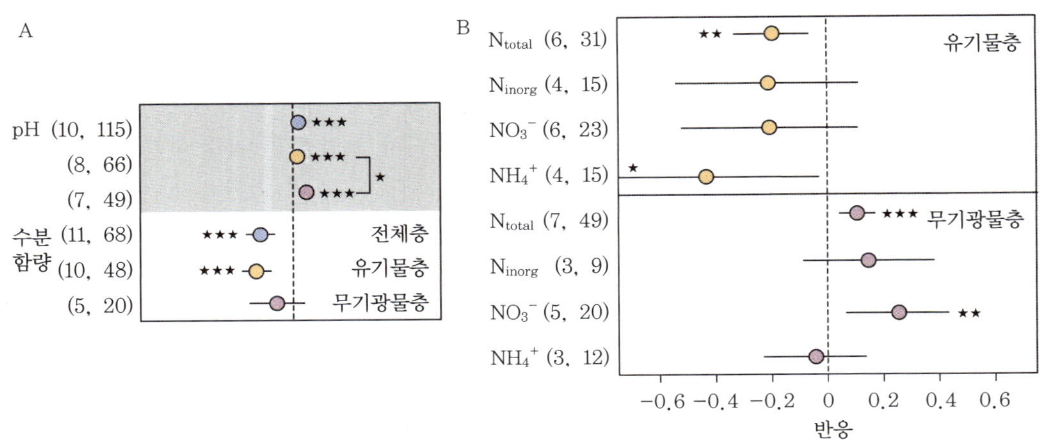

그림 1-28 지렁이가 토양 유기물층과 무기광물층의 토양 pH 및 수분 함량(A), 전질소 및 무기태 질소(B)에 미치는 영향을 메타분석한 결과(괄호는 연구 및 관측 자료 수를 나타내고, ★은 통계적 차이를 의미함)[Ferlian *et al*., 2020]

4 선충

미소 동물인 선충은 산림의 정부식층과 초지 토양에서 흔하게 나타난다. 주로 토양의 깊이 5~10cm에 선충이 서식하며, 대체로 토양 1g당 100마리 이상의 밀도로 존재한다(Fortuna, 2012). 선충은 번식력이 강하며, 토양 조건이 양호하게 변할 경우에는 서식 밀도가 빠르게 증가한다. 산림에서 농경지로 전용된 곳에서 농작물 생산량이 급감하였다면 선충의 밀도 증가와 관련이 있다.

일부 선충이 임목에 기생하여 피해를 입히지만 토양생태계에서 선충은 토양 생물의 밀도를 조절하고 부생자로서 양분을 공급하는 중요한 역할을 한다. 토양을 훈증한 뒤 소나무 묘목을 식재한 경우 생장이 크게 향상하였다는 보고가 있으며, 이는 소나무 뿌리를 공격하는 선충의 밀도가 감소했기 때문이다.

5 원생동물

토양 동물 중 편모류, 아메바류, 섬모충류와 같은 원생동물은 토양에 가장 높은 밀도로 분포한다. 산림토양에서 원생동물의 개체수는 토양 1g당 약 100만 마리 이상이라고 알려져 있다(Fortuna, 2012). 단세포생물인 원생동물은 호기성이며 주로 토양의 깊이 15cm 내에서 생활한다. 산림토양에서 원생동물의 주요 먹이는 분해된 유기물질과 세균이다. 원생동물은 유기물이 많고 통기가 잘되는 침엽수림과 활엽수림 토양에서 주로 발견된다.

2·3·3 토양미생물군

토양에 서식하는 주요 미생물에는 세균, 방선균, 균류, 조류 등이 있다. 토양 미생물은 탄소원과 에너지를 어디에서 얻는가에 따라 크게 두 가지로 나뉜다. 종속영양생물은 탄소원과 에너지를 유기물로부터 얻으며, 독립영양생물은 탄소원을 대기 중 이산화탄소로부터 얻고 빛 또는 무기물로부터 에너지를 얻는다. 대부분의 세균, 모든 균류, 원생동물, 대형동물이 종속영양생물에 속하고, 조류와 일부 세균만 독립영양생물에 속한다.

토양 미생물의 분류는 전통적으로 표현형(表現型, phenotype)에 근거하여 구분하기도 하지만 유전자 염기서열 등 유전적 특징에 근거한 계통학적(系統學的, phylogenetic) 분류에서는 세균(Bacteria), 고세균(古細菌, Archaea), 진핵생물(眞核生物, Eukarya)의 세 영역(domain)으로 구분한다(Paul & Frey, 2024).

1 세균

세균(細菌, bacteria)은 크기가 매우 작지만 토양에서 높은 밀도로 서식하기 때문에 중요하다. 세균과 균류 모두 통기성이 좋은 곳에서 번성하나 오직 세균만 혐기성 조건에서 일어나는 여러 가지 생물 · 화학적 물질 순환에 관여한다. 세균을 분류하는 기준에는 여러 가지가 있지만 가장 의미 있는 기준은 탄소와 에너지를 어디에서 얻는가이다(표 1-22 참조). 세균의 다양성은 위도, 온도, 수분 등과 관련이 있지만 토양 산도의 영향을 주로 받는다(그림 1-29 참조).

① 독립영양세균

독립영양세균은 다시 빛으로부터 에너지를 얻는 광독립영양세균과 무기물의 산화로부터 에너지를 얻는 화학독립영양세균으로 나뉜다. 화학독립영양세균은 단지 몇 종에 불과하지만 토양에서의 역할은 매우 중요하다. 화학독립영양세균은 암모늄, 황, 철과 같은 무기물을 산화하여 에너지원을 얻는다.

표 1-22 탄소원과 에너지원에 따른 세균의 분류[김계훈 등, 2011]

구 분	탄소원	에너지원	토양 세균의 종류
종속영양세균	유기물	유기물	부생성 세균, 대부분의 공생 세균
광독립영양세균	CO_2	태양광	녹색세균, 남세균, 홍색세균
화학독립영양세균	CO_2	무기물	질화세균, 황산화세균

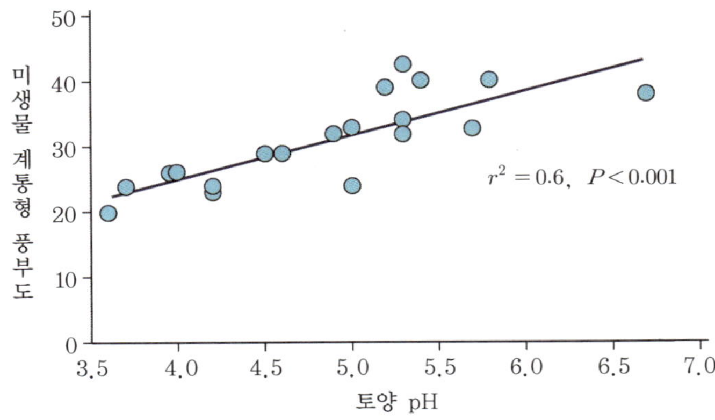

그림 1-29 전 세계 습한 산림에서 나타난 토양 세균의 군집 다양성과 토양 pH 간의 상관관계[Binkley & Fisher, 2020]

질소화합물을 에너지원으로 이용하는 세균 중에서 니트로소모나스(*Nitrosomonas*)속 등은 암모늄을 아질산염으로 변환하고, 니트로박터(*Nitrobacter*)속은 아질산염을 다시 질산으로 변환한다(Pritchett & Fisher, 1987). 산림토양에서 질소 순환에 관여하는 이러한 생물의 개체수는 대부분 매우 적으며, 특히 토양이 산성일 경우 질산화 속도가 현저히 떨어진다. 토양 pH가 상승하고 질소 공급이 가능해지면 세균의 밀도가 빠르게 증가한다. 암모늄, 황, 철과 같은 무기물의 산화에 관여하는 세균에 대한 자세한 내용은 제Ⅱ편 제1장을 참조한다.

② 종속영양세균

종속영양세균은 가장 큰 토양 세균 부류에 속하며 에너지와 탄소원으로 유기화합물을 사용한다. 종속영양세균 부류에는 단생질소고정세균, 공생질소고정세균 및 여러 종류의 유기물을 분해하는 세균이 포함된다. 이들은 호기성 또는 혐기성이거나 양쪽을 모두 포함하기도 한다.

생물적 질소고정은 독립적으로 생활하면서 질소를 고정하는 단생질소고정세균과, 기주식물과 공생하면서 질소를 고정하는 공생질소고정세균에 의해 이루어진다(김계훈 등, 2011). 대기 중 질소를 고등식물이 이용할 수 있도록 하는 이러한 미생물의 활동으로 질소고정이 시작된다.

많은 산림에서 공생질소고정이 질소 공급 차원에서 매우 중요하다. 가장 일반적인 예는 콩과식물과 리조비움(*Rhizobium*)속 세균의 공생이며, 콩과에 속하는 식물의 뿌리에서 발견되는 혹이 이에 해당한다. 전 세계에는 10,000종이 넘는 콩과식물이 있으며, 많은 콩과식물이 산림에서 자연적으로 자라고 있다(Pritchett & Fisher, 1987). 오리나무, 소귀나무와 같은 여러 비콩과식물은 프란키아(*Frankia*)속의 방선균 공생자가 만드는 뿌리혹을 가지고 있어 질소를 고정할 수 있다. 대부분 임목이나 관목인 이러한 식물들은 여러 산림에 콩과식물보다 훨씬 많이 분포한다.

유기물을 분해하는 세균은 산림에 있는 많은 양의 낙엽, 식물 뿌리, 동물 세포, 배설물, 미생물 등을 분해하는 데 주된 역할을 한다. 토양 생물에 의한 질소고정과 유기물 분해에 대한 자세한 내용은 제Ⅱ편 제1장을 참조한다.

2 방선균

방선균(放線菌, actinobacteria)은 형태적으로 진균과 유사하나 세포 구조와 생리적 특성은 세균과 동일하다. 토양이 산성이고 산소가 없는 습지 상태에서는 방선균이 생육하기 어렵다. 방선균은 토양 pH가 5.0 이하일 경우 생육하지 못하고 pH 6.5~8.0을 가장 선호한다. 토양에서 발견되는 가장 일반적인 방선균으로는 스트렙토마이세스(*Streptomyces*)속이 있다(Alexander, 1977). 방선균은 알칼리성 산림토양에서 유기물 분해와 양분 무기화에 중요한 역할을 하고, 다른 미생물을 죽이는 항생제 화합물을 생산하기도 한다.

3 균류

균류(菌類, fungi)는 진핵생물로 산림토양에서 대부분 호기성이고, 산성인 토양 환경에서 분해를 담당하는 주요 미생물이다. 균류와 세균의 군집 구조는 생물군계 내에서도 큰 변이를 보이지만 산성화한 산림토양에서 균류 : 세균(F : B) 비율이 비교적 높게 나타난다(표 1-23 참조). 균류에 의해 분해되는 물질로는 헤미셀룰로스, 펙틴, 녹말, 지방 및 세균의 분해에 특별히 저항력이 강한 리그닌 화합물이 있다. 일부 균류는 원생동물, 선충, 근족충류와 같은 토양 동물의 포식자이기 때문에 토양에서 미소 동물의 조절자 역할을 한다.

표 1-23 전 지구 1,323개 관측 지점의 인지질지방산(PLFA) 분석 자료를 메타분석한 생물군계별 균류 및 세균의 바이오매스 탄소와 평균 F : B 비율

생물군계	균류 바이오매스(F) (mg C·kg^{-1} soil)	세균 바이오매스(B) (mg C·kg^{-1} soil)	평균 F : B
나지	193(55~678)	25(8~79)	3.90
사막	17(14~20)	6.8(6~8)	3.14
초지	215(169~274)	63(50~78)	4.03
목초지	632(289~1,383)	271(129~568)	2.48
경작지	213(150~301)	66(46~93)	3.28
관목지	218(106~449)	45(23~88)	4.82
사바나	103(61~176)	44(26~76)	1.82
열대 · 아열대림	451(362~562)	210(179~246)	2.22
온대림	258(189~353)	53(39~73)	4.92
한대림	1234(871~1,749)	226(173~297)	5.03
툰드라	3684(1,678~8,084)	428(237~774)	8.60
자연 습지	330(194~558)	93(51~168)	4.13

[He *et al*., 2020]

리족토니아(*Rhizoctonia*)속, 피티움(*Pythium*)속, 파이토프토라(*Phytophthora*)속은 묘포에서 자라고 있는 묘목에 모잘록병을 일으키고, 푸사리움(*Fusarium*)속은 묘목과 고목의 뿌리썩음병을 일으킨다(Pritchett & Fisher, 1987).

4 균근

균근(菌根, mycorrhizae)은 균류와 뿌리의 공생 관계를 나타낸다. 식물 뿌리와 공생 관계

를 형성한 균근균(mycorrhizal fungi)은 식물로부터 합성된 탄수화물을 얻고, 토양으로 뻗은 균사로 물과 양분을 흡수하여 식물에 제공한다. 이렇게 임목은 거대한 균사체 망을 확보함으로써 토양에서 근권을 확장할 수 있고, 감염되지 않은 뿌리보다 양분의 흡수 효율을 10배 이상 높일 수 있다. 균근은, 양분이 부족한 산림토양에서 자라는 임목에 특히 큰 도움을 준다.

균근에는 내생균근(內生菌根, endomycorrhizae)과 외생균근(外生菌根, ectomycorrhizae)이 가장 많으며 널리 분포하고 있다. 외생균근의 경우에는 균사가 뿌리 안에 있는 세포벽 내부에 침입하지 못하고, 뿌리의 피층에 있는 식물 세포들 사이의 하르티히망(Hartig net)과 뿌리골무를 덮는 균투(fungal mantle)를 형성한다. 내생균근 중 낭상체-수지상체 균근(vesicular-arbuscular mycorrhizae)의 균사는 뿌리 피층의 세포벽은 물론이고 세포벽 안의 세포막까지 침범하여 나뭇가지 모양의 수지상체(arbuscule)를 형성한다(손요환 등, 2024). 수지상체는 식물로부터 탄수화물을 얻거나 사상균으로부터 기주식물에 양분을 전달하는 역할을 하며, 낭상체(vesicle)는 양분을 저장하는 역할을 한다(그림 1-30 참조).

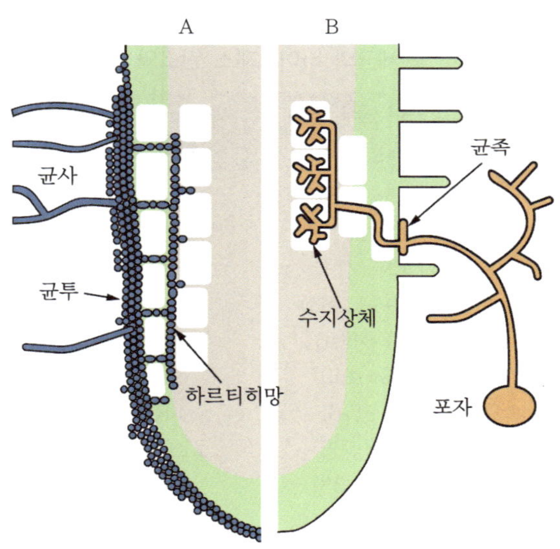

그림 1-30 외생균근(A)과 수지상 내생균근(B)의 형태
[Bonfante & Genre, 2010]

산림생태계에서 외생균근은 소나무, 너도밤나무, 자작나무, 참나무류 등의 목본식물 뿌리와 담자균류, 자낭균류, 접합균류에 속하는 균류의 공생 관계로 형성된다. 이 외에도 유칼립투스와 열대 활엽수 중 일부 수종에도 외생균근이 있다. 내생균근이 있는 수종은 단풍나무, 물푸레나무, 호두나무, 백합나무, 버즘나무, 포플러류, 아까시나무, 버드나무류 등이다(Phillips & Fahey, 2006). 오리나무는 질소고정식물이면서 외생균근도 발달한다(McBurney *et al.*, 2017). 대개 외생균근이 있는 수종이 유기물층(O)을 더 많이 형성하고 내생균근이 있는 수종은 유기물이 풍부한 무기물층(A)을 형성하지만 이를 일반화하려면 아직 연구가 더 필요하다(Binkley & Fisher, 2020).

5 조류

조류(藻類, algae)는 대부분 독립영양생물로 광합성을 하기 때문에 개방되고 습한 산림토양에서 가장 활동적이고 풍부하게 존재한다. 광합성을 하려면 빛이 필요하므로 조류는 토양 표면이나 표면 근처에서 가장 흔하게 나타난다. 일부 조류는 바위, 낙엽층, 통나무 수피 등에 서식하며, 사상균과 지의류를 형성하여 공생 관계를 맺기도 한다. 토양에 있는 가장 흔한 조류 집단으로는 녹조류, 황녹조류, 규조류가 있다. 조류는 토양에서 상당한 양의 유기물을 생산할 뿐만 아니라 특정 조류는 토양의 입단 형성에 유용한 다당류를 배출하기도 한다.

2·3·4 식물 뿌리

유관속식물의 기관 중 하나인 뿌리는 식물을 토양에 고정하고 물과 양분을 흡수하는 역할을 한다. 죽은 뿌리는 분해되어 물과 산소가 이동할 수 있는 통로를 토양에 남기고, 또한 토양에서 물, 유기물, 양분을 순환시킨다. 산림에서 직근이 강하게 발달하는 수종은 지탱과 수분 공급을 위해 토양 깊은 곳까지 뿌리가 침투할 수 있으며, 뿌리 깊이가 2~3m에 이르기도 한다(그림 1-31~1-33 참조).

토성, 용적밀도와 같은 물리적 특성에 기인한 토양 수분 및 공극은 뿌리 발달에 직접적인 영향을 미친다. 또한 산성 토양의 알루미늄 독성으로 인해 뿌리 발달이 제한될 수 있으나 많은 수종들이 산성 조건에서 내성을 보인다. 토양의 양분 유효도가 뿌리의 생장과 분포에 영향을 미치며, 양분 농도가 높은 곳에서 생물학적 활성도 증가함으로 인해 더 많은 뿌리가 증

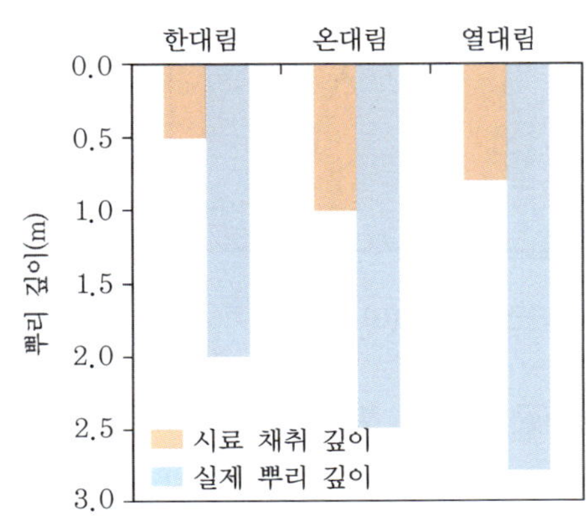

그림 1-31 전 지구 한대림, 온대림, 열대림의 평균 뿌리 깊이와 일반적인 시료 채취 깊이[Binkely & Fisher, 2020]

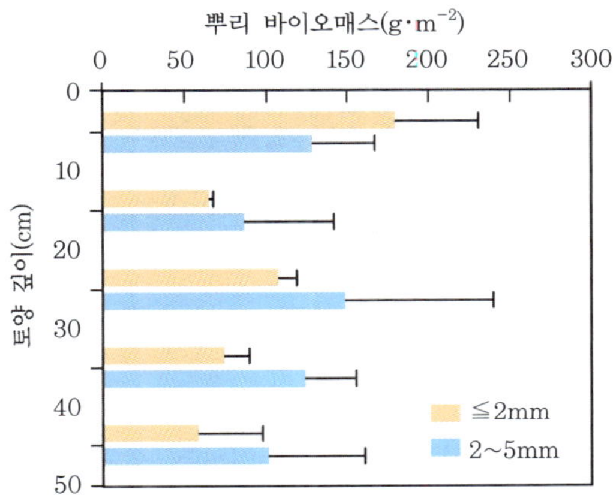

그림 1-32 우리나라 Ⅶ영급 소나무림의 토양 깊이에 따른 뿌리 바이오매스의 분포

그림 1-33 소나무의 직근성 뿌리(A)와 낙엽송의 천근성 뿌리(B)
(경기 포천시 산림기술경영연구소 내 소나무 · 낙엽송 7년생 조림지)

식할 수 있다.

뿌리가 수행하는 가장 중요한 생태적 기능은 근권 주변의 토양에서 일어나는 생물적 활동의 조절이다. 임목 뿌리는 지하부 생물량의 대부분을 차지하며, 뿌리 호흡으로 토양 내 이산화탄소가 증가한다. 근면(rhizoplane, 뿌리 표면)과 근권(rhizosphere, 뿌리 주변)에 존재하는 식물군과 동물군은 다른 영역에 있는 토양 생물과 다르다(그림 1-34 참조). 이는 뿌리가 아미노산, 유기산, 탄수화물, 당, 비타민, 점액성 물질(다당류), 페놀화합물과 같은 여러 종류의 저분자 유기화합물을 근권으로 분비하기 때문이다(Gupta & Mukerji, 2002).

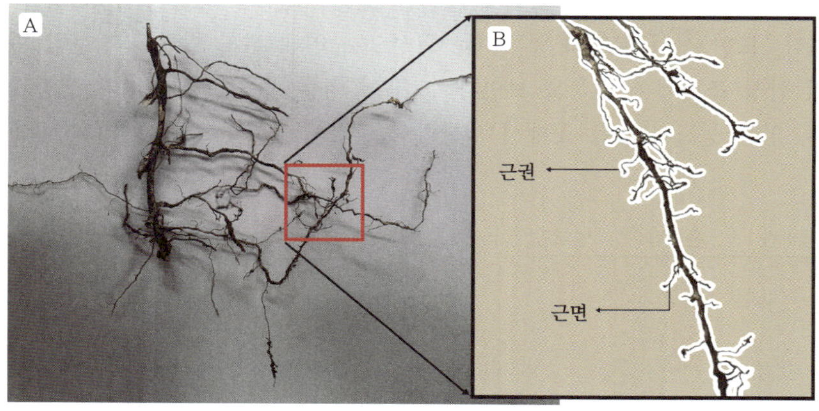

그림 1-34 수목 뿌리(A)의 근권과 근면 모식도(B)

일부 미생물은 근면에 다량 서식하고, 근면에 사는 세균은 종자 발아나 식물 생장을 촉진한다. 이러한 식물 생장을 촉진하는 세균으로는 리조비움, 슈도모나스(*Pseudomonas*), 아조토박터(*Azotobacter*), 바실루스(*Bacillus*) 등이 있다(Han & Lee, 2005; Osman, 2013). 반대로 근권에 있는 뿌리 분비물은 아조토박터속, 아조스피릴룸(*Azospirillum*)속, 아조아쿠스(*Azoarcus*)속에 속하는 단생질소고정세균, 리조비움속에 속하는 공생질소고정세균과 기타 세균, 그리고 균근균과 같은 균류의 생장을 촉진한다(Osman, 2013).

2·4 산림토양의 유기물

유기물은 토양의 주요 구성 요소이다. 토양 유기물은, 분해되고 있는 또는 형태를 알아볼 수 없는 상태로 존재하며 토양에서 발견되는 모든 유기물질로 정의한다(Baldock & Skjemstad, 1999). 토양에 존재하는 유기물 함량은 생물체(식생, 뿌리, 미생물, 동물 등)로부터 토양생태계로 유입되는 양과 방출되는 양(미생물 분해로 발생한 이산화탄소)의 차이로 결정된다(Osman, 2013).

토양 유기물은 분해 정도에 따라 ①신선한 또는 분해되지 않는 낙엽, ②분해가 진행 중이며 부분적으로 분해된 물질, ③분해가 매우 많이 진행되고 안정된 물질인 부식 등의 세 가지로 구분한다. 토양에 서식하는 동물, 미생물, 뿌리 또한 토양 유기물의 생성에 기여한다. 농경지 토양의 유기물 함량은 2% 정도이고 산림토양의 유기물 함량은 1~5%이어서(Osman, 2013) 일반적으로 산림토양의 유기물 함량이 농경지토양보다 많다.

토양 유기물은 토양 비옥도를 결정하는 척도가 되고 산림생태계의 생산력에 영향을 끼치며, 탄소 저장고로서 기후변화 완화에도 큰 역할을 한다. 토양형, 기후, 지형, 토양 생물, 토양 광물의 구성, 사람에 의한 산림경영 및 이들 인자 사이의 상호작용은 토양 중 유기물 총량과 토양층에서 나타나는 유기물의 분포와 관련이 깊다. 산림에서 농경지로의 전환, 조림을 위한 개벌과 같은 인위적 변화도 토양 유기물의 총량에 영향을 끼친다.

2·4·1 토양 유기물 공급

토양 유기물은 다양한 경로를 통해 산림으로 들어온다. 묘포와 같은 곳을 제외하고 산림토양에 존재하는 유기물은 모두 자연으로부터 공급된다. 산림의 임목은 지상부와 지하부에서 유기물을 지속적으로 토양에 공급한다. 이러한 유기물은 토양 표면 위에 다양한 분해 상태로 존재하는 잎, 가지, 잔가지, 꽃, 열매, 수피, 통나무와 같은 식생의 죽은 부분이며, 식물의 침출물, 탈피 세포, 지하부 뿌리도 토양 유기물의 공급원이다. 산림은 크고 작은 동물들의 서식처이므로 지상부와 지하부에 있는 죽은 동물의 사체 또한 토양 유기물의 공급원 역할을 한다.

지상부에서의 연간 낙엽 생산량은 열대림의 경우 1ha당 10Mg, 온대림에서는 5Mg, 한대림에서는 3Mg 정도이다(Binkley & Fisher, 2020). 산림에서 뿌리와 같이 지하부에 있는 죽은 식물체에 의해 공급되는 토양 탄소는 토양에 존재하는 전체 식물체 탄소량의 10~30%, 전체 토양 탄소의 2.5~15.1%를 차지한다(Osman, 2013).

2·4·2 토양 유기물의 기능

산림에서 토양 유기물은 다양한 물리 · 화학 · 생물적 기능을 수행한다(표 1-24 참조). 유기물이 기여하는 가장 큰 물리적 기능은 토양의 입단화이다. 산림토양에서 입단화는 토양의 구조를 양호하게 하는 자연적인 과정이기 때문에 일반적으로 농경지토양보다 좋은 토양 구조를 만들어 준다. 입단에 포함된 유기물의 분해는, 입단화 없이 토양 중에 있는 유기물보다 훨씬 느리게 진행된다.

표 1-24 산림토양에서 유기물의 물리 · 화학 · 생물적 기능

구 분	기 능
물리적 기능	토양 입단의 안정화 및 형성 토양에서 물과 공기의 이동과 축적 열 전달과 토양 답압의 변화
화학적 기능	산 · 염기 및 완충에 의한 토양 pH의 조절 이온 교환 능력의 증진 토양에서 물질 이동과 금속-유기 복합체의 형성
생물적 기능	부생식물과 동물의 먹이 제공 생물 · 화학적 반응을 위한 에너지 제공 양분의 공급처

[Osman, 2013]

토지이용과 관련한 연구에 따르면 토양의 용적밀도는 활엽수림에서 가장 낮고 논토양에서 가장 높게 나타났다(Han *et al.*, 2010). 토양에 유기물을 첨가하면 용적밀도가 감소하고 공극률은 증가한다. 토양 유기물은 또한 토양으로의 수분침투율과 투수율을 높이고, 수분 증발량과 지표유거수를 줄이며, 투수계수와 수분 보유력을 높인다.

토양의 화학적 특성도 토양 유기물의 영향을 크게 받는다. 토양 유기물은 탄수화물, 단백질, 리그닌, 산, 알코올, 효소와 같은 화학물질을 제공하고, 다른 화학반응을 유발하는 에너지를 제공하기도 한다. 토양 유기물은 토양 pH, 산화환원전위, 양이온교환용량에도 영향을 미친다. 산림토양은 낙엽 분해에 따른 유기산과 이산화탄소의 생성이 계속되면서 산성을 띠지만 활엽수림을 이루는 임목의 낙엽은 토양을 중성 내지 약알칼리성으로 바꾸는 염기이온을 방출하기도 한다. 부식은 표면적이 넓고 표면에 많은 양전하를 가지고 있기 때문에 양이온교환용량이 매우 높다(Osman, 2013).

토양 유기물은 식물에게 유효한 양분을 유지해 주는 중요한 역할을 한다. 거의 모든 질소, 상당한 양의 인산, 칼륨, 칼슘, 마그네슘, 미량양분은 유기물이 분해됨에 따라 식물에 유용한 형태로 계속해서 토양으로 공급된다(그림 1-35 참조).

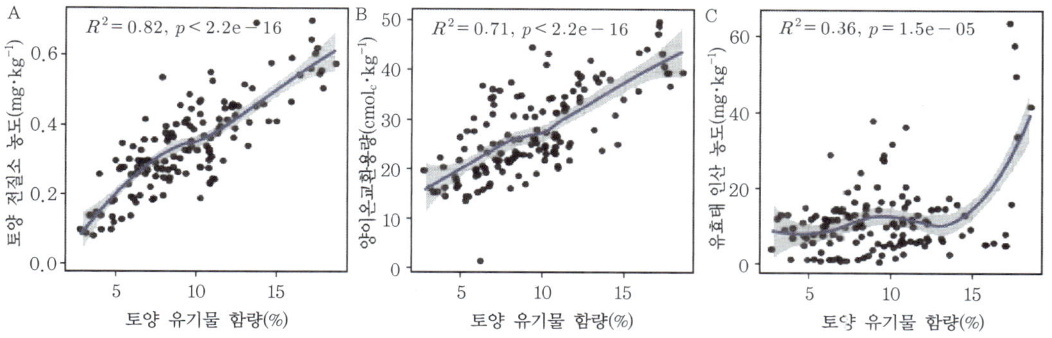

그림 1-35 토양 유기물 함량과 토양 전질소 농도(A), 양이온교환용량(B), 유효태 인산 농도(C) 간의 관계[노남진 등, 2023]

2·4·3 임상

임목 등에서 떨어진 낙엽, 낙지 등의 축적으로 산림토양의 표면에 발달하는 유기 퇴적물층을 임상(forest floor)이라고 한다. 실질적으로 유기물층에 해당하며, 온대림과 한대림 등의 토양 표면에 자연적으로 발달한다. 임상은 동물과 식물의 죽은 유기 잔재물이 퇴적하여 형성되므로 식생 및 수종의 구성, 임분의 생산성과 분해율 등에 따라 임상 유기물의 양과 형태의 변이가 크다(그림 1-36 참조). 임상에 축적된 유기물의 양은 한대림에서 1ha당 15~100Mg, 온대 활엽수림에서 7.5~12.5Mg, 그리고 열대림에서 1~2.5Mg이다(Vogt *et al.*, 1986; Osman, 2013). 부가적으로 임상에 있는 잔뿌리도 중요한 부분을 차지하며, 그 밖에 버섯과 이끼 등도 포함된다.

임상에 퇴적된 유기물은 토양처럼 몇 개의 층위로 구분된다. 임상이 잘 발달한 산림에서는 신선한 잎과 잔가지가 쌓인 낙엽층(litter)부터, 유기물 분해가 진행 중인 분해층(fermen-

그림 1-36 아까시나무(A), 신갈나무(B), 잣나무(C) 임분의 임상에 쌓인 유기물 (서울시 서대문구 안산)

tation), 분해가 상당히 진행된 맨 아래의 부식층(humus)까지 임상의 층위를 어느 정도 명확하게 구분할 수 있다(그림 1-37 참조). 임상의 가장 낮은 층위에서는 무정형의 부식이 무기광물 토양층의 가장 윗부분과 섞여 있을 수 있다(Waring & Schlesinger, 1985; 자세한 층위 구분은 제 I 편 제1장 1·1·6 참조). 토양층과 임상의 가장 낮은 층위를 구분하기는 비교적 쉽지만 명백하게 구분 짓기 어려운 경우도 많다(Ryan *et al.*, 1992). 현장에서의 분류는 형태적으로 이루어지며, 연구자의 개인 역량에 따라 차이가 생기기도 한다.

그림 1-37 산림의 토양층 위에 형성된 임상의 구분[산지환경조사연구회 · 우림엔알]

임상은 산림생태계에서 여러 가지 중요한 역할을 한다. 임상은 토양을 피복함으로써 강수의 직접적인 충격을 막아 주고, 지표를 흐르는 물의 속도를 줄여 주며, 토양이 파인 곳을 흐르는 물의 양을 줄여 주고, 토양입자의 분리를 막아 준다. 임상은 스펀지처럼 기능하면서 자신의 무게보다 수백 배나 되는 물을 흡수하여(Binkley & Fisher, 2020) 산림의 수분 보유력과 침투율을 높인다. 이렇듯 갖가지 기능을 하는 임상 덕택에 산림토양의 구조, 통기성, 배수 등이 좋아지고 침식이 줄어든다. 임상은 또한 토양에서 대기로의 수증기 확산을 막아 주는 장벽으로 작용하면서 수분이 증발하는 속도를 늦춘다.

토양생태계를 구성하는 무척추동물, 균류, 조류, 세균 등의 수많은 생물들 또한 임상에 서식한다. 이러한 생물들은 땅을 파고 섞으며 입단화 및 양분 순환에 여러 가지 역할을 한다. 유기물도 임상에 서식하는 생물들이 먹이로 이용하면서 쪼개지고 분해되어 토양에 섞인다. 나무의 종자 또한 임상으로 떨어지면 발아할 때까지 임상에 머무른다.

2·4·4 토양 유기물 함량

임상 바로 아래에 있는 표층 토양에 유기물 함량이 가장 많고 아래 토양 쪽으로 내려갈수록 가파르게 감소한다. 자연 초지의 경우에는 토양 표면에 유기물 함량이 많고 깊이 들어갈수록 완만하게 줄어든다. 토양에서 유기물 함량은 토양 조건, 식생, 지형, 수문학적 조건, 고도, 사람에 의한 토양 경영 활동 등에 따라 달라진다. 표 1-25는 우리나라 산림토양의 지역 및 토양층위별 평균 유기물 함량을 나타낸다.

표 1-25 우리나라 산림토양의 지역 및 토양층위별 유기물 함량

지 역	유기물 함량(%)		지 역	유기물 함량(%)	
	A층	B층		A층	B층
강원특별자치도	6.48	3.40	전북특별자치도	5.14	2.10
경기도	5.13	1.82	전라남도	5.06	2.30
충청북도	4.10	2.14	경상북도	4.78	3.25
충청남도	4.33	1.90	경상남도	5.11	2.15
제주특별자치도	13.12	11.58	평 균	5.92	3.40

[산림청 · 한국임업진흥원, 2022]

산림에서 토양의 유기물 함량에 영향을 끼치는 자연적 인자는 강수량과 온도이다(Osman, 2013). 온도는 두 가지 방법으로 유기물의 축적에 영향을 끼친다. 첫째, 온도가 올라가면서 식생 생장이 빨라지고 총생산량이 증가한다. 둘째, 온도가 상승하면 미생물의 활동 또한 증가하면서 유기물 분해가 증가한다. 이와 같은 온도의 영향으로 열대우림의 임상에는 유기물이 거의 축적되지 않으며, 미생물 활동의 강도가 매우 크기 때문에 토양에 유기물이 축적되기도 어렵다. 강수량이 증가하면 유기물의 총생산량이 증가하고 토양의 유기물 함량도 증가한다.

한편 산림에서 임상과 토양층의 유기물 함량은 산림의 탄소 저장량과 직접적인 관련이 있다. 표 1-26은 제7차 국가산림자원조사에 의한 우리나라 산림의 침엽수, 낙엽수, 혼효림 임상 구분에 따른 낙엽층과 토양층(0~30cm)의 탄소 저장량을 나타낸다(Lee *et al.*, 2020). 임상 유기물층 및 토양층의 탄소 저장량은 활엽수림이 침엽수림과 혼효림에 비해 많은 경향을 보인다.

표 1-26 우리나라 산림의 임상 낙엽층 및 토양 깊이별 탄소 저장량(단위: Mg C·ha^{-1})

구 분		침엽수림	낙엽활엽수림	혼효림
낙엽층	L층	2.04	1.56	1.80
	F+H층	2.59	1.72	2.18
토양층	0~10cm	13.08	17.24	13.83
	10~20cm	11.33	14.71	11.83
	20~30cm	9.54	12.16	10.09
계		38.58	47.39	39.73

[Lee *et al.*, 2020]

자연적인 조건에서 안정적으로 유지되는 산림생태계에서는 토양의 유기물 함량에 큰 변동이 없다. 이는 식생으로부터의 유기물 공급량과 임상에서의 분해율이 같기 때문이다. 이러한 평형상태는 산불 발생 또는 농지 등으로의 토지 전용과 같은 행위로 인해 깨진다. 산림에서 수목을 벌채하면 토양의 유기물 함량이 수년 동안 급격하게 줄고 그 후 10~50년 동안 점진적으로 줄어든다(Buringh, 1984).

2·5 토양수

토양에 존재하는 물, 즉 토양수는 우리가 일상생활에서 접하는 물과는 특성이 다르다. 토양수는 ①토양을 팽창 또는 수축시키고 안정된 입단을 형성하는 등 토양의 물리적 성질에 영향을 미치며, ②수많은 화학반응에 관여하여 양분의 방출과 고정 및 산성화를 유발하고, ③광물 풍화에까지 영향을 미친다.

강수로 유입된 토양수가 오랫동안 과량으로 있으면 공기의 순환과 공급이 차단되어 식물의 생육에 해롭지만 일정 기간 토양 중에 머무르면 식물이 흡수, 이용할 수 있다. 그러므로 토양의 물 보유는 토양의 가장 중요한 기능이라고 할 수 있다. 토양에 저장된 물이 증발산으로 인해 지속적으로 줄어들어 식물이 흡수할 수 없는 상태에 이르기도 하며, 이러한 토양수의 이동과 식물의 흡수 및 보유 기능은 토양의 물리 · 화학적 특성과 아울러 토양수 자체의 특성에 의해 결정된다. 토양의 물 보유 기능에 대해 몇 가지 질문을 다음과 같이 던질 수 있다.

1) 토양 내에서 물은 어떻게 존재하는가?
2) 토양이 함유할 수 있는 물의 양은 얼마이고 어떻게 결정되는가?
3) 토양 중에서 물은 어떻게 이동하며, 식물이 흡수할 수 있는 물의 양은 얼마인가?

2·5·1 물의 구조적 특성

단순한 화합물인 물의 개별 분자는 큰 산소 원자 1개와 작은 수소 원자 2개로 이루어져 있으며, 두 수소 원자가 104.5°의 각도로 벌어진 V자 모양의 비대칭 공유결합을 이루고 있다. 이러한 비대칭은 수소 원자 쪽이 양전하를, 반대쪽인 산소 원자가 음전하를 띠는 극성을 유발한다.

물 분자에서 음전하를 띤 산소 원자와, 인접한 물 분자의 양전하를 띤 수소 원자는 서로 전기적으로 끌려 결합하며, 이를 수소결합이라고 한다. 이러한 물 분자의 구조적 특성에서 유래한 수소결합 때문에 물은 다른 화합물과 다르게 상온에서 액체 상태로 존재하고 높은 비열과 증발열을 갖는다. 또한 물의 극성은 물 분자의 산소 쪽에 끌리는 여러 양이온의 용해를 촉진하여 물이 용매로서 기능하게 한다.

2·5·2 물의 응집, 부착, 표면장력

토양에서 물의 보유와 이동은 물 분자 간의 끌림에 의한 응집(cohesion) 현상과, 물 분자의 양전하를 띠는 수소 원자와 음전하를 띤 토양입자 표면 간의 끌림에 의한 부착(adhesion) 현상, 즉 물의 수소결합으로 설명할 수 있다(그림 1-38 참조). 물의 표면장력은 물과 공기의 접촉면에서 물 분자 간의 응집력이 물과 공기 간의 부착력보다 크기 때문에 발생하며 물방울이 맺히는 원리이다.

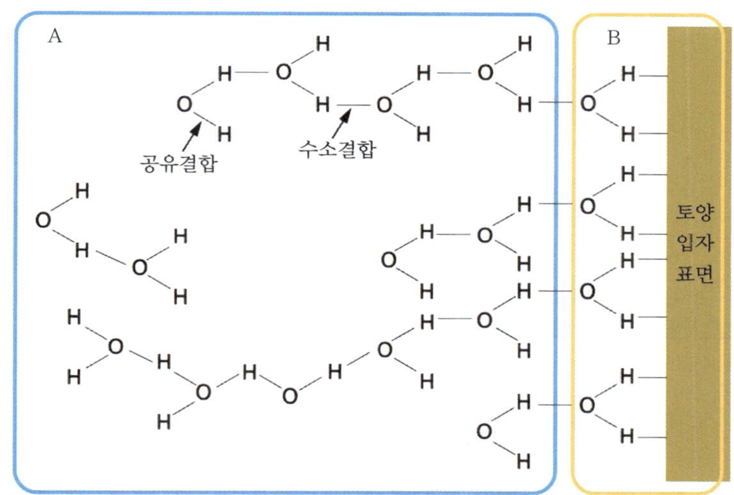

그림 1-38 토양수의 응집(A) 및 부착(B) 현상[Weil & Brady, 2017]

2·5·3 모세관현상과 토양수

건조한 스펀지를 물이 들어 있는 비커에 담갔을 때 스펀지로 물이 흡수되어 상승하는 것과 같은 현상을 모세관현상이라고 한다. 이는 스펀지 내부 표면에 대한 물의 부착력과 물 분자 간의 응집력 때문에 생기는 현상이다. 모세관현상은 가는 유리관의 한쪽 끝을 물에 담그는 실험을 통해 증명할 수 있다. 모세관 내부에서 물이 상승하는 높이(h)는 유리관의 내부 반지름(r)이 작을수록 증가하며, 다음과 같은 간단한 식을 이용하여 물기둥의 높이를 구할 수 있다.

$$h(\mathrm{cm}) = \frac{0.15(\mathrm{cm}^2)}{r(\mathrm{cm})} \qquad (1 \cdot 5)$$

즉 물이 상승하는 높이는 관이 좁을수록 모세관력이 커지므로 관의 반지름에 반비례하여 증가한다는 의미이다. 하지만 토양에서는 토양입자의 크기, 입단 구조, 배열 상태가 모두 다르고 공극의 크기와 형태 또한 다양하기 때문에 유리관과 같이 균일한 상태일 수 없다. 더욱이 일부 토양 공극은 공기로 채워져 있어 물의 이동을 방해하므로 토양수의 이동 속도와 상승 높이를 계산하기가 훨씬 어렵다.

그렇더라도 일반적으로 토양수의 이동은 공극의 크기에 의해 결정되므로 사질 토양과 식질 토양을 비교하여 토양수의 이동 속도와 양을 설명할 수 있다. 상대적으로 공극이 큰 사질 토양으로 물이 유입될 때 이동 속도는 빠르지만 높이가 낮고, 공극의 크기가 매우 작은 식질 토양에서는 물의 유입 속도가 느리지만 시간이 경과하면 사질 토양보다 높게 상승한다(그림 1-39 참조).

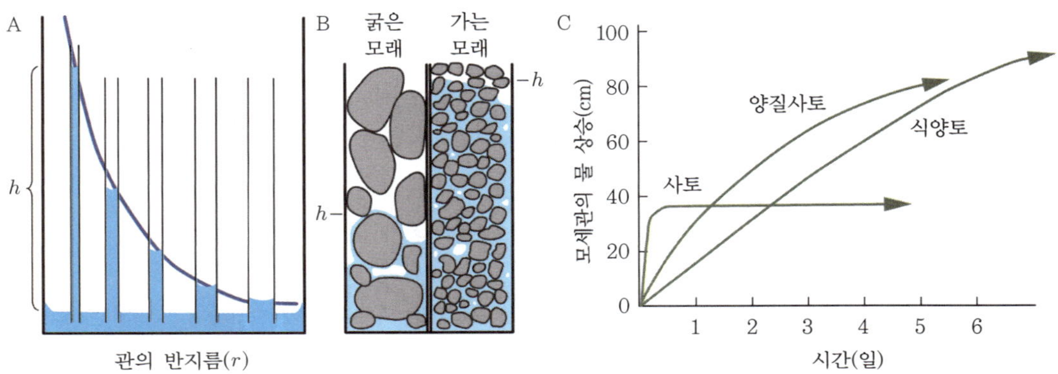

그림 1-39 모세관의 내부 반지름과 공극의 크기 및 토성에 따른 모세관 내 물의 상승 높이
(A: 모세관의 반지름(r)이 절반으로 감소하면 물기둥의 높이(h)는 두 배 증가한다. B: 실제 토양의 공극은 크기가 다양하고 내부 공기의 영향으로 물의 상승이 다소 불규칙하지만 공극의 크기가 작을수록 물이 높게 상승한다. C: 미세한 공극을 가진 토성일수록 물이 높게 상승하지만 속도는 느리다.)[Weil & Brady, 2017]

2·5·4 토양수의 함량과 퍼텐셜

토양수의 함량은 중량수분함량 또는 용적수분함량으로 나타내거나 에너지개념, 즉 토양수 퍼텐셜로 나타낸다. 이 두 가지 방법을 모두 알아야만 토양수의 상태와 이동, 식물의 흡수 및 관개의 필요성을 파악하는 데 도움이 된다(그림 1-40 참조).

1 토양수의 함량

① 중량수분함량

중량수분함량(gravimetric water content, θ_m)은 단위무게당 토양수의 함량을 직접 측정하는 방법이다. 채취한 토양시료를 105℃에서 24~48시간 건조한 후 건조 전후의 무게 차이로 토양수를 산정하며, 다음의 식으로 구한다.

$$\theta_m = \frac{M_w}{M_s} \quad \cdots\cdots (1\cdot6)$$

식에서 M_w: 토양수의 무게(건조 전 시료의 무게에서 건조 후 시료의 무게를 뺀 값), M_s: 건조한 토양의 무게(건조 후 시료의 무게)

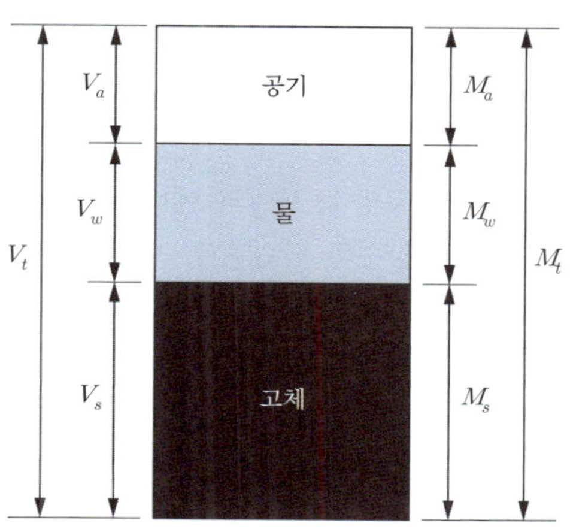

그림 1-40 토양 3상의 부피와 무게 구분
(공극량=공기+물)

② 용적수분함량

용적수분함량(volumetric water content, θ_v)은 단위부피당 토양수의 함량을 말하며, 다음의 식과 같이 토양수의 부피와 전체 토양의 부피로 구한다.

$$\theta_v = \frac{V_w}{V_t} \quad \cdots\cdots (1\cdot7)$$

식에서 V_w: 토양수의 부피, V_t: 토양의 부피

용적수분함량은 중량수분함량과 토양의 용적밀도를 이용하여 다음과 같이 나타낼 수 있다.

$$\theta_v = \frac{V_w}{V_t} = \frac{\frac{M_w}{D_w}}{\frac{M_s}{D_b}} = \frac{\theta_m \times D_b}{D_w} \quad \cdots\cdots (1\cdot8)$$

식에서 D_w: 물의 밀도(≒$1\text{g}\cdot\text{cm}^{-3}$), D_b: 토양의 용적밀도($= M_s/V_t$; $\text{g}\cdot\text{cm}^{-3}$)

중량수분함량을 구하는 식으로도 용적수분함량을 구할 수 있다. 물의 밀도가 약 $1\text{g}\cdot\text{cm}^{-3}$이기 때문에 식 1·6에서 물의 무게($M_w$)를 물의 부피($V_w$)와 1 : 1로 대체할 수 있고, 토양의 무게(M_s)는 시료의 부피(V_t)에 용적밀도를 곱한 값이다.

$$\theta_m = \frac{M_w}{M_s} = \frac{V_w}{V_t \times D_b} = \frac{\theta_v}{D_b}$$

$$\theta_v = \theta_m \times D_b \quad \cdots\cdots (1\cdot9)$$

용적수분함량을 구하려면 토양시료의 전체 부피를 알아야 하기 때문에 적절한 채취기구를 사용하여 답압과 공백이 발생하지 않도록 주의하며 채취해야 한다.

[2] 토양수의 에너지 개념

토양수의 양적 상태만 파악해서는 토양수의 보유 형태 및 이동, 식물 뿌리를 통한 흡수 기

작까지 이해하기가 어렵다. 토양수의 수직적 또는 수평적 이동에 관해서는 에너지의 차이, 즉 에너지가 높은 곳에서 낮은 곳으로 토양수가 이동한다는 동적인 에너지 상태로 파악해야 한다.

자유수와 토양수 사이의 에너지 차이를 토양수퍼텐셜(soil water potential, Ψ)이라고 하며, 이는 토양수의 단위부피, 단위질량 또는 단위무게당 물이 가진 에너지를 말한다. 건조한 토양과 습한 토양을 예로 들어 설명하면 습한 토양에서는 대부분의 물이 큰 공극을 채우고 토양입자를 둘러싼 두꺼운 수막을 형성하며 존재한다. 이러한 상태의 토양수는 비교적 자유롭게 움직일 수 있어 토양수퍼텐셜이 높다고 할 수 있다. 반면에 건조한 토양의 토양수는 작은 공극에 존재하며 토양입자와 가깝게 위치하여 강하게 붙들려 있기 때문에 이동이 제한적이므로 토양수퍼텐셜이 낮다고 할 수 있다. 만약 건조한 토양과 습한 토양을 서로 인접하게 하면 토양수는 더 높은 퍼텐셜을 지닌 습한 토양에서 더 낮은 퍼텐셜을 지닌 건조한 토양으로 이동한다(Weil & Brady, 2017).

① 토양수퍼텐셜의 구성

토양수퍼텐셜은 토양 공극에 의한 모세관현상, 토양입자에 의한 부착력, 용질에 의한 삼투압과 중력, 토양수에 가해지는 외부 압력 등에 의해 결정된다. 토양수퍼텐셜은 이러한 다양한 인자의 합으로 다음의 식과 같이 나타낸다.

$$\Psi_T = \Psi_g + \Psi_m + \Psi_o + \Psi_p \quad \cdots\cdots (1\cdot10)$$

식에서 Ψ_T: 총토양수퍼텐셜, Ψ_g: 중력퍼텐셜, Ψ_m: 기질(매트릭)퍼텐셜, Ψ_o: 삼투퍼텐셜, Ψ_p: 압력퍼텐셜

토양수퍼텐셜은 이와 같이 네 가지 퍼텐셜의 합으로 나타내기 때문에 복잡하게 보이지만 토양수의 상태에 따라 단순화할 수 있다(Weil & Brady, 2017).

1) 네 가지 퍼텐셜이 동시에 작용하는 경우는 거의 없다.
2) 기질퍼텐셜은 불포화상태에서만 작용하고 압력퍼텐셜은 포화상태에서만 나타나기 때문에 기질퍼텐셜과 압력퍼텐셜이 동일 지점에서 동시에 나타나지 않는다.
3) 측정한 토양수퍼텐셜은 절대적인 값이 아니고 기준상태 또는 기준점과 비교해 얻는 상대적인 값이다.
4) 불포화상태의 토양수는 포화상태의 토양수에 비해 자유에너지가 낮기 때문에 퍼텐셜이 항상 음의 값이다.
5) 배수가 잘되는 사질 토양에서는 기질퍼텐셜이 지배적으로 작용하므로 총토양수퍼텐셜의 값과 비슷하며, 물로 포화된 토양에서는 압력퍼텐셜의 비중이 커진다.

㉠ 중력퍼텐셜

토양수의 중력퍼텐셜은 중력의 작용으로 토양수가 가진 에너지를 말하며, 토양수의 상대적인 위치에 따라 크기가 다르다. 즉 토양수의 위치가 임의로 설정된 기준점(0)보다 높을수록 양의 퍼텐

셜이 커지고, 기준점보다 낮을수록 음의 퍼텐셜로 작아지는 상대적인 크기이다. 비가 많이 올 때 큰 공극에 채워진 물이 아래로 빠져나가는 데 중력이 주로 작용한다.

㉡ 기질퍼텐셜

기질퍼텐셜은 토양입자 표면에 극성을 가진 물 분자가 부착하는 힘과 미세공극의 모세관력에 의한 토양수의 에너지이며, 매트릭퍼텐셜이라고도 한다. 토양입자에 부착되고 미세공극에 보유된 토양수의 퍼텐셜은 자유수의 기질퍼텐셜(0)보다 낮기 때문에 항상 음의 값이다. 건조한 스펀지를 물에 담글 때 물이 스며드는 현상은 스펀지의 기질퍼텐셜이 낮기 때문이고, 습한 토양에서 건조한 토양으로 물이 이동하는 현상도 습한 토양의 기질퍼텐셜이 높고 건조한 토양의 기질퍼텐셜이 낮기 때문이다.

토양에서 중력수가 제거되고 나면 불포화상태에서의 토양수 이동은 주로 기질퍼텐셜에 의해 발생한다. 먼저 식물 뿌리가 직접 접촉하고 있는 토양으로부터 물을 흡수하면 그 토양의 기질퍼텐셜이 낮아지고, 그 후 속도는 느리지만 지속적으로 기질퍼텐셜이 높은 주변 토양으로부터 물이 유입된다.

㉢ 삼투퍼텐셜

토양수는 대부분 용질을 함유하고 있기 때문에 삼투퍼텐셜이 항상 음의 값이다. 그러나 일반적인 토양에는 반투막이 존재하지 않기 때문에 삼투퍼텐셜이 토양수의 이동에 거의 영향을 끼치지 않는다. 무기 또는 유기 용질을 함유한 토양수는, 막이 존재하지 않는 토양 조건이라면 물의 이동이 아니라 용질의 농도 구배에 따른 이동, 즉 확산이 일어나 농도가 균일해진다.

삼투퍼텐셜은 주로 식물 뿌리의 물 흡수와 관련이 있으며, 이는 식물 뿌리가 세포막에 의해 토양용액으로부터 분리되어 있기 때문이다. 뿌리 세포의 삼투퍼텐셜이 예외적으로 토양용액보다 높을 경우 물의 흡수가 저해된다. 토양수 내 염 농도가 지나치게 높을 경우에는 유묘 뿌리 세포의 원형질분리가 발생할 수 있으며 이는 세포 내의 물이 삼투퍼텐셜이 훨씬 낮은 토양수로 빠져나간 데 기인한다.

㉣ 압력퍼텐셜

압력퍼텐셜은 주로 수면 이하에서 상부의 물 무게에 의한 압력으로 발생하는 퍼텐셜이다. 대기와 접촉하고 있는 수면의 압력퍼텐셜을 기준인 0으로 한다. 포화상태의 토양에서 수면 이하의 토양수는 압력퍼텐셜이 항상 양의 값이고, 불포화상태의 토양수는 대기압과 평형상태에 있으므로 압력퍼텐셜이 0이다. 따라서 불포화상태에서의 토양수 이동은 압력퍼텐셜의 영향을 받지 않는다.

② 토양수퍼텐셜의 표시

토양수퍼텐셜은 단위질량, 단위부피 또는 단위무게로 나타낸다. 단위부피에 의한 퍼텐셜 단위는 압력으로 표시한다(표 1-27 참조).

㉠ 단위질량당 퍼텐셜

가장 기본적인 표시 방법으로 토양으로부터 물을 제거하는 데 필요한 에너지를 측정하여 토양수퍼텐셜을 구하는 방법이며, $erg \cdot g^{-1}$ 또는 $J \cdot kg^{-1}$ 단위를 사용한다.

㉡ 단위부피당 퍼텐셜

퍼텐셜이 변해도 물의 밀도는 변하지 않기 때문에 단위부피당 퍼텐셜은 단위질량당 퍼텐셜에 비례한다. 따라서 토양수의 밀도를 1로 보면 단위질량당 퍼텐셜과 단위부피당 퍼텐셜의 절댓값은 같으며, $erg \cdot cm^{-3}$ 또는 $J \cdot cm^{-3}$ 단위를 사용한다.

표 1-27 토양수퍼텐셜의 값과 공극의 크기

물기둥 높이(cm)	pF	bar	kPa*	공극 크기(μm)**
0	–	0	0	–
10.2	1.0	−0.01	−1	300
120	2.0	−0.1	−10	30
306	2.49	−0.3	−30	10
1,020	3.0	−1.0	−100	3
15,300	4.18	−15.0	−1,500	0.2
31,700	4.5	−31.0	−3,100	0.97
102,000	5.0	−100.0	−10,000	0.03

주 * kPa는 SI 단위로 1kPa=0.01bar

** 식 1·5를 이용하여 계산한 물기둥 높이의 압력에 의해 물이 제거되는 공극의 크기[Weil & Brady, 2017]

㉢ 단위무게당 퍼텐셜

물의 무게를 기준으로 나타내는 방법이며 단위는 물기둥 높이인 센티미터가 된다. 토양수퍼텐셜이 극히 낮을 때에는 물기둥 높이의 수치가 너무 크기 때문에 물기둥 높이를 로그값인 pF로 표시하기도 한다.

pF = log(물기둥 높이)

③ 토양수 양과 토양수퍼텐셜의 관계

토양수의 동태를 파악하기 위해서는 수량뿐만 아니라 퍼텐셜에 대한 정보도 필요하다. 일반적으로 토양수의 함량이 감소하면 퍼텐셜도 감소한다. 토양의 토성과 구조에 따라 토양수 보유곡선이 달라짐을 알 수 있으며, 토성에 따른 보수력과 배수의 특성을 파악할 수 있다(그림 1-41 참조).

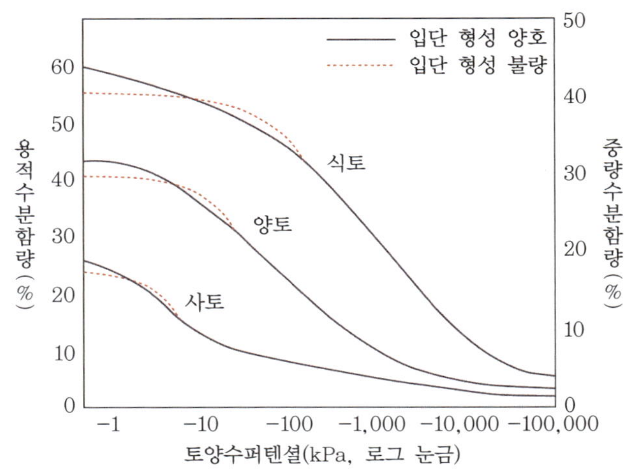

그림 1-41 토성에 따른 토양수 보유곡선[Weil & Brady, 2017]

3 토양수의 구분

토양수는 공극 크기, 토양입자에 흡착되어 있는 상태, 식물의 이용 가능 여부 등을 고려하여 다양하게 구분할 수 있으며, 이러한 구분은 토양수의 관리와 이용에 활용된다.

① 최대용수량

모든 공극이 물로 채워져 포화된 토양수의 상태를 최대용수량(maximum water-holding capacity)이라고 한다. 이때 기질퍼텐셜은 자유수에 가까워 0이라 할 수 있고, 용적수분함량은 전체 공극률과 동일하다.

강수나 관개에 의한 지속적인 물 유입이 멈추면 큰 공극에 있던 물은 주로 중력에 의해 아래쪽으로 빠르게 이동하기 때문에 중력수(gravitational water)라고 한다. 중력수는 퍼텐셜이 −33kPa 이상이고 최대용수량과 포장용수량의 상태 사이에서 쉽게 빠져나가는 토양수를 말하며, 식물이 생육기간 동안 지속적으로 이용할 수 있는 물은 아니다. 토성에 따라 차이가 있지만 중력수의 배수가 보통 1~3일에 걸쳐 이루어진 뒤 포장용수량에 도달한다(그림 1-42 참조).

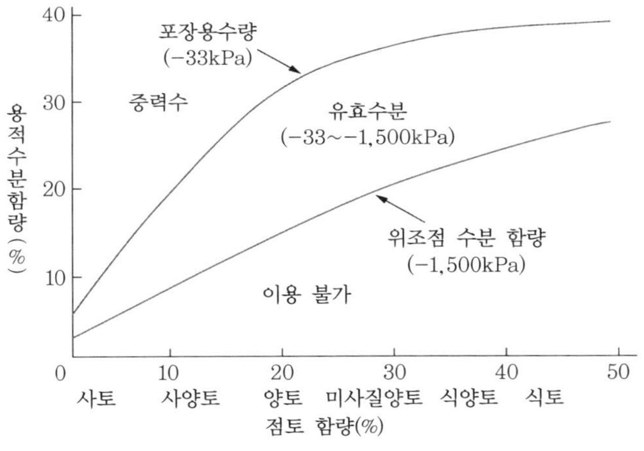

그림 1-42 토성에 따른 수분 함량의 변화

② 포장용수량

중력수가 빠져나가 물의 하향 이동이 무시할 수 있는 수준에 이르렀을 때의 토양수 함량을 포장용수량(field capacity, −33kPa)이라고 한다. 중력수가 빠져나간 큰 공극에 공기가 채워지지만 미세공극은 여전히 물로 채워져 있고 이 물을 식물이 이용할 수 있다. 토양에 점토 함량이 많을수록 포장용수량이 커지며, 이는 점토에 소공극이 많아 공극률이 커지기 때문이다(Weil & Brady, 2017).

③ 위조점

포장용수량 상태에서 식물이 근권으로부터 계속 물을 흡수하면 토양은 지속적으로 건조해진다. 식물은 뿌리가 접해 있는 토양의 수분퍼텐셜이 뿌리 내의 수분퍼텐셜보다 높은 조건에서 물을 흡수할 수 있다. 뿌리는 먼저 수분퍼텐셜이 비교적 높은 큰 공극에 들어 있는 물을 흡수하고 점차 작은 공극과 입자 표면의 수막으로부터, 즉 기질퍼텐셜이 더 낮고 토양입자에 강하게 부착되어 있는 물을 흡수한다. 이에 따라 토양수의 흡수가 점점 더 어려워지고, 식물이 토양수를 더 이상 흡수하지 못해 시드는 토양 수분의 상태에 이를 수 있다. 이를 위조점(wilting point, −1,500kPa)이라고 하며, 시든 식물이 다시 회복할 수 없기 때문에 영구위조점이라고도 한다.

점토가 많은 토양일수록 위조점에 해당하는 토양수의 함량이 많지만, 식질 토양의 경우에는 토양수 중 많은 양이 위조점의 퍼텐셜보다 낮은 상태에 있기 때문에 식물이 이용할 수 없다. 사질 토양의 경우 식질 토양에 비해 보유 수량은 적지만 공극량이 적기 때문에 위조점의 수분 함량도 낮다(Weil & Brady, 2017).

④ 식물 유효수분

식물이 흡수할 수 있는 유효수분은 포장용수량(−33kPa)과 위조점(−1,500kPa) 사이의 상태에 있는 토양수이다. 유효수분의 양은 점토를 많이 함유하고 있는 식토보다 모래 · 미사 · 점토와 유기물이 적절하게 혼합된 양토, 미사질양토, 식양토 등에서 많다(그림 1-43 참조). 식토의 경우 포장용수량은 높지만 미세공극이 많고 입자의 표면적이 넓어 토양수를 강하게 흡착, 보유하므로 위조점의 수분 함량이 많고 유효수분이 상대적으로 적다. 사질 토양에서 자라는 식물은 다른 토성의 토양에서 자라는 식물에 비해 유효수분의 함량이 적어 한발의 피해를 입기 쉽다.

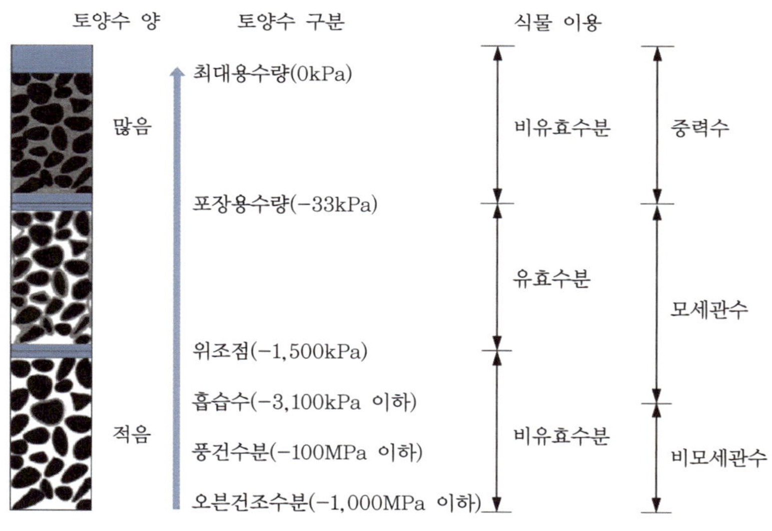

그림 1-43 토양수의 구분 및 퍼텐셜

토성과 함께 유기물 함량도 유효수분 함량에 영향을 크게 미친다. 유기물 자체가 높은 토양수 보유 기능을 가지고 있을 뿐만 아니라 토양 구조가 잘 발달하여 공극의 전체 부피와 크기가 증가하기 때문이다. 한편 토양 염류가 많이 축적되면 토양수퍼텐셜이 낮아지기 때문에 식물이 이용할 수 있는 유효수분의 양이 줄어든다.

⑤ 모세관수

토양의 미세공극을 채우고 있는 물을 모세관수(capillary water, −33~−3,100kPa)라고 한다. 표면장력이 작용하여 토양입자의 표면에 강하게 부착되어 있거나 극히 미세한 공극에 있는 모세관수는 식물이 이용할 수 없다. 그러나 그 밖의 모세관수는 식물이 이용할 수 있는 대부분의 토양수이다.

⑥ 비유효수분

모세관수 중 식물이 이용할 수 없는 비유효수분으로는 흡습수와 풍건수분 및 오븐건조수분이 있다. 흡습수(hygroscopic water)는 퍼텐셜이 −3,100kPa 이하인 토양수로 대기 중 수분이 물분자 간의 정전기적 결합으로 토양입자의 표면에 강하게 흡착되어 있어 이동하지 못하고 식물에 흡수되지도 않는다. 흡습수는 105℃ 이상의 온도에서 8~10시간 건조하면 제거된다.

풍건수분은 토양을 건조한 대기 조건에 두었을 때 잔류하는 수분으로 퍼텐셜이 −100MPa 이하이며 식물이 이용할 수 없는 물이다. 오븐건조수분은 토양을 오븐에서 105℃로 건조했을 때 잔류하는 수분을 말하며, 토양 광물이나 화합물 속에 들어 있기 때문에 결합수(結合水) 또는 결정수(結晶水)라고도 한다. 오븐건조수분은 퍼텐셜이 −1,000MPa 이하이며 당연히 식물이 이용할 수 없다(Weil & Brady, 2017).

2·5·5 토양수의 이동

토양수는 강수와 관개에 의해 유입되고 일부 지하수로부터 공급되기도 한다. 산림의 임상에 도달한 강수는 침투하여 토양층으로 이동하고, 침투하지 못한 강수는 지표를 따라 유출된다. 침투한 물은 식물의 흡수와 증발에 의한 증발산, 상부 토층의 수평 방향으로 이동하는 내부 유출, 중력에 의해 아래쪽으로 이동하는 투수 등의 과정을 통해 이동하고, 일부는 토양에 저장된다(Weil & Brady, 2017).

1 침투

물이 토양층으로 유입되는 현상을 침투(infiltration)라고 하며, 물이 토양층으로 침투할 수 있는 최대 속도를 토양의 침투능 또는 투수능(permeability)이라고 한다. 침투능은 강수강도, 토양수 함량 및 토성과 같은 물리적 성질, 유기물 함량, 식생 피복 등의 영향을 받는다. 유입된 물의 양이 토양의 침투능을 초과할 경우 지표 유출이 발생하며, 임상이 두껍고 토양층위가 잘 발달한 성숙림의 경우에는 큰 문제가 되지 않지만 산림작업에 의해 교란된 산림, 특히 경사가 심한 곳에서는 침식 등의 문제를 일으키기도 한다.

2 포화상태에서의 이동

토양이 물로 포화되었다고 하면 모든 공극이 물로 채워져 있음을 의미한다. 토양층 전체가 포화상태인 경우도 있고, 배수가 불량한 하층 토양은 포화상태이지만 상층 토양이 불포화상태이거나, 집중호우로 인해 상층 토양은 포화상태이지만 하층 토양이 불포화상태인 경우도 있다.

포화상태의 토양에서 물은 주로 수직으로 하강 이동을 하지만 수평 방향의 이동도 일어나고 심지어 지하수층에서는 상승하는 경우도 있다. 포화상태에서 토양입자의 흡착력과 공극의 모세관력에 의한 기질퍼텐셜은 0이기 때문에 물의 이동에 영향을 주지 않는다. 삼투퍼텐셜도 반투막이 존재하지 않는 한 영향이 거의 없다. 따라서 포화상태일 때 물의 이동에 영향을 끼치는 퍼텐셜은 주로 중력퍼텐셜과 압력퍼텐셜이다.

포화상태의 토양에서 단위시간당 물의 이동은 다르시의 법칙(Darcy's law)으로 설명할 수 있으며, 다음의 식으로 나타낸다.

$$Q_w = -K\frac{(d_w)A_t}{d_s} \quad \text{또는} \quad K = -\frac{Q_w(d_s)}{A_t(d_w)} \qquad (1\cdot11)$$

식에서 Q_w: 수량(cm^3), K: 수리전도도(cm·hr^{-1}), d_w: 물의 깊이(cm), A: 토양의 면적(cm^2), t: 시간, d_s: 토양의 깊이(cm)

수리전도도(hydraulic conductivity)는 토양 투수성의 척도로 토양의 물리적 특성과 토성에 따라 토양마다 고유한 값을 갖는다. 일반적으로 점토 함량이 많은 토양에서는 수리전도도가 낮고 사질 토양에서는 높다.

3 불포화상태에서의 이동

대부분의 토양은 불포화상태에 있으며, 상대적으로 작은 크기의 공극에 물이 채워져 있고 큰 공극은 공기로 채워져 있다. 불포화 토양의 물은 느리게 이동하지만 식물에 필요한 물을 공급하는 데 매우 중요하다.

불포화 토양에서의 물의 이동은 기질퍼텐셜과 중력퍼텐셜이 영향을 끼친다. 주로 미세공극과 토양입자 표면에 흡착된 물이 이동하기 때문에 기질퍼텐셜이 보다 더 중요하다. 토양 공극을 채우고 있는 공기로 인해 대기압과 유사한 조건이므로 토양의 압력퍼텐셜은 0이고 물의 이동에 미치는 압력퍼텐셜의 영향은 거의 없다. 불포화 토양에서 물이 이동하는 방향은 기질퍼텐셜의 차이에 따라 상하좌우로 모두 가능하지만 이동량을 계산하는 일은 포화상태의 토양보다 훨씬 복잡하다.

2·5·6 임목의 물 흡수

식물에게는 세포의 팽압을 유지하고 각 기관의 형태 및 고유한 기능을 지속하는 데 절대적으로 물이 필요하다. 물은 또한 뿌리에서의 양분 흡수와 체내에서 일어나는 여러 무기 또는 유기 화합물의 이동에 필수적인 수단으로서 식물 생장에 중요한 역할을 한다.

산림의 생장과 수종 분포가 산림토양의 수분 공급에 따라 크게 달라진다는 사실은 잘 알려져 있다. 임목은 상당량의 물을 토양으로부터 흡수하여 증산작용과 대사작용에 사용하며, 산림의 증발산량이 보통 초지에 비해 많다. 이는 수관층의 강수 차단에 의해 손실이 발생하고 근권의 깊이가 훨씬 깊어 물을 효과적으로 흡수할 수 있기 때문이다.

수관층의 강수차단량은 수종(주로 엽면적의 차이)에 따라 달라진다. 이령 혼효-낙엽수림 유역과 조림한 동령 침엽수(스트로브잣나무)림 유역을 비교하였더니 낙엽수림 유역의 수관차단량은 250mm·yr^{-1}이었지만 침엽수림은 530mm·yr^{-1}로 수관에 의한 강수의 차단 손실이 두 배 이상 발생하였다(Helvey & Patric 1988). 토양 침출수의 양분 농도는 침엽수림에서 높아 그만큼 강수의 토양 침투량과 토양층의 투수량이 적음을 알 수 있다(Johnson & Lindberg 1992).

토양 내 지하수면 상부에 위치하는 모세관수대(capillary fringe)는 보통 식질 토양의 경우 높이 1m 이상이고, 사질 토양의 경우 25~30cm이다. 지하수면의 깊이는 일반적으로 생장기에 낮아졌다가 휴면기에 상승하며, 두 기간의 편차가 심할 경우에는 임목 뿌리의 발달이 저해되기도 한다.

여름철 양호한 조건에서 산림의 증산량은 6mm·day^{-1}(60,000L·ha^{-1})까지 도달하기도 한다. 수종과 생육 환경에 따른 편차가 크지만 1kg의 지상부 바이오매스를 생산하기 위해 임목은 1~5m^3(1,000~5,000L)의 물을 흡수해야 한다. 이는 임목 생장에 매우 많은 물이 필요함을 의미한다. 그러나 임목의 생장 과정에서 근계가 발달함에 따라 토양 구조가 변화하면서 보통 강수의 흡수력과 보수력이 증가하고, 이는 산림유역의 수문곡선을 바꾸어 물 순환에도 영향을 끼친다. 강한 태양복사에너지가 산림 식생의 증발산에 의해 수증기의 잠열로 흡수되면서 생태계의 온도를 낮추기도 한다.

산림토양의 수분 조건은 임목 생장과 임분 발달에 큰 영향을 미친다. 경사도가 아주 낮은 사면에서도 토양수의 이동에 의해 양분 유효도와 토양의 이화학적 성질이 변하면서 입지의 지위지수가 달라지는 경우를 볼 수 있다(제Ⅱ편 제1장 표 2-5, 그림 2-12 참조). 즉 지형적 위치에 따라 산림토양의 보수력과 양분 유효도가 크게 달라져 임목 생장에 영향을 미친다.

연습문제 ▌

1. 토성을 어떻게 분류하는지 설명하시오.
2. 토양 구조가 임목 생장에 어떤 영향을 미치는지 설명하시오.
3. 토양의 용적밀도, 공극률, 토양 온도에 영향을 미치는 인자를 설명하시오.
4. 토양과 토양용액에 포함된 화학적 물질을 설명하시오.
5. 토양 산도가 임목의 생장과 분포에 어떤 영향을 미치는지 설명하시오.
6. 산림토양에서 양이온 교환이 어떻게 일어나는지 설명하시오.

7. 토양의 완충용량은 무엇이며, 토양 pH 및 염기포화도와 어떤 관계가 있는지 설명하시오.
8. 초지, 농경지, 산림 토양에 토양 생물이 어떻게 분포하는지 설명하시오.
9. 탄소원과 에너지원에 따른 토양 미생물의 분류를 설명하시오.
10. 외생균근과 내생균근은 무엇이며, 근권과 근면이 토양과 임목 생장에 어떤 도움을 주는지 설명하시오.
11. 산림토양에서 유기물의 생물 · 물리 · 화학적 기능에 대해 설명하시오.
12. 임상은 어떻게 분류하며, 토양의 물리 · 생물적 성질에 어떤 영향을 미치는지 설명하시오.
13. 용적수분함량과 중량수분함량의 차이를 설명하시오.
14. 토양수퍼텐셜의 구성과, 포화상태 및 불포화상태에서 물의 이동에 관여하는 퍼텐셜에 대해 설명하시오.
15. 토양수의 함량과 토성의 관계를 설명하시오.
16. 경사면에서의 물의 이동이 양분 순환에 끼치는 영향을 설명하시오.

참고문헌

1. 김계훈, 김길용, 김정규, 사동민, 서장선, 손보균, 양재의, 엄기철, 이상은, 정광용, 정덕영, 정연대, 정종배, 현해남. 2011. 토양학. 향문사.
2. 김수정, 김태완, 김필주, 노희명, 박만, 박찬원, 사동민, 손연규, 옥용식, 정근욱, 정영상, 주진호, 한광현, 현승훈, 현해남, 홍순달. 2015. 토양학. 교보문고.
3. 김이열, 홍순달, 신건철. 2015. 실용토양학. 더북가든.
4. 노남진, 한승현, 이상태, 조민석. 2023. 낙엽송과 리기다소나무 벌채지에 조성된 낙엽송 임분의 11년간 토양 물리 · 화학적 특성 변화. 한국산림과학회 112: 502-514.
5. 산림청, 한국임업진흥원. 2022. 1 : 5,000 산림입지토양도: 13년의 성과와 미래.
6. 손요환, 구창덕, 김춘식, 노남진, 박필선, 윤충원, 이계한. 2024. 삼고 산림생태학. 향문사.
7. 손요환, 김춘식, 박관수, 윤태경, 이계한. 2020. 산림토양학. 향문사.
8. 정진현, 구교상, 이충화, 김춘식. 2002. 우리나라 산림토양의 지역별 이화학적 특성. 한국임학회지 91(6): 694-700.
9. 조성진, 박천서, 엄대익. 2005. 사정 토양학. 향문사.
10. 진현오, 이명종, 신현오, 김정제, 전상근. 2013. 삼림토양학. 향문사.
11. Alexander M. 1977. Introduction to Soil Microbiology. 2th edition. John Wiley & Sons, New York.
12. Baldock JA, Skjemstad JO. 1999. Soil organic carbon/soil organic matter. In: Peverill KI, Sparrow LA, Reuter DJ (ed). Soil analysis: An interpretation manual. CSIRO Publishing, Collingwood.
13. Berben JC. 1973. Effect of soil density and precipitation on the growth and root development of some forest tree species. Bulletin de la Société Royale Forestière de Belgique 80: 377-401.

14. Binkley D, Fisher RF. 2020. Ecology and Management of Forest Soils. 5th edition. John Wiley & Sons Ltd.
15. Bonfante P, Genre A. 2010. Mechanisms underlying beneficial plant-fungus interactions in mycorrhizal symbiosis. Nature Communications 1: 48.
16. Buringh P. 1984. Organic Carbon in Soils of the World. In: Woodwell GM (ed). The Role of Terrestrial Vegetation in the Global Carbon Cycle: Measurement by Remote Sensing. John Wiley & Sons Ltd.
17. Corns IGW. 1988. Compaction by forestry equipment and effects on coniferous seedling growth on four soils in the Alberta foothills. Canadian Journal of Forest Research 18: 75-84.
18. Cronan CS, April R, Bartlett RT. 1989. Aluminum toxicity in forests exposed to acidic deposition: the ALBIOS results. Water Air and Soil Pollution 48: 181-192.
19. Crouch, GL. 1982. Pocket gophers and reforestation on western forests. Journal of Forestry 80: 662-664.
20. Duffy PD, McClurkin DC. 1974. Difficult eroded planting sites in North Mississippi evaluated by discriminant analysis. Soil Science Society American Proceeding 38: 676-678.
21. Ferlian O, Thakur MP, González AC *et al*. 2020. Soil chemistry turned upside down: a meta-analysis of invasive earthworm effects on soil chemical properties. Ecology 101(3): e02936.
22. Fortuna A. 2012. The Soil Biota. Nature Education Knowledge 3(10): 1.
23. Goncalves JLM, Barros NF, Nambier EKS, Novais RF. 1997. Soil and stand management for short-rotation plantations. In: Nambiar EKS, Brown AG (ed). Management of Soil, Nutrients, and Water in Tropical Plantation Forests. ACIAR Monograph #43. 379-417.
24. Gupta R, Mukerji KG. 2002. Root exudate-biology. In: Mukerji KG, Manahara-chary C, Chamola BP (ed). Techniques in Mycorrhizal Studies. Kluwer Academic Publishers, Dordrecht.
25. Han HS, Lee KD. 2005. Plant growth promoting rhizobacteria effect on anti-oxidant status, photosynthesis, mineral uptake and growth of lettuce under soil salinity. Research Journal of Agriculture and Biological Sciences 193: 210-215.
26. Han KH, Ha SG, Jang BC. 2010. Aggregate stability and soil carbon storage as affected by different land use practices. Proceedings of International Workshop on Evaluation and Sustainable Management of Soil Carbon Sequestration in Asian Countries. Bogor, Indonesia.
27. He L, Rodrigues JLM, Soudzilovskaia NA *et al*. 2020. Global biogeography of fungal and bacterial biomass carbon in topsoil. Soil Biology and Biochemistry 151: 108024.
28. Helvey JD, Patric JH. 1988. Research on interception loss. In: Swank WT,

Crossley DA (ed). Forest Hydrology and Ecology at Coweeta. Springer, New York.
29. Johnson DW, Lindberg SE. 1992. Atmospheric Deposition and Forest Nutrient Cycling. Springer, New York.
30. Kim G, Jo H, Kim HS *et al.* 2022. Earthworm effects on soil biogeochemistry in temperate forests focusing on stable isotope tracing: a review. Applied Biological Chemistry 65: 88.
31. Kozlowski TT. 1985. Soil aeration, flooding and tree growth. Journal of Arboriculture 11(3): 85–96.
32. Lee S, Lee S, Shin J *et al.* 2020. Assessing the carbon storage of soil and litter from National Forest Inventory data in South Korea. Forests 11: 1318.
33. Lopushinsky W, Max TA. 1990. Effect of temperature on root and shoot growth and on budburst timing in conifer seedling transplant. New Forests 4: 107–124.
34. Mariotti B, Hoshika Y, Cambi M *et al.* 2020. Vehicle–induced compaction of forest soil affects plant morphological and physiological attributes: A meta–analysis. Forest Ecology and Management 462: 118004.
35. McBurney KG, Cline ET, Bakker JD, Ettl GJ. 2017. Ectomycorrhizal community composition and structure of a mature red alder (*Alnus rubra*) stand. Fungal Ecology 27: 47–58.
36. Nortcliff S, Hulpke H, Bannick CG *et al.* 2012. Soil, Definition, Function, and Utilization of Soil. In: Ullmann's Encyclopedia of Industrial Chemistry. 7th edition. Wiley.
37. Osman KT. 2013. Forest Soils, Properties and Management. Springer, London.
38. Paul EA, Frey SD. 2024. Soil Microbiology, Ecology and Biochemistry. Elsevier.
39. Phillips RP, Fahey TJ. 2006. Tree species and mycorrhizal associations influence the magnitude of rhizosphere effects. Ecology 87: 1302–1313.
40. Potter MK, Lamb KM. 1974. Root development of radiata pine in the ground soils of Eyrewel forest, Canterbury. New Zealand Journal of Forestry 19: 264–275.
41. Pritchett WL, Fisher RF. 1987. Properties and Management of Forest Soils. Wiley, New York.
42. Roskams P. 1997. Part Ⅱ National Inventories: Belgium. In: Vanmechlen L, Groenemans R, Van Ranst E (ed). Forest soil condition in Europe. Results of a Large–Scale Soil Survey. EC, UN/ECE, ICP Forests and the Ministry of the Flemish Community.
43. Ryan DF, Huntington TG, Martin CW. 1992. Redistribution of soil nitrogen, carbon and organic matter by mechanical disturbance during whole tree harvesting in northern hardwoods. Forest Ecological Management 49: 87–99.
44. Sokolovskaya NA, Revut IB, Markov IA, Shevlyakov IR. 1977. The role of soil density in forest regeneration. Lesovedenie 2: 44–51.
45. Stathers RJ, Spittlehouse DL. 1990. Forest Soil Temperature Manual. FRDA Report

130. British Columbia Ministry of Forest.
46. Toumey JW, Korstian CF. 1947. Foundation of Silviculture upon an Ecological Basis. John Wiley & Sons, New York.
47. Trujillo DP. 1976. Container-growth ponderosa pine seedling respond to fertilization. USDA. Forest Service Research Note. RM 319.
48. Vogt KA, Grier CC, Vogt DJ. 1986. Production, turnover, and nutrient dynamics of above- and below-ground detritus of world forests. Advanced Ecological Research 15: 303-378.
49. Wallwork JA. 1970. Ecology of Soil Animals. McGraw-Hill, New York.
50. Wang Y, Mao Z, Bakker MR *et al.* Linking conifer root growth and production to soil temperature and carbon supply in temperate forests. Plant Soil 426: 33-50.
51. Waring R, Schlesinger W. 1985. Forest Ecosystems: Concepts and Management. Academic Press, Orlando.
52. Weil RR, Brady NC. 2017. The Nature and Properties of Soils. 15th edition. Pearson Education Limited, England.

MEMO

제 Ⅱ 편

산림토양의 응용

토양에서 방출되는 이산화탄소 등의 기체는 토양의 질을 판단하는 지표가 된다. 현장에서 가스를 직접 측정하거나(왼쪽 위: 열대우림) 현장에서 가스를 포집한 후 실내에서 분석하고(왼쪽 아래: 온대초지) 토양 온도와 습도 등의 미세환경을 자동으로 측정하는 장비를 활용하면(오른쪽: 열대우림) 산림토양의 특성을 보다 정밀하게 파악할 수 있다.

제1장

산림의 양분 순환

산림생태계의 변화를 예측하고 이에 적합한 산림경영을 하기 위해서는 산림의 생산력에 대한 이해가 필요하다. 산림생산력은 산림을 둘러싸고 있는 다양한 환경 인자, 광합성으로 고정된 에너지의 흐름, 무기양분의 순환 등으로부터 영향을 크게 받는다. 광합성으로 고정된 에너지는 생산자에서 소비자로, 그리고 분해자로 이어지는 한 방향의 흐름이 진행되지만 무기양분은 생물권과 비생물권을 오가며 순환한다. 무기양분의 순환에서는 토양권에 분포한 원소들이 생산자에 흡수되고 먹이사슬의 흐름을 따라 분해자에 전달되어 무기 형태로 전환된 다음 생산자에 다시 흡수되는 생물적 재순환 과정을 거친다.

산림토양은 식물 생육에 필수적인 양분의 공급, 이동, 전환이 일어나는 양분 순환의 중심체이다. 또한 낙엽·낙지, 고사목, 뿌리 고사 등에 의한 양분의 유입과 축적이 지속되어 임상의 발달이 뚜렷한 특징이 있다. 일반적으로 매년 토양 유기물의 분해로 공급되는 양분이 임목의 수요를 대부분 충당하지만 그 양은 산림토양 내 전체 양분 저장량의 극히 일부에 지나지 않는다.

임분이 발달하면 산림토양의 양분 축적이 지속적으로 증가하거나 평형상태를 유지하면서 순환이 진행되지만 산불과 교란에 의해 갑자기 소실되기도 한다. 산림 발달에 따른 양분 축적은 대기와 광물 풍화로 인한 유입 또는 산림토양 내 유기물 저장량의 감소에 따른 결과라고 할 수 있다(Binkley & Fisher, 2020). 양분 순환의 양상은 원소에 따라 달라서 탄소, 질소, 황 등은 생태계 내에서 산화환원반응을 거치며 순환하고, 산화환원반응을 거치지 않는 칼슘과 칼륨은 지구화학적 저장고와 관련이 깊다.

이 장에서는 양분의 유입과 저장소, 양분의 동태 및 제반 영향 인자와 주요 양분의 순환, 그리고 산림의 양분 수지를 평가할 때 고려해야 할 사항을 알아본다.

1·1 산림으로의 양분 유입

산림으로 양분이 유입되는 경로에는 대기 유입, 광물 풍화, 그리고 질소의 경우 생물적 질소고정이 있으며, 이 세 가지 유입 양상은 산림 식생이 발달함에 따라 변화하기도 한다. 안정된 산림 식생에서는 생육에 필요한 양분이 생태계의 내부 순환을 통해 대부분 충족되지만 산림으로부터 유출되는 양분이 유입되는 양분에 의해 상쇄 또는 보충된다는 점에서 외부로부터의 양분 유입은 매우 중요하다.

1·1·1 대기 유입

대기로부터 유입된 양분은 식물이 직접 흡수하거나 토양에 축적되어 산림의 양분 요구량을 충족한다. 하지만 산림의 양분 수요를 초과해 유입되면 민감한 수종과 토양 및 수생태계에 부정적 영향을 끼칠 수 있다. 대기에서 수관층으로 유입된 양분이 토양 표면에 이르기 전 잎에 흡수되기도 하고, 수소이온(H^+)의 흡수로 인해 잎에서 칼슘과 칼륨 이온이 방출되기도 한다. 대기오염이 심한 지역에서는 암모늄(NH_4^+), 질산염(NO_3^-), 황산염(SO_4^{2-}) 등의 상당량이 강수를 통해 산림생태계에 유입된다. 대기오염이 중간 정도인 미국 테네시주의 테다소나무림에서는 오염이 거의 없는 워싱턴주의 미송림보다 두 배 정도 많은 질소가 유입되기도 하였다(그림 2-1 참조).

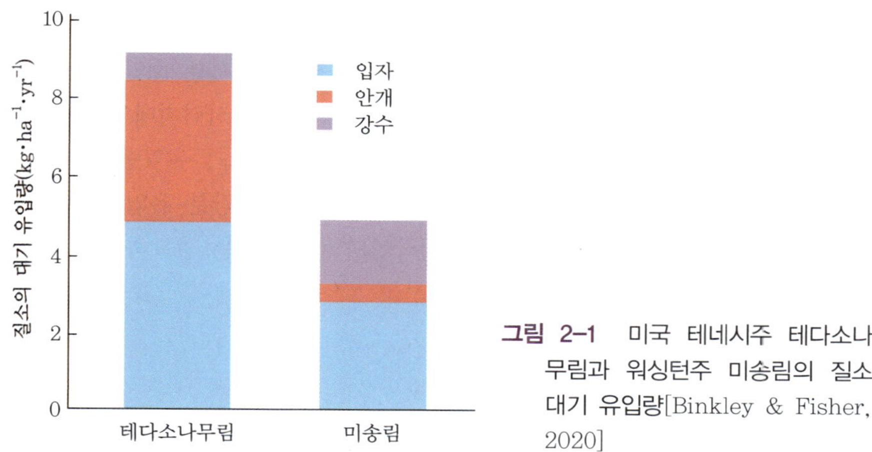

그림 2-1 미국 테네시주 테다소나무림과 워싱턴주 미송림의 질소 대기 유입량[Binkley & Fisher, 2020]

미국 동부 뉴욕주의 산림에서는 1984년과 2010년 사이에 황의 대기 중 유입량이 절반 정도 감소하였으며, 이는 1990년대 중반 이후 산업에서 배출되는 황이 감소했기 때문이다(그림 2-2 참조). 같은 기간에 황보다는 덜하지만 질소도 약 30% 감소하였다(Binkley & Fisher, 2020). 이러한 황과 질소의 대기 유입 감소가 토양의 화학적 변화에 미치는 영향을 분석하기는 매우 어렵다. 같은 지역에서 실시한 집중적인 연구에 의하면 토양 유기물층에 양이온이 축적되었지만 무기토양층에서의 변화는 감지되지 않았다(Lawrence *et al.*, 2015). 유럽에서도 질소와 황의 대기 유입 감소에 기인하여 산림토양의 황산염과 질산염 농도가 감소하였다(Johnson *et al.*, 2018). 식생 유형 또한 대기 유입량에 영향을 끼쳐서 잎의 표면적이 넓은 침엽수림에서 활엽수림보다 유입량이 많았다(Johnson & Lindberg, 1992).

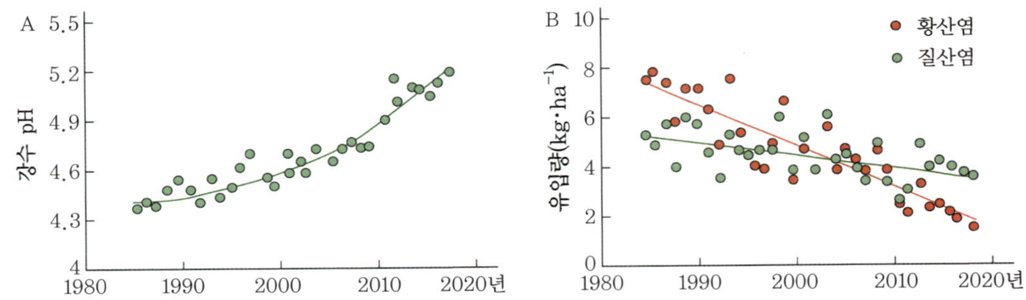

그림 2-2 미국 뉴욕주 산림에서 조사한 강수의 산도(A)와 황산염 및 질산염의 대기 유입량(B) [Binkley & Fisher, 2020]

온대 산림의 주요 생장제한인자인 질소는 대부분 질산태질소와 같은 질산염의 형태로 유입되지만 인(P), 마그네슘(Mg), 칼슘(Ca), 칼륨(K), 철(Fe) 등은 기체 상태로 존재하지 않기 때문에 대부분 광물 풍화에 의해 유출된 후 풍식작용에 의해 대기로 유입된다. 해양은 염소(Cl^-), 나트륨(Na^+), 황산염(SO_4^{2-}), 칼슘(Ca^{2+}), 마그네슘(Mg^{2+}) 이온의 공급원이고 화산, 산불, 토양, 식생 등도 자연적인 양분 공급원이다.

대기로부터 유입되는 양분의 양은 대기의 이동 패턴이나 함유된 화학물질의 유형에 따라서도 크게 달라진다. 대기가 해양에서 대륙으로 이동하는 미국의 서부 해안지대에서는 강수량이 비교적 많음에도 매우 적은 양의 양분이 유입된 반면에 동부 산림지대에서는 적은 강수량에도 불구하고 더 많은 양분이 유입되었다. 이와 같이 양분의 대기 유입량은 지역, 기후, 그 밖의 여러 요인에 따라 큰 편차를 나타낸다. 대기 유입에 의한 양분 유입량은 연 단위의 총 순환량에 비하면 아주 미미하지만 장기적인 산림작업의 관점에서는 중요하다.

1·1·2 광물 풍화

암석과 토양 광물의 화학구조에는 질소를 제외한 거의 모든 원소가 포함되어 있지만 대부분은 식물이 직접 흡수할 수 없는 형태이고, 화학적 용해와 물리적 마모 과정을 거쳐 흡수 가능한 형태로 변환된 후 토양에 천천히 유입된다. 광물의 풍화작용은 모재의 물리 · 화학적 특성과 기온 및 강수량과 같은 기후 인자의 영향을 크게 받는다. 규산염 1차광물의 풍화 속도는 결정 내 규소(Si)와 산소(O)의 비율이 높을수록 빠르다. 광물 풍화량을 측정하는 가장 간단한 방법으로 유역에서의 양이온 유실률을 다음과 같이 구할 수 있다.

$$\text{유실률} = \text{풍화율} - (\text{대기 유입} + \text{식생 흡수}) \qquad (2\cdot1)$$

이와 같은 방법을 이용하여 1960년대 미국 허버드브룩(Hubbard Brook)에서 진행한 고전적 연구에 따르면 유역으로부터의 계류 유출량과 식생 흡수량의 균형을 전제로 약 20kg·ha^{-1}의 칼슘 풍화량이 추정되었다. 광물 풍화에 큰 영향을 끼치는 요인은 토양수 내 H^+ 농도이며 H^+ 농도가 높을수록, 즉 pH가 낮을수록 풍화율이 높다.

산림을 구성하는 수종에 따라서도 풍화량이 달라진다. 구주소나무림에 비해 독일가문비나무림의 칼슘 보유량이 약 500kg Ca·ha^{-1}(25kmol$_c$·ha^{-1}) 더 많았으며, 독일가문비나무림은 광물 풍화에 의한 양이온 공급이 약 1.6kmol$_c$·ha^{-1} 더 있어야만 양분 수지(nutrient balance)가 균형을 이룬다고 추정하였다(Eriksson, 1996). 이러한 추정 결과는 풍화율을 직접 측정해 얻은 결론이 나오기 전까지는 산림의 수종이 풍화율에 영향을 끼친다는 가정을 뒷받침하는 과학적 근거로 인정되어야 한다. 광물 풍화에 의한 양분 유입은 산림생태계 전체의 양분 수요에 비해 매우 적지만 산림의 장기적인(100~200년) 양분 순환에서는 중요한 공급원이다(Binkley & Fisher, 2020).

1·1·3 생물적 질소고정

대기 중 질소(N_2)를 암모니아 두 분자로 환원하는 생물적 질소고정은 지구상에서 광합성 다음으로 가장 중요한 생물 작용이라고 할 수 있다. 질소고정은 대기 중 질소를 식물이 이용할 수 있는 형태로 변환하여 산림생태계로 공급하는 과정이며, 주로 토양 표층에 서식하는 자유생활(비공생) 세균과 다양한 식물-미생물 간의 공생 관계를 통해 이루어진다.

식물과 세균의 공생 관계에 의한 질소고정은 식물의 뿌리혹에서 진행된다. 식물은 세균에게 산소를 차단한 환경과 탄수화물(에너지)을 제공하고, 세균이 고정한 질소는 즉시 유기질소화합물로 동화되어 식물 전체로 이동한다.

주로 콩과식물 및 오리나무속 수종과의 공생 관계에 의한 질소고정은 비공생 질소고정보다 질소고정량이 훨씬 많다. 이들 수종은 대부분 선구 수종으로서 천이 초기단계에 질소 공급을 촉진하지만 성숙한 산림에서 토양 유기물과 토양 질소의 축적이 이루어지면 비공생 질소고정 세균에 의한 질소고정의 비중이 커진다(Binkley & Fisher, 2020).

생물적 질소고정에 의한 질소 유입량은 질소고정의 유형에 따라 편차가 크다. 비공생 질소고정균에 의한 유입량은 1kg N·ha^{-1}·yr^{-1}에 불과하지만 콩과식물 및 오리나무속 수종의 뿌리 공생에 의한 질소고정량은 200kg N·ha^{-1}·yr^{-1}에 이르기도 한다. 공생질소고정과 관련해 동일한 토양 조건의 임지에 조림한 38년생 오리나무(*Alnus rubra*)림과 미송(*Pseudotsuga menziesii*)림 간의 비교 연구에 따르면 두 산림의 질소 축적량 차이는 3,240kg N·ha^{-1}으로 이는 매년 85.3kg N·ha^{-1}이 생물적 질소고정에 의해 오리나무림에 부가적으로 축적된 결과이다(표 2-1 참조).

질소고정량은 산림의 증발산량 및 1차생산량과 정의 상관관계가 있으며, 이는 질소고정과정에서 많은 에너지를 소모하기 때문이다. 하지만 생물적 질소고정이 산림의 질소 순환에 미치는 영향과 정량적 평가에 대해서는 더 많은 연구가 필요하다.

표 2-1 동일 조건의 토양에 조림한 38년생 오리나무림(질소고정)과 미송림(비질소고정)의 질소 축적량

축적 층	질소(kg N·ha^{-1})		오리나무림의 부가적인 질소 축적량 (kg N·ha^{-1}·yr^{-1})
	미송림	오리나무림	
교목층	320	590	7.1
관목층	10	100	2.4
임상	180	880	18.4
무기질 토양	3,270	5,450	57.4
총량	3,780	7,020	85.3

[Cole & Rapp, 1981]

1·2 산림토양의 양분 유출

1·2·1 용탈

안정된 성숙림에서 양분 흡수량은 유기물이 분해되어 무기화하는 양과 거의 비슷하며 생물지구화학적 순환에서 균형을 이루고 있다. 계류수에 용해되어 성숙한 산림으로부터 방출되는 양분의 양은 미미한 수준이어서 대부분의 산림에서 양분의 유출량이 강우에 의한 유입량보다 적다. 성숙한 산림의 토양에서는 질산화과정이 억제되므로 토양 내 용해성 질소의 형태가 대부분 암모늄 또는 아미노산이다. 모두 토양에 흡착되거나 식생에 의해 잘 흡수된다.

하지만 산림 벌채와 산불처럼 심한 산림 교란으로 큰 변화가 생길 경우에는 생물지구화학적 양분 순환의 균형이 무너진다. 산림을 벌채할 경우 질산화과정 활성화, 식생 흡수 중단, 토양 온도 상승 등으로 분해율이 높아진다. 이러한 변화는 질산태질소의 과다 생산으로 이어져 유출량이 급격하게 증가하기도 한다. 아울러 질산태질소는 칼륨이나 칼슘과 같은 양이온과 함께 용탈되기 때문에 가용 양분의 유출이 더욱 심각해진다. 이와 같은 유출은 식생이 회복됨에 따라 감소하고, 칼슘과 칼륨 및 토양 침식에 따른 입자상 유출 또한 비슷한 양상을 보인다(Binkley & Fisher, 2020).

대부분의 안정된 산림은 양분을 효율적으로 유지하고 전체 순환량 중 상대적으로 적은 양이 유출되지만 식생 유형에 따라 양분 유출의 양상이 변하기도 한다. 예를 들면 미국 위스콘신주에서 스트로브잣나무림의 질산태질소 용탈량이 10kg N·ha^{-1}·yr^{-1}인 경우(Nadelhoffer *et al.*, 1983)가 있는 반면에 질소고정수종인 오리나무 임분으로부터의 용탈이 50kg N·ha^{-1}·yr^{-1}을 초과한 경우도 있다(Binkley *et al.*, 1985). 이는 오리나무 뿌리에서의 질소고정에 의해 질소가 공급되므로 토양으로부터 흡수하는 질소가 상대적으로 감소하면서 토양 내 질소량과 질소 무기화가 증가하기 때문이다. 질소가 포화상태인 독일 바이에른 지역의 독일가문비

나무 임분에서는 많은 대기 유입과 함께 질산태질소의 용탈량이 20kg N·ha^{-1}·yr^{-1}을 초과하기도 하였다(Rothe *et al.*, 2002).

1·2·2 탈질작용

탈질작용(denitrification)은 토양 내 질산태질소가 일련의 생화학적 환원반응을 거쳐 가스 형태의 질소(NO, N_2O, N_2)로 변환되어 대기 중으로 손실되는 과정을 말한다(그림 2-3 참조). 탈질작용은 주로 혐기성 세균에 의해 이루어지는 반응이며, 세균은 필요한 탄소원과 에너지를 유기화합물의 산화작용으로부터 획득한다.

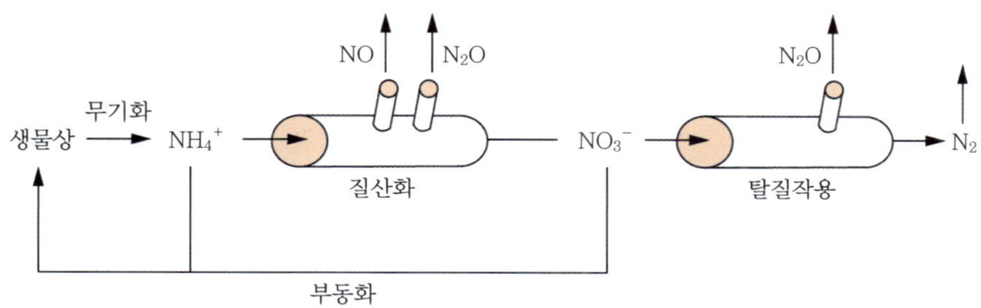

그림 2-3 산림토양에서 질소가 기체 상태로 유출되는 과정(질소 유출은 탈질작용뿐만 아니라 질산화과정에서도 발생한다.)[Firestone & Davidson, 1989]

탈질작용은 배수가 불량한 토양과 점토질 토양에서 높게 나타난다. 토성 및 배수성과 탈질작용의 연관성을 실험한 결과에 의하면 배수가 불량한 식양토에서는 연간 40kg N·ha^{-1}이 발생한 반면에 배수가 양호한 사질 토양에서는 연간 1kg N·ha^{-1} 정도로 미미하였다(Groffman & Tiedje, 1989).

탈질작용에 의한 질소 가스의 유출은 주로 알칼리성 토양에서 발생한다. 따라서 산도가 높은 우리나라 산림토양에서는 탈질에 의한 질소 유출량이 많지 않다. 그러나 산불로 인한 대기로의 질소 유출량과 황 유출량은 매우 많을 수 있다. 특히 경사가 심한 산림에서 발생한 산불은 양분의 직접적인 유출뿐만 아니라 토양 침식과 용탈에 의한 유출량도 급격히 높인다.

1·3 산림의 양분 순환

임상을 포함한 토양-식물-동물 간의 양분 이동을 생태계 내부에서의 순환 또는 생물적 순환이라고 한다. 산림생태계 내에서 양분 순환은 ①흡수와 동화, ②임목의 성장과 유지를 위한 분배, ③노화 조직으로부터의 체내 이동, ④낙엽 · 낙지와 뿌리 고사에 의한 환원, ⑤미생물에 의한 유기물의 무기화과정을 거쳐 이루어진다.

대부분의 산림에서 광, 수분, 양분 가용성과 같은 여러 요인이 생장제한요인으로 작용한다. 지난 세기 동안 최소량의 법칙(law of minimum)이 산림생산력을 결정하는 개념으로 인식되어 왔다. 수분이 생장제한요인인 건조 지역에서 양분을 공급해도 생장이 증가하지 않는 경우가 대표적인 예이다. 그러나 산림에서는 수분과 같은 한 가지 주요 요인이 결핍되어 생장이 제한된 경우보다 여러 가지 결핍 자원이 복합적으로 작용하여 생장이 제한된 경우가 더 많다(Binkley *et al.*, 2004).

결핍된 자원의 공급을 늘리더라도 산림생산력의 증가 효과가 보통 직선적으로 나타나지는 않는다. 한 가지 예로 유칼립투스(*Eucalyptus saligna*)의 유묘에 질소만 공급한 경우 생장이 증가하지 않았지만 인만 공급한 경우에는 증가하였다. 그러나 질소와 인을 복합적으로 공급하였더니 각 양분의 시비 효과를 합산한 양보다 생장이 훨씬 증가하였다(그림 2-4 참조).

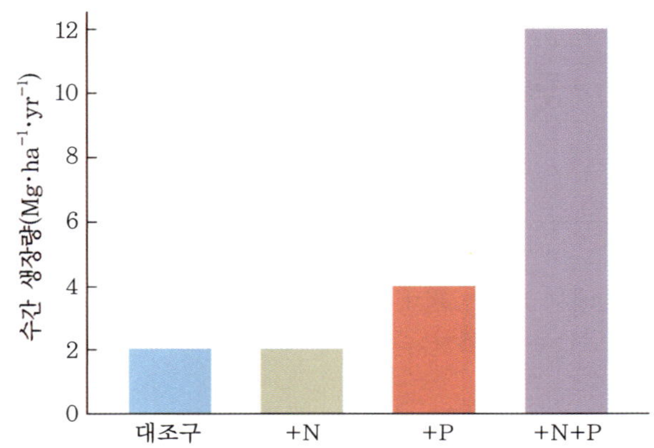

그림 2-4 뉴질랜드의 유칼립투스 유묘에 대한 시비 효과
[Knight & Nicholas, 1996]

결핍된 양분의 공급에 대한 임목의 반응은 수간 생장량을 측정하면 알 수 있으며, 질소 또는 인을 시비하면 수간 생장량이 20~50% 증가한다. 이는 광합성의 증가, 즉 잎의 생화학적 능력의 향상과 수관층의 확대로 인해 잎 면적이 증가하였거나, 또는 광합성 산물이 지하부(뿌리와 균근)보다 지상부의 수간 생장에 더 분배되었기 때문이다(Binkley & Fisher, 2020).

1·3·1 임목의 양분 흡수

임목의 양분 흡수는 산림의 유형과 나이 및 토양과 기후 인자의 영향을 받는다. 유기물 분해와 그 밖의 다양한 경로로 유입된 양분은 토양수에 용해되어 임목 뿌리나 근균에 흡수된다. 따라서 토양－토양용액－임목의 동적 연속체 관계에 대한 이해가 필요하다.

임목이 양이온을 흡수하면 뿌리에서 H^+이 방출되고, 음이온을 흡수하면 OH^-, HCO_3^- 등의 음이온이 방출된다. 이때 토양교환체에 부착된 이온이 완충작용을 함으로써 토양용액의 이온 평형이 유지된다. 토양 미생물도 토양용액의 이온을 흡수하여 세포 내에 축적하거나 조직을 구성하는 유기화합물로 동화해 놓지만 죽으면 다시 분해되어 토양용액으로 되돌아가는 순환 과정의 일부가 된다.

토양용액의 양분은 확산과 집단류(mass flow)를 통해 뿌리로 이동한 뒤 흡수된다. 흡수된 양분은 식물체 내에서 생화학적 과정을 거쳐 아미노산, 핵산, 지질과 같은 다양한 유기화합물로 동화된다. 토양용액의 양분 농도는 토양의 물리·화학적 특성, 즉 토성, 수분 함량, 양이온교환용량 등의 영향을 받고, 양분의 이동은 토양 pH와 관련이 있는 이온의 용해성과 토양교환체의 이온 흡착력 등의 영향을 받는다. 대부분의 토양에서 Ca^{2+}, Mg^{2+}, NO_3^-, Cl^-, SO_4^{2-} 등의 수용성 이온은 토양수 중 농도가 높기 때문에 집단류에 의해 쉽게 운반되어 흡수된다. 반면에 토양용액의 양분 농도가 낮고 임목의 요구량이 많으면 집단류에 의한 양분 공급량이 적기 때문에 확산에 의한 양분 공급이 주류를 이루며, K^+과 인산염($H_2PO_4^-$, HPO_4^{2-})이 이에 해당한다(Binkley & Fisher, 2020).

1·3·2 임목이 흡수한 양분의 동태

임목에 흡수된 양분은 일반적으로 바이오매스 증가에 따른 축적, 낙엽과 뿌리 고사에 의한 토양 유기물로의 재순환, 잎과 뿌리에서의 재사용 또는 용탈 등의 과정을 거치지만 양분의 종류에 따라 다른 양상을 보인다(표 2-2 참조). 질소의 경우 40kg·ha^{-1}이 임목에 흡수되었고, 이 중 약 40%가 바이오매스로 축적되었으며, 잎으로부터의 용탈은 없었다. 또한 약 3%가 재사용되고 나머지 60%가 낙엽에 의해 토양으로 다시 돌아갔다. 칼륨의 경우에는 질소와 양상이 달라서 총흡수량의 약 35%는 바이오매스로 축적되었고 35%는 낙엽으로 토양에 유입되었다. 나머지 30%는 빗물에 의해 잎으로부터 용탈되었고, 임목 내부에서 재사용된 칼륨은 없었다. 이러한 양분 순환의 양상은 임분의 발달 과정 중에 양분이 충분한가 아니면 결핍한 상태인가에 따라 변하며, 임분이 나이 들어감에 따라 양분의 내부 순환이 더 많아진다.

표 2-2 슬래시소나무 조림지의 질소 및 칼륨의 순환과 임령에 따른 변화
(단위: kg·ha^{-1})

구 분	14년생 조림지		26년생 조림지	
	질소	칼륨	질소	칼륨
임목 흡수	40	10.6	30	10.0
바이오매스 축적	16	3.7	8	3.0
잎으로부터 용탈	0	3.0	0	3.0
재사용	1	0.0	16	2.5
낙엽	23	3.9	22	4.0

[Gholz *et al.*, 1985]

열대 지방의 조림지와 천연림의 비교에서 낙엽에 의한 토양으로의 질소 유입량은 조림지가 10~80kg N·ha^{-1}이고 천연림이 25~170kg N·ha^{-1}로 조림지가 더 적었다. 인의 경우에는 둘의 차이가 질소만큼 뚜렷하지는 않았지만 조림지에서의 낙엽에 의한 인 순환량이 천연림보다 적었다.

임분의 전 생애주기에서 토양으로의 탄소 유입량 중 낙엽, 고사한 뿌리, 죽은 가지 등의 기여도는 각 부위의 순생산량과 같아야 한다. 일반적으로 연평균 잎 생산량(낙엽량)은 6Mg·ha^{-1}이고 연평균 뿌리 생산량(고사량)은 6Mg·ha^{-1}이며 수간 생산량은 약 8Mg·ha^{-1}이다. 매년 목질부의 축적이 이루어지고 벌채가 없다면 결국 모든 목질부 생산량은 임상의 O층에 도달한다. 이와 같은 예를 통해 토양으로의 탄소 유입량 중 60% 정도는 낙엽과 뿌리 고사에서 유래하고, 나머지 40%는 목질부의 유입에서 유래함을 알 수 있다. 그러나 장기간의 토양 탄소 축적량에 대한 각 부위의 기여도는 아직 명확하게 밝혀지지 않았다(Binkley & Fisher, 2020).

1·3·3 양분의 체내 이동

각 양분은 식물체 내에서 특정한 역할을 하며 각각의 역할에 따라 체내 이동성이 결정된다. 예를 들면 효소 활성제이자 삼투 조절제의 역할을 하는 칼륨은 역할에 맞게 식물체 내에서 자유롭게 이동하는 양이온이기 때문에 낙엽 전에 가지로 쉽게 옮겨져 다시 사용된다. 반면에 칼슘은 조직의 일부로서 유기분자에 강하게 묶여 있기 때문에 상대적으로 체내 이동성이 낮아 낙엽 전 가지로의 이동이 거의 없다.

질소는 식물체 내에서의 역할이 다양하며 이동성 또한 다양하다. 암모늄의 형태로 흡수될 경우에는 암모니아 독성을 막기 위해 빠르게 아미노산을 거쳐 단백질로 동화되며, 단순한 구조의 아미노산은 식물체 내에서 이동할 수 있다. 질소가 질산태질소의 형태로 흡수되면 뿌리에서 질산환원(전자 획득) 과정을 거쳐 아미노산으로 변환되거나 목부를 통해 다른 부위로 이동해 결국에는 각종 단백질과 핵산을 구성하는 데 이용된다. 동화된 단백질과 핵산에서 분해된 약간의 질소가 다시 사용되기도 하지만 대부분은 재사용되기 어렵다(Binkley & Fisher, 2020).

양분의 체내 재사용은 토양의 양분 유효도가 높으면 증가한다. 척박한 토양에서 양분의 체내 재사용을 통한 양분의 보전이 중요하므로 재사용률이 높아야 한다는 의견이 언뜻 논리적으로 보이지만 실제로는 다른 양상이 나타나기도 한다. 토양의 양분 유효도를 구하기 위해 잎 내 질소 함량을 측정하면서 재사용률을 조사하였더니 시비로 인한 잎 내 질소 농도가 높을수록 재사용률이 높았다(Birk & Vitousek, 1984; Näsholm, 1994). 또한 비료를 시용한 라디에타소나무의 수관층에 더 많은 질소가 축적되었고, 질소 재사용량이 대조구에 비해 세 배 이상 높은 경우도 있었다(Nambiar & Fife, 1992).

척박한 토양에서 나타난 낮은 양분 재사용률의 원인은, 양분의 체내 역할과 화합물의 분자

구조가 그 양분의 체내 이동성을 결정한다는 측면에서 찾을 수 있다. 질소는 다양한 화합물의 구성 성분으로 체내에 존재하며, 이동이 용이한 형태(또는 이동할 수 있는 형태로 쉽게 분해되는 질소화합물)도 있고 용해되지 않는 형태의 화합물도 있다. 시비한 구주소나무 잎에는 용해성 아미노산인 아르지닌(arginine)의 함량이 많았다(Näsholm, 1994). 즉 질소의 체내 순환은 잎 내 질소 함량보다는 질소화합물의 형태에 따라 결정됨을 의미한다. 질소 유효도가 높은 토양에서 자라는 임목은 이동성 질소화합물을 많이 축적하고, 그렇지 않은 경우에는 난용해성 형태의 질소를 조직에 많이 함유하고 있다.

식물의 양분 흡수, 동화, 재순환 과정에서 소모되는 에너지의 효율은 1g의 질소를 함유한 유기화합물을 생산하는 데 포도당 몇 g이 소비되는가로 알 수 있다. 예를 들어 암모늄을 흡수한 뿌리는 1g의 질소로 아미노산의 일종인 글루타민(glutamine)을 합성하는 데 포도당을 1.5g 소비한다. 반면에 질산태질소를 흡수할 경우 암모늄을 환원하는 과정에서 부가적인 4.4g의 포도당을 더 소비해야 한다. 식물은 질소 흡수의 기본 형태로 알려진 질산태질소와 암모늄 외에도 아미노산을 직접 흡수할 수 있으며, 이를 통해 생장 효율이 20~70% 증가하기도 한다(Franklin *et al.*, 2017). 글루타민을 더 복잡한 아미노산과 단백질로 합성하기 위해서는 부가적으로 10~15g의 포도당을 더 소비해야 하며, 전체적으로 토양에서 흡수한 1g의 질소를 처리하려면 15~20g의 포도당을 소비해야 한다(Barnes, 1980). 또한 토양 질소의 흡수를 위한 뿌리의 생산과 유지에도 에너지가 필요하다.

질소의 체내 순환을 위한 에너지 소모의 경우에는 질소 1g을 함유한 단백질을 이동성 아미노산과 단백질로 변환하는 데 포도당을 1~2g 소비해야 하며, 이는 토양으로부터 새롭게 질소를 흡수하는 데 필요한 에너지(뿌리의 생산과 유지 비용은 제외함)의 약 10%에 해당한다. 그러므로 에너지가 충분한 임목이 아니라면 질소의 체내 순환은 토양 질소를 흡수해 사용하는 것보다 훨씬 효율적이다. 결국 질소의 체내 순환은 전체적인 토양 비옥도보다는 질소화합물의 이동성과 관련이 더 깊다(Binkley & Fisher, 2020).

1·3·4 낙엽 분해

산림에서 일어나는 양분 순환의 핵심 과정은 토양 유기물의 분해이다. 광합성은 이산화탄소, 물, 무기양분 등을 유기화합물로 결합하는 작용이지만, 분해는 광합성으로 고정된 에너지, 이산화탄소, 물의 방출과 아울러 유기화합물의 무기양분으로의 전환을 의미한다.

수관통과우와 수간류를 통해서도 양분이 토양으로 유입되며 이때는 질소나 인보다 양이온의 양이 많다. 특히 칼륨의 경우에는 잎 조직의 유기화합물 구성 인자가 아닌 이온 형태(K^+)로 존재하기 때문에 많은 양이 환원된다.

낙엽이나 낙지에 의한 임상의 유기물과 양분 축적은 열대림에 비해 추운 지역의 산림에서 높게 나타나고, 낙엽활엽수림의 축적은 침엽수림과 상록활엽수림의 절반 정도에 불과하다. 임상의 유기물과 양분 축적량은 잎과 가지의 생산 · 분해라는 두 가지 상반된 과정의 결과이며, 이는 낙엽 및 낙지의 양을 파악한 결과만으로 임상에서의 양분 순환을 온전히 이해하기는 어려움을 의미한다.

낙엽의 생산과 분해를 고려한 간단한 모형을 이용하여 임상의 유기물 분해를 추정할 수 있다. 연간 분해율과 생산율이 같아 임상 유기물의 양이 변하지 않는다고 가정하면 다음 식을 도출할 수 있다(Olsen, 1963).

$$\text{낙엽 및 낙지 생산량} = k(\text{임상의 축적량}) \quad \cdots\cdots (2\cdot2)$$

식에서 k: 임상의 분해상수

이 식을 이용해 연간 낙엽 및 낙지의 생산량과 임상의 축적량을 조사하면 임상의 분해율, 즉 분해상수 k를 추정할 수 있다.

$$k(\text{yr}^{-1}) = \frac{\text{낙엽 및 낙지 생산량}(\text{Mg}\cdot\text{ha}^{-1}\cdot\text{yr}^{-1})}{\text{임상 축적량}(\text{Mg}\cdot\text{ha}^{-1})} \quad \cdots\cdots (2\cdot3)$$

예를 들어 매년 낙엽 및 낙지 생산량이 $4\text{Mg}\cdot\text{ha}^{-1}\cdot\text{yr}^{-1}$이고 임상 축적량이 $20\text{Mg}\cdot\text{ha}^{-1}$일 경우 그 임분의 k값은 0.2이며, 이는 매년 생산된 낙엽의 20%가 분해됨을 의미한다. 분해가 빠를 때에는 유기물 축적량이 적으며, 이러한 상태에 있는 열대림의 경우 k값은 일반적으로 1.4~4.0이다. 반면에 한대림에서는 분해가 느리므로 임상에 많은 양의 유기물과 양분이 축적되어 k값이 0.01 정도이다. 한대 침엽수림의 k값은 0.05~0.25, 온대 낙엽활엽수림의 k값은 0.25~1.0으로 나타났다. 우리나라 참나무림의 k값 범위는 0.20~0.46이고 평균 0.35로 온대 낙엽활엽수림의 범주 내에 있는 것으로 조사되었다(손요환 등, 2007).

양분 순환의 분해 단계에서 양분 이온은 미생물이 에너지를 획득하는 과정의 부산물로 생성되어 대부분 토양수로 들어간다. 즉 에너지가 풍부하고 복잡한 분자가 최종적으로 이산화탄소, 물, 무기물 등으로 변환되는 과정이 일어난다. 미생물에 의한 유기물 분해율은 기질의 화학적 조성, 미생물 활성화를 위한 에너지원의 효용성(산화가 쉽게 일어날 수 있는 탄수화물), 쇄설자의 활동과 환경 요인(토양 온도와 수분 함량) 등의 영향을 받는다. 토양 pH도 분해율에 영향을 끼치며, 많은 미생물이 중성 토양에서 높은 활성을 유지하기 때문에 심한 산성 또는 알칼리성 토양에서는 분해속도가 현저히 느려진다.

토양으로 유입된 유기물이 분해되기 시작하면 유기물 내 탄소의 일부가 에너지원으로 이용되어 이산화탄소로 방출되고, 일부는 미생물의 바이오매스에 포함되며, 일부는 부식을 형성한다. 낙엽의 양분 농도가 높을 경우 미생물은 에너지 요구도에 비해 양분을 충분히 확보할 수 있기 때문에 양분 방출이 빨라진다.

반면에 낙엽의 양분 함량이 적을 경우에는 미생물이 생장을 위해 대부분의 양분을 보유하며, 미생물 자체가 무기화과정을 진행하기 전까지는 식물이 흡수할 수 있는 무기양분의 양이 적다. 이는 탄질비(C/N ratio)가 낮은 유기물이 분해될 때 미생물의 탄소 분해에 필요한 질소의 공급이 원활하기 때문에 양분의 방출 속도가 빠르지만, 탄질비가 높은 유기물이 분해될 때에는 탄소 분해에 필요한 질소의 불충분한 공급과 미생물의 질소 흡수(부동화)로 인해 분해와 질소 방출이 느려지는 현상으로 설명할 수 있다. 다환방향족화합물을 비롯해 탄질비가 높은 유기물은 일반적으로 분해가 어렵지만 셀룰로스나 단백질과 같은 탄질비가 낮은 유기물은 미생물이 쉽게 이용할 수 있다.

그러나 이러한 이론이 모든 산림에 항상 적용되지는 않는다. 예를 들어 산림토양에서 탄질비가 가장 낮은 잘 부식된 유기물층(C/N=26)과 목재(C/N=117) 간의 질소 무기화율을 비교하였더니 목재가 유기물층보다 두 배 이상 질소를 방출함으로써 일반화된 이론에서 벗어난 결과를 보였다(Hart, 1999). 낙엽의 탄질비는 일반적으로 침엽수보다 활엽수가, 임령이 적을수록, 또 비옥한 토양일수록 낮다.

낙엽은 대부분 셀룰로스(15~60%), 헤미셀룰로스(10~30%), 리그닌(5~30%), 단백질(2~15%), 지방(1%), 그리고 당, 아미노산, 핵산, 유기산과 같은 용해될 수 있는 화합물(10%)로 구성되어 있다. 당과 같이 쉽게 분해되는 분자는 빠르게 사라지는 반면에 난분해성인 리그닌이나 방향족 분자는 느리게 분해된다.

낙엽의 분해율 또는 무게 감소율은 일반적으로 지수함수로 나타낼 수 있다. 낙엽이 분해되어 잔존한 무게는 시간 경과에 대해 분해상수에 따라 지수적으로 감쇠하는 관계가 성립한다. 분해 초기에는 무게가 빠르게 감소하나 시간이 경과함에 따라 느려지며, 다음과 같은 식으로 나타낸다.

$$A_t = A_0 \times e^{-kt} \quad (2 \cdot 4)$$

식에서 A_t: 경과시간 t에서의 잔존 무게, A_0: 초기 무게, e: 자연로그, k: 분해상수

분해상수 k는 낙엽 형태에 따른 분해도를 비교하고 낙엽이 특정 비율까지 분해되는 데 걸리는 시간을 산정하는 데 유용하다. 예를 들어 $0.6931/k$는 낙엽 무게의 50%가 감소하는 데 소요되는 시간을 산정하고, $3/k$는 95%, $5/k$는 99%의 무게가 감소하는 데 소요되는 시간을 산정한다.

낙엽 분해율을 파악하기 위해 측정하는 잔존 무게는 원래의 낙엽 잔존물과 분해 과정 동안 미생물이 합성한 물질 및 죽은 미생물의 세포를 포함한다. 분해가 진행될수록 잔존 무게의 많은 부분을 새롭게 합성된 물질이 차지한다. 낙엽 무게의 절반이 사라지는 시간까지 잔존물의 절반 정도는 사실상 새로 합성된 물질이다. 그러므로 낙엽 분해의 실제 속도는 무게 감소율보다 빠르다.

1·4 주요 양분의 순환

임목의 건중량에서 산소와 탄소가 40~45%씩 차지하고, 수소가 약 6%, 질소가 목질부를 제외하고 약 1.5%를 차지한다. 그 밖에 필수 다량 및 미량 양분이 식물 조직에서 고분자화합물의 기능과 구조를 조절하고 변환하는 다양한 역할을 하며, 각 양분은 독특한 생물지구화학적 순환을 한다(표 2-3 참조).

식물 조직 내에서 이온 형태로만 존재하는 칼륨이 가장 단순한 순환 과정을 거치고, 보다 더 복잡한 인은 음이온인 인산염으로서 유기화합물과 전 순환 과정에서 중요한 생물지구화학적 역할을 담당한다. 질소 순환 과정은 다양하고 복잡한 산화환원반응을 거치고, 황도 복잡한 순환 과정을 거친다. 한편 질소와 인은 순환 과정에서 여러 가지 특징을 공유한다 (Binkley & Fisher, 2020).

1·4·1 탄소

산림 식생의 지상부에 탄소(C)가 많이 저장되어 있기는 하지만 산림생태계 탄소 저장량의 2/3 정도는 산림토양에 있기 때문에 산림토양은 육상생태계에서 가장 큰 탄소 저장고이다. 모든 유기물의 골격을 이루는 주요한 원소인 탄소는 대기 중 이산화탄소가 광합성에 의해 유기탄소로 합성되었다가 호흡에 의해 다시 대기 중으로 환원되는 과정을 거친다. 대부분의 탄소는 식물체 내에 유기 형태로 머물다가 식물체가 죽으면 미생물의 분해 과정을 거쳐 이산화탄소로 방출된다. 이렇듯 탄소는 광합성과 호흡이라는 두 가지 상반된 생물 작용의 결과로 생물권과 대기 사이를 순환한다.

탄소 순환은 식물과 토양 사이를 오가는 질소 순환과는 차이가 있다. 생물권과 대기 사이에서 식생이 이산화탄소를 재흡수할 수도 있지만 배출된 이산화탄소가 같은 먹이사슬의 생태계로 다시 유입되는 경우는 매우 드물다. 따라서 순환보다는 이동이라고 하는 편이 타당하다 (Binkley & Fisher, 2020).

탄소는 생태계를 이동하면서 식물 · 동물 또는 토양에 일정 기간 동안 축적되며 산림의 유형에 따라 양상은 달라진다. 낙엽활엽수의 경우 광합성에 의해 고정된 탄소의 절반 이상이 낙엽과 호흡을 통해 임목으로부터 당년에 벗어나고, 고정된 탄소의 절반 이하만 목질부에 장기간 저장, 축적된다. 상록수는 잎을 1년 이상 유지할 수 있기 때문에 낙엽수보다는 더 긴 시간 동안 탄소를 보유한다.

토양 탄소 전체가 대기로 이동하는 데 걸리는 시간, 즉 전이시간(turnover time)은 전체 토양 탄소량을 연간 낙엽 유입량으로 나누어서 구할 수 있다. 이를 통해 산림에서의 전이시간이 생각보다는 빠름을 알 수 있다. 산림에서 탄소 순1차생산의 범위는 보통 5~25Mg·

표 2-3 주요 양분의 특징

원 소	주요 흡수원	장기 저장고	생화학적 역할	토양화학	제한요인
탄소	대기	대기	유기물의 골격, 에너지 흐름, 유전자	유기탄소의 흐름과 저장, 토양 비옥도의 척도, 중탄산염과 탄산염이온이 중요함	대기 중 농도가 산림 생장을 제한할 수 있음, 대기 중 CO_2의 농도 증가로 제한요인이 감소할 수 있음
산소	대기	대기	산화적 인산화, 호흡, 광합성 부산물	과습한 토양에서의 확산 제한, 주요 토양 산화환원반응 조절	과습 토양
수소	물	물	모든 유기화합물	H^+은 다양한 생물적·화학적 반응에 관여함	강한 산성 또는 알칼리성 조건
질소	질산태질소, 암모늄, 질소(N_2)	토양 유기물, 질소고정을 위한 대기 중 질소(N_2)	단백질, 효소, 핵산	유효도가 미생물과 효소에 의해 결정되고, 대부분의 토양 질소는 난분해성이며, 산화환원반응과 기체상 순환이 있음	대부분의 온대림과 한대림, 몇몇 열대림, 인을 시용한 조림지
인	용해성 인산염	토양 유기물, 흡착태인, 광물 인	핵산, 지질, 에너지 이동	유기물과 지화학적 순환이 주류이고, 기체상 순환과 산화환원반응이 없음	열대와 아열대 지역의 철과 알루미늄이 많은 오래된 토양
칼륨	용해성 K^+	토양 유기물, 토양교환체, 광물 칼륨	조효소, 막 조절, 이온강도 완충	식물체 내 이온으로 존재하고, 잎과 토양으로부터 쉽게 용탈됨	질소와 인을 시용한 오래된 토양
황	용해성 황산염 및 약간의 SO_2 기체	토양 유기물, 대기 유입, 광물 황	아미노산과 단백질 합성	토양용액의 주요 음이온, 혐기성 조건에서 산화환원반응	드물게 제한요인
칼슘	용해성 Ca^{2+}	토양 유기물, 토양교환체, 광물 칼슘	세포벽, 인산칼슘, 옥살산칼슘	주요 용해성 양이온, 건조한 알칼리성 토양에서는 탄산염과 함께 침전됨	드물게 제한요인이며, 옥시솔 토양, 고산 가문비나무림
마그네슘	용해성 Mg^{2+}	토양 유기물, 토양교환체, 광물 마그네슘	엽록소 내 조효소, 여러 가지 효소	칼슘과 유사함	드물게 제한요인
망가니즈	용해성 Mn^{2+}	–	효소, 광합성 조효소를 포함한 많은 조효소	산화환원반응, pH가 감소함에 따라 용해성이 증가함	드물게 제한요인
철	용해성 Fe^{2+}, 킬레이트 Fe^{3+}	무기토양	전자전달효소	환원된 Fe^{2+}는 산화된 Fe^{3+}보다 용해성이 10배 강함	알칼리성 토양

[Binkley & Fisher, 2020]

$ha^{-1} \cdot yr^{-1}$이고, 산림의 식생과 토양에 축적된 탄소의 양은 대략 50~500Mg·ha^{-1}이다. 그러므로 저장 탄소의 평균 전이시간이 수십 년 내지 100년일 경우 산림으로의 탄소 동태(유입량)는 저장된 탄소의 1~50%라고 할 수 있다.

낙엽 분해는 지수적인 양상을 보여 초기에는 탄소가 빠르게 유실되다가 점차 감소하고 이후 적은 양의 탄소가 장시간 잔존한다. 5,000kg N·ha^{-1}의 질소를 함유한 50,000kg·ha^{-1}의 탄소 저장소가 100년의 탄소 전이시간을 가지고 있다고 가정하면 연간 질소 분해량은 50kg·ha^{-1}이 된다. 하지만 같은 토양의 탄소 전이시간이 50년이라면 연간 질소 유효도는 100kg·ha^{-1}이 된다(Binkley & Fisher, 2020).

토양 유기물은 토양 pH에 영향을 미친다. 유기물의 분해 과정에서 발생한 이산화탄소가 물에 용해되어 탄산(H_2CO_3)을 형성한 후 중탄산염(HCO^-)과 H^+으로 해리된다. 토양 콜로이드에 흡착되어 있던 K^+과 같은 교환성 양이온은 해리된 H^+으로 대체되어 중탄산염과 함께 용탈된다. 뿌리 호흡과 유기물 분해는 토양 공기의 이산화탄소 농도를 높이고 탄산 생성과 H^+ 방출로 이어지면서 토양 발달과 광물 풍화를 촉진한다.

임목은 효율적으로 양분을 이용하며 탄소뿐만 아니라 다른 자원의 동태와도 관련이 깊다. 브라질 유칼립투스의 경우 질소 1kg의 흡수로 200~400kg의 지상부가 생장하기도 한다. 임목의 바이오매스 생산에 필요한 총광량의 이용 효율은 1~3%로 알려져 있다. 식생 생장에 필요한 여러 자원의 공급이 증가하면 이용 효율도 증가하고, 질소와 같은 한 가지 자원의 이용 효율이 올라가면 물이나 광과 같은 다른 자원의 이용 효율도 높아진다(Binkley *et al.*, 2004). 탄소는 생태계의 에너지 흐름과 밀접한 관련이 있기 때문에 둘을 따로 구분해 설명하기 어렵다. 실제로 생태계의 생산력을 단위면적당 고정되는 탄소의 무게로 표현한다.

토양호흡은 뿌리와 균근의 이산화탄소 방출(자가호흡)과 유기물 분해 과정의 미생물 호흡(타가호흡)으로 구분한다. 전체적으로 토양호흡에 영향을 미치는 인자는 토양 온도와 수분량, 뿌리의 질소 함량, 토성, 기질의 화학적 조성 등이며, 그중 토양 온도가 가장 중요한 인자로 알려져 있다. 자가호흡은 조직을 유지하고 새로운 조직을 생성하는 대사 과정에서 발생하기 때문에 주로 임목의 광합성과 밀접하게 연계되어 있으며 토양 온도와 조직 내 질소 함량 등의 영향을 받는다. 미생물 호흡은 기질의 화학적 조성, 토양 온도, 수분량의 영향을 받는다. 영국 활엽수림에서의 연구에 의하면 연간 4.1Mg C·ha^{-1}의 전체 토양호흡 중 미생물 호흡이 70%, 뿌리 호흡이 22%, 균근 호흡이 8%를 차지하였다(Fenn *et al.*, 2010).

1·4·2 산소

산소(O)는 탄소와 함께 유기화합물의 골격을 이루고 산화환원반응을 주관하는 원소이기 때문에 식물 생육과 토양생태계의 순환 과정에서 중요한 역할을 한다. 산화환원반응은 반응물 간 전자의 공급과 수용을 통해 동시에 일어나며, 산소는 생태계 내에서 가장 강한 전자수용체이다. 산소에 의한 당의 산화는 이산화탄소에 의한 당의 산화(메테인 형성)보다 다섯 배 더 많은 에너지를 방출한다. 산소에 의한 산화반응은 시간에 따른 토양 발달에도 중요하다. 토양에서 산소의 확산은 토양 공기의 공급으로부터 큰 영향을 받으며, 이는 공기를 통한 기체의 확산이 물을 통한 확산보다 10,000배 정도 빠르기 때문이다.

토양 공기 중 산소 농도가 낮더라도 산소의 전자수용 능력이 세기 때문에 호기성 조건을 충분히 유지할 수 있지만, 토양수의 포화상태가 지속되어 산소가 고갈되면 혐기성 조건이 형성되고 미생물의 활동이 감소한다. 결과적으로 유기물 분해에 따른 양분 배출이 줄어든다(Binkley & Fisher, 2020).

1·4·3 수소

수소(H)는 식물의 필수원소이지만 가용한 많은 양의 물(H_2O)이 수소의 공급원이기 때문에 생장제한요소는 아니다. 하지만 토양 내 여러 화학반응을 위해서는 H^+ 유효도가 중요하다.

광합성으로 고정된 탄소의 형태인 당의 일부분은 세포의 생화학적 반응에 필요한 말릭산이나 옥살산과 같은 다양한 산으로 변형되며, 이들 산이 분해되는 과정에서 H^+이 방출되고 말레이트나 옥살산염과 같은 음이온을 형성한다. 이들 음이온의 음전하에 대응할 H^+이 없다면 K^+이나 Ca^{2+}과 같은 양이온이 전하의 평형을 맞춘다. 결국 낙엽 분해는 H^+을 소비하면서 이산화탄소와 물을 만들고 양분 양이온이 방출되는 과정이라고 할 수 있다.

토양에 축적되는 유기산이 낙엽의 불완전 산화 과정에서 만들어지고 토양교환체도 약한 산으로 작용하면서 토양용액의 농도에 따라 H^+을 방출하거나 흡착한다. H^+의 토양 내 동태를 발생과 소비로 나누어 설명하면 다음과 같다.

1) 토양 내 수소이온의 주요 발생 과정

- **탄산 형성**: 토양 내 높은 이산화탄소 농도 조건에서 탄산이 형성되고, 토양으로부터 중탄산염이 용탈되어 H^+이 발생한다.
- **식생에 흡수되어 축적되는 양이온**: Ca^{2+}, Mg^{2+}, K^+의 흡수량은 인산염 흡수량보다 많기 때문에 토양 내 전하의 균형은 H^+의 의해 이루어진다. 질산태질소와 황산염은 체내에서 등가의 H^+을 소비하면서 환원되기 때문에 고려하지 않는다.
- **대기로부터의 H^+ 유입**
- **환원된 화합물의 산화**: 암모니아가 질산태질소로 산화하면서 H^+이 생성된다. 질산태질소가 동화되거나 탈질되면 H^+이 소비되기 때문에 효과가 없지만 질산태질소가 용탈되면서 암모니아의 산화가 질산태질소의 감소분을 초과하면 H^+이 증가한다(Binkley & Fisher, 2020).

2) 토양 내 수소이온의 주요 소비 과정

- **유기물 분해에 의한 양이온 방출**: 식생의 발달에 따른 임목의 양이온 축적은 산성화의 주요 원인이지만 유기물 분해는 반대의 경우로 등가의 H^+이 소비되는 과정이다.
- **음이온 특이 흡착**: 토양입자는 음전하를 띠지만 철 · 알루미늄 산화물 및 수산화물 등의 양전하를 띤 광물도 존재하므로 음이온의 흡착이 이루어진다. 반응성이 강한 음이온인 황산

염과 인산염이 철 · 알루미늄 산화물에 흡착되는 과정에서 OH^-가 H^+을 받아들여 물을 만들며 소비된다.

- **광물 풍화**: 규산염광물이 풍화되면서 규산이 만들어지고 이 과정에서 H^+을 소비한다.
- **산화물 환원의 불균형**: 대기로부터 유입된 질산태질소가 식물과 미생물에 흡수되거나 탈질되면 질산태질소의 환원 과정을 거치고 이 과정에서 H^+을 소비한다. 그러므로 토양으로부터 질산태질소가 용탈되지 않으면 산성비의 질산염 유입에 의한 토양산성화는 발생하지 않는다(Binkley & Fisher, 2020).

산림 식생에 의해 토양 내 양분 양이온이 흡수되면 H^+이 발생하지만 토양 유기물이 지속적으로 분해되면서 양분 양이온이 순환하므로 H^+의 큰 변동은 발생하지 않는다. 그렇지만 유기물 분해량이 급격히 증가하거나 산불이 발생해 양이온 발생량이 증가하면 H^+이 소비되어 토양 pH가 상승한다. 산림 벌채로 지상부가 제거된 뒤에도 토양 유기물의 분해가 활발해져 토양 pH가 상승할 수 있다. 그러나 반복적인 산림 벌채는 상당량의 H^+을 유발하므로 토양이 산성화할 수 있다.

1·4·4 질소

질소(N)는 식물 생장에 가장 많이 요구되는 양분으로 토양의 질소 유효도가 산림 발달에 가장 큰 영향을 끼친다. 질소는 아미노산, 효소, 단백질, 핵산의 구성 성분이며, 식물의 잎에서는 대부분의 질소가 카복실화 효소인 루비스코(rubisco)에 들어 있다. 따라서 잎의 질소 농도가 높을수록 루비스코의 함량이 많고 광합성 효율도 높다.

토양의 질소 순환은 대기 유입, 생물적 질소고정, 광물 풍화에 의해 질소가 토양에 투입되면서 시작된다. 질소의 대기 유입량은 $1\sim5\text{kg N}\cdot\text{ha}^{-1}\cdot\text{yr}^{-1}$이지만 오염 지역에서는 훨씬 높다. 생물적 질소고정량은 $1\sim200\text{kg N}\cdot\text{ha}^{-1}\cdot\text{yr}^{-1}$으로 산림의 유형에 따른 편차가 크다. 광물 풍화에 의한 질소 유입은 $1\sim10\text{kg N}\cdot\text{ha}^{-1}\cdot\text{yr}^{-1}$으로 알려져 있다. 질산태질소는 K^+과 Ca^{2+} 등의 양이온 양분, 독성 양이온인 Al^{3+}과 함께 용탈되기 쉽고 토양산성화의 원인이 되기도 한다(Binkley & Fisher, 2020).

산림 식생과 토양 간의 질소 순환은 유기 형태와 무기 형태로 구분할 수 있다. 낙엽에 의해 유기질소가 토양으로 유입되고, 수관통과우에 의해서는 잎의 무기질소 및 유기질소가 토양으로 유입된다. 분자량이 큰 유기질소는 토양 미생물이 분비한 효소에 의해 분자량이 작은 유기질소의 형태인 아미노산으로 분해된 뒤 식물, 미생물, 균근에 의해 다시 흡수된다(그림 2-5 참조).

1 무기화과정

유기물로부터 암모늄(NH_4^+)이 만들어지는 과정을 무기화과정(mineralization)이라고 한다. 아미노산인 글리신(glycine)이 산화해 암모니아(NH_3)와 이산화탄소, 물이 만들어지는 반

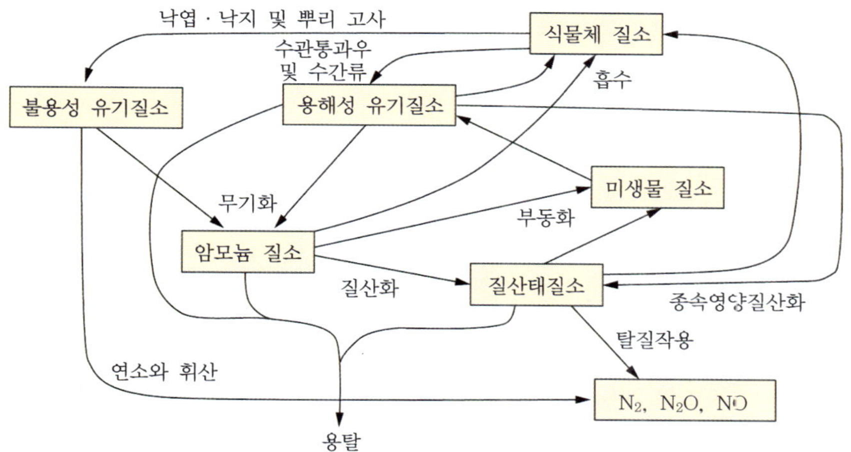

그림 2-5 산림토양에서의 질소 순환(대기, 생물적 질소고정, 광물 풍화에 의해 질소가 유입될 수 있다.)[Binkley & Fisher, 2020]

응식은 다음과 같다.

$$CH_2NH_2COOH + 1.5O_2 \longrightarrow 2CO_2 + NH_3 + H_2O$$

토양의 일반적인 pH 조건에서 암모니아는 곧 토양수 내의 H^+을 흡수하여 암모늄을 형성한다. 토양 내에서 암모늄은 몇 시간 안에 아질산염(NO_2^-)를 거쳐 질산염으로 다음과 같이 산화한다.

$$NH_4^+ + 2O_2 \longrightarrow NO_3^- + 2H^+ + H_2O$$

이를 질산화과정(nitrification)이라고 하며 H^+과 물이 함께 만들어진다. 질소 원자의 전자가 산소 분자에 공급되면서 발생한 에너지를 미생물이 이용한다. 이 반응식은 미생물에 의한 자가 질산화과정으로 암모늄이 에너지원임을 보여 준다. 다른 종속영양미생물에 의한 질산화과정에서는 암모늄과 유기질소가 기질로 사용된다(Paul, 2015).

2 질소 용탈

암모늄과 질산태질소 모두 토양으로부터 용탈될 수 있지만 토양으로부터 유실되는 대부분의 질소 형태는 용해성 유기질소이고 암모늄과 질산태질소 용탈량의 합보다 많다. 질소 용탈이 심한 지역에서는 무기질소가 대부분을 차지하지만 질소 용탈량이 적은 지역에서는 대부분이 유기질소이다(그림 2-6 참조).

미국에서 조사한 산림유역 유출수의 평균 질소 농도를 보면 용해성 유기질소와 질산태질소는 각각 $0.3mg\,N \cdot L^{-1}$이었고 암모늄 농도는 훨씬 낮은 $0.05mg\,N \cdot L^{-1}$이었다. 일반적으로 침엽수림은 활엽수림에 비해 유출수의 용해성 유기질소 농도가 높고 질산태질소 농도가 낮다.

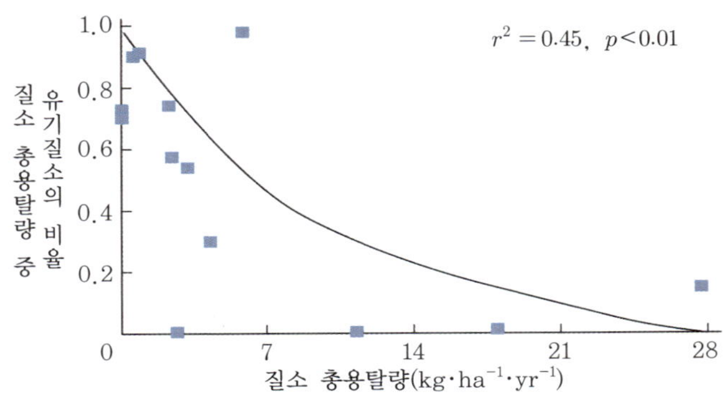

그림 2-6 질소 총용탈량과 유기질소가 차지하는 비율
[Johnson & Lindberg, 1992]

또한 질산태질소의 외부 유입이 많고 질산태질소의 용탈이 심한 지역에서는 무기질소의 용탈량이 유기질소의 용탈량보다 많다(Binkley & Fisher, 2020).

3 탈질작용

호기성 조건의 토양에서 일어나는 산화 과정에서는 산소가 가장 큰 에너지를 방출할 수 있기 때문에 전자수용체로 선호되지만, 혐기성 조건에서는 다른 화합물이 산소를 대신하여 전자수용체가 될 수 있다.

배수가 불량하거나 산소 공급이 부족한 토양에서는 탈질균에 의한 탈질작용이 일어나기 쉽다. 이때 산소 대신에 질산염(NO_3^-)이 전자수용체가 되어 환원된 탄소의 전자를 수용하면서 아질산염(NO_2^-)을 거쳐 질산(NO), 아산화질소(N_2O) 또는 질소 가스(N_2)로 변환된다. 대부분의 토양에서는 질산태질소가 N_2까지 환원되기 전에 N_2O의 형태로 가장 많이 손실된다(Binkley & Fisher, 2020).

$$2NO_3^- + 10e^- + 12H^+ \longrightarrow N_2 + 6H_2O$$

산림에서 탈질작용에 의한 질소 유실량은 매우 적지만 시간과 공간적 편차가 크다. 오스트레일리아의 우림에서 건조한 해의 탈질은 1kg N·ha^{-1}·yr^{-1}로 적었지만 습한 해에는 7.5kg N·ha^{-1}·yr^{-1}에 이르렀다(Kiese *et al.*, 2003).

종속영양세균의 혐기성 탈질작용은 질산태질소를 가스 형태로 환원하는 작용이지만 이와는 다른 경우로 혐기성 세균에 의해 질산태질소가 암모늄으로 환원되는 질산환원 암모니아 이화작용(dissimilatory nitrate reduction to ammonium, DNRA)의 중요성이 부각되었다(Robertson & Groffman, 2015). 테다소나무림에서 DNRA가 총질산화율과 유사한 양으로 발생하고, DNRA의 동태가 다른 질산태질소와 관련한 반응만큼 중요하다는 주장도 있다(Minick *et al.*, 2016).

탈질작용은 토양 질소의 유실 외에도, 탈질작용으로 가장 많이 발생하는 물질인 아산화질소가 대기 성층권에서 오존과 반응하여 자외선의 차단을 방해하는 부정적 측면이 있다. 일반적으로 산림에서의 아산화질소 발생량은 농경지토양에 비해 훨씬 적다.

4 질소 연소

산불 등에 의해 단백질이 연소하면 단백질 성분이 질소(N_2)나 질소산화물로 산화될 수 있다.

$$4CHCH_2NH_2COOHSH + 15O_2 \longrightarrow 8CO_2 + 14H_2O + 2N_2 + 4SO_4 + \text{energy}$$

산림에서 1년 단위의 질소 유실을 평가하면 용탈과 탈질에 의한 유실이 대부분이지만 세기 단위로 산정하면 산불이 가장 큰 질소 유실의 원인인 경우가 많다.

5 산화환원반응

질소 순환의 과정은 여러 산화환원반응으로 구성되어 있어 혼동하기 쉽다. 특히 질산화과정과 탈질작용은 용어상 반대의 과정으로 생각하기 쉽지만 그렇지 않다. 이러한 혼동은 질소화합물의 역할이 에너지원인가 아니면 전자수용체 또는 전자공여체인가를 구분하면 해소할 수 있다(표 2-4 참조).

표 2-4 질소 순환의 과정 중 미생물에 의해 일어나는 주요 산화환원반응

구 분	미생물 종류	전자공여체	전자 수용체	부산물	목 적
질소고정	세균(시아노박테리아, 고세균)	포도당 또는 고에너지 탄소화합물	N_2	NH_3, CO_2 (드물게 H_2)	식물과 미생물에 질소 공급
질산화(독립영양세균)	세균, 고세균, 균류	암모니아	O_2	HNO_3	암모니아 산화 과정의 에너지 획득
질산화(종속영양세균)	세균, 균류	유기질소	O_2	HNO_3	에너지 획득
탈질작용	세균	포도당 또는 고에너지 탄소화합물	NO_3^-	N_2, N_2O	혐기성 조건에서 탄소 연소로부터 에너지 획득
질산환원 이화작용	세균, 균류	포도당 또는 고에너지 탄소화합물	NO_3^-	NH_4^+	혐기성 조건에서 탄소 연소로부터 에너지 획득

[Binkley & Fisher, 2020]

산림토양의 양이온교환체에 순간적으로 흡착되어 있는 암모늄의 양은 5~20kg $N \cdot ha^{-1}$이며 총이동량은 이보다 훨씬 많다. 암모니아 분자는 산화의 첫 단계에서 독성 이온인 NO_2^-와 물로 변환되지만 미생물의 지속적인 활동으로 토양 내 축적량은 미미하다.

토양 내에서 NO_3^-의 발생은 전통적으로 독립영양세균에 의해 주도된다고 알려져 왔지만

최근에 고세균도 중요한 독립영양 질산화균임이 밝혀졌고(Robertson & Groffman, 2015), 종속영양미생물도 유기질소, 특히 아민(amines)과 아미드(amides)를 산화하여 질산태질소를 생산한다고 알려졌다(Paul, 2015).

균류와 세균 모두 종속영양 질산화가 가능하지만 산성 토양에서는 독립영양세균과 고세균보다는 종속영양균류에 의한 질산화가 많다고 전해진다. 균류에 의한 종속영양 질산화도 중요하게 다뤄지지만 독립영양 질산화와의 정량적 비교 연구가 많지 않아 일반화하기는 어렵다. 미국 북서부의 침엽수와 오리나무 임분에서는 질산태질소 발생의 2/3가 종속영양 질산화에 의한 것이었다(Binkley & Fisher, 2020).

6 부동화과정

부동화과정은 무기질소가 유기질소의 형태로 변환되는 반응으로 무기화과정의 반대 개념이다. 즉 토양 내 무기질소가 토양 미생물에 흡수되어 단백질 등으로 동화되는 과정을 말한다. 상반된 두 반응은 토양 내에서 동시에 발생하며, 부동화과정이 무기화과정보다 우세하게 지속될 경우 식물 흡수에 필요한 무기질소의 결핍현상이 발생하기도 한다. 이러한 현상은 유기물의 탄질비가 높을 경우 지속될 수 있지만 대부분의 산림토양에서는 심각하지 않다.

질소 함량이 적은 토양에서는 순질산화가 낮으며, 이는 임목이 토양 미생물에 비해 효율적으로 암모늄을 흡수하기 때문이다. 질소 함량이 적은 침엽수림 토양에서는 질산태질소가 축적(순질산화)되지 않았다. 이는 질산화율이 높음에도 불구하고 미생물에 의한 부동화율이 높기 때문이다.

미생물이 토양 내 가용 탄소를 모두 소비하면 질산태질소의 토양 내 체류시간이 훨씬 길어진다. 질산태질소가 식물에 의해 흡수되지 않으면 용탈되기 쉽지만 대부분 산림토양에서의 용탈량은 연간 순환량의 10% 미만이다(Binkley & Fisher, 2020).

7 생물적 질소고정

생물적 질소고정은 대기 중 불활성 질소(N_2)를 식물과 미생물이 흡수하여 이용할 수 있는 형태로 변환하는 과정으로, 질소고정효소(nitrogenase)의 촉매작용으로 생성된 암모니아가 유기산과 결합해 아미노산이 되고 최종적으로 단백질이 된다.

$$N_2 + 8H^+ + 8e^- \longrightarrow 2NH_3 + H_2$$

질소고정과정은 많은 에너지를 필요로 하고, 질소고정효소는 산소와 접촉할 경우 파괴되기 쉽다. 공생 미생물은 기주식물로부터 에너지원인 탄수화물을 제공받고 뿌리혹 내부의 혐기성 조건에서 질소를 고정하기 때문에 독립생활 미생물에 비해 훨씬 많은 양의 질소를 고정할 수 있다. 공생질소고정이 없는 산림에서의 고정량은 보통 1kg N·ha^{-1} 이하이고, 이끼가 많은 한대 산림에서의 고정량은 0.1~1kg·ha^{-1}·yr^{-1}이다.

토양 질소의 양은 토양 유기물의 양과 밀접한 관계가 있지만 토양의 생산력과는 그리 밀접하지 않다. 식물은 암모늄, 질산태질소, 아미노산과 같은 저분자량의 유기질소를 흡수한다. 일반적으로 토양시료에 포함된 암모늄과 질산태질소의 양을 측정하여 토양생산력을 판단하는 데에는 몇 가지 문제가 있다. 질산태질소의 토양 내 체류시간이 몇 시간 내지 길어야 2일 정도인 점과, 무기질소의 형태 변화와 양적 변동이 역동적인 점을 고려해야 한다(Binkley & Fisher, 2020).

8 임목의 질소 흡수

임목은 아미노산과 같은 유기질소를 흡수할 수 있다. 토양에 암모늄과 글리신을 투입했을 때 임목의 글리신 흡수량이 암모늄 흡수량의 50~80%이고, 외생균근을 가진 임목이 글리신 흡수에 효과적이었다(MacFarland *et al.*, 2010). 또한 한대 지역의 독일가문비나무와 구주소나무 임분에서의 질소 흡수량 중 약 80%가 아미노산 형태였다(Inselsbacher & Näsholm, 2012).

식물은 암모늄을 흡수하면 글루타민을 형성하기 위해 글루타메이트와 같은 유기분자로 아미노화한다.

$$(CH_2)_2(COOH)_2CHNH_2 + NH_3 \longrightarrow (CH)_2(COOH)_2CH(NH_2)_2 + H_2O$$

흡수한 질산태질소의 질산환원이 체내에서 이루어지면 바로 토양으로부터 질산태질소가 흡수된다. 질산환원이 일어나는 부위는 식물에 따라 달라 에너지원으로 광합성 산물인 탄수화물을 이용하는 식물은 뿌리에서 일어나고, 탄수화물의 소모 없이 광반응에서 만들어진 환원제를 이용하는 식물은 잎에서 일어나기도 한다.

양분 순환의 핵심 과제는 임목의 양분 흡수율과 토양 내 가용 양분의 공급률 및 토양 내 총저장량을 어떻게 비교할 것인가이다. 토양의 복잡한 화학적 특성과 식물 영양의 복잡성에 더해 시공간적 편차 등을 감안하면서 양분 순환의 실체를 밝히는 일은 큰 도전이다.

스웨덴에서 구주소나무와 독일가문비나무로 이루어진 15개 산림의 토양을 조사한 결과를 보면 증류수와 혼합한 토양용액의 주요 질소 성분은 암모늄이고 아미노산과 질산태질소 농도는 훨씬 낮았다(Inselsbacher & Näsholm, 2012). 하지만 토양교환체에 흡착된 양분을 분리하기 위해 염화칼륨 용액과 혼합한 후에는 암모늄이 증가하고 아미노산이 급격히 증가한 반면에 질산태질소의 변화는 거의 없었다. 이는 수용성 질산태질소가 이미 토양용액에 용해되어 있었기 때문이다. 이러한 토양용액 내 질소 성분의 뿌리 흡수율을, 뿌리와 유사한 구조를 가진 반투막을 이용해 모사하였더니 질소 총흡수량의 약 80%는 아미노산, 즉 유기질소였다(그림 2-7 참조). 또한 토양용액의 암모늄이온 농도가 질산태질소의 10배 이상임에도 흡수율은 두 배 정도에 불과하였으며, 이는 질산태질소의 이동성이 암모늄에 비해 훨씬 크기 때문이다(Binkley & Fisher, 2020). 이와 같은 토양의 화학적 특성과 식물 양분의 관계는 가장 주목받고 있는 연구 주제이다.

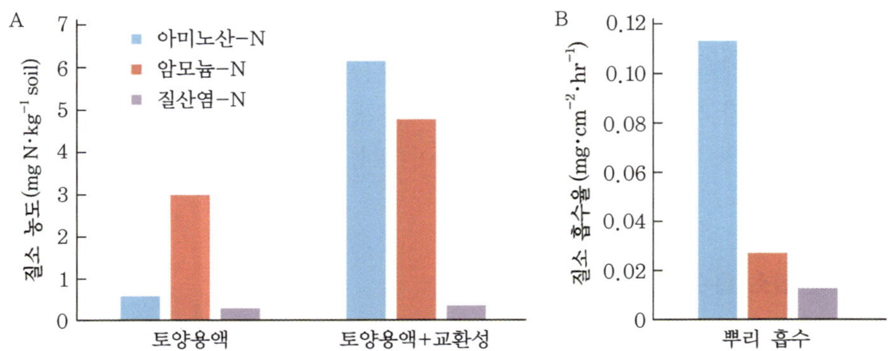

그림 2-7 스웨덴 구주소나무와 독일가문비나무 임분의 토양용액(증류수) 내 질소 성분 및 염화칼륨 추출에 따른 농도 변화(A)와 각 성분의 뿌리 흡수율(B)[Binkley & Fisher, 2020]

1·4·5 인

인(P)은 인회석(apatite)의 풍화에 기인하며 느리게 생태계로 유입되고 순환한다. 지구적 차원의 인 순환에서는 탄소나 질소의 순환과 달리 기체 형태의 인산이온이 존재하지 않기 때문에 대기 저장고가 없으며 생물적 그리고 지구화학적 순환에 국한된다(그림 2-8 참조).

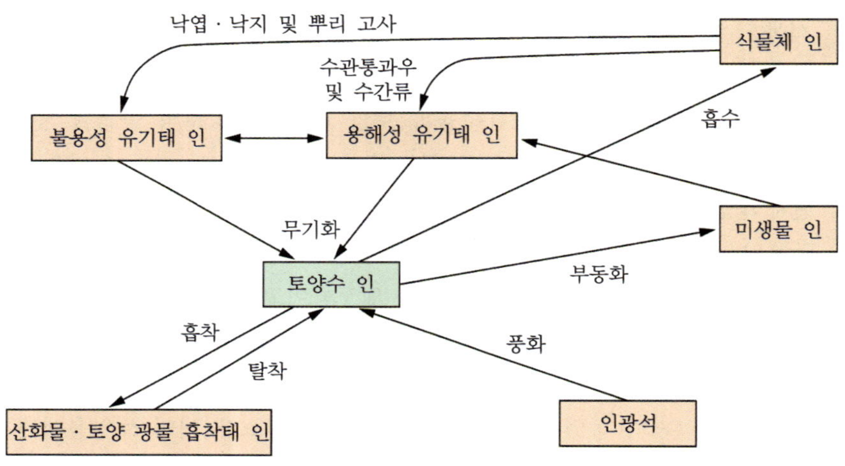

그림 2-8 산림토양에서의 인 순환[Binkley & Fisher, 2020]

풍화작용으로 토양에 유입된 인은 여러 형태로 변환된다. 토양의 발달 과정에서 무기태 인은 점차 감소하고 유기태 인의 양이 증가한다. 토양에 따라 변이가 크지만 총인 중 20~80%가 유기태 인이다. 토양 중 인의 총량은 0.005~0.15%이다. 그중 식물이 흡수할 수 있는 형태인 $H_2PO_4^-$나 HPO_4^{2-}와 같은 무기인산은 다른 원소와 결합해 불용성 화합물을 형성한다.

토양의 인 함량은 식물이 흡수할 수 있는 유효 인의 함량과는 무관하기 때문에 토양에 존재하는 여러 형태의 인을 이해하고 인 유효도를 결정하는 인자를 파악할 필요가 있다(Binkley & Fisher, 2020).

인산은 토양용액 중 H_3PO_4, $H_2PO_4^-$, HPO_4^{2-}, PO_4^{3-} 등의 형태로 존재하며 토양용액의 pH에 의해 형태가 결정된다. 일반적인 산성 산림토양에는 $H_2PO_4^-$이 많이 존재하며, $H_2PO_4^-$은 식물과 미생물에 흡수되거나 토양의 칼슘, 철, 알루미늄 등과 결합한 불용성 염을 형성해 침전된다. 나머지는 근권으로부터 용탈되기도 한다.

임목의 잎 내 pH는 5~6이기 때문에 함유된 총인의 약 50%인 인산염의 주요 형태는 $H_2PO_4^-$이다. 식물체 내에서 인은 무기태 인산염과 단순 에스터, 세포 내 저장에너지인 ATP 등의 형태로 존재한다. 인 공급이 제한될 때 잎 내 인의 20%는 지질, 40%는 핵산, 20%는 단순 에스터, 20% 정도는 유리된 무기인산염으로 할당된다. 인 공급이 원활해지면 핵산보다는 지질과 에스터에 할당되는 양이 상대적으로 증가하고, 무기인산의 잎 내 함량이 가장 크게 증가하여 잎 내 인의 약 50%까지 늘어날 수 있다.

토양 유기물에 포함된 인은 식물과 미생물에서 분비되는 포스파테이스(phosphatase)에 의해 분해되나 산림토양에서는 이 효소의 중요성이 잘 알려지지 않았다. 하지만 미국 북부 활엽수림의 인 총순환량 중 유기물 내 인의 무기화가 약 60%를 차지한 점(Yanai, 1992)을 감안하면 토양 유기인의 무기화에서 포스파테이스의 역할은 중요하다.

인화합물은 체내 이동성이 크기 때문에 낙엽 전 상당량이 잎에서 가지로 재흡수된다. 대부분의 산림에서 임목의 인 요구도가 높지만 토양 내 인의 가용성이 낮기 때문에 유실량은 매우 적다. 미국 북동부 활엽수림에서의 인 순환 과정을 보면 인 흡수는 약 12.5kg·ha^{-1}이었고 1.5kg·ha^{-1}이 임목에 축적되었으며, 11kg·ha^{-1}이 낙엽에 의해 토양으로 다시 유입되었고 매우 적은 양인 0.007kg·ha^{-1}만 용탈되었다(Sollins *et al.*, 1980). 모든 산림이 효과적으로 인을 보유하지는 않아서 인을 시비하였더니 유출수의 인 함량이 증가하였다.

산림의 인산염 유입량 역시 0.1~0.5kg·ha^{-1}·yr^{-1}로 매우 적어 광물 풍화에 의한 유입량과 유사한 수준이다. 먼지에 함유된 인의 유입이 광물 풍화보다 중요할 수 있다. 미국 캘리포니아주 시에라네바다의 산림에서는 먼지를 통한 인 유입량이 0.01~0.15kg·ha^{-1}·yr^{-1}이었다(Aciego *et al.*, 2017). 먼지에 의한 인 유입량이 광물 풍화량보다 많았을 뿐만 아니라 장기간 침식에 의한 인 유실량보다도 많았다.

임목의 인 요구도는 질소와 칼륨에 비해 상대적으로 훨씬 낮지만 1년 유입량 대비 요구량의 비율은 다른 양분에 비해 훨씬 높다. 미국 오리건주의 노령 미송림에서는 인 유입량 대비 생장에 필요한 요구량의 비율이 18.2인 반면에 질소는 6.5, 칼륨은 3.0, 칼슘은 0.6이었다(Sollins *et al.*, 1980). 이 결과는 벌채와 침식에 의한 인 유실이 총인 순환에 미치는 영향이 크기 때문에 인의 내부 순환과 인 유효도의 보전이 중요함을 의미한다.

1·4·6 칼륨

이동성이 매우 높은 양분인 칼륨(K)은 질소나 인과 다른 몇 가지 특성이 있다. 토양수에는 오직 이온(K^+) 형태로만 존재하는 점, 토양 광물에서의 양이온 교환과 무기물의 풍화작용에 의한 순환이 주류를 이루는 점, 그리고 무독성이어서 유출에 따른 부영양화와 같은 환경문제를 유발하지 않는 점 등이다. 칼륨은 낙엽의 분해 과정에서 가장 빨리 분리되기도 하지만, 조직의 구성 성분이 아니기 때문에 이온 형태로 잎에 존재하는 동안 총함유량의 절반 정도가 낙엽 전에 잎으로부터 용탈되어 토양에 유입된다.

칼륨이 식물 구조를 형성하는 유기화합물의 구성원은 아니지만 다양한 생리 · 생화학적인 역할을 한다. 세포에 용해된 이온 형태로 존재하며 NO_3^- 및 SO_4^{2-}과 대응해 이온 균형을 유지하고, 공변세포의 팽압을 조절하면서 기공개폐에 관여함으로써 광합성과 증산작용에 영향을 끼친다. 또한 인과 마찬가지로 가스 형태로는 존재하지 않기 때문에 대기로의 유출도 없다.

일반적으로 토양 중 칼륨 함량은 0.5~2.5%, 대략 1.2%이며, 산림생태계에 칼륨이 유입되는 경로에는 두 가지가 있다. 운모나 장석류와 같은 광물 풍화에 의한 칼륨 유입량은 새로 생성된 토양의 경우 5~10kg K·ha^{-1}·yr^{-1}, 오래된 사질 토양의 경우 1kg K·ha^{-1}·yr^{-1} 미만이다. 임상과 토양 유기물이 분해되면 K^+이 토양수로 유입되며 유입 속도가 다른 양분보다 빠르다. 또한 대기 중 침적과 강수에 의한 칼륨 유입량은 연간 1~5kg·ha^{-1}으로 특히 해양에 가까운 산림에서 많다.

토양수 중 칼륨은 토양 총함량의 0.1~0.2%에 불과하지만 식물과 미생물에 흡수되거나 양이온교환체에 흡착되거나 또는 토양으로부터 용탈될 수 있다. 상대적으로 새롭게 생성된 토양의 경우 울창한 산림으로부터 5~10kg K·ha^{-1}·yr^{-1}이 용탈될 수 있지만, 오래된 사질 토양은 적은 양의 칼륨을 함유하고 용탈에 의한 유실량도 매우 적다. 보통 칼륨의 유입량이 유출량보다 많고, 지나친 사질 토양에서만 임목 생장의 제한요인이 된다(Binkley & Fisher, 2020).

1·4·7 황

황(S) 순환은 인 및 질소의 순환 과정과 연결되어 있으며, 질소 순환과 유사하게 산화환원 반응을 거친다(그림 2-9 참조). 또한 음이온인 황산염은 인산염과 비슷하게 토양 콜로이드에 다량 부착되어 식물이 흡수할 수 없는 형태로 존재한다. 식물체 내의 황은 환원된 형태(C-S-H)이거나 유리된 황산염(SO_4^{2-}) 또는 구분하기 어려운 화합물의 형태로 존재한다.

황은 시스테인(cysteine)이나 메싸이오닌(methionine)과 같은 아미노산의 구성 성분이며, 단백질이나 폴리펩타이드의 이황화결합을 형성한다. 또한 지질 합성과 에너지 전달 과정에 관여하는 조효소(coenzyme-A), 비오틴(biotin) 및 티아민(thiamine)과 같은 비타민의 구성

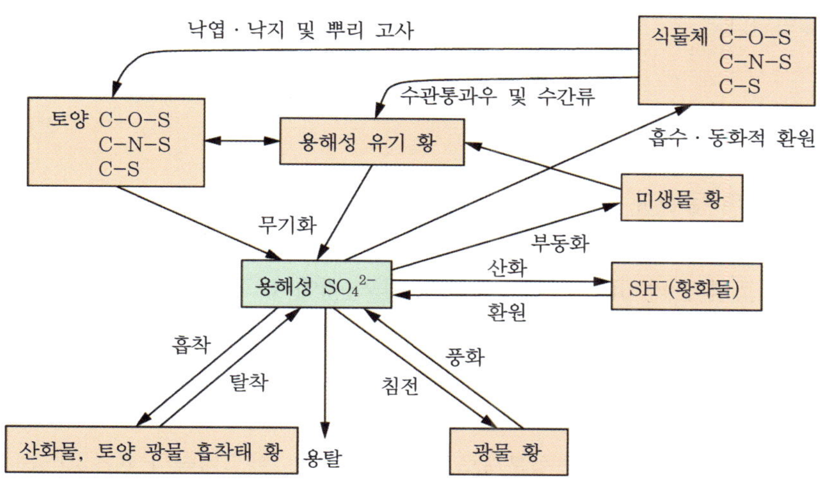

그림 2-9 산림토양에서의 황 순환[Binkley & Fisher, 2020]

성분이다.

낙엽에서 황은 유리된 SO_4^{2-}, 아미노산에 함유된 환원된 황, 그리고 에스터화 황(C-O-SO_3)과 같이 특정하기 어려운 화합물 등의 세 가지 형태로 존재한다. 가용성 SO_4^{2-}은 낙엽으로부터 쉽게 용탈되어 나오고, 질소와 결합한 환원된 황은 미생물에 의해 분해되어 배출되며, 에스터화 황은 설파테이스(sulfatase)에 의해 분해된다. SO_4^{2-}은 식물에 독성이 없기 때문에 침엽에 축적되기도 한다. 잎의 유기황은 대부분 질소를 함유하고 있으며 보통 황 원자 하나당 30개의 질소 원자를 포함하고 있다. 잎에서 황은 낙엽 전에 20~30%가 재흡수된다.

토양 내에서 가용 황의 유일한 형태는 SO_4^{2-}이다. 토양 유기물의 질소화합물에 결합된 유기황이 무기화과정을 거쳐 환원된 황으로 변환하면 이어서 미생물에 의해 빠르게 SO_4^{2-}으로 산화된다. 이는 질산화세균에 의한 암모늄의 산화 과정과 유사하다. 토양 내 가용 SO_4^{2-}은 인산염과 유사하게 식물과 미생물에 흡수되거나, 염으로 침전되거나, 토양입자 표면에 음이온으로 흡착하거나, 또는 근권으로부터 용탈되는 과정을 거친다. 하지만 인산염과 다르게 칼슘 · 철 · 알루미늄 황산염은 용해성이기 때문에 산림토양에서 이들 염의 침전은 중요하지 않다.

산림에서의 황 요구도는 5~10kg $S \cdot ha^{-1} \cdot yr^{-1}$이고, 오염이 없는 지역의 대기 유입량은 1~5kg $S \cdot ha^{-1} \cdot yr^{-1}$이다. 산업화 지역의 산림에서는 황 유입의 형태가 주로 황산으로 유입량이 20~50kg $S \cdot ha^{-1} \cdot yr^{-1}$이지만 그중 매우 적은 양이 임목에 흡수되고 대부분 토양에 흡수되거나 용탈에 의해 생태계로부터 유실된다. 오염 지역의 산림으로부터 용탈되는 황산염의 양은 10~20kg $S \cdot ha^{-1} \cdot yr^{-1}$이다. 황산의 유입은 황산염과 동반한 양이온의 유출과 H^+의 증가를 유발한다. 만약 황산염이 H^+ 및 Al^{3+}과 함께 용탈되면 수생태계의 산성화를 초래할 수 있다(Binkley & Fisher, 2020). 비오염 지역 산림에서는 나트륨 및 칼슘과 결합한 염의 형태로 황이 유입된다.

1·4·8 칼슘 및 마그네슘

토양 내 대부분의 칼슘과 마그네슘은 토양 광물에 존재하고 광물 풍화에 의해 양이온교환체에 흡수된다(그림 2-10 참조).

칼슘(Ca)은 세포벽과 막 표면, 조직 내부와 액포 내에서 교환성 칼슘의 형태로 존재한다. 그중 약 25%가 용해성 칼슘이고, 약 50%가 펙틴(pectine)과 같은 세포벽의 구성 물질과 결합해 구조적 안정성을 높여 주고 세포막의 기능을 유지하는 역할을 한다. 약 15%는 인산염과 결합하고 나머지는 옥살산칼슘과 다른 화합물의 구성 성분이다.

마그네슘(Mg)은 엽록소의 구성 성분으로, 잎 내에 있는 마그네슘의 10~50%는 엽록소-마그네슘이온 결합체를 형성하고 ATP 기능의 활성화와 광합성, 호흡, 핵산 합성 등에 중요한 역할을 한다.

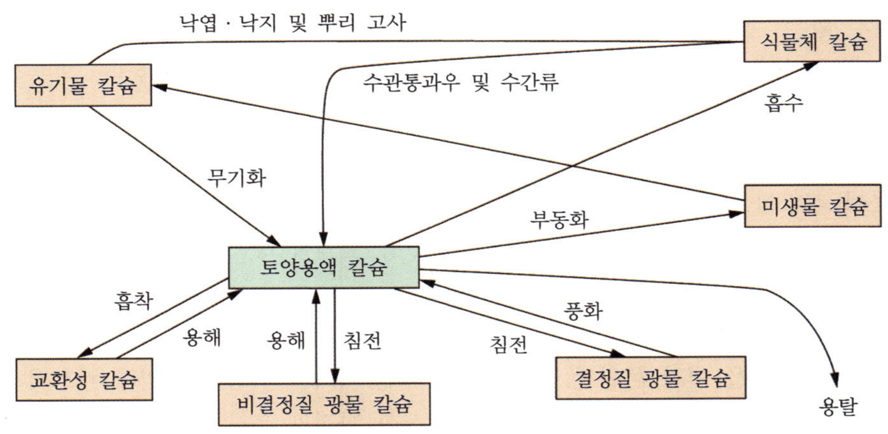

그림 2-10 산림토양에서의 칼슘 순환[Binkley & Fisher, 2020]

토양 양이온교환체에 함유되어 있는 양이온 양과 임목에 함유된 양이온 양 간의 양분 수지를 보면 토양교환체의 양이온 양은 임목의 수요를 맞추기에 충분하지 않다. 프랑스의 150년 된 너도밤나무림에서 조사한 바에 따르면 임목에 함유되어 있는 칼슘 양이 토양교환체에 들어 있는 칼슘 양보다 10배 정도 많아 광물 풍화에 의한 칼슘 공급이 임목의 수요를 충당하는 주요 공급원으로 나타났다(Uroz *et al.*, 2009).

1·4·9 미량원소

산림에서는 미량원소 결핍에 의한 영향이 드물게 나타나지만 산림생산력을 크게 떨어뜨리는 경우도 있다.

1 철

철(Fe)은 헴단백질(hemoprotein)이나 철-황단백질(Fe-S protein)과 같이 단백질과 결합해 산화환원반응에 관여한다. 헴단백질은 질소고정작용에 필요한 레그헤모글로빈(leghemoglobin), 광합성 및 호흡 작용의 산화환원반응에 작용하는 전자전달 단백질인 사이토크롬(cytochrome), 과산화효소(peroxidase) 등의 구성 성분이다.

엽록소의 생합성 과정에 철이 직접 관여하기 때문에 철의 결핍증상은 마그네슘의 결핍증상과 유사하다. 하지만 철의 결핍은 주로 어린 잎에서 나타나는 반면에 마그네슘 결핍은 오래된 잎에서 주로 나타나는 차이가 있다. 철의 결핍현상은 석회질(알칼리성) 토양에서 흔히 발생한다. 산성 토양이나 습지 토양에서 자라는 작물의 경우 낮은 pH에서 철분의 용해성이 증가하기 때문에 독성이 나타날 수 있지만 산림 식생에서의 철분에 의한 독성 피해는 아직 보고된 바 없다(Binkley & Fisher, 2020).

2 망가니즈

망가니즈(Mn)는 주로 Mn^{2+} 형태로 흡수되며, 다른 2가 양이온과 경쟁적 관계에 있기 때문에 흡수율이 낮다. 망가니즈는 광합성의 광반응에서 물을 분해하는 망가니즈단백질의 성분이고, 광합성과 질소동화 작용에서 유해 활성산소를 제거하는 과산화물제거효소(superoxide dismutase)의 구성 성분이며, 엽록체의 RNA 중합효소를 포함한 여러 효소의 촉매제 역할을 한다.

농작물에서 망가니즈가 결핍되면 조직이 왜소화하거나 세포벽이 두꺼워지고 표피조직이 오그라드는 현상이 나타나며, 마그네슘과 달리 어린 잎에서 먼저 발생한다. 토양 pH가 높거나 유기물이 많은 경우에 망가니즈 결핍이 나타나기 쉽지만 산림 수종의 망가니즈 결핍 또는 독성 피해는 아직까지 보고된 바 없다(Binkley & Fisher, 2020).

3 구리

구리(Cu)는 광합성과 탄수화물 및 단백질 대사의 산화환원반응에 관여하는 효소의 구성 성분이며, 특히 세포 내 전자전달계의 마지막 단계에서 구리 효소가 산소에 전자를 전달한다. 대부분 엽록체에 함유되어 있으며 그중 절반 정도는 구리단백질인 플라토시아닌(plastocyanin)을 구성하고 있다. 토양용액에는 주로 Cu^{2+}로 존재하며, 유기물에 결합되기 쉽고 이동성이 낮으며, pH가 높아지면 용해성이 감소한다.

구리의 결핍증상으로 농작물의 경우 잎의 백화현상과 뒤틀림, 생장점의 고사가 나타난다. 소나무류에서는 어린 가지와 잎에서 뒤틀림현상이 나타나기도 하였다(Binkley & Fisher, 2020).

4 아연

아연(Zn)은 RNA 중합효소 및 탄산탈수효소와 같은 여러 효소의 구조적 안정화에 필요한 원소이기 때문에 단백질 합성과 효소 활성에 관여한다. 주로 Zn^{2+}의 형태로 식물에 흡수된다. 인을 시용해 인산 흡수가 많을 경우 아연 흡수가 저해되고, 구리와 경쟁 관계에 있다고 알려져 있다. 아연은 체내 이동이 어려워 뿌리에 많이 축적된다.

아연이 결핍되면 옥신(IAA)의 합성이 저해되므로 결핍증상으로 절간 생장의 둔화가 나타난다. 잎이 작아지고 오래된 잎에서 황화현상이 발생하기도 하며, 이는 RNA의 합성이 저해되어 엽록체가 정상적으로 발달하지 못하기 때문이다(Binkley & Fisher, 2020).

5 몰리브데넘

몰리브데넘(Mo)은 질산환원효소와 질소고정식물의 질소분해효소에 필수적인 구성 성분이기 때문에 식물의 질소 대사에 절대적인 영향을 끼친다. 주로 산화한 형태인 MoO_4^{2-}로 존재하고, 여러 가지 효소의 보조인자로 산화환원반응에 관여한다. 철과 알루미늄에 흡착하는 성질에 있어 인산염과 유사한 화학적 성질을 나타낸다.

몰리브데넘이 결핍되면 오래된 잎이 먼저 황화하고 가장자리가 반곡하기도 한다. 심한 경우에는 질소 결핍과 유사한 증상이 나타나며, 이는 몰리브데넘이 질소 대사에 관여하기 때문이다(Binkley & Fisher, 2020).

6 붕소

붕소(B)는 필수 미량원소 중 기능이 가장 알려지지 않은 원소로, 흡수되면 주로 잎의 테두리에 축적된다. 식물 효소의 보조인자로서의 역할은 거의 알려져 있지 않지만 새로운 세포의 형성과 발달에 필수적인 원소이어서 결핍되면 주로 세포벽 두께, 목질화, 막 보전, 탄수화물 대사에 영향을 끼친다.

임목에 붕소가 결핍되면 생장점과 뿌리 끝의 세포벽 형성이 저해되고, 광합성의 저해뿐만 아니라 목질부의 페놀과 리그닌 함량에도 영향을 끼친다(Lehto *et al.*, 2010; Wang *et al.*, 2015). 결핍증상으로 먼저 생장점과 어린 잎의 생장이 저해되고, 절간 생장이 줄어 마디가 짧아진다. 엽병이 비대해지기도 하며 꽃과 과실이 쉽게 떨어진다. 심하면 고사하기도 한다.

7 기타

니켈(Ni)은 Ni^{2+} 형태로 식물에 흡수된다. 요소를 암모니아로 전환하는 반응에 관여하는 유레이스(urease)의 구성 원소이기 때문에 질소 대사에 필수원소로 알려져 있다. 염소(Cl)는 망가니즈와 함께 광반응에서 일어나는 물의 분해 과정에 관여하고, 칼륨과 함께 기공의 개폐에 관여한다. 규소(Si)는 잎의 피층세포에 축적되어 조직의 강도를 유지하는 기능을 하며, 규질화된 잎은 병원균의 침입뿐만 아니라 침입 병원균의 조직 내 증식을 억제한다. 코발트(Co)

는 콩과식물의 질소고정과정에서 레그헤모글로빈의 합성에 관여한다.

그 밖에 나트륨(Na), 셀레늄(Se), 알루미늄(Al) 등이 몇몇 식물에 유용한 미량원소로 알려져 있지만 절대적인 중요성은 아직 밝혀지지 않았다(Binkley & Fisher, 2020).

1·5 양분 순환 연구의 원칙

양분 수지를 구축하기 위해서는 측정 방법의 선택, 실험설계, 측정의 정확성 등 여러 요소를 고려해야 한다. 다음과 같은 세 가지 생물지구화학적 원칙을 적용한다면 측정치에 대한 이해를 높이고 해석상의 오류를 피할 수 있다(Binkley & Fisher, 2020).

1) 양분 저장량이 양분의 동태나 공급량을 의미하지 않는다.
2) 양분 수지는 평형이 전제되어야 한다.
3) 시공간적 규모와 관련한 문제에 주의를 기울여야 한다.

산림의 양분 순환 연구에서 양분 저장량을 측정하는 일은 양분의 유출입량과 경로, 즉 양분의 동태를 파악하는 일보다 훨씬 용이하다. 예를 들어 양이온교환용량의 측정은 유기물의 분해 과정과 광물 풍화에 의한 양이온의 동태를 파악하기보다 훨씬 쉽다. 인의 경우 유기인과 무기인의 총량은 베이킹소다를 이용하면 쉽게 측정할 수 있지만 그 측정값이 인의 유출입량을 의미하지는 않는다. 즉 양분 저장량은 유효도를 의미하지 않기 때문에 임분 발달에 직접적인 영향을 끼치는 양분의 동태를 파악하는 일이 보다 더 중요하다.

양분 수지를 구축하려면 이온의 평형 또한 필수적으로 고려해야 한다. 또한 한 종류의 양분 순환을 평가하더라도 조사하지 않은 다른 양분의 순환도 고려해야 한다. 만약 산림 벌채 후 토양에서 과다한 질소 유실이 측정되었다면 그와 아울러 탈질작용에 의한 질소의 유실, 질산화와 질산태질소의 용탈, 용해성 유기질소의 유출도 고려해야 한다. 또한 질산태질소의 용탈에 따른 토양산성화가 토양 내 등가의 양이온과 알루미늄의 유실에 의한 이온 평형의 결과라는 점도 고려해야 한다(그림 2-11 참조).

양분 순환 연구에서는 대상의 공간적 규모에 대한 깊은 고려가 필요하다. 뿌리털 표면의 양분 흡수부터 헥타르 단위의 양분 동태에 이르기까지 연구 대상에 따라 공간 규모의 편차가 크다는 점과 동일 지역의 토양에서도 변이가 크다는 점을 인식해야 한다.

산림의 지형적 요인에 따라 양분 유효도와 수종 분포가 달라진다는 사실은 잘 알려져 있다. 지형적 위치마다, 즉 산정부와 계곡부에서의 식생 분포와 양분 순환의 유형이 다를 수밖에 없다. 일반적으로 산정부 산림에서는 질소가 생장제한요인인 경우가 많은 반면에 계곡부 산림에서는 인이 생장제한요인인 경우가 많다. 이와 관련하여 스웨덴에서 수령 100년 이상의 구주소나무와 독일가문비나무 임분이 2%의 경사면에 수직으로 인접한 산림을 조사하였더니 산정부의 구주소나무림은 평균 수고가 17m로 낮은 생산력을 보인 반면에 계곡부의 독일

그림 2-11 산림의 양분 순환과 동태를 파악하기 위한 조사(A · B: 낙엽 · 낙지 유입량, C: 낙엽 분해율, D: 양분의 임목 축적; 국립산림과학원 월아시험림)

가문비나무림은 평균 수고 28m로 높은 생산력을 보였다(표 2-5 참조).

두 임분 간 토양의 화학적 변화와 비옥도의 차이는 토양수와 토양수에 의한 생물지구화학

표 2-5 인접한 구주소나무림과 독일가문비나무림의 경사면(경사도 2%) 위치에 따른 토양의 차이

구 분	산정부	계곡부
식생 유형		
상층목	구주소나무	독일가문비나무
하층목	작은 관목류	키가 큰 초본류
지위지수(100년생 수고; m)	17	28
흉고단면적($m^2 \cdot ha^{-1}$)	22	32
O층		
유기물 유형	주로 F층이 발달	두꺼운 H층이 주류
pH	3.8	6.4
NO_3($\mu mol \cdot L^{-1}$)	10	160
PO_4($\mu mol \cdot L^{-1}$)	300	8
교환성 Fe+Al($mg \cdot g^{-1}$)	2	35

[Giesler *et al.*, 1998]

적 순환의 변화에 의해 나타난다(Giesler *et al.*, 1998; Högberg *et al.*, 2017). 산정부에 위치한 구주소나무림은 배수가 잘되는 탓에 토양으로부터 많은 양의 물과 용질이 계곡부의 독일가문비나무림으로 이동하는 현상이 장기간 지속되었다(그림 2-12 참조). 결국 산정부 구주소나무림은 토양산성화와 질소 결핍이라는 생물지구화학적 변화를 겪은 반면에 계곡부 독일가문비나무림에는 물과 염기가 풍부하게 공급되면서 토양 pH와 질소 가용도가 상승하였다. 그러나 독일가문비나무림의 인 농도는 상대적으로 낮았다. 이는 유기물과 무기토양이 섞이는 과정에서 인과 철 또는 알루미늄의 접촉이 증가함에 따라 토양용액으로 인이 흡수되거나 또는 제거되었기 때문이다.

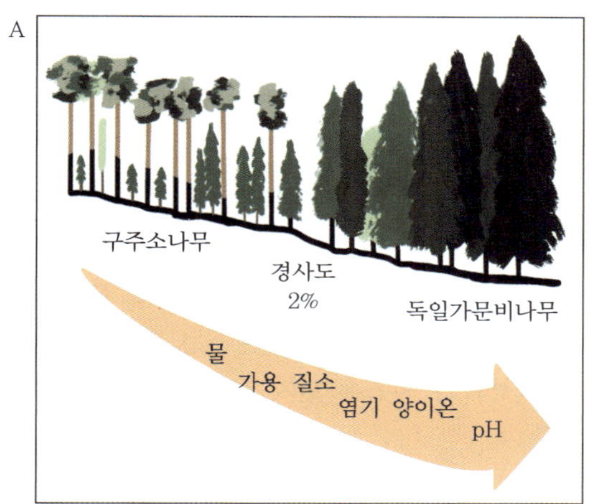

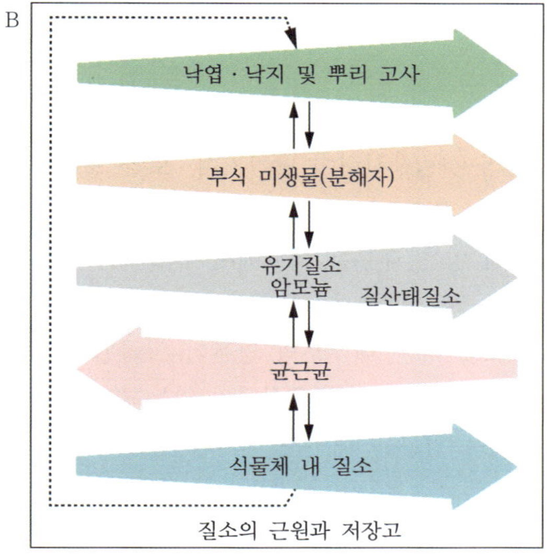

그림 2-12 경사면에 위치한 구주소나무림(산정부)과 독일가문비나무림(계곡부)의 양분 순환 변화(A: 경사면을 따라 물과 용질이 아래쪽 계곡부로 흘러 계곡부 산림토양의 가용 질소와 양이온이 증가하고 pH가 상승하였다. B: 토양 pH와 질소 가용도의 상승은 생산력으로 이어져 식물체 내 질소 저장량도 많아졌다.)[Högberg *et al.*, 2017]

양분 수지를 평가할 때 시간적 · 공간적 규모를 넘나드는 확대 적용과 일반화 과정에는 특별한 주의가 필요하다. 예를 들어 어떤 소나무림에서 연간 질소 용탈량이 0.5kg·ha^{-1} 수준이라면 100년 동안 약 50kg·ha^{-1}의 질소가 유실된다고 계산할 수 있지만 몇 시간 동안의 산불만으로 100kg·ha^{-1} 이상의 질소가 유실될 수도 있다. 아울러 짧은 시간의 유기물 분해 실험에서 10℃의 온도 상승에 따른 두 배 이상의 탄소 배출이 나타난 결과를 장기간의 토양 탄소 배출량을 산정하는 데 이용하는 일도 삼가야 한다. 실험실 배양 조건에서의 온도 변화에 따른 탄소 배출과 실제 토양에서의 탄소 배출에는 큰 차이가 있기 때문이다. 이러한 사례는 양분 순환의 수지와 동태를 연구할 때 시간적 규모에 대한 세심한 고려가 필요하다는 점을 시사한다(Binkley & Fisher, 2020).

시간과 공간 규모의 중요성을 H^+의 동태에서 살펴보자. 산림 식생이 양분으로 양이온을 흡수하면 H^+이 토양에 축적되어 토양산성화의 원인이 된다. 일반적으로 약 0.5$kmol_c$·ha^{-1}·yr^{-1}, 즉 100년 동안에 50$kmol_c$·ha^{-1} 정도의 H^+이 토양에 축적된다. 같은 기간에 탄산(토양 용액에 용해된 이산화탄소로부터 형성됨)에서 분리된 H^+의 양은 25$kmol_c$·ha^{-1} 정도이다. 따라서 양분 양이온의 식생 흡수 및 축적에 의한 토양산성화가 탄산염의 생성과 용탈에 의한 산성화보다 두 배 높음을 알 수 있다. 하지만 산불과 같은 교란에 의해 산림이 소실되면 양이온의 토양 환원과 함께 이산화탄소와 물이 발생하면서 H^+을 소비한다. 한 세기 이상의 긴 바이오매스 축적 과정을 통해 형성된 오랜 유산인 산(acid)이 짧은 시간에 사라질 수 있다. 반면에 중탄산염과 용탈은 산불에 의해 제거되지 않는다. 따라서 연 단위에서는 임목 생장에 따른 H^+의 수지와 토양산성화가 중요하지만, 세기 단위의 시간 규모에서는 영향이 크지 않은 순환 과정이 된다. 결국 장기간에 걸친 토양산성화의 원인은 단지 중탄산염의 생성이라고 할 수 있다(Binkley & fisher, 2020).

1·6 맺음말

임목 생장에 필요한 토양 양분의 가용성에 따라 산림생산력이 달라지며, 토양 양분의 공급이 많은 산림일수록 생장이 빠르다. 산림의 양분 순환은 다양한 양분 저장고 간의 흐름을 뜻하며, 연간 임목이 토양으로부터 흡수하는 양분의 양은 대부분 외부에서 유입되는 양보다 훨씬 많다. 그러나 이 양 또한 토양 내 총저장량의 극히 일부분에 불과하다.

낙엽과 죽은 뿌리가 분해됨으로써 임목이 필요로 하는 대부분의 양분이 공급된다. 하지만 임상에 축적된 양분의 양은 산불이나 다른 교란에 의해 갑자기 유실되지 않는 한 증가하거나 평형상태를 유지하기 때문에 임분 생장에 소비되는 양분은 대부분 대기와 광물 풍화에 의해 유입된 양분이다.

양분의 이용 및 공급과 관련한 고전적 연구에서, 테다소나무림의 생산력이 발달 과정의 초기에 정점에 도달하였고 이후에는 임분이 활력을 보임에도 불구하고 점차적으로 감소하였다. 양분 축적의 경향도 유사한 양상을 보였다. 노령 임분에서 양분 이용이 감소한 현상은 느리게 자라는 임목의 낮은 양분 요구도가 원인일 수도 있고 양분 공급의 감소 때문일 수도 있다. 원인은 여럿이지만 결과는 모두 산림생산력의 둔화로 나타날 수 있다. 그러므로 연구 결과를 모든 산림의 일반적인 경향으로 해석하기에는 아직 증거가 불충분하다(Binkley & Fisher, 2020).

연습문제

1. 산림생태계의 전반적인 양분 순환을 모식도로 설명하시오.
2. 질소 순환의 과정인 무기화, 질산화, 생물적 질소고정, 부동화, 탈질작용에 대해 설명하시오.
3. 질소의 흡수 형태 및 체내 이동성을 설명하시오.
4. 탄소와 질소 순환의 연관성을 설명하시오.
5. 산림토양의 통기성과 관련이 있는 질소와 황의 산화환원반응을 설명하시오.
6. 양분 순환 과정 중 산화환원반응이 없는 양분의 순환을 설명하시오.
7. 산림토양 내 수소의 이동 과정과 토양산성화의 원인을 설명하시오.
8. 분해 기질의 탄질비가 질소의 무기화와 부동화에 어떤 영향을 끼치는지 설명하시오.
9. 주요 양분의 토양 내 이동성과 식물체 내 이동성을 설명하시오.
10. 산림토양 내 양분 수지에 대한 중요한 고려 사항을 설명하시오.

참고문헌

1. 손요환, 김동엽, 박인협, 이명종, 진현오. 2007. 한국 참나무림 물질 생산과 양분 순환: 신갈나무림과 굴참나무림의 연구 사례. 강원대학교.
2. 손요환, 김춘식, 박관수, 윤태경, 이계한. 2020. 산림토양학. 향문사.
3. Aciego SM, Riebe CS, Hart SC *et al*. 2017. Dust outpaces bedrock in nutrient supply to montane forest ecosystems. Nature Communication 8: 14800.
4. Barnes R. 1980. An allocation and optimization approch to tree growth modelling: concepts and application to nitrogen economy. Unpublished manuscript.
5. Binkley D, Fisher RF. 2020. Ecology and Management of Forest Soils. 5th edition. Wiley-Blackwell.
6. Binkley D, Sollins P, McGill WG. 1985. Natural abundance of nitrogen-15 as a tool for tracing alder-fixed nitrogen. Soil Science Society of America Journal 49: 444-447.
7. Binkley D, Stape JL, Ryan M. 2004. Thinking about resources use efficiency in forests. Forest Ecology and Management 193: 5-16.
8. Birk E, Vitousek P. 1984. Patterns of N retranslocation in loblolly pine stands: response to N availability. Bulletin of the Ecological Society of America 65: 100.
9. Cole DW, Rapp M. 1981. Elemental cycling in forest ecosystems. In: Reichle DE (ed). Dynamic Properties of Forest Ecosystems. International Biological Programme

23. Cambridge University Press, Cambridge.

10. Eriksson HM. 1996. Effects of tree species and nutrient application on distribution and budgets of base cations in Swedish forest ecosystems. PhD Thesis, Swedish University of Agricultural Science, Uppsala.
11. Fenn KM, Malhi Y, Morecroft MD. 2010. Soil CO_2 efflux in a temperate deciduous forest: Environmental drivers and component contributions. Soil Biology and Biochemistry 42: 1685–1693.
12. Firestone MK, Davidson EA. 1989. Microbial basis of NO and N_2O production and consumption in soil. In: Andreae MO, Schimel DS (ed). Exchange of Trace Gases between Terrestrial Ecosystems and the Atmosphere. John Wiley, New York.
13. Franklin O, Cambui CA, Gruffman L *et al.* 2017. The carbon bonus of organic nitrogen enhances nitrogen use efficiency of plants. Plant, Cell and Environment 40: 25–35.
14. Gholz HL, Fisher RF, Fritchett WL. 1985. Nutrient dynamics in slash pine plantation ecosystems. Ecology 63: 1827–1839.
15. Giesler R, Högberg M, Högberg P. 1998. Soil chemistry and plants in fennoscandian boreal forest as exemplified by a local gradient. Ecology 79: 119–137.
16. Groffman PM, Tiedje JM. 1989. Denitrification in north temperate dorests soils: spatial and temporal patterns at the landscape and seasonal scales. Soil Biology and Biochemistry 21: 613–620.
17. Hart SC. 1999. Nitrogen transformations in fallen tree boles and mineral soil of an old-growth forest. Ecology 80: 1385–1394.
18. Högberg P, Nasholm T, Franklin O, Högberg MN. 2017. Tamm review: on the nature of the nitrogen limitation to plant growth in Fennoscandian boreal forests. Forest Ecology and Management 403: 161–185.
19. Inselsbacher E, Näsholm T. 2012. The belowground perspective of forest plants: soil provides mainly organic nitrogen for plants and mycorrhizal fungi. New Phytologist 195: 329–334.
20. Johnson DW, Lindberg SE. 1992. Atmospheric Deposition and Forest Nutrient Cycling. Springer-Verlag, New York.
21. Johnson J, Pannatier EG, Carnicelli S *et al.* 2018. The response of soil solution chemistry in European forests to decreasing acid deposition. Global Change Biology 24: 3603–3619.
22. Kiese R, Hewett B, Graham A, Butterbach-Bahl K. 2003. Seasonal variability of N_2O-emissions and CH_4-uptake from/by a tropical rainforest soil of Queensland, Australia. Global Biogeochemical Cycles 17: 1043–1057.
23. Knight PJ, Nicholas ID. 1996. Eucalypt nutrition: New Zealand experience. In: Attiwill PM, Adams MA (ed). Nutrition of Eucalypts. Collingwood, Australia: CSIRO.

24. Lawrence GB, Hazlett PW, Fernandez IJ *et al*. 2015. Declining Acidic Deposition Begins Reversal of Forest-Soil Acidification in the Northeastern U.S. and Eastern Canada. Environmental Science and Technology 49: 13103-13111.
25. Lehto T, Ruuhola T, Dell B. 2010. Boron in forest trees and forest ecosystems. Forest Ecology and Management 260: 2053-2069.
26. MacFarland JW, Ruess RW, Kielland K *et al*. 2010. Cross-ecosystem comparisons of in situ plant uptake of amino acid-N and NH_4^+. Ecosystems 11: 177-193.
27. Minick KJ, Pandey CB, Fox TR, Subedi S. 2016. Dissimilatory nitrate reduction to ammonium and N_2O flux: effect of soil redox potential and N fertilization in loblolly pine forests. Biology and Fertility of Soils 52: 611-614.
28. Nadelhoffer KJ, Aber JD, Melillo JM. 1983. Leaf litter production and soil organic matter dynamics along a nitrogen availability gradient in southern Wisconsin (USA). Canadian Journal of Forest Research 13: 12-21.
29. Nambiar EKS, Fife DN. 1992. Effects of compaction and simulated root chennels in the subsoil on root development, water-uptake and growth of radiata pine. Tree Physiology 10: 297-306.
30. Näsholm T. 1994. Removal of nitrogen during needle senescence in Scots pine (*Pinus sylvestris* L.). Oecologia 99: 290-296.
31. Olsen JS. 1963. Energy storage and the balance of producers and decomposers in ecological systems. Ecology 44: 322-331.
32. Paul EA. 2015. Soil Microbiology, Ecology, and Biochemistry. Elsevier, Amsterdam.
33. Robertson GP, Groffman PM. 2015. Chapter 14 nitrogen transformations. In: Paul EA (ed). Soil Microbiology, Ecology, and Biochemistry. Elsevier, Amsterdam.
34. Rothe A, Huber C, Kreutzer K, Weis W. 2002. Deposition and soil leaching in stands of Norway spruce and European Beech: Results from the Hoglwald research in comparison with other European case studies. Plant and Soil 240: 33-45.
35. Sollins P, Grier CC, McCorison EM. 1980. The internal element cycles of an old-growth Douglas-fir ecosystem in western Oregon. Ecological Monographs 50: 261-285.
36. Uroz S, Calvaruso C, Turpault MP, Frey-Klett P. 2009. Mineral weathering by bacteria: ecology, actors and mechanisms. Trends in Microbiology 17: 378-387.
37. Wang N, Yang C, Pan Z *et al*. 2015. Boron deficiency in woody plants: various responses and tolerance mechanisms. Frontiers in Plant Science 6: 1-14.
38. Yanai RD. 1992. Phosphorus budget of a 70-year-old northern hardwood forest. Biogeochemistry 17: 1-22.

제2장

산림생산력과 양분 관리

2·1 산림생산력

산림경영의 최종 목표는 경제성과 관계가 있기 때문에 임분의 산림생산력(山林生産力, forest productivity)을 추정하는 일은 효과적인 산림관리 방법을 결정하는 데 도움을 준다. 산림생산력의 추정은 목재를 최대로 수확할 수 있는 수종 선정, 수확 시기, 산림투자, 산림의 공익적 기능 증진, 지속가능한 산림경영 측면에서 중요하게 다뤄지고 있다. 집약적인 산림경영에서 산림생산력은 고유의 토양 성질뿐만 아니라 묘목의 유전적 특성, 임분밀도(林分密度, stand density), 경쟁 식생 조절, 시비와 같은 요인의 영향을 받는다(그림 2-13 참조).

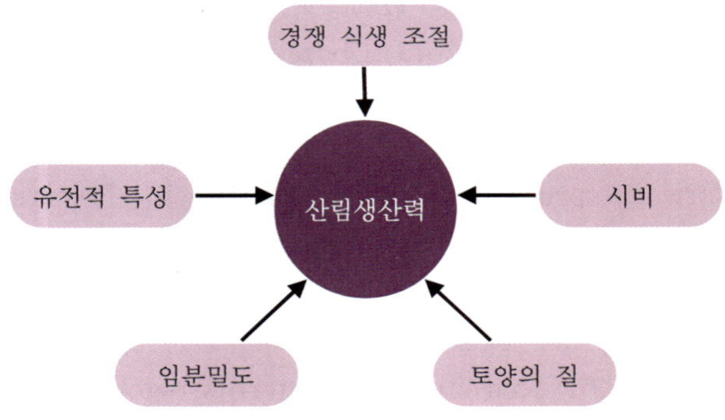

그림 2-13 산림생산력에 영향을 끼치는 요인

2·1·1 산림생산력 평가

산림생산력은 지구 중심적 방법 또는 식물 중심적 방법으로 평가할 수 있다(표 2-6 참조). 지구 중심적 방법의 생산력 지표는 기후, 지형, 토양 등의 입지 특성이며, 식물 중심적 방법은 식생 특성에 기반을 둔다. 산림에서 식물 중심적 지표는 임분과 임분을 구성하는 임목, 수간·가지와 같은 개개 임목의 구성 요소와 관계가 있으며, 수목 중심적 방법을 일반적으로 사용한다. 수목 중심적 방법은 각 지표가 임목 축적과 어느 정도 밀접한 관계가 있는지에 따라 직접적 또는 간접적 관점으로 구분한다.

표 2-6 산림생산력 평가 방법

구 분	지구 중심적 방법	중도적 방법	식물 중심적 방법	
			식생 중심적 방법	수목 중심적 방법
직접적	토성, 토양 수분과 양분 분석, 광합성 유효 광	–	–	축적 측정
중도적	토양 모재	뿌리 생육 깊이, 부식 형태	지피 식생	–
간접적	기후, 지형, 지리 좌표	–	식물 군집 특성	임분 수고 측정에 의한 지위 판정

[Skovsgaard & Vanclay, 2008]

1 지위지수

산림생산력 추정에 사용할 수 있는 변수로는 임목 수고, 임령, 하층 식생과 같은 임분 인자와, 기후 요인, 지형, 토양 성질과 같은 입지 인자가 있다. 산림생산력 추정에 있어서 임목 축적이나 바이오매스는 임분밀도의 영향을 받지만 수고 생장은 임분밀도와 독립적이기 때문에 수고와 임령을 이용한 지위 판정 방법을 일반적으로 사용한다. 산림생산력의 지표로 수고를 이용하는 방법은, 임분의 재적 생장이 수고 생장과 양의 상관관계가 있다는 아이히혼의 법칙(Eichhorn's rule)에 기초를 두고 있다(Skovsgaard & Vanclay, 2008). 산림에서 쉽게 측정할 수 있는 지위지수는 하나의 지역 단위에서 입지나 토양의 특성에 따라 임목의 수고가 다르게 관찰되는 점에 기반한다(그림 2-14 참조).

지위지수(地位指數, site index)는 특정 수종의 실제적 · 잠재적 산림생산력의 측정치로 정의하며, 임목 생장이나 수확 모형의 중요한 매개변수이기 때문에 산림생산력 판정의 대용(代

그림 2-14 소규모 지형에서 나타난 수고 생장의 차이
(강원도 소나무 임분)

用)으로 널리 이용된다. 산림 내 지위지수는 여러 가지 방법으로 측정할 수 있지만 관심 있는 수종 가운데 우세목 및 준우세목의 수고를 측정한 후 기존에 작성된 지위지수곡선을 이용하는 방법이 가장 일반적이다(그림 2-15 참조).

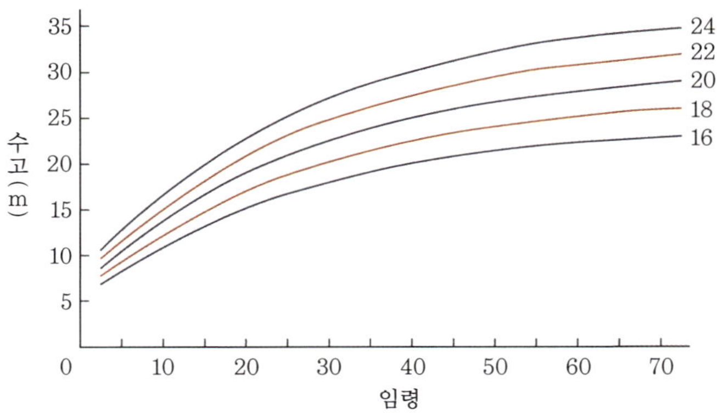

그림 2-15 일본잎갈나무의 지위지수곡선(기준 수령 30년)

그러나 유령림이나 수종 갱신 대상지는 적합한 임분 변수의 선택이 어려울 수 있으며, 이 때에는 입지 요인을 기반으로 한 지위 추정 모형을 가장 많이 이용한다(표 2-7 참조). 우리나라에서 개발한, 입지 및 토양 성질을 이용한 수종별 지위 추정 모형은 제Ⅱ편 제3장 3·1·3에 제시되어 있다.

표 2-7 입지 요인에 기반한 지위지수 추정 모형

국가(지역)	수 종	조사구수	결정계수 (R^2)	입지 요인
캐나다(아한대림)	글라우카가문비나무	102	0.83	지형, 하층 식생, 토양 물리·화학적 성질, 잎 양분
벨기에	구주물푸레나무	85	0.56	지질, 지형 분류, 하층 식생, 토양 물리적 성질
스페인	라디에타소나무	47	0.82	토양 물리·화학적 성질, 잎 양분
캐나다(앨버타)	콘토르타소나무	42	0.67	하층 식생, 토양 물리·화학적 성질
폴란드	독일가문비나무	347	0.79	하층 식생, 토양 물리·화학적 성질
캐나다(퀘벡)	북아메리카사시나무	50	0.62	지질, 지형 분류
한국(양평)	잣나무	1,245	0.31	평균 기후 요인, 지형, 토양단면의 특성

[신만용 등, 2006; Bontemps & Bouriaud, 2014]

한편 토양의 성질 사이에 존재하는 다중공선성(多重共線性, multicollinearity)은 지위추정식의 회귀계수가 해당 변수의 종속변수에 미치는 영향력을 올바르게 설명하지 못하는 문제가 발생할 수 있다. 이러한 경우 독립변수 간의 분산팽창인자(variance inflation factor) 값으로부터 다중공선성이 있는 독립변수를 제거하고 회귀 모형을 개발하기도 한다(Subedi & Fox, 2016).

2 산림생산력과 토양 인자

토양의 성질은 산림생산력을 결정하는 주요한 요인으로 여러 내적 · 외적 환경 인자의 상호작용으로부터 영향을 받는다. 외적 인자에는 산림생태계나 산림관리 방법의 영향을 받는 토양의 물리 · 화학 · 생물적 성질, 입지 요인, 생태계의 발달 단계, 종 구성, 산림 교란 등이 포함된다. 내적 인자로는 임목 생장과 밀접한 관계가 있는 토양 수분 함량, 양분 유효도, 통기성 등이 있다. 산림작업에 의한 물리적 교란으로 답압이 발생하면(그림 2-16 참조) 내적 · 외적 환경 인자 중 공극의 크기 및 분포, 토양의 용적밀도, 총공극량, 유기물 함량 등이 변화하여 산림생산력이 감소할 수 있다.

그림 2-16 산림작업에 의한 물리적 교란(산림작업 장비를 동절기에 사용하면 토양 답압을 줄일 수 있다.)

표토층은 유기물, 양분 함량, 배수, 통기성 등과 밀접한 관련이 있으며 이들 성질은 임목의 생육과 발달에 영향을 끼친다. 예를 들면 모래 함량이 높은 토성의 경우 용탈로 인해 유기물 손실이나 양분 결핍이 쉽게 발생하지만 답압에 따른 산림생산력 감소에는 저항성이 높다. 반면에 세립질 토성은 답압이 쉽게 발생하므로 산림생산력이 감소할 수 있다. 임목에 유효한 양분은 유기물층이나 표토층에 대부분 존재하며 토양 비옥도에 영향을 끼친다. 그러나 침식, 산불이 발생하거나 산림 장비를 빈번하게 사용할 경우 토양층위의 변화와 함께 양분 총량의 감소 및 산림생산력의 손실이 발생할 수 있다.

2·1·2 산림생산력과 토양의 질

산림토양에서 토양의 질(soil quality)은 협의적으로 임목 생장을 지원하는 토양의 능력을 말하며, 광의적으로는 수자원 보유, 탄소 흡수, 식물 생산력, 자원 재순환과 같은 여러 가지 기능을 포함해 정의하기도 한다(Fox, 2000). 토양의 질은 유기물 함량, 토성, 광물적 조성과 같은 토양의 본질적 요인과 기후, 지형 등의 외적 요인의 영향을 받는다.

1 물리적 지표

토양의 물리적 성질은 시간적 척도에 따라 정적이거나 동적인 요인이 존재하며, 어떤 요인은 산림관리 방법에 따라 긍정적 또는 부정적으로 변화한다. 이렇게 변화한 특성이나 과정이 부분적으로 또는 완전히 회복되는 경우도 있지만 어떤 특성은 비가역적이다.

토양의 질 지표 중 토성은 물, 양분, 산소 교환 및 보유를 조절하는 가장 기본적인 토양 특성으로 다수의 토양 성질에 영향을 끼친다. 토심은 단위면적당 식물이 이용 가능한 자원의 양을 평가할 수 있는 정량적인 성질이다.

토양의 용적밀도는 토성, 토양 구조, 유기물 함량 등에 따라 변하며, 답압 정도나 수분 및 산소 공급에 영향을 주는 토양의 성질과 밀접한 관계가 있다. 토양 강도는 뿌리의 확산 및 생장에 대한 토양 밀도의 영향을 지수화할 수 있는 가장 좋은 방법이다(Schoenholtz *et al.*, 2000). 토양 구조는 다수의 물리 · 화학 · 생물적 성질에 영향을 끼치고, 토양 입단의 안정성은 여러 가지 스트레스에 노출되었을 때 고상과 공극의 배열이 유지될 수 있는 토양의 능력과 관계가 있다.

가용수분보유능은 물을 공급할 수 있는 토양의 상대적인 능력을 나타내는 측정치이고, 포화 수리전도도는 토양 배수율의 지표이다. 토양 공극 중 비모세관공극과 모세관공극의 비를 분리한 측정값은 산림작업의 결과로 인한 토양의 물리적 변화를 추정할 수 있는 지표이다.

2 화학적 지표

토양에서 일어나는 반응들은 동적이면서 상호작용도 하기 때문에 여러 물리 · 화학 · 생물적인 과정으로부터 토양의 특정 기능을 명확하게 분리하기는 어렵다. 이러한 상호 연결성의 화학 · 생물적 토양 지표로 질소 무기화를 들 수 있다.

토양의 화학적 성질은 질소나 탄소의 공급을 통해 미생물적인 여러 과정에 직접 영향을 끼치고, 물리 · 화학적 과정과 함께 양분을 보유, 공급, 순환할 수 있는 토양의 능력과 물의 이동 및 가용도를 결정한다. 토양의 화학적 성질 지표는 대부분 양분과 연관이 있으며, 따라서 양분공급지수로도 표현할 수 있다(Schoenholtz *et al.*, 2000).

토양 유기물(토양 유기탄소)은 토양의 질을 결정하는 중요한 화학적 매개변수 중 하나로 알려져 있다. 토양 유기물은 입단의 안정성을 통해 토양 공극, 가스교환, 물과의 관계에 영향을 끼치고, 탄소 순환 및 토양 양분의 중요한 저장고로서 생물 · 화학적 과정을 통한 양분의 방출이나 유효도에 중심 역할을 한다.

토양 pH는 양분 유효도에 영향을 끼치는 생물 · 화학적 반응에 관여하지만 pH 자체가 토양의 질이나 토양생산력에 대한 직접적인 정보를 제공하지는 않는다. 다만 식물 생장에 필수적인 양분의 유효도는 토양 pH의 변화와 밀접한 관련이 있어 임목 생육을 제한하는 잠재적 양분 판정에 pH를 이용할 수 있다.

토양의 질소 공급능력과 질소 유효도의 측정에는 단순한 추출부터 호기적 또는 혐기적 질소 무기화 측정까지 다양한 방법이 있으며, 때로는 실험실에서의 혐기적 배양에 의한 질소 무기화를 양분공급지수로 사용하기도 한다. 질소 무기화는 생물적인 토양 기능(미생물에 의한 토양 유기물 분해)과 관계가 있으며 토양 탄질비, 총유기탄소와 질소 · 인 무기화, 지위지수, 잎의 질소 함량과 강한 상관이 있다(Schoenholtz *et al.*, 2000).

토양의 질, 산림생산력과 관련한 여러 화학적 지표들은 뿌리의 생장과 분포에 기반을 두고 있다. 뿌리가 생육할 수 있는 공간이 상당히 제한된 지역(토심이 얕거나 물리적인 저해 요인, 독성의 토양 조건 등)에서는 물이나 양분 흡수가 제한되어 식물의 생산력이 저하할 수 있다는 가정이 옳더라도 뿌리의 활성과 산림생산력 사이에 직접적인 양의 상관관계가 필수적으로 존재하지는 않는다(Schoenholtz *et al.*, 2000). 비옥도가 낮을 경우 뿌리의 활성이 촉진되는 현상은 상대적으로 토양 양분이 풍부한 지역으로의 양분 탐색에 대한 필요성이 반영된 결과이며, 이는 비옥한 입지에 비해 지하부 뿌리로의 탄소 할당이 증가하기 때문이다.

3 생물적 지표

생물적 지표로 가장 중요한 요인은 토양 유기물의 순환과 관계가 있다. 토양 유기물은 양분 유효도, 토양 구조, 공기와 수분 침투, 수분 보유, 침식, 오염물의 이동과 부동화에 큰 역할을 하기 때문에 토양 유기물의 축적과 무기화과정은 토양의 질에 대한 생물적 지표로서 중요하다(Knoepp *et al.*, 2000).

토양 유기물은 질소 무기화과정을 통해 무기태 질소로 방출되며, 질소 유효도는 토양 유기물의 질적 성질, 미생물 바이오매스의 활성 정도, 토양 온도나 토양 수분과 같은 토양의 성질에 의해 조절된다. 낙엽 분해의 경우 식생, 양분 유효도, 토양 미소 동물군과 미생물 군집 사이의 상호작용을 포함하는 유용한 생물적 지표이다. 낙엽 분해율의 상승은 양분 순환을 촉진하고 토양의 질을 향상한다(Knoepp *et al.*, 2000).

토양동물군은 토양의 생물적 과정이나 양분 순환 및 토양 구조의 발달에 영향을 끼친다. 특히 미소 절지동물군과 지렁이는 직접적으로 양분 순환에 기여하고, 간접적으로 토양층위의 재배열이나 혼합 과정을 통해 공극을 늘리거나 토양 구조를 바꿀 수 있다(Knoepp *et al.*, 2000). 토양호흡에 의해 지면에서 방출되는 이산화탄소는 뿌리와 미생물의 활력을 평가할 수 있는 중요한 생물적 지표이다(그림 2-17 참조).

그림 2-17 토양의 질에 대한 생물적 지표인 산불 발생지 토양의 이산화탄소 방출량 측정

2·1·3 양분 유효도 향상

산림토양의 양분 유효도 향상은 효율적인 산림관리와 산림생산력의 증진 관점에서 중요하며, 토양에 직접 시비하거나 솎아베기 등으로 임분밀도를 조절하여 양분 순환의 경로를 바꿈으로써 임분의 양분 환경을 개선할 수 있다. 시비는 임목 생장과 관련한 산림 입지환경의 개선보다는 임목 자체에 영향을 끼친다. 솎아베기로 임관이 소개되면 임지 내 토양 수분이나 토양 온도와 같은 미기후가 변화하여 양분의 무기화작용이 촉진되고 결과적으로 양분 유효도를 향상할 수 있다.

2·1·4 맺음말

토양은 탄소와 산소를 제외한, 식물 생장에 필수적인 양분을 대부분 공급하기 때문에 산림생산력에 직접 영향을 끼칠 뿐만 아니라 미래의 산림을 지탱해 주는 양분 저장고이기도 하다. 산림생산력과 관계가 있는 토양의 성질에는 유기물 함량, 양분 공급능력, 토양 pH, 용적밀도, 총공극, 가용수분보유능 등이 일반적으로 포함된다.

산림작업은 산림토양의 환경에 상당한 변화를 초래하며 토양의 물리·화학적 성질이 변화하면 식물 생장과 토양생물상에 영향을 끼칠 수 있다. 산림작업에서 발생하는 토양 교란 및 토양 성질의 변화를 보다 잘 이해하는 일이 지속가능한 산림생산력의 유지 및 증진을 위해 중요하다.

토양의 질은 임목 생장을 지원하는 토양 고유의 능력과 산림관리 방법에 따라 변하는 동적 요인에 의해 개선되기도 저하되기도 한다. 토양의 질을 유지하는 데 가장 중요한 요인이자 산림생산력에 영향을 끼치는 토양의 물리·화학·생물적 성질에 대한 경관 수준의 구체적인 지식이 특정 입지에 적합하도록 토양을 관리하는 차원에서 필요하다. 만일 토양의 기능을 산림생산력 증진에 둔다면 그 토양은 ①뿌리 생장을 방해하지 않아야 하고, ②임목에 최적으로 공급되도록 물과 공기를 수용, 보유, 조절하며, ③임목이 필요로 하는 수준으로 양분을 저장, 공급, 순환하고, ④임목과 공생 관계를 유지할 수 있는 생물적 활성을 증진해야 한다.

2·2 양분 관리

전 세계 많은 지역의 산림에서 질소나 인뿐만 아니라 여러 양분의 공급 부족으로 산림생산력이 제한되고 있다. 양분 결핍이 극심한 경우 잎의 가시적 증상, 임분의 잎 면적 감소, 잎의 매우 낮은 양분 농도 등으로 진단할 수 있다. 그러나 대부분의 산림에서는 토양 양분이 부족하여 생장이 제한되더라도 가시적 증상이 분명하지 않으므로 시비실험을 통한 확인이 필요하다.

시비에 대한 반응은 잎의 화학성이나 산림생산력 또는 토양 분석값과 밀접한 상관이 있다. 대부분 산림에서 시비를 하면 생장량이 증가하고 많은 경우 상당한 경제적 이익을 가져온다. 시비 후 수간 생장량이 늘어나는 이유는, 잎 면적 및 순1차생산량과 광합성 효율이 향상함으로써 수간으로의 탄수화물 할당량이 증가하기 때문이다.

질소비료는 천연가스를 에너지원으로 대기로부터 합성하지만 그 밖의 비료 종류는 채광을 통해 생산되고 사용하기 전에 종종 여러 단계로 정제되거나 가공된다. 산림에 시용(施用, trial)한 비료는 20~25% 정도가 임목에 흡수되고 나머지 대부분은 토양에 잔류한다(Binkley & Fisher, 2020). 집약적으로 관리하는 조림지에 무기질비료를 직접 시용하면 임목의 영양상태를 개선하고 수간 생장을 증대할 수 있다.

2·2·1 양분제한성

양분제한성의 핵심은 어떤 환경적 요인이 임목(임분) 생장의 어떤 측면을 제한하는가이다. 임목의 생장은 수관이 광합성을 위해 이용할 수 있는 광 조건, 임분 내 임목의 생장은 증산작용에 이용되는 물의 양에 의해 제한을 받는다.

양분제한성은 개개 임목이나 임분 단위, 혼효림의 수종마다도 서로 다르다. 만일 질소 공급량이 적은 지역에 어떤 수종의 단순림을 조성하였다면 질소를 시용하여 임분 수준의 생장 증가를 기대할 수 있다. 이러한 임분 생장의 증가가 일반적으로 우세목에게 긍정적인 결과를 가져오지만 피압목의 경우에는 고사율이 증가하기도 한다. 혼효림에서도 질소 공급이 증가하면 피해를 입는 수종이 있지만 어떤 수종에게는 도움이 될 수 있다(Binkley & Fisher, 2020).

양분이 극심하게 제한되면 외관상 잎 면적 축소나 황화현상과 같은 가시적 증상이 분명하게 나타난다(그림 2-18 참조). 몇몇 가시적 증상은 한 가지 특정한 양분의 제한성과 연관이 있을 수 있지만 대부분은 잎의 화학적 성질을 분석할 필요가 있다. 예를 들면 미송의 초두부가 비틀리거나 기형인 현상은 붕소 및 구리의 결핍과 관계가 있다(Binkley & Fisher, 2020).

그림 2-18 양분 결핍(미시비지)의 가시적 증상(산림바이오소재연구소 가좌산림과학연구시험림의 맹종죽 조림지)[Kim *et al.*, 2018]

잎의 가시적 양분 결핍증상은 침엽수와 활엽수, 성숙한 잎과 새롭게 신장하는 어린 잎 사이에 다르게 나타난다(표 2-8 · 2-9 참조). 양분 결핍에 대한 가시적 증상이 발현되었다면 생장은 극심하게 감소한다.

표 2-8 침엽수와 활엽수 잎의 양분 결핍증상

양 분	침엽수	활엽수
질소	황록색 잎, 잎 왜소화	황록색 잎, 잎 왜소화 및 잎 수 감소
인	잎 끝이 황갈색으로 변함	잎과 잎맥이 작아지고 잎이 담황색 또는 적자색
칼륨	잎 끝이 괴사한 담황색 잎과 담녹색 잎	잎 가장자리가 말라 죽고 황록색 잎맥
황	잎 괴사, 담녹색 잎, 잎 끝부분이 황색으로 변함	담녹색에서 담황색으로 변함
칼슘	잎 끝의 황화현상 또는 잎 중간에 황색 띠 형성	잎이 작아지고 잎 수가 적어지며 잎맥이 뚜렷해지고 녹황색 잎, 잎 가장자리 중간에 붉은 갈색 점
마그네슘	잎 끝이 괴사하거나 갈색으로 변함, 잎 중간에 황색 띠	담녹색 잎맥, 잎맥 주위가 담황색
철	연한 초록색 잎, 생장 저하	담녹색의 잎맥이 뚜렷하고 완전한 백색 또는 황색 잎
망가니즈	괴사 시 갈색, 잎의 끝부분이 황색	녹황색 잎
아연	괴사 시 황색, 잎의 끝부분이 암갈색	뚜렷한 특징이 없음
붕소	잎 가장자리가 연한 갈색, 생장 위축	잎 수 감소, 잎 변형

[Wenger, 1984]

표 2-9 유칼립투스 성숙 잎과 어린 잎의 양분 결핍증상

구 분	양 분	증 상
성숙 잎	질소	잎의 색은 균일한 황색에서 담녹색, 소형 적색 반점이 2차적으로 발달할 수 있음
	인	잎의 색은 균일, 붉은 병반, 자색 또는 붉은색 잎
	마그네슘	잎의 색에 무늬, 잎맥에 황화현상
	칼륨	잎의 색에 무늬, 잎 가장자리가 마르거나 잎맥 괴사
어린 잎	붕소	줄기 정단부가 마름, 절간 생장 확대, 잎의 주맥에 코르크 형성, 정단부 황화현상, 잎 가장자리가 기형
	구리	줄기 정단부가 마름, 절간 생장 확대, 잎 가장자리가 불규칙하거나 파상형, 잎맥에 황화현상
	칼슘	줄기 정단부가 마름, 절간 생장 정상, 손상된 잎 가장자리와 뒤틀린 잎
	황	담녹색 잎에서 황색 잎으로 바뀜
	철	초록색 잎맥과 황색 잎
	망가니즈	잎 가장자리 황화현상 및 반문, 잎에 작은 괴사 반점
	아연	잎의 왜소화와 총생

[Binkley & Fisher, 2020]

1 양분 농도

양분의 결핍 정도는 잎의 양분 농도(nutrient concentration)를 측정해 식별할 수 있다. 양분 결핍의 기준인 임계농도는, 야외 시비지와 미시비지에서 조사한 임목의 생장 반응 및 잎의 양분 농도를 비교한 결과로부터 결정되었다(표 2-10 참조).

표 2-10 잎 양분의 임계농도(단위: $mg \cdot g^{-1}$)

수 종	질소	인	칼륨	칼슘	마그네슘	출 처
테다소나무	11~12	1.0				Binkley & Fisher, 2020
구주소나무	12~14	1.4~1.8	3.5~4.5		0.8	
미송	10~14	0.8~1.2	3.5~6.0	1.5~2.0	0.6~0.9	
미국솔송나무	10~12	1.1~1.5	4.0~4.5	0.6~0.8	0.6~0.8	
폰데로사소나무	10~12	0.8~1.0	4.0~5.0			
글라우카가문비나무	10~13	1.0~1.4	2.5~3.0	1.0~1.5	0.5~0.8	
미국삼나무	11~13	1.0~1.3	3.5~4.0	1.0~2.0	0.5~0.9	
독일가문비나무	12~15	1.2~1.5	3.5~5.0	0.4~0.6	0.4~0.6	
유칼립투스	12.5	1.0	3.6	5.6	3.5	
라디에타소나무	12~15	1.2~1.4	3.0~3.5	1.0	0.6~0.8	
상수리나무	15.0	0.8	10.2	7.7	1.9	Kim *et al.*, 2013
편백	8.0~10.0	0.6~0.8	4.0~5.0	8.0	1.6~1.8	Jeong *et al.*, 2017
밤나무	19.8	1.2	5.0	3.3	2.2	김춘식 등, 2012

침엽수의 잎은 질소가 임계농도인 10~12mg·g^{-1} 이하일 경우 결핍이 나타날 수 있으며, 인의 임계농도는 질소의 약 10%이다. 잎의 양분 농도는 잎의 나이, 발달 단계, 수관 내 위치, 임목의 나이, 임목의 경쟁 상태, 강수량의 연간 변이 등에 따라 달라질 수 있다. 예를 들면 임목 생장기간 동안 인 농도의 감소는 인의 이동이나 탄수화물 함량 증가에 따른 희석효과(dilution effect)로부터도 발생할 수 있다(Binkley & Fisher, 2020). 이러한 영향은 잎의 무게 변화를 평가함으로써 제거할 수 있으며 잎, 잎속[엽속(葉束), fascicle] 또는 100개의 잎당 양분 함량을 표현하여 이들 요인의 영향을 간접적으로 포함하기도 한다(그림 2-19 참조).

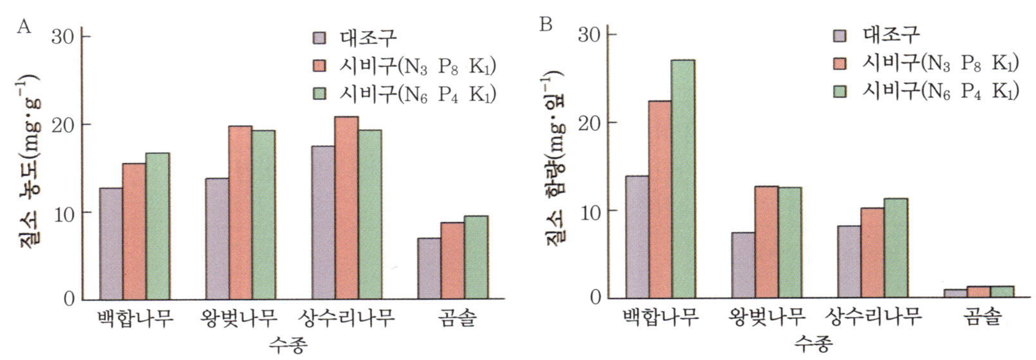

그림 2-19 시비에 따른 수종별 잎의 질소 농도(A)와 잎당 질소 함량(B)의 변화 [Kim *et al*., 2015]

양분 함량은 잎의 단위면적당으로도 표현할 수 있으며, 이러한 접근법은 잎 무게(밀도) 변화의 영향을 제거함으로써 잎의 양분 함량 변화를 직접적으로 평가할 수 있다. 잎의 양분을 분석하기 위한 시료로는, 양분 농도가 비교적 안정적인 기간 동안 광합성에 기여도가 높을 것으로 생각되는 수관 상층부의 당년생 또는 1년생 잎을 보통 채취한다.

미량양분의 임계농도는 잘 알려져 있지 않지만 침엽수 잎의 경우 25mg Mn·kg^{-1}, 50mg Fe·kg^{-1}, 15mg Zn·kg^{-1}, 3mg Cu·kg^{-1}, 12mg B·kg^{-1}, 0.1mg Mo·kg^{-1}보다 낮은 수준이면 결핍이 발생할 수 있다(Carter, 1992).

2 양분비

잎에는 다양한 양분이 항상 존재하고 이들 간의 양분비(nutrient ratios, stoichiometry)를 알면 양분의 잠재적인 제한성에 대한 비교적 많은 정보를 얻을 수 있다. 양분비 연구에서는 수경재배시설을 이용하여 산림용 묘목의 뿌리에 고비율과 저농도의 양분을 직접 공급하는 방식으로 모든 양분의 적절한 공급률과 양분비를 제시하였다(Ingestad, 1962). 적절한 양분을 공급받은 묘목의 잠재적 생장률은 매우 비옥한 토양에서 자란 묘목의 생장률을 초과하였다. 이로써 뿌리에 공급되는 양분비는 묘목이 필요로 하는 상대적인 수준과 유사해야 한다고 결론지었다(Ingestad, 1982).

양분 중 하나의 공급을 늘렸을 때 다른 두 양분의 적정 비가 항상 일정하지는 않았지만(그림 2-20 참조) 상대적인 비는 여러 수종에서 유사한 결과를 보였다(표 2-11 참조). 그러나 수경재배시설에서의 양분비는 과잉(luxury)의 양분 수준으로 나타나 토양에서 자라는 임목에 대한 양분비로는 직접 적용할 수 없다.

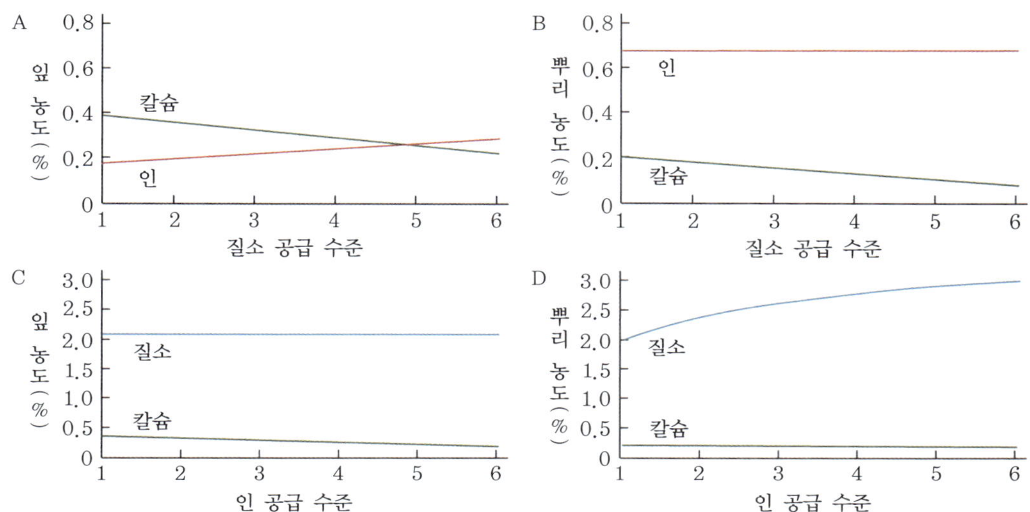

그림 2-20 수경재배시설에서 생육한 독일가문비나무 묘목의 특정 양분 공급에 따른 양분비의 변화(A: 질소 공급 증가는 잎의 칼슘 적정 농도를 낮추었지만 인의 적정 농도는 증가하였다. B: 뿌리에서 인의 적정 농도 수준은 질소 공급이 증가해도 일정하였지만 칼슘의 적정 농도는 감소하였다. C · D: 인의 공급이 증가함에 따라 잎과 뿌리의 칼슘 적정 농도는 약간 감소하거나 변화가 없었으며, 질소의 적정 농도는 잎에서 경향이 나타나지 않았지만 뿌리는 로그적으로 증가하였다. 그러나 수경재배시설에서의 양분비는 온실실험의 묘목이나 산림용 임목의 최적 양분을 설명하기에 부적합하다.)[Ingestad, 1962]

표 2-11 질소 농도를 100으로 정규화했을 때 수종별 다른 양분의 비율

수 종	인	칼륨	칼슘	마그네슘
구주소나무	14	45	6	6
독일가문비나무	16	50	5	5
시트카가문비나무	16	55	4	4
일본잎갈나무	20	60	5	9
미국솔송나무	16	70	8	5
미송	30	50	4	4

[Binkley & Fisher, 2020]

스웨덴에서는 토양을 기반으로 생육하는 임목의 경우 수경재배한 실험 결과보다 낮은 인 10, 칼륨 35, 칼슘 2.5, 마그네슘 4의 양분비를 적용한다(Linder, 1995). 그러나 양분비가 단순한 양분 농도의 분석을 넘어 임목 영양 상태의 판정을 위한 보다 나은 지표라고 입증되지는 않았다.

3 최소양분율

산림에 실제로 시비하는 일은 임목 생장과 관련이 있는 잠재적인 양분제한성을 확인할 수 있는 가장 좋은 방법이다. 양분제한성은 대부분의 산림에 존재하며 여러 형태로 나타난다.

토양으로부터 질소나 인과 같은 단일 양분의 공급이 부족하면 종종 생장이 제한되고 시비를 통해 단일 양분의 제한성을 경감할 경우 다른 단일 양분이 생장을 제한하는 지점까지 생장을 향상할 수 있다. 스프렝글(Sprengel)과 리비히(Liebig)가 제시했던 이러한 '최소량의 법칙'이, 복합 양분을 시용할 시 생장률이 증가하는 산림 지역에서는 유효하지 않았다. 산림을 포함한 생태계를 대상으로 실시한 여러 시비실험을 고찰한 결과 대략 전체 연구의 1/3은 어느 하나의 양분에 의해 생장이 제한되었고, 40% 정도는 두 가지 양분으로부터 공동 제한되었으며, 나머지는 하나의 양분 제한요인을 제거하면 두 번째 양분에 의해 생장이 제한되는 영역으로 시스템이 이동하였다(Harpole *et al.*, 2011). 지난 한 세기 동안 단지 소수의 연구에서만 최소량의 법칙을 적용할 수 있었다.

4 생물검정

생물검정(生物檢定, bioassays)은 화분(pot)을 이용하여 대표성 있는 토양에 묘목을 식재하고 양분을 첨가한 뒤 이에 대한 생장 반응을 측정하는 소규모의 야외 시비실험이다. 생물검정은 임목 생장을 제한하는 양분을 식별하는 데에는 유용하지만 시비 반응에 대한 정량적인 예측치를 제공하기에는 종종 어려움이 있다. 또한 온실이라는 인공적인 환경에서 묘목을 생육한다는 본질적인 문제점을 안고 있다.

생물검정과 관련한 또 다른 방식으로, 인공 토양을 채우고 각종 양분을 첨가한 뿌리생장주머니(root ingrowth bag)가 있다. 만일 대조구 주머니보다 질소를 포함한 주머니에서 뿌리가 더 많이 자란다면 질소가 임목 생장을 제한할 수 있다.

5 벡터분석

벡터분석(vector analysis)은 야외에서 양분제한성을 식별할 수 있는 간단하고 신속한 접근법이며, 당년에 자랄 잎의 수가 전년도에 생성된 잎눈[엽아(葉芽), leaf bud]에 미리 결정되어 있는 침엽수의 유한생장(有限生長, determinate growth) 습성을 이용한다. 이는 당년 첫 계절에 시비한 임목에서 보다 큰 잎이 나올 수 있지만 대조구 임목보다 더 많은 수의 잎이 생기지는 않는다는 의미이다. 침엽수 잎의 무게 증가는 추후 생장 증가와 상당한 상관이 있다(Timmer & Morrow, 1984). 당년 첫 계절 동안 잎 크기의 증가에서 시비에 반응했던 임목은 이후 수년 동안 수간 생장이 증가하는 반응을 보였다.

양분제한성을 식별하기 위해 잎의 양분 함량을 조사하는 연구에서는 봄에 잠재적으로 생장을 제한할 수 있는 양분을 조합해 시비하고 대조구에는 시비 처리 없이 남겨 두며, 늦여름에 잎을 채취해 건조하고 무게를 측정한 후 양분 농도를 분석한다. 분석한 양분 농도와 잎 무게를 그래프의 축으로 하고 양분 함량(농도에 무게를 곱함)의 등위선으로 구분한다(그림 2-21 참조). 대조구부터 시비한 값까지의 벡터 궤도로 각 양분의 제한 상태를 진단한다. 북아메리카 침엽수에 관한 초기 실험의 결과 잎의 양분 변화와 임목의 생장 반응은 밀접한 관련이 있었다(Timmer & Morrow, 1984).

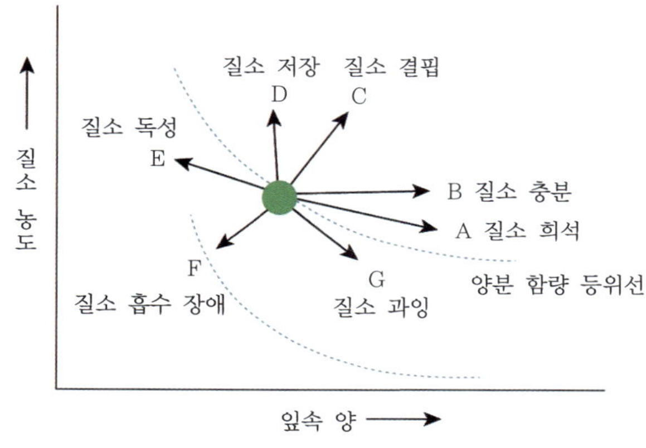

그림 2-21 잎 반응에 근거한 양분제한성 평가 도표(벡터 C: 잎속의 침엽량과 양분 농도의 증가는 양분이 생장을 제한함을 나타낸다. 벡터 D: 침엽량 증가가 없는 양분 농도의 증가는 여분의 질소 저장을 나타낸다. 벡터 E · F · G: 일반적이지 않고 부정적인 영향을 나타낸다.)[Valentine & Allen, 1990]

6 진단 · 추천 통합시스템

진단 · 추천 통합시스템(Diagnosis and Recommendation Integrated System, DRIS)은 적합한 임목 영양을 식별할 수 있는 다요인 접근법이다. 정상값은 산림생산성이 높은 임분의 잎 양분 농도나 잎 양분비로부터 얻으며, 정상적인 양분 농도나 양분비보다 낮은 임분은 시비에 잘 반응할 것으로 기대할 수 있다.

DRIS를 활용하여 52개의 토양통을 대상으로 62회 시비실험을 한 결과를 분석하였다. 상위 25% 생장을 보인 조사구의 잎 특성을 정상값으로 정의하였고, 이 값을 질소나 인 시용에 대한 생장 반응을 예측하는 데 사용하였다. 질소 시용에 반응할 것으로 예측된 임분의 약 80%가 실제로 반응하였고, 반응이 없을 것으로 예측된 임분이 실제로 반응한 경우는 없었다. DRIS 정상값은 인에 반응할 임분의 경우 90%를 정확하게 식별하였지만 반응하지 않은 임분 중 25%를 인 시용에 반응할 것이라고 잘못 예측하였다(Hockman & Allen, 1990).

2·2·2 시비 효과와 비료

일반적으로 시비실험을 실시할 때 한 지역에 서너 개의 반복 처리구와 함께 극히 적은 수(또는 하나)의 입지를 대상으로 연구해 왔다. 이런 식으로 반복할 경우 단일 임분 내에 조사구가 설치되기 때문에 통계 검정력이 제한되고 여러 입지를 따라 발생할 수 있는 반응에 대한 지침은 거의 제공하지 못할 수 있다.

입지마다 다양하게 변하는 생태적 요인의 변이를 최소화하면 작은 면적에서는 강한 반응, 넓은 면적에서는 매우 약한 반응이 나타날 수 있다. 하나의 입지나 임분에서 얻은 연구 결과를 전체 산림의 생장과 수확으로 확대해 적용하는 일은 무리이며, 따라서 임분에 대한 영양상태를 평가할 때에는 규모를 감안한 제한적인 해석이 필요하다(Binkley, 2008).

1 시비 효과

스웨덴 구주소나무 임분에서 시비를 실시한 결과 양호한 입지에서는 15%, 척박한 입지에서는 30% 정도 생장이 증가하였다(Bergh *et al.*, 2014). 그러나 대조구 생장에 대한 백분율로 생장 반응을 평가하는 방식은 적절하지 않을 수 있다. 예를 들면 척박한 입지의 경우 소경목의 낮은 생장률에 근거하면 높은 비율의 생장 반응이 나타나지만 양호한 입지에서 낮은 생장률을 보인 대경목에 비해서는 목재 생장량이 적을 수 있기 때문이다. 실제로 스웨덴의 임목 축적에 기반한 시비 반응이 척박한 입지에서는 높지 않고 양호한 입지에서 크게 나타나는 경향이 있었다.

2 상업적 시비

시비는 본질적으로 조림지에 토양 양분을 보충하여 수익성 있는 임목 생장의 효과를 거두기 위해 실시한다. 1990년대 초까지 미국 남동부 소나무 임분에서는 식재 단계의 시비가 주된 관심사였지만 추후 윤벌기의 중간 단계에 실시하는 질소+인 시용으로 확대되었다(그림 2-22 참조). 윤벌기 중간 단계의 질소+인 시용은 임분의 발달 단계 동안 상당한 양분 제한이 있다는 사실을 인식한 이후에 시작되었다. 흥미롭게도 임분의 절반 이하가 질소 또는 인에 반응하였지만 85%는 두 양분을 같이 시용했을 때 효과가 크게 나타났다(Fox *et al.*, 2011).

시비의 수익성을 고려할 때 또 하나 중요한 점은 대경목으로부터 얻을 수 있는 생산품의 가치 상승이다. 미국 조지아주 테다소나무 조림지에서 집약적 시비를 한 결과 제재목 생산량이 대조구는 9%, 시비구는 25% 증가하여 수익성을 높이는 축적 증가로 이어졌다(Jokela *et al.*, 2010). 미국 태평양 연안 북서부와 캐나다 서부 지역의 미송 임분에서는 토양 내 질소 공급이 일반적으로 생장을 제한한바 시비를 통해 양분제한성을 경감하였더니 8~15년 동안 생장량이 $2\sim4m^3\cdot ha^{-1}\cdot yr^{-1}$ 증가하였다(Chappell *et al.*, 1991).

스웨덴 구주소나무 임분에서 시비했을 때에는 $1\sim3m^3\cdot ha^{-1}\cdot yr^{-1}$의 평균적인 생장 반응이 나타났다. 그러나 다량의 질소를 연속 시용하면 인과 칼륨이 결핍될 수 있으며, 질소를 시용한 몇몇 임분은 적은 양의 붕소 시용에도 생장이 잘 반응하였다(Bergh *et al.*, 2014). 덴마크의 침엽수 임분은 대기로부터 많은 질소 강하물이 유입됨으로 인해 질소가 생장을 제한하는 경우가 일반적이지 않았고, 1980년대 독일에서는 침엽수 임분, 특히 독일가문비나무에서

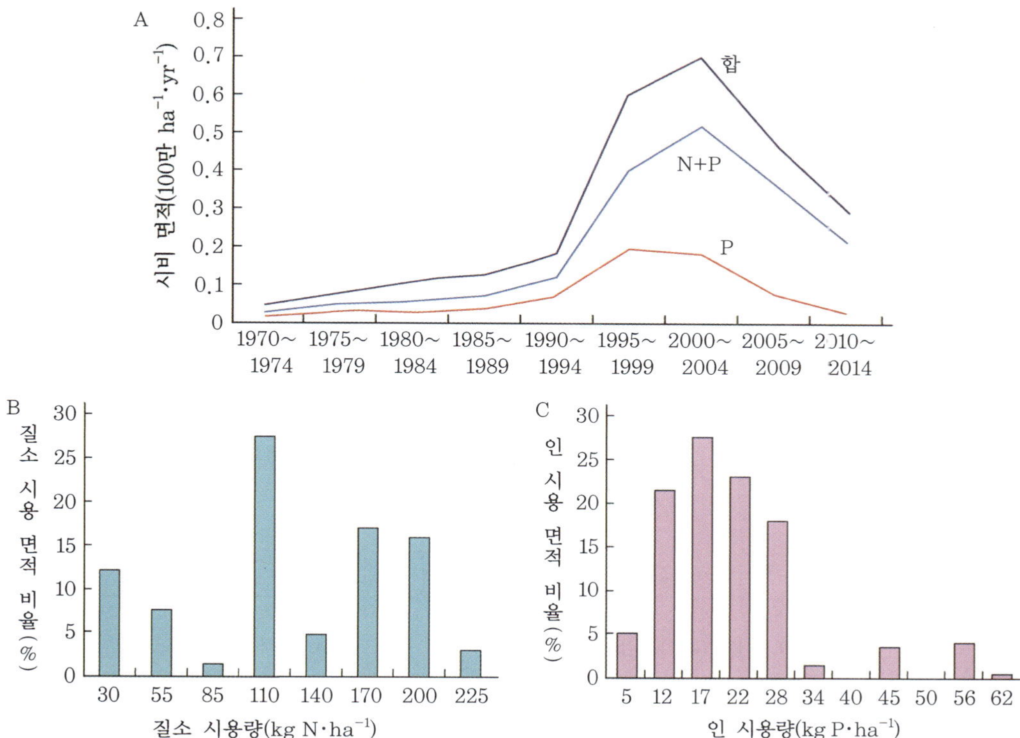

그림 2-22 미국 남동부 소나무 임분에서 실시한 상업적 시비(A: 2000년대 초 이후 10년간 시비 면적이 감소하였다. B · C: 2012~2016년 사이 일반적인 질소 시용량은 110kg N·ha^{-1}이었으며, 인 시용량은 12~28kg P·ha^{-1}이었다.)[Albaugh *et al.*, 2018]

수관의 황화현상, 잎 탈리, 잎 면적 감소 등이 관찰되었다(Hüttl & Schaaf, 1997). 독일가문비나무의 쇠퇴는 마그네슘이 토양으로부터 과도하게 용탈되어 나타난 결핍이 원인으로 추정되었다(Buchmann *et al.*, 1995).

한 윤벌기 내에 적어도 한 번은 시비하는 뉴질랜드와 오스트레일리아의 침엽수 조림지에서도 양분제한성이 뚜렷하였다. 오스트레일리아 유칼립투스와 소나무 조림지의 경우 100,000ha가 넘는 면적에 연간 질소(50~70kg·ha^{-1}), 인(25~40kg·ha^{-1}), 칼륨(25~35kg·ha^{-1}), 황(20~25kg·ha^{-1}), 구리, 아연 등을 시용한다. 시비 시기는 식재 단계, 윤벌기 초기 단계, 윤벌기 중간 단계로 균등하게 배분하며, 보통 재적이 연간 20%(3~10m^3·ha^{-1}·yr^{-1}) 증가하였다(Davis *et al.*, 2015).

3 시비량

산림에서 시비 비용을 산정할 시 수 톤에 달하는 물질을 넓은 면적에 균일하게 살포해야 하는 물류적 문제를 고려해야 한다. 첨가하는 비료의 1kg당 시비 비용은 시비량이 증가함에 따라 감소하므로 한 번의 시비에 많은 양을 첨가하는 것이 합리적으로 보일 수 있다. 만약 임목의 생장 반응이 첨가되는 비료량에 대해 선형함수관계에 있다면 이는 적절한 결정일 수 있다. 그러나 생장 반응은 전체 양분의 총량과 시비량 모두의 영향을 받는다.

스웨덴 북부 구주소나무 임분에서 30년간 시비실험을 진행한 결과 900kg N·ha^{-1}의 시비에 대한 생장 반응은 6년 동안 고용량 시비를 적용하면 15% 정도 증가한 반면에 저용량 시비로 25년에 걸쳐 시비하면 105%까지 증가한 것으로 나타났다(그림 2-23 참조). 산림의 시비 반응은 누적량보다 적정 시용량이 중요하였다.

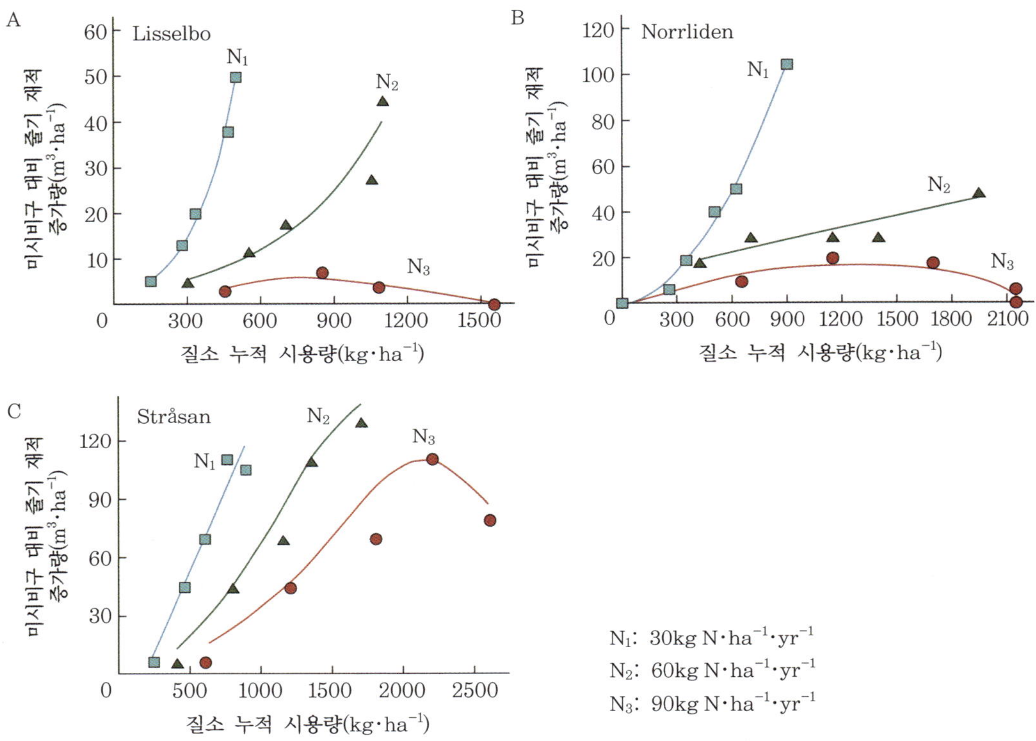

그림 2-23 스웨덴 구주소나무 조림지(A · B)와 독일가문비나무 조림지(C)에서 조사한 비료 투여량-반응 유형(모든 경우에서 첨가한 질소의 1kg당 가장 좋은 생장 반응은 저용량 시비에서 나타났다.)[Binkley & Fisher, 2020]

4 순1차생산량 분배

산림토양의 양분 환경을 개선함으로써 순1차생산량의 증가와 광합성 산물의 목질부 생장으로의 분배 증가(지하부는 더 감소)를 기대할 수 있다. 순1차생산량의 증가는 수관이 확장됨으로 인해 광의 흡수나 자원 이용의 효율성이 향상한 결과이며, 광합성 산물의 경우 뿌리 생산 또는 균근으로 분배되는 양이 감소하기도 하지만 상대적으로 목재 생장에 대한 분배는 증가할 수 있다. 한편 임목의 광합성능력은 시비 여부와 상관없이 일반적으로 잎의 질소 농도와 밀접한 관련이 있다(그림 2-24 참조).

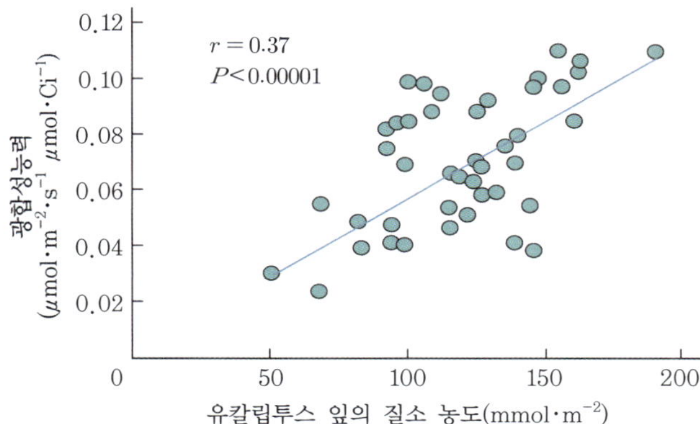

그림 2-24 미국 하와이주에서 조사한 식재 후 29개월 된 유칼립투스 잎의 질소 농도와 광합성능력의 상관관계(질소 농도가 75mmol·m^{-2}에서 150mmol·m^{-2}로 두 배 증가하면 잎의 광합성능력도 두 배 증가하였다.)[Binkley & Fisher, 2020]

잎의 양분 농도와 잎 면적의 증가는 전체 생산량의 증가와 상당한 연관이 있을 수도, 없을 수도 있다. 잎의 질소 전부가 광합성 활성효소에 존재하는 것도 아니고 모든 수관이 광을 잘 받는 것도 아니며, 전반적으로 수관의 증산작용이 수분 공급에 의해 제한될 수 있기 때문이다. 시비 후 생장 반응의 증가에는 종종 수관에서 흡수한 단위당 광이 증가함으로 인한 생장 반응이 포함되며, 임분의 대경목에서 생장 반응이 크게 나타난다(그림 2-25 참조). 테다소나무 임분에서 시비로 목재 생산이 4.1Mg·ha^{-1}·yr^{-1} 정도 증가하였으며, 순1차생산량에 대한 목재 생장의 비율이 대조구는 30%, 시비구는 37%로 나타나 시비했을 때 총생장량이 목재 생산에 보다 더 많이 분배되었다(Albaugh *et al.*, 1998).

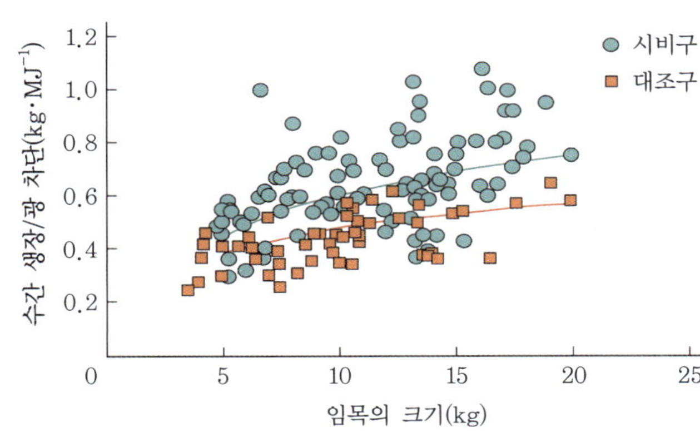

그림 2-25 테다소나무 임분의 시비에 따른 수간 생장의 변화(수관에 의해 흡수되는 광의 단위당 생산된 수간 목질부의 양이 증가하였으며, 대경목에서 영향이 더 크게 나타났다.)[Campoe *et al.*, 2013]

5 비료 성분비

한 지역에 시용할 비료량을 계산하려면 비료 성분비가 필요하다. 예를 들면 질산암모늄(NH_4NO_3) 100kg에는 35kg의 질소, 60kg의 산소, 5kg의 수소가 들어 있다. 따라서 1ha당 100kg의 질소를 시용하려면 질산암모늄 285kg이 필요하다.

$$\text{시비량}(\text{kg}\cdot\text{ha}^{-1}) = \frac{\text{시비 기준량}(\text{kg}\cdot\text{ha}^{-1})}{\text{비료 성분비}(\%)} \times 100 \quad \cdots\cdots (2\cdot5)$$

농업용 복합비료는 양분의 양을 전체 무게에 대한 N-P-K 각각의 비율(%)로 비료포대에 표시해 판매한다. 만약 N-P-K가 10-10-10인 비료 10kg이 있다면 각 원소가 1kg씩 든 것처럼 보이지만 인과 칼륨의 값은 유효 인(P_2O_5) 성분과 용해성 칼리(K_2O) 성분, 즉 산화물 형태의 백분율을 나타내므로 추가적인 계산이 필요하다.

P과 O의 원자량은 각각 $31g \cdot mol^{-1}$과 $16g \cdot mol^{-1}$이므로 P_2O_5의 분자량은 $142g \cdot mol^{-1}$이며, P_2O_5에서 P의 비율은 $2P/P_2O_5$=0.44이다. K의 원자량이 $39g \cdot mol^{-1}$이므로 K_2O에서 K의 비율은 $2K/K_2O$=0.83이다. 따라서 실제 P의 무게를 알기 위해서는 표시된 값에 0.44를 곱해야 하고, K은 0.83을 곱해야 한다. 즉 10-10-10으로 표시된 비료 10kg에는 실제로 1kg의 N, 0.44kg의 P, 0.83kg의 K이 들어 있다.

① 질소비료

질소비료는 하버-보슈법(Haber-Bosch process)에 따라 질소(N_2)와 메테인(CH_4)을 고온과 고압에서 금속촉매로 처리하여 합성한 암모니아(NH_3)로 생산한다. 이렇게 생산된 암모니아를 요소, 질산태, 암모늄태와 같은 형태로 전환하여 비료를 제조한다. 비료의 형태는 비료의 이용 가능성과 생태계에서의 화학반응에 영향을 끼친다. 예를 들면 질산암모늄은 물에 쉽게 용해되어 암모늄이 유기물층 또는 광물질 토양의 양이온 교환 장소에 보유되고, 질산염은 식물에 빠르게 흡수되거나 토양층으로부터 용탈된다. 요소[$(NH_2)_2CO$]는 먼저 암모늄 형태로 가수분해된 뒤 점진적으로 식물이나 질산화세균에게 이용된다.

$$(NH_2)_2CO + 2H_2O + 2H^+ \longrightarrow 2NH_4^+ + H_2CO_3$$

요소는 45%의 질소와 55%의 수소, 탄소, 산소를 포함하고, 질산암모늄은 약 34%의 질소를 포함한다. 항공시비 시에는 비료의 무게가 중요하므로 요소를 선택하는 편이 더 낫다. 그러나 시비 비용이 절약되더라도 생장 반응의 차이로 인해 상쇄될 수 있다. 예를 들면 어떤 토양에서는 구주소나무의 생장 반응이 요소보다 같은 양의 질산암모늄에서 약 45% 증가하였다. 북아메리카 지역의 미송 임분도 질산암모늄에서 최대 20%까지 더 큰 생장 반응을 보였다(Barclay & Brix, 1985). 그러나 캐나다 동부의 방크스소나무 임분, 미국 남동부의 테다소나무와 슬래시소나무 임분에서는 질소비료 형태 간의 생장 반응 차이가 거의 없었다(Allen & Ballard, 1982).

질소비료의 형태에 따른 손실을 따졌을 때, 식물에 흡수되기 전 많은 비가 오면 질산염은 급속하게 용탈되기 쉽고, 요소를 건기 동안 시용하면 가스 상태의 손실이 발생할 수 있다. 시비 후 강우는 요소 입자를 용해하여 pH의 국소적인 상승을 예방함으로써 휘산 손실을 막는 데 도움을 준다. 그렇지만 어떤 경우에도 휘산에 의한 요소의 손실은 시용한 질소의 10% 이하이다.

요소포름알데히드(urea-formaldehyde)나 이소부틸이요소(iso-butylidene di-urea)와 같은 몇몇 질소비료는, 질소 방출을 늦추어 임목이 이용할 수 있는 기간을 최대화하고 과도한 시비량으로 인한 손실을 최소화하기 위해 개발되었다. 그러나 산림에서 이용하기에는 가격이 비싸 고부가 가치의 묘목이나 크리스마스 트리를 재배하는 토양으로 제한된다.

② 인산비료

인산비료는 인광석 분말(ground rock phosphate), 산처리 인산염, 다른 양분과의 혼합 등의 세 가지 형태가 일반적이다. 인산비료의 원재료는 대부분 채굴한 인광석이다. 일반적으로 인산비료는 토양 pH에 거의 영향을 끼치지 않지만 인광석 분말은 토양 pH를 약간 높일 수 있다.

인광석 분말은 다양한 형태의 칼슘인회석[$Ca_{10}(PO_4CO_3)_6(F,Cl,OH)_2$] 광물의 퇴적물로부터 채굴한다. 인회석의 용해성은 포함된 음이온(F^-, Cl^-, OH^-)에 따라 달라진다. 플루오린(F)은 용해성이 가장 낮으며, 인광석 비료 내 플루오린의 함량이 높으면 식물이 흡수해야 할 인 방출률이 떨어진다. 인광석이 용해되어 식물이 흡수할 수 있는 비율은 구연산에 대한 용해성으로 결정할 수 있다. 식물이 이용할 수 있는 인광석 분말의 비율은 토양 pH와 입자 크기의 영향을 받으며, 토양 pH가 낮거나 입자가 고우면 급속히 용해되지만 토양 pH가 중성 또는 높은 경우나 굵은 입자일 때에는 서서히 용해된다.

인광석을 산으로 처리해 인 함량이 다양한 비료를 생산할 수 있다. 과인산석회는 인광석 분말에 황산을 혼합하여 제조하며 인 8%, 칼슘 20%, 황 12%를 포함한다[$3Ca(H_2PO_4)_2 \cdot H_2O + 7CaSO_4 \cdot 2H_2O$]. 황산 대신에 인산($H_3PO_4$)으로 인광석을 처리하면 인 2%, 칼슘 13%, 황이 없는 농축과인산석회(중과인산석회)를 생산할 수 있다[$Ca(H_2PO_4)_2 \cdot H_2O$]. 이러한 형태는 쉽게 용해되므로 식물이 신속하게 이용할 수 있다. 농업환경에서는 비료의 신속한 가용성이 장점이지만 산림에서는 낮은 수준의 장기간 가용성이 오히려 급속한 가용성에 비해 유용할 수 있다.

③ 석회비료

비료의 여러 형태 중 가장 일반적으로 사용되고 칼슘과 마그네슘이 들어 있는 석회는 탄산이나 수산화물과 같은 염기성 음이온을 포함한다. 칼슘과 마그네슘 비료의 또 다른 형태로는 비료의 생산 과정에서 나오는 부산물인 석고(황산칼슘), 철의 야금 과정 동안 용광로에서 생산되는 슬래그(slag), 펄프를 생산하는 크라프트(kraft) 과정에서 나오는 찌꺼기나 앙금, 펄프 제조 과정에서 사용된 수산화나트륨이나 탄산칼슘, 산림 바이오매스가 연소한 후 남은 재 등이 있다.

토양 pH를 올리기 위해서는 많은 양의 석회가 필요하다. 일반적으로 토양 pH를 1 단위 높이는데 석회석 1~2$Mg \cdot ha^{-1}$이 필요하지만 pH 상승 효과는 유기물층과 표토층에 제한되며, 석회 처리만으로는 임목 생장이 증가하지 않는다고 알려져 있다. 예를 들면 독일 지역 산림의 광물질 토양에 1ha당 4Mg의 백운석을 시용하였더니 pH 상승 효과가 거의 없었다. 그러나 유기물층의 분해율은 급격하게 증가하여 질소량이 170$kg \cdot ha^{-1}$ 정도 감소하였으며, 토양 침출수는 다량의 질산태 질소($>10mg \cdot L^{-1}$)를 함유하였다(Kreutzer, 1995). 한편 석회 시용 후 지렁이의 수가 8배 정도 증가하고 유기물층 내 뿌리 바이오매스도 증가하였지만 광물질 토양 내 뿌리는 감소하였다.

6 비료 회수율

시비한 양분의 대부분은 임목에 흡수되지 않으며 침엽수종의 경우 질소와 인 비료의 회수율이 5~40% 범위로 나타났다(Raymond *et al.*, 2016). 질소 동위원소(^{15}N)의 레이블링(labeling)을 이용한 연구에서 미국삼나무, 미국솔송나무, 시트카가문비나무 묘목에 ^{15}N를 시비한 후 묘목을 하층 식생과 경쟁하게 하거나 하층 식생을 제거하였다. 하층 식생을 제거한 처리구의 묘목은 ^{15}N의 흡수율이 2~8배 정도 증가하였다. 그러나 묘목에서는 시용한 질소의 15% 정도가 가장 높은 회수율인 반면에 토양에서는 ^{15}N의 회수율이 50% 이상이었다(Chang, 1996).

7 양분 추적

시용한 양분을 추적하기 위해 일반적으로 이용하는 두 가지 접근법은 바이오매스나 토양 내 보유된 양분 수지의 평가와 동위원소의 이용이다. 바이오매스와 양분 수지를 이용하기 위해서는 양분 수지의 변화를 측정하고 시비로부터 발생하는 어떠한 증가도 구별해야 한다.

양분 수지 변화 방법을 이용하려면 정확한 시료 채취와 양분 수지의 낮은 변이성이 전제되어야 한다. 예를 들어 3~4년생 테다소나무 조림지에 시용한 질소는 초본식물에서 5~15%, 2년 후 임목에서 10%가 발견되었다. 이러한 접근은 질소 함량이 낮은 하층 식생에는 효과적이지만 임목이 클 경우에는 시용한 질소의 존재량을 결정할 정도로 질소 함량을 정교하게 추정하기 어렵다.

질소비료는 안정 동위원소(^{15}N)로 레이블링할 수 있으며, 동위원소 ^{15}N와 ^{14}N의 비로부터 양분 수지와 질소비료의 기여도를 결정할 수 있다. ^{15}N로 레이블링한 질소비료를 첨가한 9개 산림을 분석한 결과 질소의 20~25%는 임목이 흡수하였고, 70%는 토양에 존재하며, 10%는 용탈되거나 가스로 손실된다고 추정하였다(Nadelhoffer *et al.*, 1999).

8 미생물에 의한 질소 부동화

산림토양의 질소 총량이 5,000kg·ha^{-1}이고 1%인 50kg·ha^{-1}이 연간 무기화되어 임목에 흡수된다고 할 때 50kg·ha^{-1} 가운데 약 1/4은 바이오매스 증가에 사용되고 나머지는 낙엽이나 죽은 뿌리로 토양에 환원된다. 질소를 200kg·ha^{-1} 시용했을 때 첫 생육기간 동안 가용 질소의 양은 250kg·ha^{-1}일 것이다. 만약 흡수량이 50% 정도 증가하면 첨가한 질소의 15% 이하가 수목으로 이동한다. 잔존 비료 중 대부분은 미생물에 의해 부동화되고 약간의 손실만 발생한다. 이때 토양 질소의 수지는 약 5,175kg·ha^{-1}이며, 무기화 유형이 바뀌지 않는다면 시비 후 두 번째 생육기간 동안 임목의 질소 가용량은 5,175kg·ha^{-1}의 1%인 51.5kg·ha^{-1}이 될 것이다. 임목에 의한 질소비료의 낮은 회수율을 고려할 때 상업적 시비 프로그램에서 왜 비료를 많이 시용해야 하는가를 설명하고 있으며, 이는 적은 양을 시용할 경우 비료의 대부분이 토양 미생물에 의해 부동화될 수 있기 때문이다.

테다소나무와 백합나무의 식재 초기에 요소를 3년 동안 매년 한 번에 100kg·ha^{-1}·yr^{-1} 또는 1년에 네 번 25kg·ha^{-1}씩 나누어 시용하였다. 두 수종 모두 1년에 한 번 시비한 경우가 1년에 네 번 나누어 시비했을 때보다 생장에 잘 반응하였다. 이는 25kg·ha^{-1} 투여량의 대부분이 미생물의 부동화에 의해 사라질 수 있는 반면에 100kg·ha^{-1} 투여량에서는 부동화 비율이 적게 나타나기 때문이다(Johnson & Todd, 1985).

9 시비와 수질

시비 후 계류수의 양분 농도는 대부분 음용수 기준(질산태질소로 미국과 캐나다는 10mg N·L^{-1}, 유럽은 11.3mg N·L^{-1}) 이하이지만 시비지에 근접한 지역의 하류에서는 10~25mg

N·L^{-1}의 높은 질산태질소 농돗값이 측정되기도 하였다(그림 2-26 참조). 그러나 질산태질소의 평균 농돗값이 음용수의 질에 위협을 가할 정도의 수준으로 증가하지는 않았다(Binkley, 1999). 인을 시용할 경우에는 음용수 기준을 넘어설 정도가 아니더라도 수서생태계의 생산성을 일시적으로 증대할 수 있다.

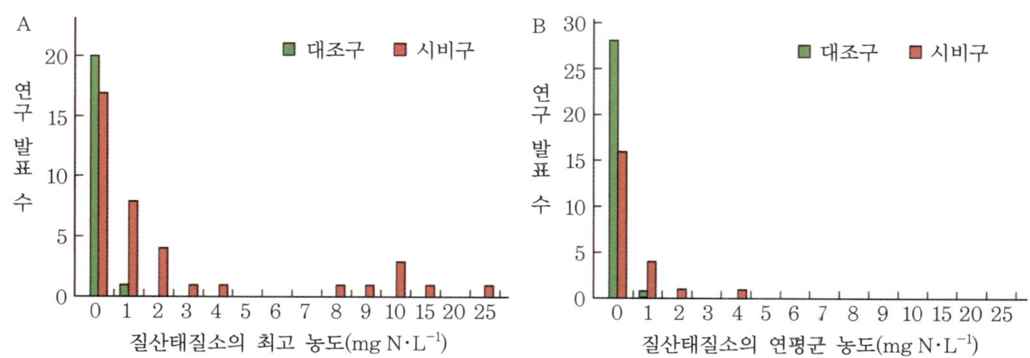

그림 2-26 질소 시용 후 계류수의 질산태질소 농도(A: 최고 농도는 2mg N·L^{-1} 이하 값이 가장 많지만 10mg N·L^{-1} 이상인 경우도 있었다. B: 시비가 계류수의 연평균 농도에 끼치는 영향은 크지 않았다.)[Binkley, 1999]

10 시비와 토양 유기물

만약 양분 첨가로 인해 임목 생장이 증가하고 유기물이 토양에 부가된다면 토양 유기물 총량도 증가한다는 논리가 타당하게 보일지도 모른다. 그러나 토양에서 탄소 안정화와 일련의 과정에는 수많은 요인이 관여하며, 탄소 유입량은 단지 하나의 요인일 뿐이다.

시비 후 유기물의 반응을 보기 위해 미국 캘리포니아주의 폰데로사소나무 임분에서 생산력 등급에 따라 시비한 결과 유기물층이 50~100% 증가하였고, 어느 입지에서는 광물질 토양 내 유기탄소의 양도 증가하였다. 그러나 가장 생산력이 높은 입지는 시비에 따른 유기탄소의 증가 반응이 나타나지 않았다(McFarlane *et al.*, 2010). 10년 넘게 반복적으로 시비한 조사구에서도 비료 투입량과 토양 탄소량 사이에 직접적인 상관은 없었지만 시비구에서 탄소량이 약 0.5Mg·ha^{-1}·yr^{-1} 증가하였다(Hyvönen *et al.*, 2008).

11 시비와 에너지

시비의 결정은 일반적으로 투자 비용의 회수와 수익에 대한 기대감에 기반을 둔다. 시비에 대한 반응은 투입한 에너지와 목재 바이오매스 형태로 환원되는 에너지의 관점에서 평가할 수 있다. 국제적으로 통용되고 있는 에너지의 단위는 줄(J)이며, 100만 J(1MJ)은 950BTU 또는 240kcal와 같다.

질소비료의 합성은 N_2 가스를 NH_3로 환원하기 위해 천연가스를 에너지로 이용하여 요소 또는 질산암모늄으로 가공하는 과정을 거친다. 질소로 요소를 합성하기 위한 에너지 총비용은 약 50MJ·kg^{-1}이다. 인 광물의 채굴은 약 1.6MJ·kg^{-1}의 에너지 비용이 소요되며, 과인산(8% 인) 또는 중과인산(20% 인)으로 가공하려면 인 에너지 비용에 대해 각각 2.8MJ·kg^{-1}과 8.0MJ·kg^{-1}을 추가해야 한다(Pimentel & Pimentel, 1979). 예를 들면 질소 100kg N·ha^{-1}, 인 50kg P·ha^{-1}(중과인산 석회로서) 시용 시 에너지 함량은 질소의 경우 5,000MJ·ha^{-1}, 인의 경우 480MJ·ha^{-1}이다.

다음 단계는 산림으로의 운송이다. 1km마다 요소의 질소에 대해 약 0.0064MJ·kg^{-1}의 비용이 추정되었다(Switzer, 1979). 공장이 1,287km 떨어져 있다고 가정하면 질소 100kg에 대한 운송 에너지가 50MJ에 합산되어야 하며, 인 비료를 포함하면 75MJ로 운송 에너지 비용이 상승한다. 헬리콥터로 시비할 경우 180MJ이 추가되고(Switzer, 1979), 트랙터로 시비하면 시비 비용이 약 50MJ·ha^{-1}에 근접한다. 시비에 따라 17m^3·ha^{-1} 정도 생장이 증가하면 이 양을 벌채하는 데에는(벌채 에너지가 제거되는 바이오매스와 비례한다고 가정하면) 약 9,000MJ이 필요하다. 벌채된 침엽수의 에너지 함량은 약 15,000MJ·m^{-3} 또는 17m^3·ha^{-1}에 250,000MJ이다.

비료 합성, 운송, 시비, 벌채 비용을 합하면 시비와 벌채의 에너지 비용은 약 14,600MJ·ha^{-1}이다. 작업 에너지 비용에 대한 목재 에너지 비는 250,000 : 14,600, 약 17 : 1로 추정된다. 시비에 따른 밀이나 옥수수 같은 농작물의 에너지 환원은 일반적으로 5 : 1 내지 10 : 1 범위에 분포한다(Pimentel & Pimentel, 1979).

2·2·3 우리나라의 유령림과 성숙림 시비

시비는 토양의 본질적인 특성에 기초를 두고 실시해야 하며, 시비 계획을 수립할 때 고려해야 할 사항은 비료 종류, 시비량, 시비 방법, 시비 시기, 시비 횟수 등이다.

우리나라에서 개발한 산림용 완효성 비료인 산림용 고형복합비료는 1개당 무게가 15g이며 N-P-K 비율은 3 : 4 : 1(성분 함량비 12-16-4)이다. 1개당 성분량[비료량(g)×비료 성분비(%)÷100]은 질소(N) 1.8g, 인산(P_2O_5) 2.4g, 칼리(K_2O) 0.6g이며 증량제로 피트(peat)나 제올라이트(zeolite)가 10% 정도 섞여 있다. 다루기가 용이하며 적정량 및 균형 시비가 가능하고 비료 유실이 적다. 항공시비용 입상 비료는 지름이 2±0.5mm이며 N-P-K 비율이 장기수 15-20-5, 사방지 10-25-5이다(이원규 등, 1981).

산림용 속효성 비료에는 질소비료인 요소, 인산비료인 중과인산석회 · 용과린 · 용성인비, 칼리비료인 염화칼리 · 황산칼리 등이 있다. 요소(N 성분비 46%), 용과린(P_2O_5 성분비 20%), 염화칼리(K_2O 성분비 60%)는 우리나라 산림에서 많이 이용하는 단비(單肥, single nutrient fertilizer)이다.

1 유령림 시비

유령림에서의 시비는 양분 부족으로 묘목의 생장이 불량하거나 묘목의 초기 생장이 급속히 요구되는 지역에서 식재목의 활착 및 생장을 촉진하고 하층 식생과의 경쟁을 줄여 풀베기 작업기간을 단축하는 데 목적이 있다.

시비 방법으로 ①식재 구덩이 바닥에 비료를 넣고 흙과 섞은 후 5cm 정도의 흙을 덮고 그 위에 묘목을 식재하는 식혈저 시비, ②시비하고자 하는 임지에 경사가 있는 경우 식재목의 상부 표토 5cm 깊이에 반원형으로 골을 파고 비료를 준 후 다시 흙으로 덮는 반원형 시비, ③조림목의 가지 선단으로부터 수직으로 내린 곳에 5~10cm 깊이로 땅을 파고 시비하는 측방 시비, ④원형으로 골을 파고 비료를 넣은 다음 흙으로 덮는 원형 시비 등이 있다. 이 중 측방 시비가 식재목의 생장이나 활착률을 높인다고 알려져 있다(표 2-12 참조). 임지 표면에 비료를 흩어 뿌리는 표면 시비는 비료가 유실될 우려가 있다. 경사지에 조성한 임분의 경우 등고선 방향으로 파고 시비한 후 흙으로 덮는 수평구 시비를 실시한다.

표 2-12 침엽수종의 시비 방법별 수간 생장 증가율(단위: %)

구 분	일본잎갈나무	리기다소나무	잣나무
식혈저 시비	116	113	114
측방 시비	148	110	122
반원형 시비	135	104	113
대조구	100	100	100

[변재경 등, 2010]

시비 시기는 묘목의 활착이 완료된 5월경(식재 1개월 후)이 가장 좋지만 노동력이 부족할 경우에는 여름이나 가을에도 할 수 있다. 초기 생장 동안 양분을 많이 요구하는 일본잎갈나무나 활엽수류(표 2-13 참조)는 3년 연속 시비해야 효과가 뚜렷하며, 식재 후 추비량은 전년도 시비량을 기준으로 장기수 20%, 속성수 40% 증량한다.

표 2-13 묘목 식재 시 수종별 시비 기준량(단위: g·본$^{-1}$)

구 분	성 분			비 료			산림용 고형 복합비료
	질소 (N)	인산 (P_2O_5)	칼리 (K_2O)	요소 (N 46%)	용과린 (P_2O_5 20%)	염화칼리 (K_2O 60%)	
잣나무	7.2	9.6	2.4	15.6	48	4	60
일본잎갈나무	7.2	9.6	2.4	15.6	48	4	60
소나무류	7.2	9.6	2.4	15.6	48	4	60
밤나무	9.0	12.0	3.0	19.6	60	5	75
오동나무	9.0	12.0	3.0	19.6	60	5	75
포플러류	10.8	14.4	3.0	20.0	72	6	90

[변재경 등, 2010]

2 성숙림 시비

임분이 성숙하면 산림생산력은 급격히 감소한다고 알려져 있다. 산림생산력 감소의 원인과 생리 · 생태적인 기작에 관해서는 여러 가지 견해가 있지만 임분이 성숙함에 따라 임지의 양분 유효도가 감소하는 것도 주요한 원인 중 하나이다. 즉 지상부에 바이오매스가 축적되어 양분 농도가 낮은 낙엽이 유기물층에 계속 유입되고 분해가 느리게 진행됨으로써 양분의 부동화가 증가하여 임지의 양분 유효도가 감소한다.

임분이 성숙하면서 발생할 수 있는 양분 결핍의 사례는 잎 내 낮은 양분 함량과 시비 후 증가하는 수간의 생장 반응을 들 수 있다. 성숙림의 시비 효과는 가지치기나 솎아베기와 같은 산림작업을 병행하면 더욱 효과적이다(표 2-14 참조). 그러나 토양의 화학적 성질이 양호하고 산림생산력이 높은 임지나, 경사가 급해 비료 유실이 심한 지역에서는 시비 효과가 뚜렷하게 나타나지 않는다.

표 2-14 산림작업에 따른 수종별 시비 기준량(단위: kg·ha^{-1})

수종 및 작업	임 령	산림용 고형복합비료	질소 (N)	인산 (P_2O_5)	칼리 (K_2O)
잣나무 가지치기	14년생	750	90	120	30
잣나무 솎아베기	23~38년생	940	113	150	37
일본잎갈나무 솎아베기	14~33년생	940	113	150	37

[주진순 등, 1983]

성숙림에서 시비에 대한 임목의 생장 반응은 입지 조건에 따라 다르게 나타나기 때문에 임목의 생장 상태를 고려하여 적정 시비량을 결정해야 한다. 또한 시비는 임분밀도와 밀접한 관련이 있으므로 적정 밀도를 유지한 후 시비하는 일도 중요하다.

그림 2-27 산림용 고형복합비료의 시용

산림에 시비할 경우 속효성 비료는 주로 표면 살포를 하지만 산림용 고형복합비료의 경우에는 5cm 깊이의 골을 파고 시용한다(그림 2-27 참조). 양분 흡수를 담당하는 잔뿌리가 주로 분포한 유기물층이나 표토층에 균일하게 살포해야 하고, 질소 휘산이나 비료 유실을 막기 위해 표토층과 섞이도록 하면 좋다. 그러나 계류가 인접하거나 수질오염 가능성이 있는 지역은 시비하지 않아야 한다.

시비 시기는 계절보다 기상 조건이 중요하며, 뿌리 생장이 활발하고 토양 온도가 낮고 강우가 빈번한 시기에 실시하면 휘산에 의한 손실을 줄일 수 있다. 계절적으로는 가을이나 초봄에 시비 효과를 높일 수 있다.

2·2·4 맺음말

시비는 유령림의 경우 식재한 임목의 활착과 생장을 촉진하기 위해, 성숙림의 경우 기조성한 임분의 산림생산력 증대와 함께 벌기령을 단축하고 양적 · 질적 우량 임목을 생산하기 위해 실시한다. 성숙림 시비는 양분 유효도의 향상을 통한 산림생산력의 증진을 기대할 수 있으며 가지치기나 솎아베기와 같은 산림작업을 병행하면 효과적이다. 지속가능한 산림생산력의 유지 · 증진을 위해서는 임목의 영양 · 생리를 정확하게 파악하고 영양 진단과 양분 순환 체계를 바탕으로 적정 시비량을 산출하는 일이 경제적 · 환경적 · 생태적인 면에서 중요하다.

최근 시비는 토양산성화 임지의 토양 환경을 개선하고, 산림 병해충 및 산불 발생 임지의 임목 활력도를 증진하며, 균형 있는 양분 순환 체계의 유지를 통해 건강한 산림을 조성하는 방향으로 실시하고 있다.

연습문제

1. 다음 표는 40년생 일본잎갈나무 조림지를 대상으로 조사한 결과이다.

조사구	우세목 평균 수고(m)	평균 흉고직경(cm)	임분밀도(본·ha^{-1})
조사구 1	24	19	800
조사구 2	21	21	600
조사구 3	18	23	400

(1) 각 조사구의 지위지수를 결정하시오(그림 2-15 참조).
(2) 산림생산력이 가장 높을 것으로 판단되는 조사구를 고르고, 이유를 설명하시오.
(3) 조림지의 산림생산력에 영향을 끼치는 요인을 설명하시오.

2. 산림생산력과 지위지수의 관계를 설명하시오.
3. 산림생산력과 토양의 질의 관계를 설명하시오.
4. 산림토양의 양분제한성을 판정하기 위한 방법을 비교해 설명하시오.
5. 산림토양의 양분제한성 판정을 위한 벡터분석에 대해 설명하시오.

6. 양분제한성 판정에 있어서 잎에 양분비를 적용하기 어려운 이유를 설명하시오.
7. 상업적인 시비 프로그램에서 임목 흡수량보다 비료 투입량이 많은 이유를 설명하시오.
8. 유령림 시비와 성숙림 시비의 차이점을 설명하시오.
9. 다음 표는 산림에 시비할 수 있는 세 가지의 복합비료와 산림용 고형복합비료에 대한 정보 예시이다.

비료 종류	$N-P_2O_5-K_2O$	무게(kg)	가격(원)
복합비료 1	40-20-10	20	14,000
복합비료 2	20-20-10	20	10,000
복합비료 3	10-20-10	20	6,000
산림용 고형복합비료	12-16-4	20	10,000

(1) 복합비료 1에 들어 있는 P과 K의 양은 얼마인가(P, O, K의 원자량은 각 31, 16, 39g·mol^{-1})?
(2) 산림용 고형복합비료를 제외한 질소비료의 관점에서 가장 경제적인 복합비료는?
(3) 복합비료 2에 들어 있는 N, P_2O_5, K_2O의 실제 비료량은 얼마인가?
(4) 산림용 고형복합비료 1개의 무게와 N, P_2O_5, K_2O의 성분량은 얼마인가?
(5) 솎아베기가 실시된 30년생 잣나무 조림지의 시비 기준량은 질소 120kg·ha^{-1}, 인산 160kg·ha^{-1}, 칼리 40kg·ha^{-1}이다. 잣나무 조림지 5ha에 산림용 고형복합비료를 시비할 시 필요한 비료의 양은 얼마인가?

참고문헌 ▌

1. 김춘식, 김원석, 안현철, 조현서, 추갑철, 임종택. 2012. 토양개량제 처리가 밤나무재배지의 토양특성 및 잎 형질에 미치는 단기적 영향. 한국임학회지 101(3): 405-411.
2. 변재경, 지동훈, 이승우, 정진현. 2010. 특화품목 재배를 위한 토양관리기술. 국립산림과학원.
3. 손요환, 김춘식, 박관수, 윤태경, 이계한. 2020. 산림토양학. 향문사.
4. 신만용, 정일빈, 구교상, 원형규. 2006. 환경요인에 의한 잣나무의 지위지수 추정식 개발과 적지 판정. 한국농림기상학회지 8(2): 97-106.
5. 이원규, 김태훈, 주진순, 차순형, 박재순. 1981. 항공시비효과시험. 임업시험장연구보고 28: 175-188.
6. 주진순, 이원규, 김태훈, 이천용, 진익섭, 박승걸, 오민영. 1983. 지타 및 간벌임지 시비효과시험. 임업시험장연구보고 30: 153-174.
7. Albaugh TJ, Allen HL, Dougherty PM *et al.* 1998. Leaf area and above- and belowground growth responses of loblolly pine to nutrient and water additions. Forest Science 44: 1-12.
8. Albaugh TJ, Fox TR, Cook RL *et al.* 2018. Forest fertilizer applications in the southeastern United States from 1969 to 2016. Forest Science 65(3): 355-362.
9. Allen HL, Ballard R. 1982. Fertilization of loblolly pine. In: Symposium on the

loblolly pine ecosystem (east region). School of Forest Resources. North Carolina State University. Raleigh.

10. Barclay HJ, Brix H. 1985. Effects of urea and ammonium nitrate fertilizer on growth of a young thinned and unthinned Douglas fir stand. Canadian Journal of Forest Research 14: 952–955.
11. Bergh J, Nilsson U, Allen HL *et al.* 2014. Long-term responses of Scots pine and Norway spruce stands in Sweden to repeated fertilization and thinning. Forest Ecology and Management 320: 118–128.
12. Binkley D. 1999. Disturbance in temperate forests of the northern hemisphere. Ecosystems of Disturbed Ground 16: 469–482.
13. Binkley D. 2008. Three key points in the design of forest experiments. Forest Ecology and Management 255: 2022–2023.
14. Binkley D, Fisher RF. 2020. Ecology and Management of Forest Soils. 5th edition. John Wiley & Sons Ltd. UK.
15. Bontemps JD, Bouriaud O. 2014. Predictive approaches to forest site productivity: recent trends, challenges and future perspectives. Forestry 87: 109–128.
16. Buchmann N, Oren R, Zimmermann R. 1995. Response of magnesium-deficient saplings in a young, open stand of *Picea abies* (L.) Karst. to elevated soil magnesium, nitrogen, and carbon. Environmental Pollution 87: 31–43.
17. Campoe OC, Stape JL, Albaugh TJ *et al.* 2013. Fertilization and irrigation effects on tree level aboveground net primary production, light interception and light use efficiency in a loblolly pine plantation. Forest Ecology and Management 288: 14–20.
18. Carter RE. 1992. Diagnosis and interpretation of forest stand nutrient status. In: Chappell HN, Weetman GF, Miller RE (ed). Forest Fertilization: Sustaining and Improving Nutrition and Growth of Western Forests. College of Forest Resources Contribution, University of Washington, Seattle.
19. Chang SX. 1996. Fertilizer N efficiency and incorporation and soil N dynamics in forest ecosystems of northern Vancouver Island. PhD thesis, Faculty of Forestry, University of British Columbia, Vancouver.
20. Chappell HN, Cole DW, Gessel SP, Walker RB. 1991. Forest fertilization research and practice in the Pacific Northwest. Fertilizer Research 27: 129–140.
21. Davis M, Xue J, Clinton P. 2015. Planted-forest Nutrition. New Zealand Forest Research Institute, SCION Publication S0014.
22. Fox TR. 2000. Sustained productivity in intensively managed forest plantations. Forest Ecology and Management 138: 187–202.
23. Fox TR, Miller BW, Rubilar R *et al.* 2011. Phosphorus nutrition of forest plantations: the role of inorganic and organic phosphorus. In: Bünemann, EK, Oberson A, Frossard E (ed). Phosphorus in Action. Springer-Verlag, Berlin.

24. Harpole WS, Ngai JT, Cleland EE *et al.* 2011. Nutrient co-limitation of primary producer communities. Ecology Letters 14: 852~862.
25. Hockman JN, Allen HL. 1990. Nutritional diagnoses in loblolly pine stands using a DRIS approach. In: Gessel SP, Lacate DS, Weetman GF, Power RF (ed). Sustained Productivity of Forest Soils. University of British Columbia Faculty of Forestry Publication, Vancouver.
26. Hüttl RF, Schaaf W. 1997. Magnesium Deficiency in Forest Ecosystems. Dordrecht. Kluwer.
27. Hyvönen R, Persson T, Andersson S *et al.* 2008. Impact of long-term nitrogen addition on carbon stocks in trees and soils in northern Europe. Biogeochemistry 89: 121-137.
28. Ingestad T. 1962. Macro element nutrition of pine, spruce, and birch seedlings in nutrient solutions. State Forest Research Institute Series 51(7).
29. Ingestad T. 1982. Relative addition rate and external concentration: driving variables used in plant nutrition research. Plant, Cell and Environment 5: 443-453.
30. Jeong J, Jo CG, Baek GW *et al.* 2017. Soil and the foliage nutrient status following soil amendment applications in a Japanese cypress (*Chamaecyparis obtusa* Endlicher) plantation. Journal of Sustainable Forestry 36(3): 289-303.
31. Johnson DW, Todd D. 1985. Nitrogen availability and conservation in young yellow poplar and loblolly pine plantations fertilized with urea. Agonomy Abstracts 77: 220.
32. Jokela E, Martin TA, Vogel JG. 2010. Twenty-five years of intensive forest management with southern pines: important lessons learned. Journal of Forestry 108: 338-347.
33. Kim C, Baek G, Yoo BO *et al.* 2018. Regular Fertilization effects on the nutrient distribution of bamboo components in a Moso bamboo (*Phyllostachys pubescens* (Mazel) Ohwi) stand in South Korea. Forests 9: 671.
34. Kim C, Byun JK, Park JH, Ma HS. 2013. Litter fall and nutrient status of green leaves and leaf litter at various component ratios of fertilizer in sawtooth oak stands, Korea. Annals of Forest Research 56(2): 339-350.
35. Kim C, Jeong J, Park JH, Ma HS. 2015. Growth and nutrient status of foliage as affected by tree species and fertilization in a fire-disturbed urban forest. Forests 6: 2199-2213.
36. Knoepp JD, Coleman DC, Crossley Jr DA, Clark JS. 2000. Biological indices of soil quality: an ecosystem case study of their use. Forest Ecology and Management 138: 357-368.
37. Kreutzer K. 1995. Effects of forest liming on soil processes. Plant and Soil 168: 447-470.
38. Linder S. 1995. Foliar analysis for detecting and correcting nutrient imbalances in

Norway spruce. Ecological Bulletins 44: 178–190.
39. McFarlane KJ, Schoenholtz SH, Powers RF. 2010. Soil organic matter stability in intensively managed ponderosa pine stands in California. Soil Science Society of America Journal 74: 979–992.
40. Nadelhoffer KJ, Emmett BA, Gundersen P *et al.* 1999. Nitrogen deposition makes a minor contribution to carbon sequestration in temperate forests. Nature 398: 145–148.
41. Pimentel D, Pimentel M. 1979. Food, Energy and Society. Edward Arnold, London.
42. Raymond JE, Fox TR, Strahm BD, Zerpa J. 2016. Ammonia volatilization following nitrogen fertilization with enhanced efficiency fertilizers and urea in loblolly pine (*Pinus taeda* L.) plantations of the southern United States. Forest Ecology and Management 376: 247–255.
43. Schoenholtz SH, Van Miegroet H, Burger JA. 2000. A review of chemical and physical properties as indicators of forest soil quality: challenges and opportunities. Forest Ecology and Management 138: 335–356.
44. Skovsgaard JP, Vanclay JK. 2008. Forest site productivity: a review of the evolution of dendrometric concepts for even-aged stands. Forestry 81(1): 13–31.
45. Subedi S, Fox TR. 2016. Predicting loblolly pine site index from soil properties using partial least-squares regression. Forest Science 62(2): 449–456.
46. Switzer M. 1979. Energy relations in forest fertilization. In: Proceedings of Forest Fertilization Conference. Institute of Forest Resources, University of Washington, Seattle.
47. Timmer VR, Morrow LD. 1984. Predicting fertilizer growth response and nutrient status of jack pine by foliar diagnosis. In: Stone EL (ed). Forest Soils and Treatment Impacts. University of Tennessee, Knoxville.
48. Valentine D, Allen HL. 1990. Foliar response to fertilization identifies nutrient limitation in loblolly pine. Canadian Journal of Forest Research 20: 144–151.
49. Wenger KF. 1984. Forestry Handbook. 2nd edition. John Wiley & Sons.

제 3 장

산림작업과 복원

3·1 인공조림과 산림토양

인공조림은, 채종원이나 채종림에서 수확한 종자를 양묘장에서 묘목으로 키워 조림지에 식재하거나 조림지에 직접 파종하여 산림을 조성하는 활동이다. 장기간 산림이 아니었던 곳을 산림으로 조성하거나(신규조림) 기존 산림을 벌채한 후 갱신하는(재조림) 과정에서 인공조림이 진행된다. 인공조림과 달리 천연갱신은 후속 임분이 기존 임분의 모수에서 발생한 종자나 맹아에서 기원하는 방식이다.

인공조림의 장점은 수종 선택이 자유롭다는 점이며, 동시에 단점으로 입지환경에 적합하지 않은 수종을 식재할 경우 조림에 실패할 위험이 있다(이돈구 등, 2010). 따라서 인공조림에서 가장 중요한 변수는, 조림지의 기후, 입지, 토양 성질 등에 적합한 조림수종을 선정하는 일이다(Ashton & Kelty, 2017).

3·1·1 적지적수

적지적수(適地適樹)는 알맞은 땅에 알맞은 나무를 골라서 심는다는 조림의 개념적 원리이다(이승우 등, 2009). 양분이나 수분과 같은 자원의 요구량이 많은 수종의 경우 비옥한 임지에 식재하면 생장이 우수할 것이다. 반대로 척박한 임지에 식재하면 생장이 불량하고 임분발달이 원활하지 못하므로 조림에서 얻고자 하는 경제적 · 생태적 · 공익적 가치가 떨어질 수 있다. 따라서 척박한 임지에는 자원 요구량이 적은 수종을 식재하는 편이 바람직하다. 적지적수로 인공조림이 성공하기 위해서는 임지의 특성과 각 조림수종의 생육 환경에 대한 이해가 필요하다.

고려 및 조선 시대 사료(史料)를 보면 전통적 적지적수 개념이 이미 발달했던 기록이 남아 있지만, 일제강점기를 거치며 일본의 근대적인 적지적수 조림 기법이 우리나라에 도입되었다(이승우 등, 2009). 1960년대 후반 이후 황폐화한 산림을 복구하기 위해 여러 산림토양 조사사업이 실시되었으며, 이 과정에서 임지능력급수 분류기준(서론 표 0-4 참조)과 적지적수 판정기준이 개발되었다. 2000년대에는 1 : 25,000 산림입지도를 바탕으로 GIS를 활용한 기후대 및 수종별 적지판정 체계가 마련되었다.

영국과 캐나다 브리티시컬럼비아주 등 영미권에는 생태적 입지 구분(ecological site classification)을 바탕으로 한 조림수종 선정 기법이 개발되어 있다(MacKinnon *et al.*, 1992; Pyatt *et al.*, 2001). 여기서는 기후, 지형, 토양 등의 조합으로 임지의 생태적 지위(ecological niche)를 구분하고 각각의 입지 구분에 적합한 수종을 제시한다. 토양의 경우 주로 토양 수분과 임지 비옥도의 조합을 적지 판단의 기준으로 삼는다.

한편 영미권에도 적지적수와 사전적 의미가 동일한 'Right Tree in the Right Place'라는 표현이 있다. 그러나 이는 일반적인 산림보다는 가로수나 공원수, 정원수와 같이 도시 생활권에서의 수목 식재와 관련한 맥락으로 쓰이고 있다.

3·1·2 적지판정 체계와 맞춤형 조림지도

현재 우리나라에서 활용할 수 있는 기후대 및 수종별 적지판정 체계로 적지적수 프로그램이 개발되어 있다. 이를 이용하여 정밀산림토양조사의 지형, 토양, 기후 인자로 14개 주요 조림수종 중 해당 입지에 적합한 수종을 찾을 수 있다(산림청 · 한국임업진흥원, 2022). 그림 2-28은 산림청 산림공간정보서비스(map.forest.go.kr)에서 제공하는 맞춤형 조림지도의 예로, 강원 원주시 호저면 일대 입지에 대해 상수리나무, 일본잎갈나무 등의 수종을 권장하고 있다. 해당 지역은 도시 외곽의 구릉지 산림으로 Ⅳ영급 이상의 일본잎갈나무와 리기다소나무가 식재되어 있거나 신갈나무, 상수리나무 등의 참나무류 활엽혼효림과 일부 신나무 임분이 국지적으로 발달한 곳이다. 이와 같이 맞춤형 조림지도에서 권장하는 조림수종이 현재의 임상과 상당히 일치함을 확인할 수 있다.

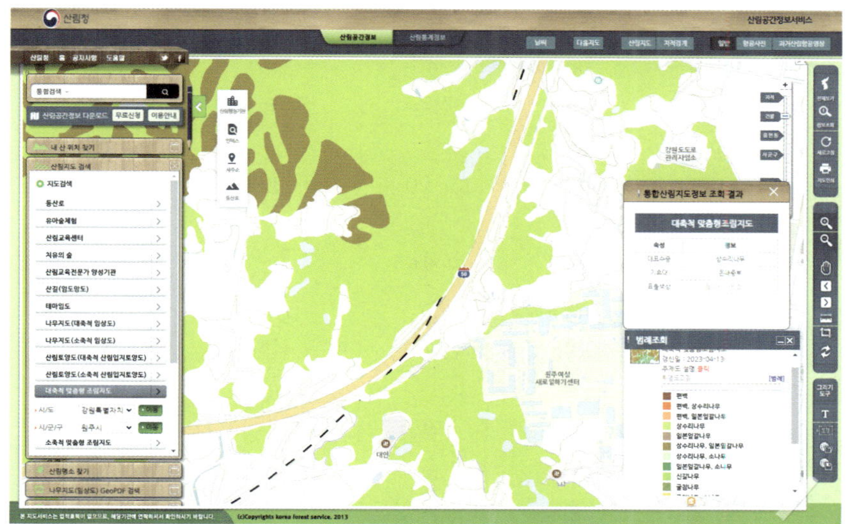

그림 2-28 맞춤형 조림지도의 예[산림청]

3·1·3 간이산림토양조사

간이산림토양조사는 현장에서 간단한 조사를 통해 누구나 쉽게 임지의 생산능력을 판정할 수 있도록 1970년대 중반에 개발되었다(이천용 등, 2008). 토심, 지형, 건습도, 경사도, 퇴적 양식, 침식, 견밀도, 토성 등 총 8개 항목을 조사한 뒤 조사 결과를 표 2-15의 점수표에 대입하여 점수 합계를 구한다. 이어서 점수에 해당하는 임지능력급수를 표 2-16에서 확인하여 임지능력급수 및 기후대별 적수를 찾는다(이승우 등, 2009).

예를 들어 온대 남부 기후대에 위치한 임지로, 토심은 30cm 미만(1점), 지형은 산복(4점), 건습도는 건조(6점), 경사도는 20~30°(5점), 퇴적 양식은 잔적토(1점), 침식이 심하고(3점), 견밀도가 견(4점), 토성은 사토(2점)에 해당할 경우 합계 점수는 26점이고 임지능력급수 Ⅳ 등급에 해당한다. 임지 비옥도가 불량한 임지로 분류되며 아까시나무, 리기다소나무, 곰솔을 적수로 권장한다.

앞서 소개한 맞춤형 조림지도는 전국적인 산림입지 데이터베이스 자료와 주요 수종별 지위지수 추정식에 기반하므로 상당한 양의 조사 자료와 높은 수준의 통계모형 및 지리정보시스템 활용 능력을 필요로 한다. 반면에 간이산림토양조사는 간편하고 현장 적용성이 뛰어난 특

표 2-15 간이산림토양조사의 인자별 점수표

인 자	점수 및 구분					
토심	⑫ 90cm 이상	⑥ 60~90cm	⑤ 30~60cm	① 30cm 미만	–	–
지형	⑪ 평탄지	⑧ 산록	⑥ 완구릉지	④ 산복	① 산정	–
건습도	⑪ 적윤	⑧ 습윤	⑥ 건조	③ 과습	① 과건	–
경사도	⑨ 5° 미만	⑧ 5~15°	⑦ 15~20°	⑤ 20~30°	③ 30~45°	① 45° 이상
퇴적 양식	⑨ 붕적토	⑤ 포행토	① 잔적토	–	–	–
침식	⑧ 없다	⑥ 있다	③ 심하다	① 매우 심하다	–	–
견밀도	⑧ 송	⑦ 연	④ 견	① 강견	–	–
토성	⑥ (미숙)사토	④ 식양토	③ (미숙)사양토	② 사토	① 미숙토	–

[산림자원조사연구소, 1976; 이승우 등, 2009]

표 2-16 간이산림토양조사의 임지능력급수에 따른 기후대별 적수판정

능력급수	점수	기후대		
		온대 중부	온대 남부	난대
Ⅰ	55~75	일본잎갈나무, 이태리포플러, 밤나무	삼나무, 오동나무, 밤나무	삼나무, 오동나무, 밤나무
Ⅱ	45~54	일본잎갈나무, 이태리포플러, 밤나무, 은사시나무, 잣나무	이태리포플러, 편백, 은사시나무, 밤나무	편백, 오동나무, 삼나무
Ⅲ	35~44	은사시나무, 잣나무, 곰솔, 아까시나무	은사시나무, 곰솔, 편백, 아까시나무	곰솔, 편백
Ⅳ	25~34	리기다소나무, 곰솔, 아까시나무	리기다소나무, 곰솔, 아까시나무	리기다소나무, 곰솔, 아까시나무
Ⅴ	8~24	오리나무, 리기다소나무	오리나무, 리기다소나무	오리나무, 리기다소나무

[산림자원조사연구소, 1976; 이승우 등, 2009]

징이 있다. 그러나 간이산림토양조사의 점수표 및 임지능력급수별 적수 목록은 1970년대에 최초 수립된 이후 일부 도시림에 맞게 개량한 시도(변우혁 · 김기원, 2010)를 제외하고는 수정 · 보완이 이루어지지 않았다.

우리나라 임지 비옥도가 과거와 달라지고 시대별로 주요 조림수종도 바뀌는 바람에 과거의 간이산림토양조사 기준을 오늘날 그대로 활용하기는 어렵다. 예를 들어 간이산림토양조사의 적수에 포함된 이태리포플러, 은사시나무, 리기다소나무 등의 수종은 과거 치산녹화기에 많이 식재하였지만 현재는 거의 식재하지 않는다. 따라서 현재의 실정에 적합하도록 향후 간이산림토양조사에 대한 재검토 작업이 이루어져야 한다.

3·2 벌채와 산림토양

벌채는 성숙한 임목을 수확하고 동시에 갱신을 개시하는 작업으로 벌채 후에는 산림의 구조, 기능, 환경(미기후), 토양 등에 변화가 발생한다. 벌채로 단기간에 산림의 지상부가 사라짐에 따라 산림 구조가 크게 변하고, 임지가 강수, 태양복사, 바람 등에 노출됨에 따라 미기후도 바뀐다. 산림의 구조와 환경의 변화는 유량 공급, 토양 유실, 양분 순환 등과 산림의 기능 및 가치(생태계서비스)에 영향을 끼치며 이러한 변화가 산림토양의 물리 · 화학적 성질에 복합적으로 작용한다.

일반적으로 벌채가 산림토양에 부정적 영향을 미친다고 알려져 있지만 실제 사례에서는 산림토양의 물리 · 화학적 성질에 따라 영향이 부정적이지 않은 경우도 상당하다. 따라서 벌채

후 산림토양의 변화에 대한 이론과 실제의 복잡성을 이해하고 현장에서 유연하게 판단할 수 있는 자세가 필요하다.

벌채 방식으로 모두베기(개벌)가 대표적이며, 그 밖에 벌채 강도, 시기, 횟수, 구획 등에 따른 산벌, 골라베기(택벌), 이단림작업, 모수림작업 등이 있다. 현재 우리나라에서는 벌채 및 갱신작업으로 모두베기 후 인공조림 작업을 일반적으로 시행하고 있다. 모두베기는 벌채가 토양에 미치는 영향을 명확하게 보여 주며, 모두베기 이외의 벌채 방식은 모두베기의 문제를 보완하기 위해 마련한 방법이다. 따라서 모두베기를 중심으로 벌채가 산림토양의 물리·화학적 특성에 어떤 영향을 끼치는지 먼저 다루고자 한다.

3·2·1 수문 및 미기후에 대한 영향

산림의 물은 기본적으로 강수에서 기원한다. 산림에 도달한 강수는 수관, 지표, 토양, 식생, 지하수 등에 분배되고, 최종적으로 대기(증발산)나 계류수(지표유거수 및 지하유출수)로 빠져나간다. 그런데 벌채로 임목이 제거되고 지표가 정리되면 물 순환에 변화가 일어난다(그림 2-29 참조).

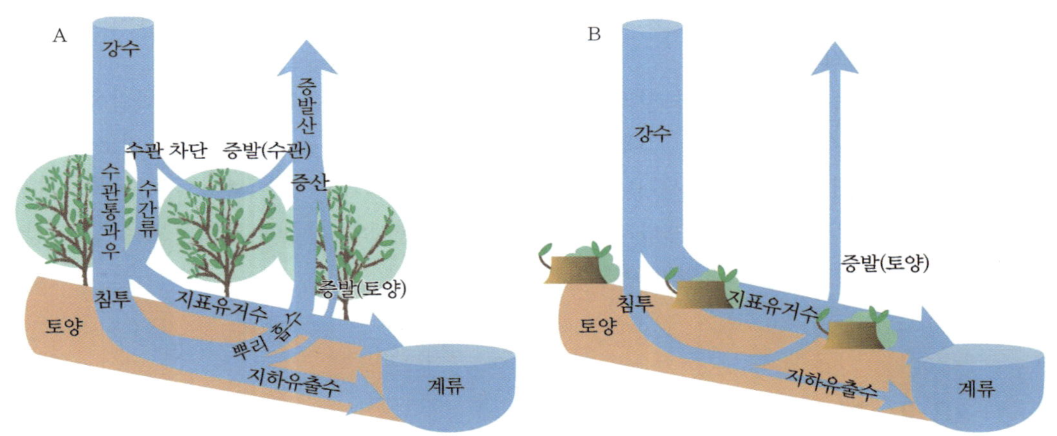

그림 2-29 벌채 전(A)과 벌채 후(B) 산림 물 순환의 변화

1 지표유거수

임목이 제거되면 일차적으로 강수는 수관에 차단되지 않고 지면에 직접 도달한다. 단위시간당 토양에 침투할 수 있는 양보다 더 많은 강수가 지면에 도달하면 침투하지 못한 강수는 지표를 따라 흘러내려 간다. 화분에 물을 서서히 주지 않고 한꺼번에 주면 물이 흘러 넘치듯이 수관에 차단되지 않은 강수의 상당량이 토양에 침투하지 않고 지표를 따라 흐른다. 특히 수관에 차단되지 않고 지면에 직접 도달한 빗방울은 토양 입단을 파괴하고 토양입자가 공극을 막아 침투율이 감소한다.

2 유량 변동

벌채 후에는 산림토양의 유량 조절 기능이 떨어진다. 산림토양은 강수를 저장해 두었다가 비가 내리지 않는 시기가 되면 저장해 둔 물을 지하유출수로 계류수에 흘려보내 하천의 유량을 조절하는 '녹색 댐'의 역할을 한다. 벌채로 강수의 상당량이 짧은 시간에 지표유거수로 흘러가는 것과 달리 산림토양(침투)과 지하수(지하유출수)로 서서히 흘러가는 유량은 감소한다. 따라서 비가 오고 안 옴에 따라 유량 변동의 폭이 극단적으로 커진다. 이는 집중호우 시기에는 홍수, 갈수기에는 가뭄과 같은 유역의 재난 위험을 가중한다.

3 토양 수분

벌채로 인해 결과적으로 토양 수분의 동태에도 변화가 발생한다. 침투를 통한 토양 수분의 공급이 감소하는 동시에, 임목이 제거됨에 따라 뿌리에서의 수분 흡수와 식생의 증산도 감소한다. 또한 벌채로 인해 토양 표면이 태양복사와 대기, 바람 등에 노출됨에 따라 토양으로부터의 증발량이 증가한다. 침투량과 증발산량의 변화로 토양 수분이 습윤해질 수도, 건조해질 수도 있으며(Ashton & Kelty, 2017), 효과가 일시적으로 나타난 후 시간이 지나면 원상태로 회복하기도 한다.

4 임상 미기후

그 밖에 벌채지에서 임관을 포함한 지상부가 제거됨에 따라 임상이 태양복사에 노출되고 토양 온도가 상승한다. 또한 지표 상태가 단순해지고 지표의 거칠기(roughness)가 낮아진 결과 바람의 강도가 세진다.

3·2·2 토양에 대한 물리적 영향

1 토양 유실

지면에 도달하는 강수강도와 지표유거수 유량이 증가하면 강수에 의한 표토의 침식과 유실이 발생한다. 따라서 토성, 용적밀도, 공극률 등 산림토양의 물리적 구조가 전반적으로 취약해진다. 특히 집중호우가 발생하면 계류수로의 토사 유출과 하천 출구의 토사 퇴적이 증가하고 수질과 수생태계가 훼손된다. 실례로 일본 홋카이도 시라루토로 호수 유역에서 진행한 연구에 따르면 1960년대 이전 약 200년 동안 $8.9t \cdot km^{-2} \cdot yr^{-1}$이었던 토사 유출이, 1960년대 이후 유역 내 산림 벌채와 농지 개발로 인해 $21.1t \cdot km^{-2} \cdot yr^{-1}$로 증가하였다(Ahn, 2009).

2 토양 답압

벌채, 조림지 준비, 집재 및 운재 등의 산림작업 과정에서 작업인부의 이동과 임업기계 가동으로 토양 답압이 발생한다(Batey, 2009; Ampoorter *et al.*, 2012). 답압으로 토양 공극이 감소하고 이와 관련한 통기성, 보수성, 투수성 등의 기능이 불량해진다. 이러한 토양 답압의 영향은 현장에서 용적밀도 및 토양 경도의 증가로 확인할 수 있다.

예를 들어 경북 상주시 리기다소나무림의 모두베기 작업지에서 진행한 연구에 따르면 미벌채지와 벌채지의 토양 경도는 0~7cm 깊이 토양에서 각각 0.88~1.04kg·cm^{-2}와 1.02~1.55kg·cm^{-2}이었고, 7~15cm 깊이 토양에서는 각각 1.02~1.74kg·cm^{-2}, 1.78~2.19kg·cm^{-2}이었다(김재영 · 김동근, 2012; 그림 2-30 참조). 이와 같이 모두베기 과정에서 토양 답압이 발생하여 벌채지의 토양 경도가 증가하였음을 확인할 수 있다.

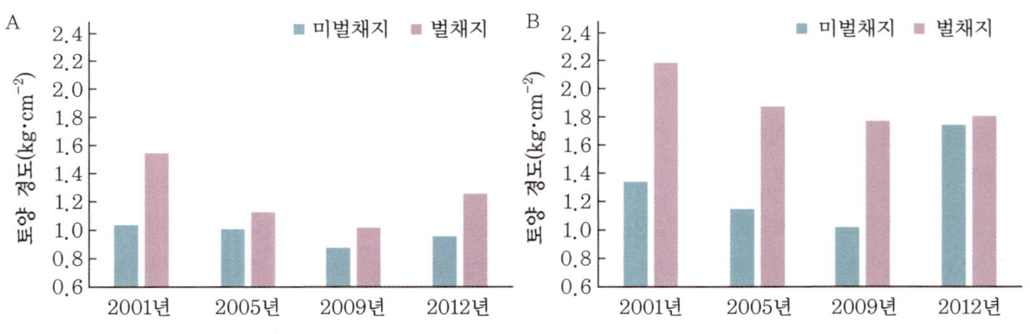

그림 2-30 모두베기 작업 후 토양 깊이별 토양 경도의 변화(A: 0~7cm 깊이, B: 7~15cm 깊이)[김재영 · 김동근, 2012]

3·2·3 토양에 대한 화학적 영향

모두베기로 인한 산림의 구조, 수문, 미기후, 토양 물리성 등의 변화는 무기양분이나 유기물과 같은 토양의 화학적 성질에 부정적인 영향을 미친다고 알려져 있으나 그렇지 않은 사례들도 있다. 전남 광양시 백운산 내 천연활엽수림 모두베기 작업지를 대상으로 벌채 전과 벌채 후의 토양 변화를 관찰한 결과 유기물 함량, 전질소, 유효태 인산, 교환성 양이온 등이 전반적으로 감소하였다(박재현 등, 2000; 표 2-17 참조).

표 2-17 전남 광양시 백운산 천연활엽수림의 모두베기에 따른 토양 특성의 변화

구 분	연도	pH	유기물 (%)	전질소 (%)	유효 인산 (ppm)	양이온 교환용량 ($cmol_c·kg^{-1}$)	교환성 양이온 ($cmol_c·kg^{-1}$)			
							K^+	Na^+	Ca^{2+}	Mg^{2+}
벌채 전	1993	5.04	16.06	0.78	137.42	17.93	0.86	0.15	4.67	1.43
벌채 후	1993	5.98	13.10	0.62	110.27	17.48	0.40	0.12	0.69	0.44
	1994	4.58	12.30	0.34	18.27	16.50	0.27	0.07	1.49	0.98
	1995	4.31	11.21	0.41	38.40	19.58	0.19	0.22	0.98	0.17
	1998	4.65	12.21	0.45	40.46	19.60	0.20	0.25	1.22	0.55

[박재현 등, 2000]

1 무기양분

모두베기 작업지의 양분 유실은 크게 두 가지 과정으로 진행된다. 첫째, 임목을 벌채하거나 운반하는 과정에서 임목의 바이오매스에 축적된 양분이 산림생태계에서 유출된다(Binkley & Fisher, 2020). 임목은 살아 있는 동안 토양의 양분을 뿌리에서 흡수하여 잎, 가지, 줄기, 뿌리 등의 유기물을 구성하고 광합성, 효소 활성화, 삼투압 조절 등의 생리 활동에 이용한다. 이렇게 임목이 토양으로부터 흡수하여 바이오매스에 축적한 양분은 낙엽·낙지 및 고사목의 분해 과정을 거쳐 다시 토양으로 되돌아간다. 자연 상태의 산림생태계에서 양분의 대부분은 토양과 식생 사이를 순환하며, 일부가 대기에서 건성강하물 및 습성강하물의 형태로 산림생태계에 유입되거나 토양수에 의해 용탈되어 산림생태계에서 유출된다. 그러나 벌채는 임목이 수십 년간 축적한 양분을 일시에 산림생태계에서 반출한다. 특히 열대 조림지는 임목의 생장 속도가 빠르고 벌채 주기가 수년에서 20년 사이로 짧기 때문에 부족한 양분을 비료로 공급하지 않고 벌채를 반복할 경우 장기적으로 산림생산력의 지속가능성을 크게 저하할 수 있다(Binkley & Fisher, 2020).

둘째, 모두베기로 임지의 물리적 구조와 물 순환이 변화함에 따라 토양에서 용탈되는 양분이 증가한다(Federer *et al.*, 1989; Kreutzweiser *et al.*, 2008). 벌채지의 지표유거수가 증가함에 따라 토양에 있던 양분이 토양과 함께 유실되거나 토양에서 용탈되는 양이 증가한다. 이와 반대로 벌채 후 임목의 양분 흡수가 감소하고 고사 유기물의 분해가 빨라지면서 양분 유입이 촉진될 수 있다는 보고도 있다(Farahnak *et al.*, 2022). 벌채가 산림생태계의 양분 손실과 임지 비옥도에 미치는 영향 정도는 양분 종류, 기후, 토양 종류, 임지 특성 등에 따라 상이할 수 있다.

2 유기물

토양 유기물에 대한 모두베기의 영향은 유기물층을 중심으로 발생한다. 전 세계 벌채지 토양의 탄소 함량 변화를 종합 분석한 연구에 따르면 유기물층은 탄소 함량이 평균 약 30% 감소하였으나, 무기토양의 경우 표층에서 3% 감소하였다는 일부 보고와 같이 무기토양에서 탄소의 감소 효과가 작거나 통계적으로 유의하지 않았다(Nave *et al.*, 2010; James & Harrison, 2016).

토양 유기물의 주요 공급원은 낙엽, 낙지, 고사 잔뿌리, 고사목과 같은 고사 유기물로, 모두베기로 임목이 제거되면 토양에 공급되는 고사 유기물의 양이 줄어들고 유기물층이 감소한다. 또한 조림지 준비작업 과정에서 임지의 벌채 부산물과 잡초가 정리될 뿐만 아니라 낙엽층도 일부 제거될 수 있다. 우리나라에서는 인력에 의존하여 조림지 준비작업을 하기 때문에 낙엽층이 제거되는 정도가 크지 않지만, 해외에서는 조림지 준비작업 시 발아를 촉진하거나 묘목의 활착을 돕기 위해 중장비를 이용하여 적극적으로 지면을 긁어 낙엽층을 제거(scarification)하기도 한다(Ashton & Kelty, 2017). 따라서 조림지 준비작업에서의 고사 유기물과 낙엽층 제거도 토양 유기물의 원료 공급에 부정적 영향을 끼친다.

모두베기로 인해 고사 유기물의 공급이 줄어드는 반면에 토양 유기물의 분해는 촉진된다. 임상 노출로 토양 온도가 상승하면서 토양 유기물을 분해하는 미생물의 활동이 활발해진다. 하지만 동시에 유기물층의 분해 또한 촉진되어 무기토양에 공급되는 토양 유기물도 일시적으로 증가하고 이는 분해로 유실되는 토양 유기물의 양을 상쇄할 수 있다. 따라서 무기토양 내 토양 유기물 및 탄소 함량의 변화는 불분명한 경향을 띤다(Nave *et al.*, 2010).

3 토양 산도

모두베기로 인해 토양 산도가 증가할 수도, 감소할 수도 있다. 모두베기 후 임분 내 염기성 양이온의 유출과 용탈이 증가하면 토양 산도가 상승한다. 반대로 토양에 상당한 양의 수소이온을 공급하던 수간류가 모두베기로 감소하거나 토양 내 뿌리 및 미생물 호흡이 감소하면 토양 산도가 낮아진다. 따라서 토양 산도의 상승과 감소 효과가 상쇄되어 모두베기 후에도 토양 산도에 변화가 없거나(Fujii *et al.*, 2022), 아니면 일시적 증감 후 원상태로 회복된(노남진 등, 2023; Povilaitienė *et al.*, 2022) 사례들이 있다.

허버드브룩시험림 산림관리유역 연구 사례

허버드브룩시험림(Hubbard Brook Experimental Forest) 산림관리유역 연구는, 산림작업이 산림토양을 포함한 유역 생태계에 미치는 영향을 장기간 종합적으로 연구한 대표적 사례로 알려져 있다. 허버드브룩시험림은 1955년 미국 동북부 뉴햄프셔주에 속한 화이트산맥(White Mountains)의 3,160ha 부지에 조성되었다. 총 10개의 유역으로 이루어졌으며, 그 중 남서 사면에 조성된 유역 1~6을 중심으로 식생, 토양, 수문, 양분 순환, 수생태 등의 다

그림 2-31 허버드브룩시험림의 주요 산림관리시험 유역 전경
(1985년 촬영)[미국 산림청 북부연구소]

양한 연구가 이루어졌다(그림 2-31 참조).

유역 2, 4, 5는 벌채의 효과를 관찰하기 위한 시험 유역(experimental watershed)이고, 유역 3과 6은 시험 유역과 비교하기 위한 기준 유역(reference watershed)으로 특별한 산림작업을 실시하지 않았다. 특히 유역 2는 1965~1968년 모두베기 및 제초제 살포를 진행하여 모든 식생을 제거하였으며, 벌채목을 반출하지 않고 임지에 쌓아 두었다.

모두베기를 한 유역 모두에서 계류수의 유량이 증가하였으며, 효과가 최대 10년까지 지속되었다(Bailey *et al.*, 2002; 그림 2-32 참조). 유역 2는 1965년에 모두베기를 개시한 이후 기준 유역 대비 연유량이 344mm(40%) 증가하였으며, 임지의 식생이 회복됨에 따라 1970년대 후반까지 효과가 점진적으로 감소하였다.

유량의 증가는 토양의 용탈을 촉진하여 계류수를 통한 칼륨 유출량이 증가하였다(그림 2-32 참조). 유량과 마찬가지로 유역 2에서 모두베기 작업이 진행되는 동안 계류수를 통한 칼륨 유출량이 기준 유역 대비 20배 가까이 증가하였으며, 이후 1980년대 중반까지 두세 배 증가한 수준을 유지하였다.

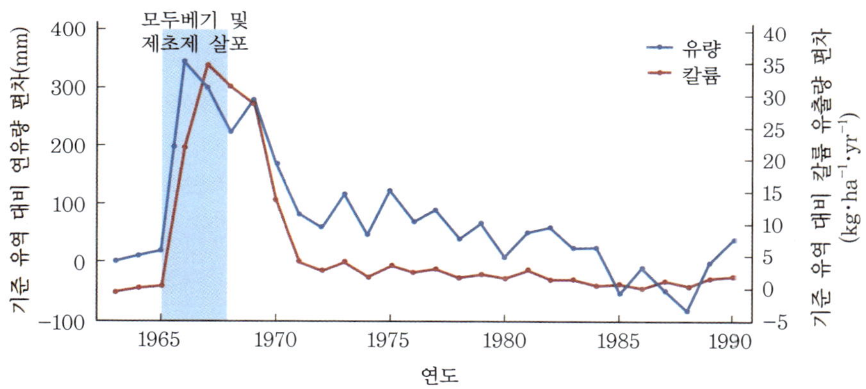

그림 2-32 허버드브룩시험림 모두베기 시험 유역의 연유량과 칼륨 유출량 변화[Bailey *et al.*, 2002; Campbell *et al.*, 2019]

모두베기 작업 후 8년간 계류수를 통한 양분과 토양 유실을 확인하였다. 계류수를 통한 칼륨 유출량은 기준 유역에서 1.9kg·ha^{-1}·yr^{-1}, 모두베기 시험 유역에서 19.0kg·ha^{-1}·yr^{-1}로 기준 유역 대비 10배에 가까웠다(Likens *et al.*, 1994). 기준 유역의 토사 유출량이 25~50kg·ha^{-1}·yr^{-1}인 반면에 모두베기 시험 유역의 토사 유출량은 67~365kg·ha^{-1}·yr^{-1}까지 증가하였다(Bormann *et al.*, 1974). 산림작업에 의한 칼륨 유실은 중장기적으로 고사 유기물 및 토양 유기물의 분해와 풍화작용을 통해 보충될 수 있지만, 짧은 주기로 벌채를 반복할 경우 임지의 칼륨 유효도가 고갈할 것으로 예측되었다(Vadeboncoeur *et al.*, 2014).

3·2·4 토양 교란 최소화를 위한 벌채 관리

벌채는 목재 수확과 갱신을 위한 산림작업 또는 경영 활동이지만 동시에 지표를 노출함으로써 산림토양의 물리·화학적 성질을 악화할 수 있다. 이는 임지의 생산성과 생물다양성, 수원 함양, 토양 유실 저감과 같은 생태계서비스, 산림생태계의 지속가능성에 위협이 될 수 있으며 최악의 경우 산림 파괴 및 토지 황폐화로 이어질 수 있다. 현장에서는 벌채의 영향을 줄이기 위한 관리 방안들을 마련해 왔다.

산벌, 골라베기, 이단림작업과 같은 벌채 방식은 모두베기의 교란 효과를 최소화하고 임지 비옥도와 산림토양의 생태계서비스를 지속하기 위해 고안되었다. 모두베기가 대면적의 임지를 일시에 벌채하는 것과 달리 이들 작업 방식은 벌채 시기와 구역을 분산하여 단기간에 일정 면적 이상의 임지가 노출되지 않도록 한다. 즉 벌채 후 갱신이 진행되는 과정에 임관을 남겨 놓음으로써 수관의 강수 차단이 지속되고, 그 결과 지표유거수와 토양 유실의 증가를 최소화할 수 있다. 예를 들어 경기 포천시 일본잎갈나무림에서 친환경 벌채를 실시하였더니 벌채 3년 후 유기물층의 탄소 저장량이 대조구 대비 약 30% 감소한 반면에 무기토양의 탄소 저장량과 용적밀도에는 눈에 띄는 변화가 없었다(왕예가 · 김동엽, 2022; 표 2-18 참조).

표 2-18 경기 포천시 일본잎갈나무림의 친환경 벌채 3년 후 지하부 탄소 저장량 및 용적밀도

구 분	탄소 저장량($Mg\ C \cdot ha^{-1}$)			용적밀도($g \cdot cm^{-3}$)	
	유기물층	A층	B층	A층	B층
대조구	12.16±0.09**	110.18±3.29	32.05±0.57	0.79±0.02	0.97±0.11
친환경 벌채	8.64±0.07	115.92±3.65	37.42±4.92	0.78±0.09	1.06±0.11*

주 * $P<0.05$, ** $P<0.01$[왕예가 · 김동엽, 2022]

벌채 후 빠른 시일 내에 재조림을 실시하여 산림토양 노출의 장기화를 방지하는 일도 중요하다. 현재 우리나라 산림 현장에서는 일반적으로 가을철에 벌채작업을 하고 이듬해 봄에 재조림을 실시하여 지표의 피복을 돕는다. 일본잎갈나무와 리기다소나무 벌채지에 조성한 일본잎갈나무 조림지 토양의 물리·화학적 성질을 11년간 추적한 결과 벌채 후 조기 재조림이 토양 물리성을 회복하고 양분 용탈을 억제한다고 보고되었다(노남진 등, 2023).

산림토양의 물리·화학적 성질은 재조림 후 임분이 발달하면서 점차 회복한다. 전남 광양시 백운산에 위치한 서울대학교 남부연습림 내 천연활엽수림을 벌채한 직후 운재로의 토양 용적밀도가 약 두 배 수준으로 증가하였다가 시간이 경과하면서 지속적으로 회복하였으며, 원상태로 돌아오기까지 약 10년이 소요될 것으로 예측되었다(우보명 등 1994; 그림 2-33 참조).

토양 유기물은 조림 후 임분이 발달하면서 고사 유기물로 꾸준히 보충된다. 따라서 벌채

후 토양 유기물의 함량이 단기간 감소하더라도 장기적으로는 벌채 후 수십 년이 지나면 벌채 이전 수준으로 회복하거나 증가할 수 있다(James & Harris, 2016).

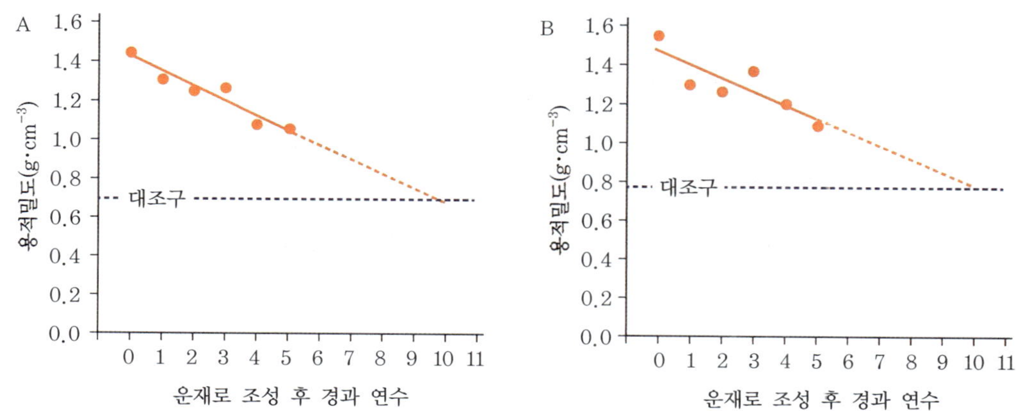

그림 2-33 전남 광양시 백운산 서울대학교 남부연습림 내 천연활엽수림 벌채 직후 운재로의 토양 용적밀도 변화(A: A층, B: B층)[우보명 등, 1994]

3·2·5 간벌과 산림토양

간벌(솎아베기)은 산림작업 중 벌채 이전에 실시하는 숲가꾸기에 해당하지만 넓은 의미에서 벌채의 한 방식이라고 할 수 있다. 일반적으로 간벌은 생장이 불량한 임목을 제거하고 생육 환경을 개선하여 우량목의 생장과 수형을 증진할 목적으로 식재 후 15~40년 사이에 실시하는 중간 벌채이다. 수확을 목적으로 하는 모두베기, 산벌, 골라베기 등과 벌채의 목적, 시기, 규모 등에 차이가 있지만 간벌도 임분에서 일정한 양의 임목을 제거하여 국지적인 임지 교란을 유발할 수 있는 점에서 벌채의 연장선상으로 볼 수 있다. 간벌은 간벌 시기, 강도, 방식 등이 다양하고 조사 항목, 대상 수종, 간벌 강도, 작업 후 경과 기간 등에 따라 효과가 다르게 나타난다(Zhang *et al.*, 2018).

간벌이 임지의 미기후에 미치는 영향은 비교적 명확하다(그림 2-34 참조). 간벌을 실시하면 임상에 더 많은 태양복사가 도달하여 토양 온도가 상승하고 임목의 증발산량이 감소한다. 토양 수분 또한 간벌 후 대체로 증가하는 경향을 나타낸다(del Campo *et al.*, 2022).

반면에 간벌이 토양 유기물과 양분에 미치는 영향은 복잡하다. 지상부 바이오매스와 낙엽·낙지 공급이 줄어든 결과 낙엽층이 감소하지만 동시에 간벌 임지에 쌓아 둔 벌채 부산물로 인해 낙엽층이 증가할 수 있다. 토양 온도와 토양 수분의 증가로 토양 미생물의 활동이 대체로 증가하면서 낙엽 분해가 촉진되고 벌채목의 죽은 뿌리 등 고사 유기물의 공급이 늘어나지만, 토양호흡이나 미생물의 활성도와 같은 토양 유기물을 분해하는 활동도 촉진될 수 있다. 질소나 인과 같은 양분 또한 낙엽 및 낙지 생산량의 감소로 유효도가 감소할 수 있지만 토양 미생물의 무기화작용이 촉진되어 양분 유효도가 증가할 수도 있다.

그림 2-34 경기 포천시 광릉시험림 내 일본잎갈나무 Ⅳ영급 간벌지 전경 (일부 임목이 벌채된 결과 임관이 열리고 임상의 미기후가 변화한다.)

2009~2022년 우리나라 중부와 남부 지방에 위치한 소나무, 참나무류, 일본잎갈나무, 곰솔 등의 임분을 대상으로 간벌작업에 따른 토양 탄소 저장량 장기 모니터링 연구를 진행하였다. 간벌을 실시하고 수년이 경과한 후 총 18개 조사지별로 간벌작업이 유기물층 및 무기토양의 탄소 저장량에 미친 효과를 종합한 결과 경우에 따라 증가와 감소가 혼재하였다(Kim *et al.*, 2018). 유기물층 탄소 저장량의 경우 전체 사례 중 57.5%는 감소하였고 42.5%는 증가하였으며, 반응세기 비율은 평균 −0.5로 나타났다(그림 2-35 A 참조). 0~10cm 깊이 무기토양 탄소 저장량은 전체 사례 중 27.4%가 감소하였고 72.6%가 증가하였으며, 반응세기 비율은 평균 0.8로 나타났다(그림 2-35 B 참조). 참고로 반응세기 비율(response ratio)은 대조구 대비 처리구의 증감 효과를 나타내는 수치이며, 변화가 없을 경우 0이 되고 증가하면 양의 값, 감소하면 음의 값으로 표현된다. 즉 토양 유기물층의 탄소 저장량은 전반적으로 감소하고 무기토양 표층의 탄소 저장량은 전반적으로 증가하였지만 각 사례마다 편차가 컸다.

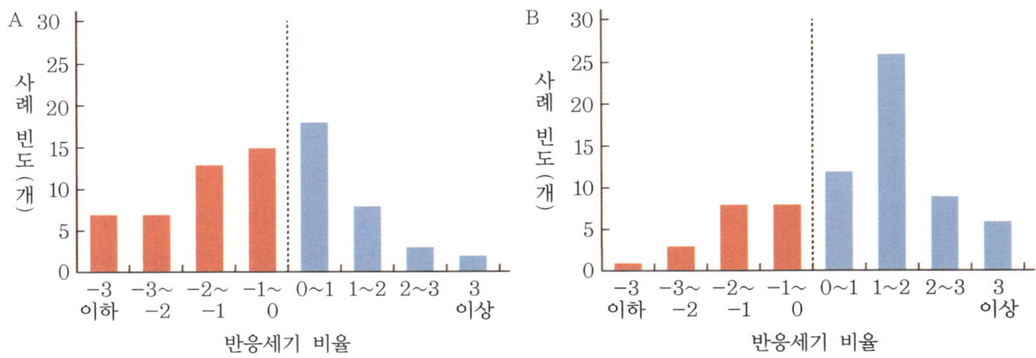

그림 2-35 우리나라 중부 및 남부 지방 간벌 실증연구지 유기물층(A)과 0~10cm 깊이 무기토양(B)의 탄소 저장량 변화[Kim *et al.*, 2018]

기후변화에 대응하고 탄소중립을 지원하기 위해 산림의 탄소 흡수·저장 능력을 최적화할 수 있는 기술 개발이 요구되고 있다. 이 중 간벌은 임목의 생장과 목재의 이용 가치를 증진하는 측면에서 꾸준히 주목받아 왔으며, 2000년대 후반부터 간벌이 토양 유기물에 미치는 영향과 관련하여 다양한 사례 연구와 종합 분석이 국내외에서 진행되어 왔다. 그러나 간벌이 양분 동태에 미치는 영향에 관한 개별적인 연구 사례들이 나오기는 하였지만 연구의 양과 질에서 아직 부족한 상황이다.

종합해 보면 간벌을 실시하면 토양의 물리성과 화학성을 개선하는 과정과 악화하는 과정이 동시다발적으로 복잡하게 작동하고 간벌의 강도, 시기, 방식, 수종 등에 따라 효과가 달라진다. 따라서 간벌이 산림토양에 미치는 영향은 산림생태계에 따라 상이하게 나타날 수 있으며, 일반적인 기작과 함께 대상지 특이적인(site-specific) 이해도 필요하다(Kim *et al.*, 2018).

3·3 산림토양 복원

오늘날 산림토양을 포함한 산림생태계는 산림 이용 및 산림 파괴, 홍수, 산불, 산성비, 병해충과 같은 교란과 기후변화에 의해 훼손되어 왔다. 이로 인해 산림생태계의 물리적 구조가 손상되고 물질적·비물질적 기능에 장애가 발생하였다. 현대 산림과학의 역할은 산림생태계가 훼손되지 않도록 보전(conservation)을 위해 노력하고, 훼손된 산림생태계의 구조와 기능을 원 산림생태계에 가깝게 되돌려 놓는 일이다(그림 2-36 참조).

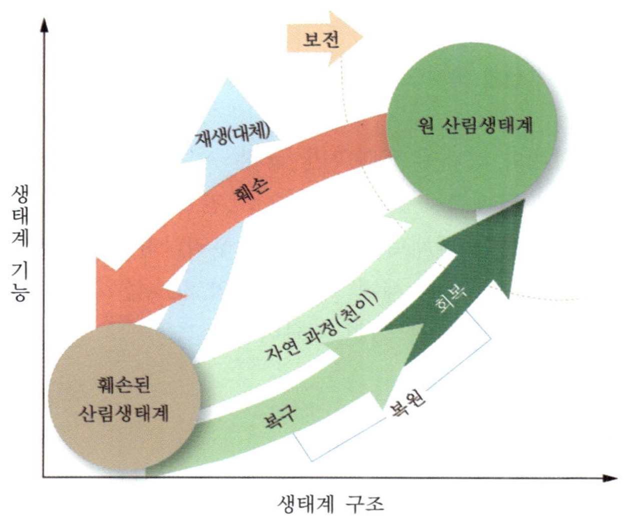

그림 2-36 산림생태계 복원의 개념[Bradshaw, 1997; 권진오 등, 2016]

3·3·1 산림토양 황폐화

벌채, 홍수, 산불 등의 교란은 산림토양의 구조와 기능에 타격을 입힌다. 그러나 앞서 허버드브룩시험림 연구 사례에서 확인하였듯이 벌채 후 수년이 경과하여 식생이 회복되면서 물순환과 양분 동태, 유기물 함량 등이 이전 수준에 가깝게 돌아왔다. 이렇게 생태계가 충격이나 교란을 조절하고 이전의 상태로 회복하는 능력을 회복탄력성(resilience)이라고 한다(Folke, 2006; Gunderson, 2000).

교란이 회복탄력성 이내의 수준으로 발생하면 산림생태계는 원래의 상태로 회복할 수 있지만 회복탄력성을 벗어난 교란은 산림 훼손을 가속화한다. 지속적인 벌채나 강한 강도의 교란이 발생하면 토양 침식과 양분 유실이 심각해진다. 그 결과 토양의 물리·화학적 성질이 열악해지고 식생이 회복하지 못하는 황폐화한 임지로의 체제 전환(regime shift)이 일어난다(Gunderson, 2000; Müller *et al.*, 2014; 그림 2-37 참조).

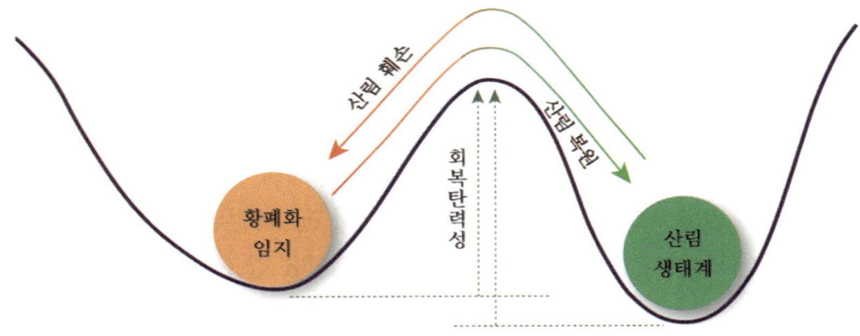

그림 2-37 산림생태계에서 황폐화 임지 또는 황폐화 임지에서 산림생태계로의 체제 전환 모식도[Gunderson, 2000; Müller *et al.*, 2014]

이렇게 임지가 한번 황폐화 상태에 도달하면 '교란→토양 침식→양분 및 유기물 유실→임목 및 식생 피해→임지 황폐화→토양 침식'으로 연결되는 악순환이 계속된다. 1970년대 녹화사업을 하기 이전 무분별한 벌채로 민둥산이던 우리나라의 임지(그림 2-38 참조)와 현재 북한의 황폐화한 임지, 그리고 전 세계 육지 면적의 40%를 차지하는 사막화 토지는 이러한 식생 파괴와 토양 훼손의 악순환을 거친 결과이다.

3·3·2 생태계 복원과 복구 개념

생태계 복원(restoration), 복구(rehabilitation), 회복(recovery)은 개념이 유사하여 현장에서 명확한 구별 없이 혼용하고 있다. 그러나 생태계 복원의 경험과 논의가 축적되면서 개념적인 수준에서 이들 용어를 다시 정의하고 구분하는 작업이 진행되어 왔다(Bradshaw,

그림 2-38 1960년 제1차 사방의 날 기념 수락산 사방지 식수 현장
[국가기록원, 2006]

1997; Stanturf *et al.*, 2014; 권진오 등, 2016).

기존의 논의에서 복원은 훼손된 생태계를 훼손 이전의 구조와 기능을 가진 원래 생태계의 상태로 되돌리는 행위를 의미하고, 복구는 훼손된 산림생태계를 원래 생태계 수준까지는 아니지만 경관 유지 및 재해 방지 등의 생태계서비스가 가능한 수준으로 생태계의 구조와 기능을 되돌리는 행위를 의미하였다. 그림 2-36에서 본 바와 같이 복원은 원 산림생태계 수준을 온전히 되찾는 일을 의미하고, 복구는 원 산림생태계로 되돌아가려는 방향성이 복원과 동일하지만 목표 지점이 복원의 중간 단계 수준이라는 차이가 있다. 추가로 대체(replacement)는 원래의 생태계와는 다르지만 원래 생태계와 비슷한 수준의 기능을 제공할 수 있도록 조성하는 행위이다. 이들 개념은 생태계 유형, 복원 또는 복구의 맥락, 실제 훼손된 상태의 특성 등에 따라 일부 변형하여 현장에 적용할 수 있다.

국립산림과학원은 우리나라 산림 현장에 적합한 방향으로 복원과 복구를 재개념화하였다. 즉 복원은 '훼손된 생태계의 회복을 돕는 전체 과정'을, 복구는 '재해 방지와 생태계의 회복을 위협할 수 있는 위험적 요소 및 지속적 교란을 감소 또는 제거하기 위한 인위적 행위'를 뜻한다(권진오 등, 2016).

현재 산림 현장에서는 절토 · 성토 사면, 표토 침식지, 산불 피해지, 폐광지 · 폐석지, 운재로 · 작업로, 답압 피해지, 오염 피해지, 기반시설(통신시설, 송전탑, 헬기장 등) 공사지 등에서 토양 복원사업이 진행되고 있다(산림청, 2018). 이들 복원사업은 토양 안정을 위한 시공이나 식생 식재가 대부분이며, 이러한 활동은 훼손된 임지를 원래 산림생태계로 되돌리기보다는 원래 산림생태계로 회복되도록 기반을 마련하는 일에 가깝다(권진오 등, 2016). 즉 현장의 산림복원사업은 개념상 복구 활동으로 보는 것이 적절하며, 일정 수준의 구조와 기능을 복구한 후 산림이 시간을 들여서 원래 생태계로 회복하는 과정을 통해 산림생태계가 복원된다고 이해할 수 있다.

3·3·3 산림토양 복구

산림토양 복구 활동은 ①토양 안정화 시공, ②식생 조성, ③토양 개량 등 세 단계로 구분할 수 있다. 토양 안정화는 토양 침식을 방지하는 활동을 통해 산림토양과 식생 회복의 기반을 마련하는 과정이며, 식생을 조성함으로써 토양에 유기물을 공급하여 토양의 발달을 촉진할 수 있다. 토양 발달을 저해하지 않도록 제한인자를 보충하고 식생 발달을 보조하기 위해 토양을 개량한다.

1 토양 안정화

토양 복원은 식생이 자랄 수 있는 임지의 물리적 기반을 확보하는 일에서 시작된다. 즉 토양 유실을 막고 토양이 임지에 보전되도록 임지의 구조를 복구하는 활동이며 사방사업이 이에 속한다. 산지사방에서 비탈다듬기(slope grading), 단끊기(terracing), 땅속흙막이(burried works), 산비탈흙막이(soil arresting structures), 누구막이(rill control structures), 산복수로공(hillside channel), 속도랑배수구(culvert), 골막이(check dam) 등의 구조물은 지표유거수의 흐름을 조절하고 토양 유실을 방지할 목적으로 시공한다(산림청, 2022).

사막화 토양 복원에서는 길이 30cm 정도의 짚을 이용하여 격자형 울타리를 만든 후 묘목을 식재한다. 격자형 울타리는 바람에 의한 토양 미세입자(점토 및 미사)의 유실을 막고 사구를 고정하는 데 효과가 있다(그림 2-39 참조).

그림 2-39 사막화 토양 복구에 쓰인 사구 고정용 격자형 울타리 (중국 내몽골)

2 식생 조성

식생은 산림토양의 발달을 가져온다. 다섯 가지 토양생성인자 중 기후, 모재, 지형 인자는 이미 해당 임지에 근원적으로 주어진 물리적 환경 요소이고, 시간은 사람이 조절할 수 없는 인자이다. 유일하게 생물(식생)만 사람이 조절할 수 있는 인자이며, 인공조림과 녹화공사 등을 통해 조성된 식생은 유기물 공급과 뿌리 활동을 통해 토양의 생성과 발달을 촉진한다. 아까시나무, 싸리류, 오리나무류와 같은 질소고정수종은 복원 초기 단계에 결핍되기 쉬운 질소를 토양에 공급한다. 또한 식생은 지표의 거칠기를 향상하여 물과 바람에 의한 토양 침식을 저감하는 효과가 있다.

강수량이 부족한 건조 · 반건조 지역에서 산림이 아니라 초지가 자연적으로 발달한 경우에는 임목 식재에 주의해야 한다. 임목 식재는 사구를 고정하고 식생 회복을 도울 수 있지만, 자칫 적지적수의 원리를 거스를 뿐만 아니라 해당 토양과 유역의 지속가능성을 위협할 수도 있다(Cao, 2008). 임목을 식재하면 증발산량이 증가하여 유역 수자원이 고갈할 수 있다. 물이 부족하여 관정을 통해 관수할 경우에는 지하수가 고갈할 뿐만 아니라 관수로 공급된 토양 수분이 증발하면서 토양이 염류화되기도 한다.

[3] 토양 개량

시비, 균근균 및 지의류 접종, 토양 보수제 처리 등은 토양의 물리 · 화학적 특성을 개량하여 토양 복원의 성공 가능성을 높인다. 토양 개량은 토양 입단을 형성하고 답압을 완화하는 등 토양의 물리적 구조를 개선하고 수분 및 양분 보유력을 향상한다. 결국 '토양 미생물 활성↔식생 발달↔토양 회복'의 선순환 효과를 가져올 수 있다.

가장 대표적인 토양 개량 활동은 유기질 및 무기질 비료를 살포하는 일이다(제Ⅱ편 제2장 2·2·2 참조). 농경지토양과 달리 산림토양은 물리적 또는 경제적 이유로 지속적인 시비가 어렵지만 식재 초기의 단발적 시비라도 효과는 중장기간 지속될 수 있다.

중국의 건조 지역에 식재한 포플러(신장백양나무, *Populus alba* var. *pyramidalis*) 묘목을 대상으로 진행한 연구에서 식재 초기에 질소를 시용하고 6년이 경과한 후에도 묘목의 생장이 촉진되었다고 보고하였다(Yoon *et al.*, 2015). 이는 초기 시비가 묘목의 뿌리 생장과 잎의 질소 농도 및 대사작용 등을 촉진하여 묘목의 생장을 증대하며, 다시 뿌리를 통해 더 많은 양분과 수분을 흡수하여 생장이 지속적으로 증가하는 양의 되먹임으로 해석할 수 있다(Luis *et al.*, 2009; 그림 2-40 참조). 그 밖에 산림토양의 산성화가 심한 곳에는 석회물질을 살포하여 토양 산도를 개선할 수 있다(제Ⅲ편 제1장 1·1·3 참조).

최근에는 바이오차(biochar)를 산림토양 개량에 활용하려는 노력이 시도되고 있다. 바이오차는 유기물의 열분해로 생성되는 물질로 생산 방법, 용도, 열분해 정도, 탄소 함량 등에서 숯(charcoal)과 구분된다(Bruckman & Pumpanen, 2019). 바이오차는 토양에서 분해되지 않고 장기간 보존되는 특성이 있어 기후변화를 방지하기 위한 탄소 저장 용도로 주목받아 왔다(Lehmann *et al.*, 2006). 그 밖에 바이오차는 토양에서 토양 유기물과 유사한 역할을 하며 토양의 물리 · 화학적 성질을 개량하는 효과가 있다.

토양 미생물의 활동을 촉진하기 위해 균근균 및 지의류를 접종하는 토양 개량 방법도 있다(Prescott *et al.*, 2019). 폐광지 토양에서 아까시나무 묘목을 대상으로 내생균근균(*Glomus*

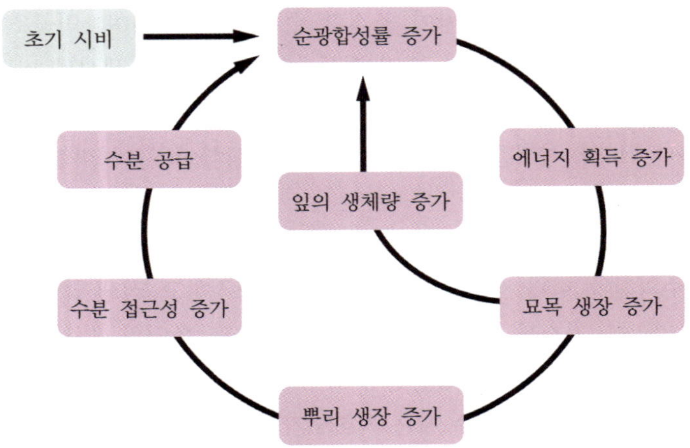

그림 2-40 식재 초기 시비의 묘목 생장 효과와 양의 되먹임[Luis *et al.*, 2009]

etunicatum)을 접종하였더니 입단 형성, 잎의 엽록소 함량, 생장 등이 향상하였다는 보고가 있다(홍승진, 2013).

사막화 토양에서는 생물토양피막(biological soil crust)을 활용한 복구 방법을 적용하기도 한다(Bowker, 2007). 생물토양피막은 건조지의 토양 표면에서 남세균, 남조류, 이끼 등이 이룬 군집을 가리키며 토양 안정화, 질소고정, 식생 발달 등에 중요한 역할을 하는 핵심종(keystone species)으로 알려져 있다. 내건성 지의류와 남세균을 배양하여 토양에 접종하는 방식의 생물토양피막 생산 기술을 국내외에서 개발하고 있다(순천대학교 · 국립수목원, 2016).

3·3·4 산림토양 복구 사례

1 사방조림

사방조림은 우리나라의 전후 및 치산녹화시기에 진행된 산림 복구의 중심에 있었다. 「사방사업법」에 따르면 사방사업은 크게 산지사방사업, 해안사방사업, 야계사방사업 등으로 구분한다. 그중 산지사방사업은 1945~2021년 총 730,593ha의 황폐 산지에서 시행되었다(산림청, 2022). 이들 황폐 산지는 임지 노출로 토양 침식이 수십 년간 계속된 결과 토심이 얕고 토층이 발달하지 않으며 유기물과 양분이 빈약한 특성을 지녔다. 이에 따라 토양 침식을 방지하고 질소고정수종을 식재하여 토양을 개량하는 복구 작업이 진행되었다.

1976년 조성한 경기 여주시 능현동 사방조림지를 대상으로 토양 발달을 장기간 관찰하였다(이현규, 2016; 그림 2-41 참조). 조성 당시 토양 유실로 화강암 모재가 노출되었던 임지를 계단식으로 복토한 후 오리나무류, 리기다소나무, 아까시나무, 싸리류 등을 식재한 곳이다. 사방사업 후 43년이 경과한 시점에서도 전체 토심은 약 15cm 이내에 불과하였지만 유기물 공급과 토층 분화 등 토양 복원의 진행 과정을 확인할 수 있었다. 사방사업으로부터 9년이 지난 후 낙엽층 두께가 약 3cm로 발달하였으며 그 뒤로는 큰 변화 없이 유지되었다. 낙엽층을 제외한 나머지 유기물층(분해층+부식층)의 두께는 36년 경과 후 약 4cm가 되었으며 연평균 증가량이 0.34cm이었다. A층 토양은 12년 경과할 때까지 발달하지 않았지만, 15년이 경과할 무렵 뿌리의 분포와 함께 형성되기 시작하였으며 36년 경과 시점에는 약 3cm 깊이까지 발달하였다.

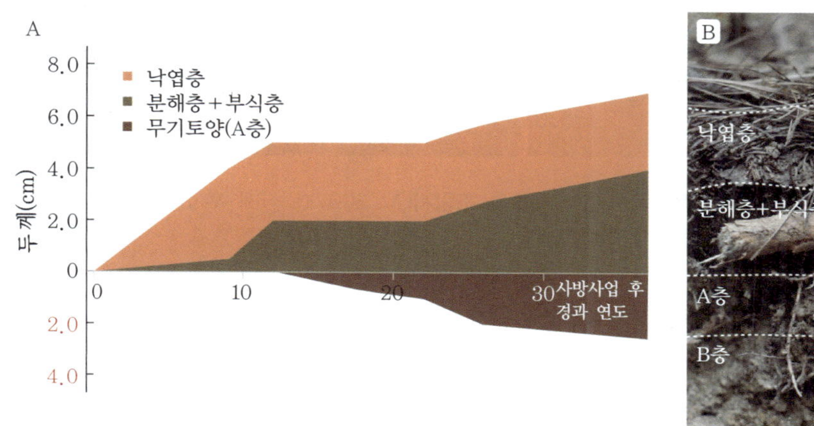

그림 2-41 경기 여주시 사방조림지의 토양 발달(A: 낙엽층, 분해층+부식층, 무기토양 두께의 변화, B: 사방사업 후 43년 경과한 시점의 토양층위)[이현규, 2016]

2 사막화 방지 조림

아시아 건조·반건조 지역의 사막화를 막기 위해 2000년대부터 우리나라 산림청과 민간단체가 중국, 몽골, 미얀마, 카자흐스탄, 타지키스탄 등에 진출하여 산림협력사업을 진행해 오고 있다. 초기에는 양묘 시설을 조성하고 인공조림(묘목 식재)을 실시하였으며, 최근에는 혼농임업(混農林業, agroforestry)을 통한 주민 소득 개선과 산림기술 교육, 현지 인력 역량 강화 등으로 사업 범위를 확장하고 있다.

중국 내몽골 쿠부치사막에서는 황사 및 사막화 방지를 위해 우리나라와 일본의 민간 단체가 2000년대부터 현지 단체와 협력하여 내건성 포플러(백양나무, *Populus sibirica*)를 식재해 왔다(그림 2-42 참조). 2008년 방영된 TV 예능 프로그램(무한도전)에서 이 내용을 소개한 바 있다.

이후 2010년 사막화 방지 조림지의 토양 변화를 확인하기 위해 각기 상이한 연도에 조성한 조림지별 토양(0~15cm)의 물리·화학적 성질을 분석하였다(동국대학교 황사·사막화방지 연구소, 2010). 주요 결과로는 첫째, 포플러 식재 후 시간이 경과함에 따라 모래의 비율이 낮아져 조림 후 1년이 경과한 토양에서 98.5%, 9년 경과한 토양에서는 96.1%로 연평균 0.3%씩 감소하였다(표 2-19 참조). 둘째, 포플러 식재로 토양 내 총탄소, 전질소, 칼륨, 마그네슘 등의 농도가 증가하였다. 셋째, 토양 염기도가 점차 증가하여 토양 pH가 1년 경과한 토양에서 9.16이었고, 9년 경과 후 9.38로 상승하였다. 해당 조림지는 조림목의 활착과 생

그림 2-42 중국 내몽골 쿠부치사막의 포플러 조림지(A: 2007년 식재 후 3년 경과, B: 2001년 식재 후 9년 경과)

표 2-19 중국 내몽골 쿠부치사막 포플러 조림지의 토양 특성 변화

토양 성질	2009년 조림지 (식재 후 1년 경과)	2006년 조림지 (식재 후 4년 경과)	2001년 조림지 (식재 후 9년 경과)
모래 비율(%)	98.5	96.7	96.1
pH	9.16	9.15	9.38
탄소(%)	0.31	0.67	0.63
질소(%)	0.04	0.04	0.05
유효 인산($mg \cdot kg^{-1}$)	11.08	4.74	13.85
양이온교환용량($cmol_c \cdot kg^{-1}$)	18.40	26.18	21.55
K^+($cmol_c \cdot kg^{-1}$)	0.13	0.12	0.30
Na^+($cmol_c \cdot kg^{-1}$)	0.62	0.79	0.66
Ca^{2+}($cmol_c \cdot kg^{-1}$)	17.22	24.77	19.34
Mg^{2+}($cmol_c \cdot kg^{-1}$)	0.43	0.50	1.24

[동국대학교 황사 · 사막화방지연구소, 2010]

장을 위해 지속적으로 관수한 결과 토양 수분의 증발로 인한 염류 집적과 알칼리화가 진행된 것으로 보인다.

3 매립지 염해 토양

우리나라 서 · 남해안은 지형적 특성에 기인한 오랜 간척의 역사를 지니고 있다. 과거에는 농지 확보를 목적으로 간척이 이루어졌고, 1990년대 이후에는 항만, 공업단지, 도시용지 등의 다목적 개발을 위해 흙, 모래, 돌 등을 해안에 채워 넣어 매립지로 조성하였다. 인천국제공항, 송도국제도시, 시화 간척지, 새만금 간척지 등이 대표적인 예이다.

해안 매립지는 일반 토사나 간척지 토양, 바다 밑에서 퍼 올린 준설토 혹은 갯벌 토양으로 성토한다. 이들 매립토는 일반적으로 토양 구조 및 공극이 미발달하여 물리적 성질이 불량하고 비옥도가 낮다. 또한 NaCl, Na_2CO_3, Na_2SO_4, $MgCl_2$, $CaCl_2$ 등의 염류가 과다하여 건조 환경에서 수분이 증발하면 지표에 염류가 집적되며, 이들 염류는 토양의 삼투퍼텐셜을 낮춰 뿌리의 물 흡수를 저해하는 문제를 일으킨다. 또한 교환성 나트륨은 토양입자를 분산하여 토양 구조를 불량하게 만들고 토양이 강알칼리성을 띠게 한다. 토양 염류화로 인한 피해는 해안 매립지뿐만 아니라 사막화 지역, 건조·반건조 지역의 농경지 및 목초지에서도 발생한다.

염류로 인해 피해가 발생한 토양을 염해 토양이라고 부른다. 염해 토양은 염류 토양, 나트륨성 토양, 염류-나트륨성 토양 등으로 세분하며 이들은 전기전도도, 나트륨 흡착비, 교환성 나트륨 백분율 등의 지수로 판별한다(표 2-20 참조). 전기전도도(electric conductivity, EC)는 전극을 이용하여 토양용액의 전기 전도성을 측정한 값으로, 순수한 물은 전기전도도가 낮고 반대로 전도도가 높을 경우 염 농도가 높음을 나타낸다. 나트륨 흡착비(sodium adsorption ratio, SAR)는 칼슘 및 마그네슘 이온에 대한 나트륨이온의 농도비로 정의하며, 칼슘 및 마그네슘 이온이 나트륨이온의 영향을 완화하는 효과를 반영한다. 이와 비슷한 지수로 교환성 나트륨 백분율(exchangeable sodium percentage, ESP)이 있으며 양이온교환용량 중 교환성 나트륨이온의 비율로 정의한다.

$$\mathrm{SAR} = \frac{[\mathrm{Na^+}]}{\sqrt{\frac{[\mathrm{Ca^{2+}}]+[\mathrm{Mg^{2+}}]}{2}}} \quad \cdots\cdots (2\cdot6)$$

$$\mathrm{ESP}(\%) = \frac{\text{교환성 Na}^+\,(\mathrm{cmol_c \cdot kg^{-1}})}{\text{양이온교환용량}\,(\mathrm{cmol_c \cdot kg^{-1}})} \times 100 \quad \cdots\cdots (2\cdot7)$$

염류 토양은 EC 4dS·m^{-1} 이상, SAR 13 이하, ESP 15% 이하인 토양이다. 즉 나트륨보다는 칼슘과 마그네슘이 염류를 형성하는 특성이 있으며 pH가 일반적으로 8.5 이하이다. 토양에서 수분이 증발하면 염 성분이 표면에 흰색을 띠며 집적한다.

나트륨성 토양은 EC 4dS·m^{-1} 이하, SAR 13 이상, ESP 15% 이상인 토양이다. 염 농도는 낮지만 나트륨 농도가 높고 pH도 8.5 이상의 강알칼리성이어서 식물의 생장에 해를 입힌다. pH가 높아 부식이 분산 또는 용해되고 토양 표면에 집적하여 어두운 색을 띠는 특징이 있다.

염류-나트륨성 토양은 EC 4dS·m^{-1} 이상, SAR 13 이상, ESP 15% 이상인 토양이다. 염류 토양과 나트륨성 토양의 중간적인 특성을 띤다. 우리나라 서·남해안 간척지구 11곳의 토양을 분석한 결과 대다수가 EC 20~40dS·m^{-1}, ESP 30~50%, pH 3.5~7.9 범위에 분포하여 염류-나트륨성 토양으로 확인되었다(구자웅 등, 1998).

매립지 염해 토양에 수림대, 가로수, 녹지공간 등을 조성하기에 앞서 염류를 제거 및 차단하고 토양 물리성을 개선하는 작업을 실시한다. 염해 토양을 개량하여 식재 기반이 조성되면 곰솔, 노간주나무, 느릅나무, 동백나무, 자귀나무, 쥐똥나무, 참나무류, 팽나무, 해당화 등의 내염성·내조성 수종을 식재한다(이경준 등, 2015; 김도균, 2010).

표 2-20 염해 토양 분류 기준

구 분	EC 4dS·m^{-1} 이하	EC 4dS·m^{-1} 이상
SAR 13 이하 및 ESP 15% 이하	정상 토양 (pH 8.5 이하)	염류 토양 (pH 8.5 이하)
SAR 13 이상 및 ESP 15% 이상	나트륨성 토양 (pH 8.5 이상)	염류-나트륨성 토양 (pH 8.5 이하)

[US Salinity Laboratory Staff, 1954]

① 염류 제거 · 차단

염류를 제거하기 위해 일반적으로 토양 내 염류를 담수로 씻어내고(수세법) 하층부로 용탈시키는(침출법) 방법을 활용한다. 그 외에 토양 내 전류를 흘려서 이온을 제거하는 전기동력학적 제염, 석고를 활용한 화학적 제염, 내염성 미생물이나 식물을 활용한 생물학적 제염 등의 기법이 있다(손재권 등, 2016). 또한 염분을 제거하더라도 매립지 지하수와 기반층에서 식재층으로 염류가 상승할 수 있다. 따라서 기반층과 식재층 사이에 자갈, 쇄석, 부직포, 목질칩 등으로 배수층을 조성하여 염류의 이동을 차단한다.

새만금 간척지에서 제염 처리의 효과와 묘목의 내염성을 실험하였다(이경준 등, 2015). 2010년 봄부터 2011년 말까지 자연 강우로 제염을 실시한 결과 2013년 측정한 제염 처리구의 EC가 대조구보다 38% 낮은 결과를 확인하였다(그림 2-43 참조).

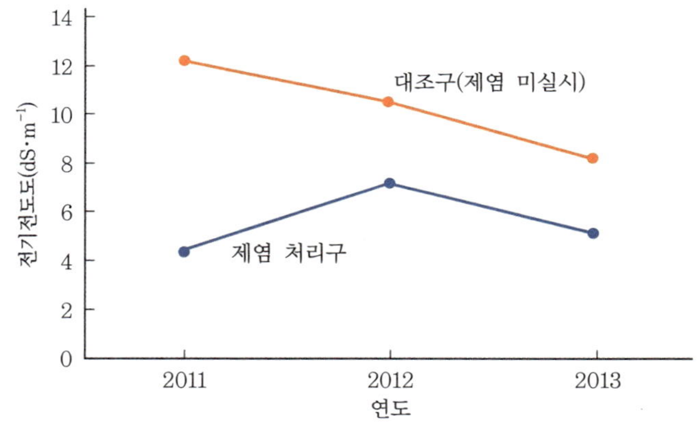

그림 2-43 새만금 간척지 묘포장 부지의 제염 처리에 따른 토양(0~60cm) 전기전도도의 변화[이경준 등, 2015]

② 토양 물리성 개선

배수공, 배수구 등의 배수시설을 설치하여 배수 불량을 방지하고, 동시에 건조 피해를 막기 위해 관수를 실시한다. 멀칭은 해풍으로부터 수분 증발과 표토 풍식을 억제하는 효과를 기대할 수 있다. 경운을 실시하여 토양 구조를 개선하고, 유기물 및 토양개량제 등을 혼합한 산림토로 1~1.5m 이상 복토한다(변재경, 2006).

4 광해 토양

광업은 과거에 우리나라 산업화를 견인한 한 축으로 발전하였으나, 1990년대 이후 산업구조의 변화와 함께 점차 쇠퇴하여 현재 전국의 광산 중 약 90%가 폐광 또는 휴광 상태이다. 폐광에서는 광산폐기물과 산성광산배수에 포함된 납, 수은, 카드뮴, 아연 등의 중금속과 산성 물질이 인근 토지 및 마을로 배출된다. 갱도 굴착, 선광·선탄, 제련 등의 광업 활동 중에도 폐석, 광물찌꺼기와 같은 광산폐기물이 발생한다. 광산폐기물을 방치하거나 광미매립장 또는 적치장에 처리하더라도 집중호우로 유실되면 인근 토양이 중금속 오염에 노출될 수 있다.

황철석(pyrite)과 같은 황화광물이 갱도 내 산소 및 물(갱내수)과 반응하면 산성을 띤 광산배수가 발생한다. 산성광산배수는 높은 산도로 중금속을 용출하여 하천수나 지하수로 흘러든다. 폐광 인근의 하천 바닥이 흔히 노란색~주황색을 띠는 경우를 볼 수 있다. 이는 산성광산배수에서 철수산화물[$Fe(OH)_3$]이 침전된 결과이다. 광해 오염은 토양 및 수생태계의 교란을 넘어서 지역 주민의 건강·보건과 농작물의 안전성까지 위협하는 심각한 문제이다.

광해 토양을 복원하기 위해서는 토양 내 오염물질을 물리·화학·생물학적 방법으로 처리하고 식생의 생육 기반을 복구하는 작업을 실시한다. 오염물질 처리에는 종류와 기법, 목표에 따라 ①토양에서 오염물질을 제거하거나, ②토양에서 수계나 생물로 이동하지 않도록 부동화·안정화하거나, ③독성물질을 분해하는 원리를 적용한다.

① 물리·화학적 공정

고형화(solidification), 안정화(stabilization) 기술은 오염 토양에 시멘트, 석회, 점토, 아스팔트 등의 접합제를 첨가하여 오염물질을 가두거나 이동성을 떨어뜨리는 방식이다. 토양 세정(flushing), 세척(washing) 기술은 토양에 물을 투입하거나 굴착한 토양을 물로 씻어 토양 내 오염물질을 제거하는 방식으로, 토양에 흡착된 오염물질을 용탈하기 위해 산, 알칼리, 킬레이트제 등을 물에 첨가한다. 그 외에도 산화환원반응 처리, 전기동력학적 처리, 열처리(소각 및 분해), 유리화(virification) 기술 등이 있다(김휘중, 2007). 이들 처리 기술은 현장에서(*in-situ*) 실행할 수도, 오염 토양을 굴착한 뒤 처리장으로 옮겨(*ex-situ*) 실행할 수도 있다.

② 식물정화 기술

식물정화(phytoremediation)는, 식물이 오염된 토양에서 자라는 동안 근권 미생물이 오염물질을 분해하거나 식물이 체내에 흡수·축적해 처리하는 기술이다. 중금속을 축적한 식물체는 정기적으로 제거해 소각하거나 매립한다. 식물정화 기술은 고농도의 오염물질을 처리하기에는 한계가 있지만, 오염물질이 낮은 농도로 넓은 면적에 분포할 경우 적은 비용을 들여 효과적으로 처리할 수 있다. 우리나라에서는 은사시나무, 이태리포플러, 구절초, 큰김의털, 달맞이꽃, 백운산원추리, 쑥, 억새 등이 광해 토양의 중금속을 식물체 내에 효과적으로 축적한다는 보고가 있다(김정규 등, 1999; 김수진 등, 2016; 김보묵, 2021).

3·4 맺음말

무분별한 벌채와 교란, 화전, 관리 부족 등으로 훼손된 산림토양은 산림생태계뿐만 아니라 사회의 지속가능성까지 위협한다. 회복탄력성의 한계를 넘는 훼손이 산림토양에 가해지면 산림 식생은 스스로 회복하지 못하고 산림 파괴 및 토지 황폐화의 나락에 빠진다. 이는 단순한 산림 문제를 넘어서 농업, 재난 안전, 빈곤 등 사회 전반에 영향을 끼치고 국가 발전에 걸림돌로 작용한다.

그림 2-44는 에티오피아의 수도 아디스아바바 교외에 있는, '지속가능한 토지관리 및 산림복원 사업'이 진행 중인 빌로(Bilo) 유역의 경관이다. 에티오피아는 심각한 산림 파괴 및 토지 황폐화를 겪고 있는 국가로, 2000년대 이후 국제사회의 원조를 받아 토양 복구, 수자원 관리, 경사지 관리, 조림, 제도 개선, 역량 강화 등의 산림복원사업을 진행하고 있다. 사업 대상 유역에서는 경사지 정비, 배수로 조성, 묘목 식재 등의 토양 복구 활동이 주민들의 수작업으로 실시되었다.

그림 2-44 에티오피아 빌로 유역의 산림복원사업지 전경

토양 복구 활동은 1차적으로 강수에 의한 토양 유실을 줄이고 토양를 안정화한 효과를 가져왔으며, 2차적으로는 유역 수자원 공급이 개선되어 농작물 생산량 및 소득이 증가한 효과를 얻었다. 또한 증발산의 증가 및 알베도의 변화로 유역 미기후에 냉각 효과까지 가져왔다. 이러한 순기능이 종합적으로 작용하여 주민의 삶이 개선되고 마을 공동체의 지속가능성을 담보할 수 있게 되었다.

과거 토지 황폐화가 심각했던 시절에는 농작물 생산이 감소하여 소득이 줄어들었을 뿐만 아니라 수해와 같은 재난 위험이 증가함에 따라 많은 주민이 마을을 떠나 도시로 이주하였다. 그러나 산림 복구의 결과로 생계가 나아지고 미기후가 쾌적해지고 재난 위험이 개선됨에 따라 주민들이 마을로 돌아오기 시작하였다.

산림토양 훼손과 복원은 비단 에티오피아에만 국한되지 않는, 많은 개발도상국이 안고 있는 문제이다. 산림토양 복원은 유엔 3대 환경협약 중 하나인 유엔사막화방지협약(United Nations Convention to Combat Desertification, UNCCD)의 주요 의제에 속하며, 지속가능발전목표(Sustainable Development Goals, SDGs) 중에도 포함되어 국제사회가 이를 달성하기 위해 전 지구적으로 노력하고 있다(Keesstra *et al.*, 2016).

우리나라는 반세기 전 산림녹화를 통해 산림토양의 복원을 이루어 냈으며, 국가 단위의 정밀 산림입지토양도 및 맞춤형 조림지도를 구축한 경험을 보유하고 있다. 이제 산림 복원을 선도하는 국가의 위상에 걸맞게 국제 협력과 해외 탄소배출권 확보 차원에서 개발도상국, 나아가 향후 남북관계의 개선에 따라 북한 지역의 산림토양 복원을 견인하기를 기대해 본다.

연습문제 ▌

1. 거주지나 근무지 인근의 산림을 대상으로 간이산림토양조사법에 근거하여 적수를 판정하고, 맞춤형 조림지도에서 제시하는 적수를 확인해 비교하시오.
2. 모두베기로 산림의 물 순환이 어떻게 변화하는지 설명하시오.
3. 벌채가 산림토양의 물리 · 화학적 성질에 끼치는 영향을 설명하시오.
4. 벌채로 인한 산림토양 훼손을 최소화하기 위해 적용해야 할 원리를 설명하시오.
5. 산림토양 복원, 복구, 회복의 개념을 구분해 설명하시오.
6. 전기전도도 $9dS \cdot m^{-1}$, 양이온교환용량 $20cmol_c \cdot kg^{-1}$, 나트륨이온이 $8cmol_c \cdot kg^{-1}$인 매립지 토양을 염해 토양 분류 기준에 따라 판별하시오.

참고문헌 ▌

1. 구자웅, 최진규, 손재권. 1998. 우리나라 서해안 간척지 및 간석지 토양의 이화학적 특성. 한국토양비료학회지 31(2): 120-127.
2. 국가기록원. 2006. 산림녹화 사진기록물. theme.archives.go.kr.
3. 권진오, 강원석, 김정환, 변예슬, 신문현, 안수정, 배상원, 임주훈, 조재형. 2016. 백두대간 훼손지 산림경관복원 가이드라인. 국립산림과학원 연구신서 95.
4. 김도균. 2010. 한국 서해안의 내염성 및 내조성 자생수종. 한국환경생태학회지 24(2): 209-221.
5. 김보묵. 2021. 식물환경정화를 위한 자생식물의 중금속 축적능평가. 공주대학교 일반대학원 박사학위논문.
6. 김수진, 임주훈, 김정환, 박기형. 2016. Phytoremediation 기법을 이용한 휴 · 폐광지 오염물질 정화 모니터링. 국립산림과학원.
7. 김재영, 김동근. 2012. 리기다소나무림 벌채수확작업에 의한 토양특성의 변화. 한국산림공학회

지 10(2): 117-126.
8. 김정규, 임수길, 이상환, 이창호, 정창윤. 1999. 휴·폐광지역 오염토양의 phytoremediation을 위한 식물자원 검색. 한국환경농학회지 18(1): 28-34.
9. 김휘중. 2007. 광해에 의해 발생된 토양오염 복원 방법. 지반환경 8(1): 31-37.
10. 노남진, 한승현, 이상태, 조민석. 2023. 낙엽송과 리기다소나무 벌채지에 조성된 낙엽송 임분의 11년간 토양 물리·화학적 특성 변화. 한국산림과학회지 112(4): 502-514.
11. 동국대학교 황사·사막화방지연구소. 2010. 사막화 방지를 위한 동북아지역 조림지 평가. 유엔사막화방지협약 아시아지역사무소(UNCCD ARCU).
12. 박재현, 우보명, 김우룡, 안현철, 김재수. 2000. 성숙 임목 수확 벌채가 토양의 화학성분과 계류 수질에 미치는 영향. 한국생태학회지 23(1): 9-15.
13. 변우혁, 김기원. 2010. 도시숲 이론과 실제. 이채.
14. 변재경. 2006. 임해매립지에서 수목의 녹화기술. 수목보호 11: 29-43.
15. 산림자원조사연구소. 1976. 전국간이산림토양 조사보고서.
16. 산림청. 2018. 산림생태복원 유형별 사례집.
17. 산림청. 2022. 개정 사방기술교본.
18. 산림청. 산림공간정보서비스. map.forest.go.kr.
19. 산림청, 한국임업진흥원. 2022. 1 : 5,000 산림입지토양도: 13년의 성과와 미래.
20. 손재권, 송재도, 신원태, 이수환, 류진희, 조재영. 2016. 간척지 염해토양의 특성과 제염기법. 한국유기농업학회 24(3): 273-287.
21. 손요환, 김춘식, 박관수, 윤태경, 이계한. 2020. 산림토양학. 향문사.
22. 순천대학교, 국립수목원. 2016. 내건성 지의류를 이용한 생물토양피막 인공 유도기술 개발 최종보고서. 산림청 임업기술연구개발사업 보고서.
23. 왕예가, 김동엽. 2022. 중부지역 일본잎갈나무림의 친환경벌채가 산림 내 유기물 변화에 미치는 초기 영향. 한국산림과학회지 111(4): 473-481.
24. 우보명, 박재현, 김경훈. 1994. 벌채적지 운재로의 토양가밀도 변화와 자연식생회복에 관한 연구. 한국임학회지 83(4): 545-555.
25. 이경준, 송재도, 이규화. 2015. 새만금 간척지에서 36종 조경수의 양묘 가능성 검증과 내염성 분류. 한국임학회지 104(4): 564-577.
26. 이돈구, 권기원, 김지홍, 김갑태. 2010. 조림학: 숲의 지속가능한 생태관리. 향문사.
27. 이승우, 원형규, 정용호, 정진현, 구교상, 강영호, 손영모, 신만용. 2009. 적지적수 역사와 그 활용 연구. 국립산림과학원 연구보고 09-01.
28. 이천용, 정진현, 손요환, 변재경, 구창덕. 2009. 산림토양. 한국토양비료학회지 42(3): 238-258.
29. 이현규. 2016. 사방시공지 식물사회의 생태학적 변화에 관한 연구(Ⅵ): 사방시공 후 37년간의 변화. 산림공학기술 14(1): 7-20.
30. 홍승진. 2013. 폐광지 토양에서 수지상 내생균근균이 아까시묘목의 생장과 토양입단 형성에 미치는 영향. 충북대학교 대학원 석사학위논문.
31. Ahn YS. 2009. Changes in water quality and sediment yield in the forest catchment. 한국환경생태학회지 23(6): 569-576.

32. Ampoorter E, De Schrijver A, Van Nevel L *et al.* 2012. Impact of mechanized harvesting on compaction of sandy and clayey forest soils: results of a meta-analysis. Annals of Forest Science 69(5): 533–542.
33. Ashton MS, Kelty MJ. 2017. The Practice of Silviculture: Applied Forest Ecology. 10th edition. Wiley, Hoboken, NJ.
34. Bailey AS, Hornbeck JW, Campbell JL, Eagar C. 2003. Hydrometeorological Database for Hubbard Brook Experimental Forest: 1955–2000. General Technical Report NE–305. USDA Forest Service, Northeastern Research Station, Madison, WI.
35. Batey T. 2009. Soil compaction and soil management: A review. Soil Use and Management 25(4): 335–345.
36. Binkley D, Fisher RF. 2020. Ecology and Management of Forest Soils. 5th edition. Wiley, West Sussex, UK.
37. Bormann FH, Likens GE, Siccama TG *et al.* 1974. The export of nutrients and recovery of stable conditions following deforestation at Hubbard Brook. Ecological Monographs 44(3): 255–277.
38. Bowker MA. 2007. Biological soil crust rehabilitation in theory and practice: an underexploited opportunity. Restoration Ecology 15(1): 13–23.
39. Bradshaw AD. 1997. What do we mean by restoration? In: Urbanska KM, Webb NR, Edwards PJ (ed). Restoration Ecology and Sustainable Development. Cambridge University Press, Cambridge, UK.
40. Bruckman VJ, Pumpanen J. 2019. Biochar use in global forests: opportunities and challenges. In: Busse M, Giardina CP, Morris DM, Page–Dumroese DS (ed). Global Change and Forest Soils: Cultivating Stewardship of a Finite Natural Resource. Developments in Soil Science Vol. 36. Elsevier, Amsterdam, Netherlands.
41. Campbell J, Bernhardt E, Driscoll C *et al.* 2019. Hubbard Brook Experimental Forest: Chemistry of Streamwater – Monthly Volume Weighted Concentrations, Watershed 2, 1963–present. Environmental Data Initiative.
42. Cao S. 2008. Why large–scale afforestation efforts in China have failed to solve the desertification problem. Environmental Science & Technology 42(6): 1826–1831.
43. Del Campo AD, Otsuki K, Serengil Y *et al.* 2022. A global synthesis on the effects of thinning on hydrological processes: Implications for forest management. Forest Ecology and Management 519: 120324.
44. Farahnak M, Mitsuyasu K, Ide J *et al.* 2022 Soil pH and divalent cations after clear–cutting on a Japanese cypress plantation. Journal of Forest Research 27: 363–370.
45. Federer CA, Hornbeck JW, Tritton LM *et al.* 1989. Long–term depletion of calcium and other nutrients in eastern US forests. Environmental Management 13(5): 593–601.
46. Folke C. 2006. Resilience: The emergence of a perspective for social–ecological

systems analyses. Global Environmental Change–Human and Policy Dimensions 16(3): 253–267.

47. Fujii K, Funakawa S, Kosaki T. 2022. Effects of forest management on soil acidification in cedar plantation. Geoderma 424: 115967.
48. Gunderson LH. 2000. Ecological resilience: in theory and application. Annual Review of Ecology and Systematics 31: 425–439.
49. James J, Harrison R. 2016. The effect of harvest on forest soil carbon: A meta-analysis. Forests 7(12): 308.
50. Keesstra SD, Bouma J, Wallinga J *et al*. 2016. The significance of soils and soil science towards realization of the United Nations Sustainable Development Goals. SOIL 2(2): 111–128.
51. Kim S, Kim C, Han SH *et al*. 2018. A multi-site approach toward assessing the effect of thinning on soil carbon contents across temperate pine, oak, and larch forests. Forest Ecology and Management 424: 62–70.
52. Kreutzweiser DP, Hazlett PW, Gunn JM. 2008. Logging impacts on the biogeochemistry of boreal forest soils and nutrient export to aquatic systems: a review. Environmental Reviews 16: 157–179.
53. Lehmann J, Gaunt J, Rondon M. 2006. Bio-char sequestration in terrestrial ecosystems–a review. Mitigation and Adaptation Strategies for Global Change 11(2): 403–427.
54. Likens GE, Driscoll CT, Buso DC *et al*. 1994. The biogeochemistry of potassium at Hubbard Brook. Biogeochemistry 25(2): 61–125.
55. Luis VC, Puértolas J, Climent J *et al*. 2009. Nursery fertilization enhances survival and physiological status in Canary Island pine (*Pinus canariensis*) seedlings planted in a semiarid environment. European Journal of Forest Research 128(3): 221–229.
56. MacKinnon A, Meidinger D, Klinka K. 1992. Use of the biogeoclimatic ecosystem classification system in British Columbia. The Forestry Chronicle 68(1): 100–120.
57. Müller D, Sun Z, Vongvisouk T *et al*. 2014. Regime shifts limit the predictability of land-system change. Global Environmental Change 28: 75–83.
58. Nave LE, Vance ED, Swanston CW, Curtis PS. 2010. Harvest impacts on soil carbon storage in temperate forests. Forest Ecology and Management 259(5): 857–866.
59. Povilaitienė A, Gedminas A, Varnagirytė-Kabašinskienė I *et al*. 2022. Changes in chemical properties and fungal communities of mineral soil after clear-cutting and reforestation of scots pine (*Pinus sylvestris* L.) sites. Forests 13(11): 1780.
60. Prescott CE, Frouz J, Grayston SJ *et al*. 2019. Rehabilitating forest soils after disturbance. In: Busse M, Giardina CP, Morris DM, Page-Dumroese DS (ed). Global Change and Forest Soils: Cultivating Stewardship of a Finite Natural

Resources. Developments in Soil Science Vol. 36. Elsevier, Amsterdam, Netherlands.

61. Pyatt G, Ray D, Fletcher J. 2001. An ecological site classification for forestry in Great Britain. Bulletin 124. Forestry Commission, Edinburg, UK.
62. Stanturf JA, Palik BJ, Williams MI *et al.* 2014. Forest restoration paradigms. Journal of Sustainable Forestry 33(S1): S161–S194.
63. US Salinity Laboratory Staff. 1954. Diagnosis and improvement of saline and alkali soils. Agriculture Handbook No. 60. United States Salinity Laboratory, Riverside, CA.
64. Vadeboncoeur MA, Hamburg SP, Yanai RD, Blum JD. 2014. Rates of sustainable forest harvest depend on rotation length and weathering of soil minerals. Forest Ecology and Management 318(15): 194–205.
65. Yoon TK, Zhao Y, Noh NJ *et al.* 2014. Early fertilization and absorbent treatments continuously enhanced windbreak tree growth and soil properties in the Hetao Plain of Inner Mongolia, China. Forest Science and Technology 10(1): 46–50.
66. Zhang X, Guan D, Li W *et al.* 2018. The effects of forest thinning on soil carbon stocks and dynamics: A meta-analysis. Forest Ecology and Management 429: 36–43.

MEMO

제 Ⅲ 편

산림토양과 생태계 관리

산림을 인위적으로 조성하고 집약적으로 관리, 이용하기 위해서는 산림토양에 대한 이해와, 이를 바탕으로 토양의 비옥도를 유지 또는 증진할 수 있는 제반 시업이 필요하다(인공조림한 온대 침엽수림과 활엽수림).

제1장

토양산성화와 산불

사람의 활동은 전 지구의 환경과 생태계에 많은 위해를 가해 왔다. 온난화, 해수면 상승, 이상기후 등 기후변화와 관련한 현상들이 대표적이다. 아울러 산림 전용과 사막화, 도시화 등이 토지의 지속가능성을 위협하고 있다. 사람이 배출한 오염물질, 방사능물질, 미세먼지 등은 사람을 포함한 동식물의 건강에 위험 요소로 작용하고 있다. 이뿐만 아니라 서식지 파괴, 환경오염, 남획 등으로 수많은 생물종이 멸종 위기에 처해 있다.

산림토양도 예외가 아니다. 1970년대 이후 환경문제에 대한 사회적 인식이 높아지면서 산림토양에 닥친 위해 가운데 가장 먼저 대두되었던 문제가 토양산성화이다. 21세기 이후에는 기후변화의 심각성이 커지면서 기후변화로 발생할 수 있는 산림토양의 변화에 대해 주목하기 시작하였다. 또한 최근까지도 국내외에서 대형 산불이 지속적으로 발생하고 있어 산불에 의한 산림토양의 교란도 간과할 수 없는 문제이다.

토양산성화와 산불에 의한 교란은 현재 우리나라 산림토양이 직면한 대표적인 위협 요인이다. 이 장에서는 토양산성화 및 산불이 산림토양에 미치는 영향과 피해 토양에 대한 관리 방안을 살펴보고, 뒤이어 제2장에서 기후변화가 산림토양에 미치는 영향에 대해 알아본다.

1·1 토양산성화

토양산성화는 모암, 기후, 토양 생물, 양분 순환, 대기오염, 산성비 등으로 인해 토양 내 수소이온이 증가하면서 토양 pH가 낮아지고 토양 산도가 심해지는 현상이다. 제2차 세계대전 이후 산업화가 급속도로 진행된바 1960년대부터 북아메리카와 유럽을 중심으로 대기오염과 산성비, 그리고 이로 인한 환경 피해가 알려지면서 토양산성화는 산림토양과 관련한 대표적인 환경문제로 다루어지기 시작하였다.

1970년 미국 동북부 허버드브룩시험림의 강수 pH는 평균 4.03으로 산성화 정도가 심각하였으며(Likens & Bormann, 1974), 1980년대 유럽의 침엽수림 35%와 활엽수림 9%가 질소 강하물에 의한 산성 피해를 입었다는 보고가 있었다(Nilsson & Duinker, 1987). 이에 따라 1980~1990년대에 산성비로 인한 산림 피해, 토양산성화, 석회 시용을 통한 산성화 저감 등의 연구가 활발히 이루어졌다(김주섭 등, 2018).

우리나라에서도 1990년대 이후 산성비와 토양산성화에 대한 심각성이 알려지면서 1996년부터 2003년까지 임업연구원(현 국립산림과학원)의 기술 지원을 바탕으로 민간에서 주도한 '산성화 피해임지 회복사업'이 진행되기도 하였다(이충화 · 이승우, 2003). 이 사업에서는 공단 인근 산림이나 도시림을 대상으로 산성화 피해 실태를 조사하고, 토양 산도와 산림생태계를 회복하기 위해 석회 성분의 토양중화제를 살포하였다.

우리나라 산림토양은 대체로 약산성을 띠고 산성화가 진행 중인 것으로 알려져 있다. 전국 산림토양에서 915개 시료를 채취하여 물리 · 화학적 성질을 분석한 연구에 따르면 A층의 평균 pH가 5.48이었다(정진현 등, 2002; 표 3-1 참조).

표 3-1 우리나라 산림토양의 층위 및 모암별 화학적 성질

층위	모암	pH	전질소 (%)	유효 인산 ($mg \cdot kg^{-1}$)	CEC ($cmol_c \cdot kg^{-1}$)	교환성 양이온($cmol_c \cdot kg^{-1}$)			
						K^+	Na^+	Ca^{2+}	Mg^{2+}
A층	화성암	5.50	0.20	28.70	13.24	0.24	0.26	2.64	1.14
	변성암	5.34	0.19	27.40	12.44	0.22	0.15	1.85	0.79
	퇴적암	5.94	0.14	13.20	10.34	0.25	0.30	4.17	1.52
	평균	5.48	0.19	25.6	12.5	0.23	0.22	2.44	1.01
B층	화성암	5.50	0.10	14.81	11.13	0.14	0.20	1.52	0.90
	변성암	5.37	0.09	10.6	10.60	0.14	0.17	1.30	0.10
	퇴적암	5.94	0.09	7.50	9.33	0.17	0.32	3.29	1.62
	평균	5.52	0.09	11.9	10.7	0.15	0.21	1.64	1.03

[정진현 등, 2002 · 2003]

국립산림과학원에서는 1991년부터 전국 65개 고정조사지에서 '산림토양 산성화 모니터링'을 실시하고 있으며, 2023년 기준 토양 pH는 평균 4.62, 3.97~5.50 범위를 나타냈다(구남인, 2024; 그림 3-1 참조). 전체 고정조사지 중 pH 4.5 이하의 강산성 토양이 확인된 조사지 비율은 46%이다. 지난 30년 동안 pH가 0.5 정도 감소하였으며, 특히 2013년 이전까지는 pH 5.0 이상을 유지하였으나 최근 10년 동안 지속적으로 산성화가 진행된 경향을 확인할 수 있다.

중국에서 전체 산림토양을 대상으로 1980년대와 2000년대의 산림토양 pH를 비교한 연구에 따르면 낙엽활엽수림과 상록활엽수림의 토양 pH는 각각 5.4에서 4.8로, 6.1에서 6.0으로 감소한 반면에 상록침엽수림, 낙엽침엽수림, 혼효림 등에서는 변화가 없었다(Yang *et al.*, 2015). 독일의 국가산림토양조사 자료에 따르면 2000년대 독일 전체 산림토양에서 유기물층 및 토양 표층(0~5cm)의 평균 pH는 4.6이었다(Meesenburg *et al.*, 2019). 스웨덴의 경우 1990년대 이전까지는 산림토양의 pH가 지속적으로 낮아졌지만(Nilsson & Tyler, 1995), 1990년대 이후 느린 회복세에 접어든 경향이 확인되었다(Akselsson *et al.*, 2013).

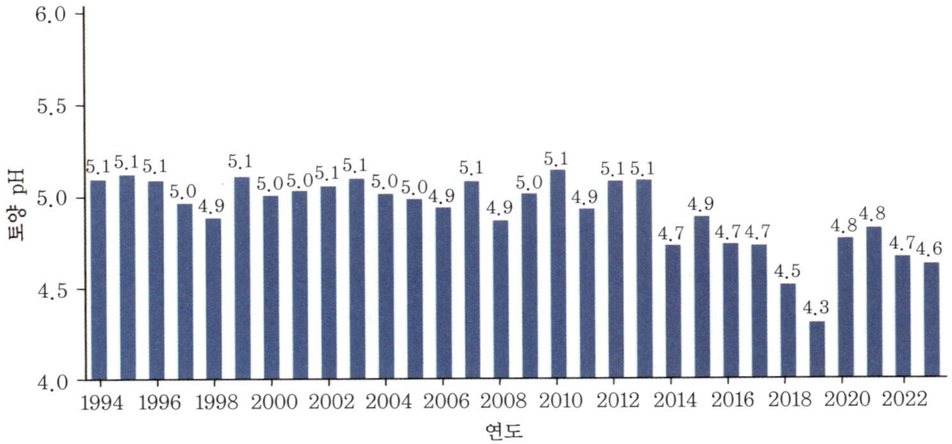

그림 3-1 산림토양 산성화 모니터링 고정조사지의 연도별 평균 토양 pH[구남인, 2024]

1·1·1 토양산성화의 원인

산림토양의 산성화는 자연적인 과정과 인위적인 영향으로 발생한다. 산림토양은 자연적으로 기후와 모암의 영향을 받아 산성을 띨 가능성이 높으며, 또한 산림토양 내 생물적·화학적 과정을 통해 산성화한다.

1 기후 및 모암의 영향

기후와 모암은 산림토양의 산성화에 1차적으로 영향을 끼친다.

① 기후

기후 요인 중 강수는 토양에 수소이온 및 산성 물질을 공급하고 염기성 양이온을 용탈하여 토양산성화에 큰 영향을 끼친다(Sumner & Noble, 2003). 일반적으로 산성비와 무관한 자연 상태의 빗물은 pH 5.6 정도의 약산성을 띠며 이는 대기 중 이산화탄소가 빗물에 용해된 결과이다. 즉 이산화탄소(CO_2)는 빗물에 용해되어 탄산(H_2CO_3)이 되고, 탄산은 다시 해리반응을 통해 수소이온(H^+)을 방출한다. 따라서 강수는 토양에 수소이온을 공급하여 산도를 높인다.

$$CO_2 + H_2O \longrightarrow H_2CO_3 \rightleftharpoons HCO_3^- + H^+ \rightleftharpoons CO_3^{2-} + 2H^+$$

동시에 빗물이 토양에 침투하면서 토양 내 염기성 양이온의 용탈이 일어난다. 통상적으로 수소(H^+), 알루미늄(Al^{3+}), 철(Fe^{3+}) 등은 토양 산도를 높이는 산성 양이온이고 칼륨(K^+), 나트륨(Na^+), 마그네슘(Mg^{2+}), 칼슘(Ca^{2+}), 암모늄(NH_4^+) 등은 토양 산도를 높이지 않는 염기성 양이온이다. 토양 침투수로 염기성 양이온이 용탈되면 양이온교환용량 중 산성 양이온의 비율이 높아짐에 따라 토양 산도가 상승한다.

산림은 강수량이 일정량 이상인 조건에서 발달하며, 강수량이 부족한 곳에는 산림 대신 초지, 사바나, 관목지 등이 발달한다. 전 세계 산성 토양의 2/3를 산림토양이 차지할 정도로(von

Uexkül & Mutert, 1995) 산림토양은 강수의 영향을 받아 일반적으로 산성을 띤다. 반대로 강수량이 부족한 건조지 토양은 염류화 현상으로 pH 8 이상의 염기성을 띤다.

강수 외에 기온도 산성화에 영향을 끼친다. 기온이 높을수록 토양산성화와 관련이 있는 생물적 과정과 산화반응이 촉진된다. 따라서 기온이 높고 강수량이 많은 열대우림 또는 옥시졸 토양에서는 염기성 양이온과 규산염의 용탈이 강하게 일어나고 철과 알루미늄 산화물로 인해 산도가 높다.

② 모암

모암의 광물 조성도 산림토양의 산도에 영향을 끼친다. 우리나라 산림토양의 pH를 모암별로 분석한 결과 A층 기준으로 퇴적암 모재 토양에서 평균 5.94, 화성암 모재 토양에서 평균 5.50, 변성암 모재 토양에서 평균 5.34로 나타났다(정진현 등, 2003; 표 3-1 참조). 퇴적암 지대 산림토양은 화성암이나 변성암 지대 산림토양에 비해 염기성 양이온, 특히 칼슘이온의 양이 많아서 산도가 낮게 나타났다.

2 토양 내 생물적 · 화학적 작용

① 토양 이산화탄소의 용해

산림토양의 산성화는 주로 토양호흡으로 생긴 이산화탄소가 물에 용해되는 과정에서 발생한다(Bolan & Hedley, 2003; 그림 3-2 A 참조). 토양호흡은 식물 뿌리, 토양 동물, 토양 미생물 등의 토양 생물이 세포호흡을 통해 이산화탄소를 토양에 방출하는 현상이다.

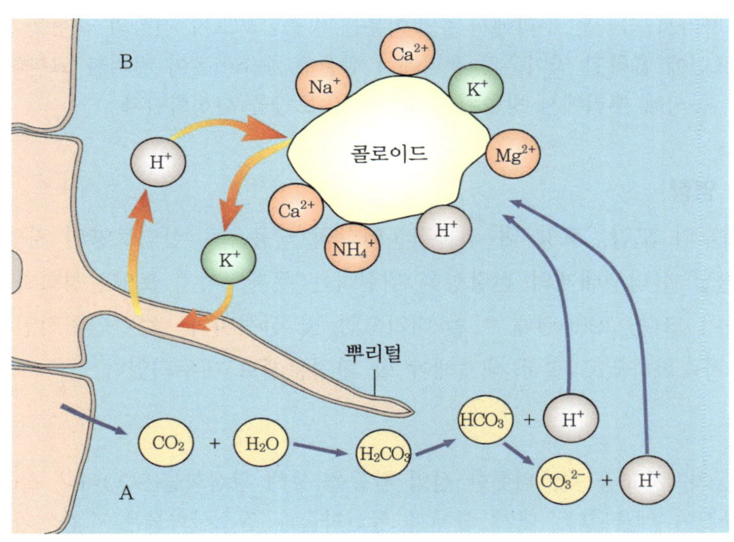

그림 3-2 토양 내 수소이온 증가의 주요 과정(A: 뿌리에서 발생한 이산화탄소의 용해, B: 뿌리의 양이온 흡수 과정에서 일어나는 전하 균형 조절 작용)

산림토양의 이산화탄소 농도는 5,000~50,000ppm으로 약 400ppm인 대기 중 이산화탄소 농도보다 훨씬 높기 때문에 토양수에는 빗물보다 더 높은 농도로 이산화탄소가 용해된다. 토양 생물이 토양으로 배출한 이산화탄소는 토양수에 용해되어 탄산이 되고 탄산에서 수소이온이 방출된다.

② 유기산

산림토양 내 유기산(organic acid)은 토양을 산성화하는 또 다른 기작으로 작용한다고 알려져 있다. 식물 뿌리, 토양 미생물 또는 토양 유기물의 분해 과정에서 아세트산, 시트르산, 옥살산 등 다양한 형태의 유기산이 발생하며 이들 유기산이 약산성을 띤다(Adeleke *et al.*, 2017).

③ 질소 및 황 순환

토양 내 질소와 황이 순환하는 과정에서도 산성화가 진행된다(Bolan & Hedley, 2003). 질소의 경우 암모늄이온(NH_4^+)이 질산이온(NO_3^-)으로 산화되는 질산화과정에서 암모늄의 수소이온이 해리된다. 황의 경우에는 유기황이 무기화작용을 거치면서 수소이온이 발생한다. 또한 황화철(FeS_2)과 같은 광물 상태의 황이 산화하여 황산(H_2SO_4)이 생성되면 토양 산도가 높아진다.

$$NH_4^+ + 2O_2 \longrightarrow NO_3^- + 2H^+ + H_2O$$
$$2S + 3O_2 + 2H_2O \longrightarrow 2SO_4^{2-} + 4H^+$$
$$FeS_2 + H_2O + O_2 \longrightarrow FeSO_4 + H_2SO_4$$

④ 뿌리의 수소이온 방출

식물 뿌리는 K^+, NH_4^+, Ca^{2+} 등의 양이온을 흡수하는 과정에서 뿌리 내 전하의 균형을 조절하기 위해 수소이온을 방출한다(Tang & Rengel, 2003; 그림 3-2 B 참조). 식물이 필요로 하는 다량양분은 토양 내 음이온보다는 양이온의 형태로 존재하는 경우가 많다. 식물 뿌리가 양분을 흡수하는 과정에서 음이온 양분보다 양이온 양분을 많이 흡수함에 따라 뿌리 내부에서 전하의 불균형이 발생한다. 따라서 식물은 뿌리에서 수소이온을 방출함으로써 전하의 균형을 조절한다. 즉 토양 콜로이드의 표면에 흡착된 양이온과 뿌리에서 방출된 수소이온이 자리를 교환하면서 뿌리는 양이온을 흡수하고 동시에 뿌리에서 방출된 수소이온은 토양을 산성화한다.

3 인위적 영향

이와 같이 기후와 모암, 토양 내 생물적 · 화학적 작용으로 산림토양의 자연적인 산성화가 진행되지만 오늘날 산림생태계의 건강성을 위협하는 문제로까지 토양산성화가 심각해진 데에는 사람의 영향이 크다. 1960년대 이후 대기오염 및 산성비와 같은 인위적인 현상이 산림토양의 산성화를 가속화하였고 결국 해결해야 할 환경문제로 대두되었다.

① 대기오염

화력발전, 자동차, 제조공정을 비롯한 산업 활동을 통해 황산화물(SO_x)이나 질소산화물(NO_x)과 같은 대기오염물질이 배출된다. 대기 중에서 황산화물과 질소산화물은 수증기와 반응하여 황산(H_2SO_4)과 질산(HNO_3)을 생성하고, 이들 산성 물질은 입자상 물질의 형태(건성강하물)나 용해된 산성비의 형태(습성강하물)로 산림생태계에 유입된다(Alewell, 2003).

1960년대부터 1980년대까지 북아메리카와 유럽의 대기오염이 심각한 지역에서는 pH 4.0 수준의 산성비와 산림 피해가 보고되었다. 그러나 1990년대 이후 대기오염물질 배출을 방지하는 기술과 제도가 마련되면서 대기오염이 꾸준히 감소하였다(그림 3-3 참조).

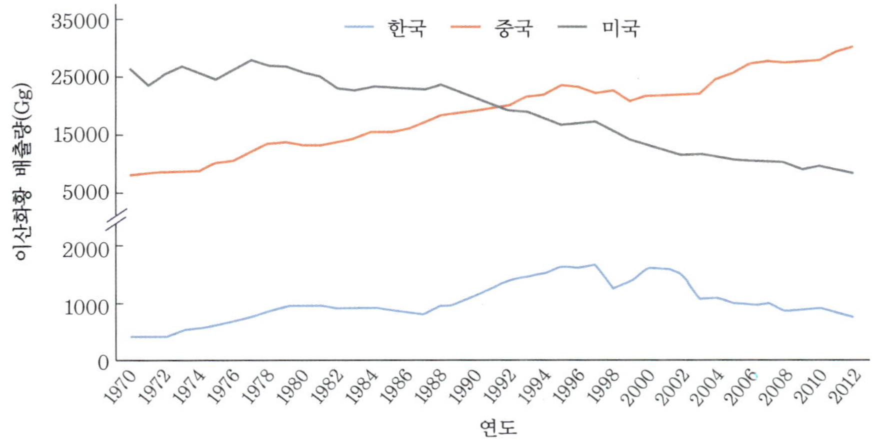

그림 3-3 한국, 중국, 미국의 연도별 이산화황(SO_2) 배출량 추이[Crippa *et al.*, 2019]

우리나라의 경우 1970년대에 산업화가 시작된 이래로 1990년대 후반까지 대기오염물질 배출량이 증가하다가 2000년대 이후 감소하였다. 산림토양 산성화 모니터링에 따르면 1990년대 중반부터 산림 지역의 강수 산도가 증가하는 경향을 보이다가 2008년 이후로는 감소하는 추세를 보이고 있다. 2023년 기준으로 산림 지역의 강수 산도는 평균 pH 5.94로 나타나 정상 범위(pH 5.6 이상)에 드는 것으로 조사되었다(구남인, 2024). 현재 일부 제련소나 산업단지 인근의 산림을 제외하면 전반적으로 우리나라 산림에서 산성비의 영향은 심각하지 않은 수준이다.

② 벌채

벌채 및 수확은 임목의 바이오매스에 축적된 양분을 산림생태계 외부로 유출함과 동시에 물 순환의 변화를 가져와 양분의 용탈을 유발한다(제Ⅱ편 제3장 3·2·3 참조). 임지에서 염기성 양이온이 유실되면서 염기포화도가 감소하여 토양 산도가 증가할 수 있다(Thiffault *et al.*, 2011; Iwald, 2016). 벌채 과정에서 토양이 교란되고 유기물의 분해가 촉진됨에 따라 토양의 완충용량이 감소하여 토양산성화가 촉진되기도 한다.

③ 기타

대기 중 질소산화물이 건성강하물이나 습성강하물로 산림토양에 유입되거나 암모늄태 비료를 시용할 경우 질산화작용이 촉진되어 토양이 산성화할 수 있다(Bolan & Hedley, 2003). 또한 광산배수는 지하수에 의해 황화물이 산화되면서 산성을 띠며, 광산배수가 유출될 경우 계류수와 주위의 산림토양에서 산성화가 일어난다(권현호 등, 2007).

1·1·2 토양산성화의 영향

토양산성화는 토양의 양분 유효도 감소, 토양 독성물질 활성화, 토양 미생물의 활동 감소, 식물 생리 피해 및 생장 감소 등 산림생태계 전반에 영향을 끼친다(김주섭 등, 2018).

1 양분 유효도

토양의 양분 유효도는 토양 산도에 따라 변화한다(제Ⅰ편 제2장 그림 1-23 참조). 예를 들어 질소, 칼륨, 황은 pH가 6 이하로 낮아지면 유효도가 감소한다. 식물이 토양에서 흡수하는 다량양분의 대부분은 pH 5.5~7.0에서 유효도가 높게 유지된다. 산성 토양에서는 pH 의존 전하(가변전하)가 낮아서 토양의 양이온교환용량이 감소한다.

2 독성물질의 활성도

산성 토양에서 양분 유효도가 감소하는 반면에 알루미늄, 망가니즈, 중금속, 유기 오염물질 등 독성물질의 활성도는 증가한다. 제Ⅰ편 제2장 그림 1-23에서 망가니즈, 구리, 아연 등은 pH 5~6에서 유효도가 가장 높음을 확인할 수 있다. 이들 독성물질은 산성에서 토양 콜로이드로부터 해리되기 쉽고, 토양수에 용해되면 식물 뿌리나 토양 미생물에 독성을 나타낸다. 또한 농약, 다이옥신, DDT, 벤젠, 페놀 등의 유기 오염물질은 산성에서 토양 미생물에 의한 분해가 저하하여 많은 양이 토양에 잔류한다.

3 토양 미생물의 활동

산성 토양에서는 토양 미생물의 다양성과 활성이 억제될 수 있다. 토양 미생물의 종류에 따라 토양 산도에 대한 반응이 다르지만 일반적으로 pH 5 이하의 산성 토양에서 토양 미생물의 다양성과 활성이 감소한다(Kunito *et al.*, 2016). 그 결과 산성 토양에서는 토양 미생물의 분해 활동이 억제되어 양분 유효도가 감소하고 잔류 독성물질 농도가 높게 유지된다.

4 식물 피해

토양 산도는 식물 생리에 직간접적인 피해를 입힌다. 산성 토양에서는 뿌리의 발달과 기능이 직접적인 피해를 입는다. 즉 알루미늄 독성으로 뿌리 세포의 분화가 둔화하고 뿌리 끝이 변형되며 뿌리 신장이 저하한다(Matsumoto *et al.*, 1996). 이와 동시에 산성 토양에서의 양분 유효도 감소, 독성물질의 활성도 증가, 토양 미생물의 활동 억제 등이 식물체 내의 양분 부족과 독성물질 축적을 야기하여 식물의 생장과 생리에 간접적으로 피해를 입힌다.

1·1·3 석회 시용을 통한 산성 토양 개량

토양산성화로 인한 피해로부터 산림생태계를 회복하기 위해 토양에 석회를 시용하여 토양 산도를 중화하는 방법이 일반적으로 활용되고 있다(Godbold, 2003; Huettl & Zoettl, 1993). 석회물질에는 ①탄산염의 형태로 탄산칼슘($CaCO_3$, 석회석), 탄산마그네슘($MgCO_3$), 탄산칼슘마그네슘[$CaMg(CO_3)_2$, 백운석], ②산화물의 형태로 산화칼슘(CaO, 생석회), 산화마그네슘(MgO, 고토), ③수산화물의 형태로 수산화칼슘[$Ca(OH)_2$, 소석회], 수산화마그네슘

[$Mg(OH)_2$] 등 여러 종류가 있다. 이들 석회물질은 석회석 또는 백운석을 재료로 제조하며, 석회석은 우리나라를 포함하여 전 세계적으로 풍부하게 매장되어 있어 대부분의 국가에서 석회물질을 쉽게 수급할 수 있다. 그 밖에 나무재(wood ash)도 석회물질로 활용된다.

1 석회물질의 중화반응

산성 토양에 석회물질을 투입하면 토양의 수소이온(H^+)이 석회물질의 산소이온(O^{2-})과 결합하여 물(H_2O)이 생성되고 칼슘이온(Ca^{2+})이 해리된다(Godbold, 2013). 따라서 석회 시용은 토양 내 수소이온을 줄여 토양 산도를 완화하고 추가로 칼슘이온을 토양에 공급한다. 주요 석회물질 종류별 중화반응식은 다음과 같다.

$$CaCO_3 + 2H^+ \longrightarrow Ca^{2+} + CO_2\uparrow + H_2O$$
$$CaO + 2H^+ \longrightarrow Ca^{2+} + H_2O$$
$$Ca(OH)_2 + 2H^+ \longrightarrow Ca^{2+} + 2H_2O$$

현장에서 산성 토양에 석회를 시용하기 위해서는 먼저 목표로 하는 pH까지 중화하는 데 필요한 석회물질의 양을 파악해야 한다. 토양에 지나치게 많은 석회물질을 시용하면 목표 pH 이상의 염기 토양으로 바뀌어 부작용이 발생하고, 반대로 시용량이 불충분하면 가시적인 효과가 나타나지 않는다.

pH를 높이는 석회물질의 효과는 각각의 토양이 가지고 있는 완충용량과 잔류성 산도의 크기에 따라 편차가 있다. 석회물질을 산성 토양에 시용하면 완충용량 때문에 토양 pH가 곧바로 상승하지 않는다. 이는 석회물질이 중화반응을 통해 토양용액 내 활산도 상태의 수소이온을 제거하더라도 잔류성 산도 상태의 수소이온이 해리되어 토양용액으로 공급됨으로 인해 활산도의 변화가 억제되기 때문이다. 점토 함량과 부식 함량이 많을수록 토양의 완충용량이 증가하고, 따라서 토양 pH를 높이기 위해 필요한 석회물질의 양 또한 많아진다. 이와 같이 토양 pH를 산성에서 중성으로 높이기 위해 필요한 석회물질의 양은 현재 토양 pH로 대표되는 활산도뿐만 아니라 완충용량 및 잔류성 산도와도 연관이 있다.

2 석회 요구량 계산

석회 요구량은 산성 토양의 pH를 일정 수준으로 중화하는 데 필요한 석희물질의 양을 탄산칼슘의 양으로 환산하여 나타낸 값이다. 석회 요구량을 구하는 방법으로는 교환산도법, 완충곡선법, 간이법 등이 있다.

① 교환산도법

교환산도법은 토양 콜로이드에 흡착되어 있는 산성 양이온의 총량, 즉 교환성 산도와 염기포화도를 측정하는 방법이다. 이를 통해 교환성 산도를 중화하는 데 필요한 석회물질의 양을 이론적으로 추정할 수 있다(Ketterings *et al.*, 2006).

$$\text{석회 요구량}(\mathrm{Mg\ CaCO_3 \cdot ha^{-1}}) = EA \times (BS_d - BS_c) \times \frac{SD}{12.2} \times \frac{1}{1 - BS_c} \quad \cdots\cdots\cdots (3\cdot1)$$

식에서 EA: 교환성 산도($\mathrm{cmol_c \cdot kg^{-1}}$), BS_d: 개량하고자 하는 염기포화도, BS_c: 개량 전 염기포화도, SD: 개량하고자 하는 토양 깊이(cm)

② 완충곡선법

완충곡선법은, 토양시료에 석회물질을 일정량씩 첨가하여 pH의 변화를 확인하는 실험을 통해 완충곡선을 제작한 후 목표로 하는 pH까지 올리는 데 필요한 석회의 양을 구하는 방법이다. 그림 3-4는 토양 100g에 탄산칼슘을 0.1g씩 투입한 후 토양 pH의 변화를 측정하여 제작한 pH 완충곡선이다(박지숙, 2012).

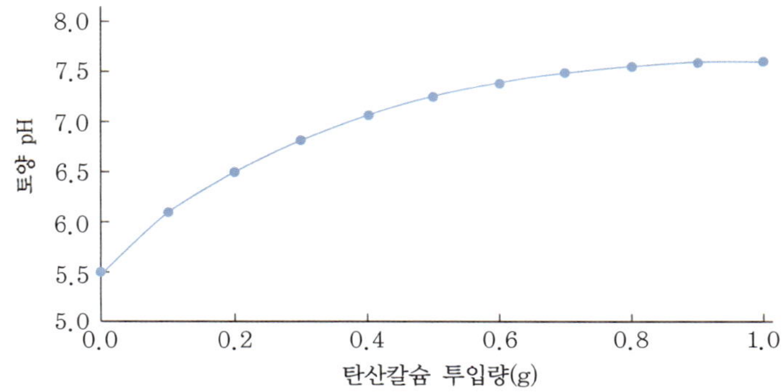

그림 3-4 토양 100g에 탄산칼슘을 투입하여 제작한 pH 완충곡선 예시[박지숙, 2012]

그림 3-4에서 현재 토양 pH가 5.5일 때 6.5까지 중화하려면 토양 100g을 기준으로 탄산칼슘 0.2g이 필요하다. 해당 토양의 용적밀도를 $1\mathrm{g \cdot cm^{-3}}$으로 가정하고 깊이 20cm까지 개량하려면 다음과 같은 계산을 통해 1ha당 필요한 탄산칼슘의 양 4Mg을 구할 수 있다.

$$\frac{0.2\mathrm{g\ CaCO_3}}{100\mathrm{g\ soil}} \times \frac{1\mathrm{g}}{1\mathrm{cm^3}} \times 20\mathrm{cm} \times \frac{10^8\mathrm{cm^2}}{1\mathrm{ha}} \times \frac{1\mathrm{Mg}}{10^6\mathrm{g}} = 4\mathrm{Mg\ CaCO_3 \cdot ha^{-1}}$$

③ 간이법

현장에서 석회를 시용할 때 매번 교환성 산도를 측정하거나 완충곡선을 제작하기에는 현실적으로 어려움이 있다. 따라서 우리나라 산림 현장에서는 일반적으로 간이법을 사용하여 석회 요구량을 구한다. 간이법에서는 표 3-2와 같이 단위면적 및 깊이당 토양 pH를 1 단위 높이기 위해 필요한 석회량을 토성 및 부식 함량별로 제공한다(구남인 등, 2016). 개량하고자 하는 토양의 토성 및 부식 함량에 해당하는 값을 표에서 확인한 후 그 값을 다음의 계산식에 대입하여 석회 요구량을 구한다.

$$\text{석회 요구량}(\mathrm{kg\ CaCO_3 \cdot ha^{-1}}) = LC \times (\mathrm{pH}_d - \mathrm{pH}_c) \times SD \quad \cdots\cdots\cdots (3\cdot2)$$

표 3-2 토성 및 부식 함량별 토양 pH 1 단위 상승에 필요한 석회량

토 성	부식 함량(kg $CaCO_3 \cdot ha^{-1} \cdot cm^{-1}$)			
	5% 미만	5~10%	10~20%	20% 이상
사토	56	113	150~225	
사양토	113	169	225~300	
양토	169	225	300~375	
식양토	225	281	375~450	
식토	281	338	450~525	
부식토				450~750

[구남인 등, 2016]

식에서 LC: pH를 1단위 올리는 데 필요한 석회량(kg), pH_d: 개량하고자 하는 pH, pH_c: 개량 전 pH, SD: 개량하고자 하는 토양 깊이(cm)

예를 들어 pH가 4.7이고 토성이 양토이며 부식 함량이 5% 미만인 토양을 토심 20cm까지 pH 5.5로 교정하고자 할 때 석회 요구량은 다음과 같이 구한다.

$$169\text{kg} \cdot \text{ha}^{-1} \cdot \text{cm}^{-1} \times (5.5 - 4.7) \times 20\text{cm} = 2{,}704\text{kg CaCO}_3 \cdot \text{ha}^{-1} = 2.704\text{Mg CaCO}_3 \cdot \text{ha}^{-1}$$

3 석회 시용 방법

석회를 시용하는 가장 보편적인 방법은 인력을 동원하여 수작업으로 토양 표면에 석회물질을 살포하는 방식이다. 지금까지 우리나라에서도 인력에 의존하여 석회물질을 살포해 왔다. 그러나 1ha당 2Mg 이상의 석회물질을 대규모 임지에 고르게 살포하려면 인력에 의존한 작업 방식으로는 물리적인 한계가 있다. 따라서 국외에서는 헬리콥터로 공중 살포를 하거나 지상에서 살포기를 이용한다(고려대학교 산학협력단, 2017; 그림 3-5 참조).

그림 3-5 독일 바덴-뷔르템베르크주의 석회 살포(A: 헬리콥터를 이용한 공중 살포, B: 살포기를 이용한 지상 살포)

공중이나 지상에서 기계를 이용하여 살포한 석회물질은 임관이나 임상에 쌓여 있다가 비가 오면 빗물과 함께 토양에 침투하여 중화작용을 일으킨다. 북아메리카와 독일에서는 1980~1990년대부터 매년 수천 헥타르씩 유역 수준의 대규모 석회 시용을 해 오고 있다(고려대학교 산학협력단, 2017; Huettl & Zoettl, 1993).

4 석회 시용 효과

석회를 시용하면 산성 토양이 중화되면서 토양산성화로 인한 산림토양, 식생, 수생태계의 피해를 대체로 회복할 수 있다. 1970~2015년 국내외에서 발표된 석회 시용 연구 문헌 74편을 분석하여 석회 시용이 산림생태계에 미치는 영향에 대해 종합적으로 분석하였다(김주섭, 2019). 그림 3-6은 석회를 시용했을 때 산림토양, 계류수, 임목의 여러 측정 항목에서 어떠한 반응을 보였는가를 반응세기 비율로 도출하여 분석한 결과이다.

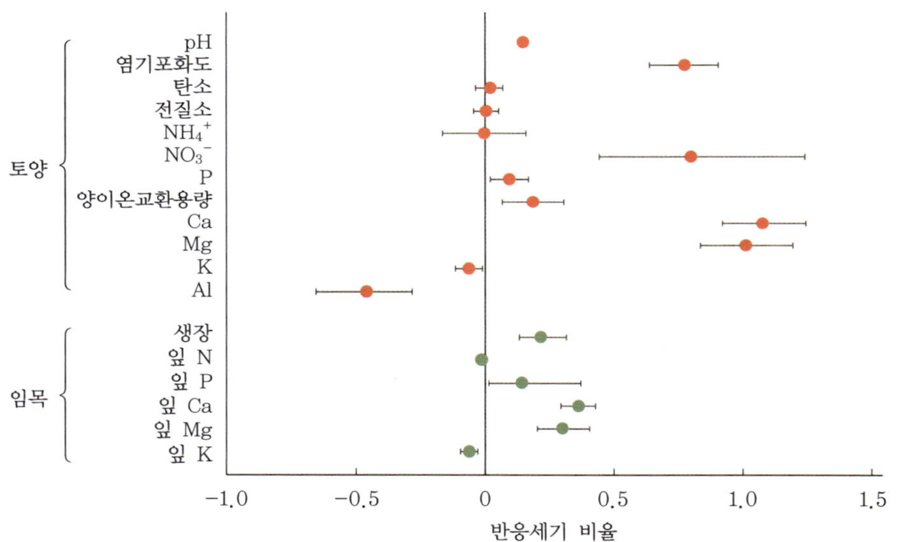

그림 3-6 석회 시용에 따른 산림토양과 임목의 반응세기 비율(점은 부트스트랩 평균값, 오차막대는 95% 신뢰수준을 나타냄)[김주섭, 2019]

석회 시용으로 토양 pH, 염기포화도, 양이온교환용량, 질소, 인, 칼슘, 마그네슘 등이 증가하고 칼륨과 알루미늄은 감소하였다. 또한 탄소, 전질소, 암모늄 등은 통계적으로 유의한 차이가 발생하지 않았다. 즉 토양 pH가 개선되고 칼슘, 마그네슘 등의 양분 유효도가 상승하고 알루미늄과 같은 독성물질이 감소한 점에서 석회 시용이 토양의 성질을 전반적으로 개선하였다고 볼 수 있다.

그 밖에 지하부의 미생물 바이오매스와 효소 활성도가 대체로 증가하고, 토양 소동물은 수종에 따라 개체수가 증가하거나 감소한 것으로 분석되었다. 임목 또한 석회 시용 후 생장과 잎 내 칼슘, 마그네슘, 인 농도가 증가하였다. 즉 석회 시용으로 토양 산도와 양분의 상태가 개선됨에 따라 식물의 양분 흡수가 용이해지고, 그 결과 잎의 양분 농도가 증가하면서 임목의 생장이 향상하였다.

5 석회 시용 사례

'산성화 피해임지 회복사업'의 일환으로 1998년 전남 여수산업단지 인근 영취산의 화백 및 후박나무 조림지에서 석회 시용 실험이 진행되었다(이천용 · 이충화, 2004). 사업 전 화백 조림지의 토양 pH가 4.6이고 염기포화도가 4.8%에 불과하여 산성화 정도가 심하였으며, 영취산 일대는 임목 피해와 산림 쇠퇴가 지속되어 온 상태였다.

1998년 조사구별로 각각 무처리(대조구), 탄산칼슘, 탄산칼슘마그네슘, 탄산칼슘마그네슘+복합비료 처리를 하였으며, 5년이 경과한 2003년에 토양의 성질 및 임목 생장에 대한 효과를 측정하였다. 석회 시용 처리구에서 토양 pH가 평균 4.6에서 5.2~5.5로 개량되었다. 양이온교환용량은 80%, 유효태 인산 농도는 6배까지 증가하였고, 알루미늄 농도는 평균 30% 감소하였다(표 3-3 참조). 석회 시용으로 토양의 성질뿐만 아니라 낙엽 분해, 토양호흡, 박테리아 개체수 등 토양 미생물의 활성도 개선되었고 수고와 직경 생장도 최대 40%까지 증가하였다.

표 3-3 전남 여수 영취산 산성화 임지에 석회 시용 5년 경과 후 처리구별 토양 성질, 토양호흡, 임목 수고 생장

처 리	pH	유효태 인산 ($mg\ P_2O_5 \cdot kg^{-1}$)	알루미늄 ($mg \cdot kg^{-1}$)	토양호흡 ($g\ CO_2 \cdot m^{-2} \cdot hr^{-1}$)	수고 생장량 (cm)
무처리	4.68	4.7	461.6	0.30	31.8
탄산칼슘	5.23	25.8	386.2	0.66	52.8
탄산칼슘마그네슘	5.54	27.8	417.7	0.72	53.3
탄산칼슘마그네슘+복합비료	5.38	40.7	349.9	0.94	66.8

[이천용 · 이충화, 2004]

1·1·4 맺음말

토양산성화는 1980~1990년대 산림토양 관리에서 중요한 쟁점이었지만, 이후 대기오염 대책이 수립되면서 토양산성화가 완화되어 과거만큼의 주목을 받지 못하고 있다. 그러나 우리나라의 경우 여러 연구를 통해 최근까지지도 토양산성화가 전국적으로 진행 중임을 확인할 수 있다. 향후 산림이 성숙함에 따라 토양 중 유기물이 축적되거나 벌채 및 임목 수확으로 산림토양의 염기성 양이온이 유실되면서 토양산성화가 지속될 가능성이 있다. 또한 국지적으로 제련소, 산업단지, 폐광산 인근의 산림토양에서 산성화와 함께 심각한 산림 피해가 발생한

사례가 있다.

향후 국립산림과학원의 산림토양 산성화 모니터링을 통해 산성강하물의 산림 유입, 토양 산도, 양분 동태 등의 변화를 면밀하게 확인하는 일이 필요하다. 장기적으로는 산성 토양에 대한 체계적인 관리 계획을 수립해야 한다. 이를 바탕으로 산림토양용 석회비료를 상용화하고 공중 살포 및 기계화 살포 등 석회 시용 기술을 개선할 수 있다. 또한 석회비료 살포 방법, 살포량, 살포 시기 및 주기, 주의점, 우수 사례 등에 대한 지침도 마련할 필요가 있다.

1·2 산불

산불은 지구 생태계에서 가장 중요한 산림 교란 인자 중 하나로, 최근 지구 환경이 급격히 변화하면서 대형 산불의 발생이 증가하고 있다. 산불 발생으로 인한 토양 성질의 변화는 산림생태계의 물 순환 및 생물지구화학적 순환 과정에 영향을 끼치며, 변화의 정도와 기간은 산불 강도, 온도, 산불 빈도, 토양의 성질과 수분, 식생의 종류, 지형, 산불 지속 기간, 산불 발생 전후의 기상 조건 등에 따라 달라진다.

산불은 처방화입(處方火入, prescribed burning, controlled burning)과 산불[산화(山火), wildfire]로 구분할 수 있다. 처방화입은 지표 연소물의 감소, 과도하게 축적된 유기물층이나 임목 수확 후 벌채 잔재의 제거, 특정 수종의 발아 및 생육 촉진을 목적으로 실시하는 산림 관리 방법이다.

산불은 유기물층 및 광물질 토양층 상부의 유기물을 대부분 연소하기 때문에 토양 용적밀도, 공극률, 보수력 등에 영향을 끼치고 기화(휘산), 연기, 재[회(灰), ash]의 이동, 용탈, 침식 등에 의해 상당량의 양분이 토양층으로부터 손실된다. 토양 내 교환성 양이온 생산 · 재생성, 열에 의한 유기산의 변성(變性, denaturation) 등에 따른 토양 pH의 상승은 양분 유효도를 향상하지만 철, 망가니즈, 아연과 같은 미량양분의 유효도는 감소한다.

1·2·1 산불의 물리성

유기물은 산화 과정에서 열로 많은 에너지를 방출한다. 산불로부터 방출되는 에너지의 양은 연소물의 소실(燒失, consumption) 정도와 수분 함량에 따라 다르며, 상당량의 에너지가 연소 동안 수분이 기화하면서 흡수된다.

식물 바이오매스 건물질의 에너지량은 일반적으로 $18MJ \cdot kg^{-1}$이다. 성숙한 미송 임분에서 극심한 산불이 발생했을 때 약 $1,000Mg \cdot ha^{-1}$의 총바이오매스 중 17%인 $170Mg \cdot ha^{-1}$가 연소되었다. 이때 방출된 에너지는 대략 300만 $MJ \cdot ha^{-1}$($300MJ \cdot m^{-2}$)이었다. 가솔린의 경우 약 $30MJ \cdot L^{-1}$의 에너지를 가지므로 산불에 의한 에너지 방출량은 지면 $1m^2$에서 가솔린 10L가 연소했을 때와 같은 양이다(Binkley & Fisher, 2020).

산불 발생 시 열로 방출된 많은 양의 에너지는 토양 온도를 높인다. 토양 온도의 상승 유형은 연소율, 연소물 양, 토양 수분, 토양의 열전도 특성에 따라 다르다. 연소물이 일부만 소실되고 급속히 진행된 산불은 토양 온도에 영향을 거의 끼치지 않는다. 그러나 느리게 진행되어 연소물 소실이 많은 산불의 경우에는 토양 표면의 온도가 700℃를 초과할 수 있으며, 토양 수 센티미터 깊이에서는 200℃ 이하로 내려가고 15~30cm 깊이에서는 정상 수준의 온도를 유지한다.

토양이 가열되는 수준은 토양 수분의 함량에 따라 상당히 다르다(그림 3-7 참조). 예를 들어 토양 수분의 함량이 높은 지역에서 산불이 발생하면 수분의 기화에 열에너지를 대부분($2.5MJ \cdot L^{-1}$) 소모하기 때문에 토양 온도가 크게 오르지 않는다.

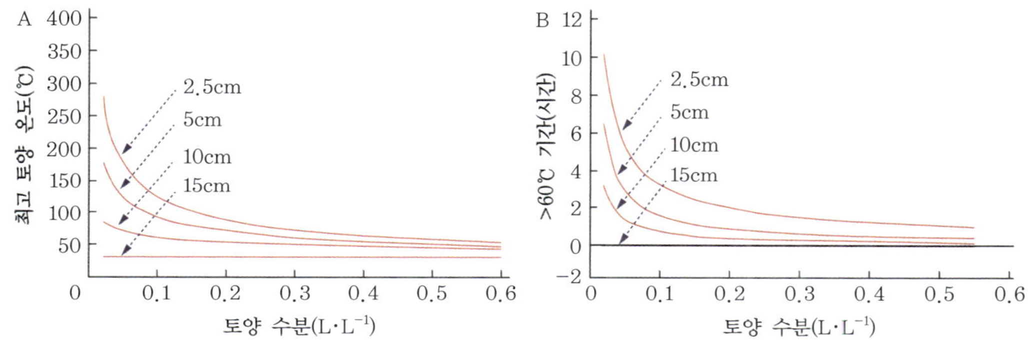

그림 3-7 산불 발생지 내 연소물 $13.5kg \cdot m^{-2}$이 소실될 때 토양 깊이에 따른 가열 정도 (A: 최대 토양 온도 도달, B: 치사온도 지속시간; 토양 수분의 함량이 높을수록 수분의 기화로 인한 열에너지 소모가 증가하여 토양의 가열 정도를 낮추었으며, 뿌리 치사온도의 지속시간은 토양 수분의 함량과 밀접한 관련이 있었다.)[Binkley & Fisher, 2020]

1·2·2 산불과 토양의 광물적 성질

산불이 발생하여 온도가 높게 올라가면 암석 내(퇴적암) 또는 암석의 균열 내(화성암)에 함유되어 있는 물이 가열되면서 방출되는 에너지로 인해 암석이 파편화될 수 있다. 온도가 매우 높으면(>500℃) 카올리나이트(1 : 1 형 점토광물)는 산화알루미늄과 규소 형태로 분해된다.

많은 양의 연소물이 집적된 지역에서는 산불로 강한 열이 발생하면 침철석(Fe-OOH)이 산화철인 적철석(Fe_2O_3)으로 바뀌어 종종 붉은 색상의 토양을 형성한다. 버미큘라이트나 클로라이트와 같은 점토광물은 결정 구조가 붕괴됨에 따라 수분 손실이 발생한다. 산불이 극심하게 발생한 지역에서는 토양 내 유기물 연소와 광물질 변형으로 양이온교환용량이 50% 이상 감소하였다(Binkley & Fisher, 2020).

1·2·3 산불과 토양의 물리적 성질

자연 상태의 산림토양은 물리적 성질의 변동이 크지 않지만 산불 발생지에서는 다음과 같이 각종 물리적 성질이 산불 이전과 크게 달라진다.

1) 유기물층의 소실과 함께 광물질 토양층이 노출됨으로써 침식이 증가한다.
2) 임목의 고사와 아울러 증산량이 감소한다.
3) 표토층 노출에 따라 증발량이 증가한다.
4) 토양층에 재 등이 혼합됨에 따라 토색 및 토양 온도가 달라진다.
5) 낙엽 · 낙지의 양이 감소함에 따라 토양층에 유입되는 부식의 양이 감소하고 토양 입단의 구조가 달라진다.
6) 표토층의 총공극과 공극 크기의 분포가 변함에 따라 수분침투율과 투수능이 감소한다.

산불 발생지에서 투수능이 감소하는 원인은, 유기물층의 소실로 인해 세립 상태의 재나 밀랍 같은 탄화수소류(waxlike hydrocarbons)가 빗물과 함께 토양층으로 유입되어 공극에 집적됨으로써 불투수층이 형성되기 때문이다(DeBano *et al.*, 1998).

1 입경분포

모래나 미사와 같은 1차광물은 고온에 강한 석영으로 구성되어 있기 때문에 산불의 영향을 직접 받지 않는다. 그러나 산불이 발생한 후 지표유거수가 증가하면 점토나 미사와 같은 세립질의 토양입자는 씻겨 내려가므로 표토층에 모래와 같은 거친 입자가 상대적으로 증가할 수 있다.

2 용적밀도

토양 용적밀도는 산불 미발생지에 비해 높아지는 경향을 보인다. 이는 ①유기물층의 소실에 따른 부식 유입의 감소, ②침식에 의한 유기물 및 세립질 토양입자의 유실, ③토양 공극 분포의 변화, ④토양 소동물의 감소로 인한 토양 내 여러 형태의 이동 공간 축소, ⑤잔뿌리 소실에 따른 뿌리의 점유 공간 감소, ⑥토양 입단 구조의 붕괴, ⑦공극 내 세립질 입자의 유입에 따른 공극량 감소 등이 원인이다.

3 입단의 안정성

토양 입단은 토양 수분, 양분, 유기탄소 등의 저장고로 작용하기 때문에 입단의 안정성은 중요한 토양의 물리적 성질이다. 토양 입단에 결합된 유기물이 연소되면 입단 구조와 대공극이 파괴된다.

산불 강도에 따라 다르지만 유기물의 기화(휘산), 탄화, 산화 등이 발생한다. 유기물 탄화는 200~250℃에서 시작하며 460℃ 이상에서 완전히 탄화된다. 그러나 220℃ 정도의 약한 산불에서는 토양 구조의 안정성이 증가하기도 한다. 이는 유기성 분자들이 열에 의해 기화되는 동안 입단 구조의 외부에 소수성층(疏水性層, hydrophobic layer)이 형성되기 때문이다(Binkley & Fisher, 2020).

산불 발생지는 온도와 지속시간, 경사도와 방위, 유기물층의 두께와 수분 함량, 수종의 형태와 분포, 생엽이나 낙엽과 같은 연소물의 구성, 연소물의 밀도와 수분 함량, 토양 수분의 공간적 분포 차이로 인해 모자이크 형태를 보이고, 입단 구조의 안정성도 이들 인자의 영향을 받는다. 산불 발생지의 토양 구조가 회복되는 정도는 산불 강도, 유기물의 탄화 정도, 식생 회복률, 산불 발생 후 토지이용 등 다양한 요인에 의해 결정된다.

4 수분침투율

산불 발생지에서는 종종 표면 공극이 막히거나 발수성(撥水性, water repellent)이 증가함으로 인해 토양의 수분침투율이 감소한다(그림 3-8 참조). 그러나 단순히 건조에 대한 반응으로 토양이 소수성의 경향을 보일 수 있기 때문에 산불이 토양의 소수성을 결정하는 직접적 요인은 아닐 수 있다. 실제로 스페인에서는 극심한 산불로 산림에서 발달한 소수성이 제거되었으며, 오스트레일리아 유칼립투스 임분의 소수성도 산불 발생 후 감소하였다.

소수성은 온도에 따라 다른 반응을 보여 175℃ 이하로 가열된 토양의 수분침투율은 변화가 거의 없었지만, 175~200℃에서는 수분침투율이 상당히 감소하였으며, 290℃ 이상에서는 소수성을 발휘하는 유기성 분자가 연소되어 소수성이 파괴되기 시작하였다(Binkley & Fisher, 2020). 소수성을 촉진하는 산불의 특성은 176~204℃의 토양 온도, 조립질 토성, 낮은 토양 수분 함량 등이다.

그림 3-8 경남 합천군 산불 발생지(A)의 탄화된 유기물층에서 토양층으로의 수분침투율 감소(B)와 광물질 토양층의 발수성(C)

1·2·4 산불과 토양의 화학적 성질

산불 발생지에서는 식생이나 유기물층 등이 연소하면서 발생한 재가 토양 내에 혼입됨으로 인해 토양의 화학적 성질이 상당히 변화한다. 산불로 형성되는 재의 양은 2~15Mg·ha^{-1}이며, 재층의 양분 함량은 20~100kg N·ha^{-1}, 3~50kg P·ha^{-1}, 40~1,600kg Ca·ha^{-1}로 알려져 있다(Raison *et al.*, 1985; 임업연구원, 2000).

경남 합천군 소나무 임분에서 산불 발생 30일 후 재의 양과 양분량을 측정하였더니 질소량을 제외하고 모두 다른 지역의 산불 발생지에서 측정한 값의 범위에 분포하였다(표 3-4 참조). 산불 발생 후 토양의 화학적 성질 변화는 산불 강도나 재의 집적 정도에 따라 다르며, 산불 발생 후 경과시간이나 기상 요인 등도 영향을 끼친다. 산불 발생지에 유입되는 양분의 형태와 양은 표토층에서 가장 심하게 변하며, 심토층은 토양 성질, 강수량, 산불 후 발생하는 교란 정도에 따라 다르다.

표 3-4 산불 발생 30일 후 측정한 소나무 임분의 유기물층 pH 및 양분량(단위: kg·ha^{-1})

구 분	pH	유기탄소	질소	인	칼륨	칼슘	마그네슘
산불 발생지	7.42	3,200 (13.6%)	154 (0.65%)	17 (0.08%)	65 (0.29%)	132 (0.60%)	27 (0.12%)
산불 미발생지	4.56	10,603 (48.0%)	244 (1.12%)	8 (0.04%)	34 (0.16%)	102 (0.47%)	3 (0.06%)

㈜ 괄호는 양분 농도를 나타냄[백경원 등, 2024]

산불이 발생하면 일부 양분이 기체 상태로 손실되고 재가 증가함에 따라 양분 수지와 양분 유효도가 변하여 새로 발생하는 식물의 생장에도 영향을 끼친다. 산불로 인해 토양 온도가 변화하면서 토양 미생물의 활동과 유기물의 분해가 활발해져 양분 순환 체계에 급격한 변화가 일어난다(DeBano *et al.*, 1998).

산불 발생지에서는 재의 유입에 따라 토양 pH가 상승하고 재에 함유된 인의 농도가 높아지므로 토양 내 인이 증가한다. 그러나 장기적으로는 산불 발생지의 인이 감소하며, 이는 식생에 의해 흡수되거나 표토에 잔류한 양분이 침식되거나 또는 재 속의 철이나 칼슘과 결합하여 인 유효도가 감소하기 때문이다.

양이온교환용량은, 산불 발생 동안 표토층의 유기화합물이 열로 파괴되고 점토 함량이 변화하면서 감소할 수 있다. 칼슘이나 마그네슘과 같은 교환성 양이온은 열에 대한 저항성이 높아 산불 발생 직후 일시적으로 급속히 증가하지만 시간이 경과함에 따라 용탈, 침식, 식생의 흡수로 인해 감소한다(표 3-5 참조).

표 3-5 강원도 소나무 임분의 산불 발생 경과시간에 따른 토양의 화학적 성질 변화

토심 (cm)	구 분	토양 pH	유기물 (%)	전질소 (%)	유효 인산 ($mg \cdot kg^{-1}$)	양이온 교환용량 ($cmol_c \cdot kg^{-1}$)	교환성 양이온 ($cmol_c \cdot kg^{-1}$)			
							K^+	Na^+	Ca^{2+}	Mg^{2+}
0~5	산불 미발생지	5.2	5.2	0.20	16	10.0	0.30	0.16	1.72	1.23
	산불 발생 1주일 후	5.8	7.4	0.29	72	11.7	0.52	0.14	4.60	2.33
	산불 발생 1년 후	5.2	5.7	0.23	14	13.2	0.24	0.23	1.44	0.75
5~15	산불 미발생지	5.2	3.4	0.14	22	10.7	0.30	0.14	1.06	1.12
	산불 발생 1주일 후	5.2	3.2	0.15	14	9.6	0.35	0.15	1.70	1.25
	산불 발생 1년 후	5.1	3.5	0.16	5	12.5	0.16	0.22	0.60	0.40

[Kim *et al.*, 1999; 2005]

1 토양 pH

토양 pH는 일반적으로 산불 발생 후 즉시 상승하고 수개월, 수년, 수십 년의 시간을 거치면서 산불 발생 이전의 수준으로 되돌아간다. 토양 pH는 직접적으로 지구화학적 순환과, 간접적으로 미생물의 활성을 통해 양분 유효도에 영향을 끼친다. 산불이 토양 pH를 높이는 과정에는 두 가지가 있다.

첫 번째, 유기물층이나 광물질 토양층에 해리되지 않은 유기산이 산불에 연소되고 제거됨으로써 토양용액의 pH가 상승한다.

$$CH_3COOH + 2O_2 \longrightarrow 2CO_2 + 2H_2O$$

두 번째, 산불이 진행되는 동안 토양으로부터 수소이온이 소모되는 과정이다. 예를 들면 K^+을 포함하는 유기화합물(아세테이트)의 연소에서는 K^+이 방출될 때마다 하나의 H^+을 소모한다. 이때 H^+은 K^+과 함께 어떠한 반응도 하지 않고 물이 생산되는 과정에만 소모되어 토양 pH를 높인다.

$$CH_3COOK + 2O_2 + H^+ \longrightarrow 2CO_2 + 2H_2O + K^+$$

산불 발생 직후 상승한 표토층의 토양 pH는 시간이 경과하면 산불 발생 이전의 수준에 근접하며, 이는 ①침식에 의한 재의 감소, ②재생되는 식생의 양이온 흡수, ③양이온의 침식이나 용탈 후 토양에 잔류하는 수소이온 증가 등과 관련이 있다.

2 토양 유기물

산불 발생 시 토양 유기물의 증감은 산불 형태 · 강도, 지형 등의 요인에 따라 다르게 나타난다. 유기물층과 광물질 토양층의 유기물은 연소하는 동안 이산화탄소를 생성하거나 탄화물 형태로 변환된다. 유기물 입자와 화합물의 크기가 줄어들 수 있고 전반적인 화학적 성질과

반응성도 변화한다. 예를 들면 탄화물 표면에 유기화합물이 코팅된 탄화권(charosphere)을 형성하여 미생물 군집과 양분 공급에 영향을 끼칠 수 있다(Pingree & DeLuca, 2017).

산불 발생 극심지에서는 유기물이 손실되지만 약한 산불의 경우에는 변화가 없거나 유기물 총량이 증가하기도 한다. 이는 부분적으로 연소한 목재 파편이 광물질 토양층에 혼입되거나, 온도가 낮을 경우 유기물이 불완전 연소하기 때문이다.

3 질소

토양 내 질소의 총량은 증감에 있어 일정한 경향이 나타나지 않는다. 이는 토양 질소가 토양 수분, 용탈, 토양 침식, 토심 등 여러 요인의 영향을 받기 때문이다. 유기물층과 광물질 토양층에 함유되어 있는 질소는 낮은 온도에서 기화하기 때문에 대부분 대기로 손실되어 질소 수지에 상당한 영향을 끼칠 수 있다.

중도나 강도의 산불이 발생하면 점토 복합체에 부착된 암모늄이 방출되고 무기태 질소가 재에 집적되며, 암모니아화 작용이 촉진됨으로 인해 토양 무기태 질소가 증가할 수 있다. 그러나 무기태 질소의 증가는 단기간에 한정되며, 식물에 흡수되지 않을 경우 바람이나 강우가 발생할 때 침식이나 용탈로 상당량이 손실된다.

4 인

산림토양 내 총인의 증가가 산불 발생 직후 관찰되었지만 시간이 경과함에 따라 점차 감소하였다. 총인은 주로 토양에 축적되기 때문에 식생이나 유기물층의 연소에 따른 인 총량의 손실은 질소 총량에 비해 영향이 크지 않지만 인의 총량이 적은 토양에서는 심각한 문제가 발생한다.

산불은 토양 내 인을 정인산으로 전환하고 토양 pH의 변화를 유도하여 가용성 인 함량의 증가에 긍정적 영향을 끼친다. 그러나 철, 알루미늄 등의 산화물이 많은 토양에서는 인의 흡착이 증가하고 유효도가 감소할 수 있다. 산불 발생 후 유효 인의 증가는 단기적이며 시간이 경과함에 따라 감소한다.

5 교환성 양이온

양이온 양분(칼슘, 마그네슘, 칼륨 등)은 산불 발생 시 유기물의 연소로부터 직접 방출되고 차후 유기물 분해율이 향상하면서 일반적으로 증가하지만 약한 산불의 경우에는 큰 변화가 없다. 그러나 산불에서 발생하는 강한 열은, 양이온 방출의 원인이 되는 토양의 양분 교환 성질을 직접적으로 바꿀 수 있다. 양이온 양분의 유효도 증가는 일시적인 현상이며, 칼륨의 경우 한 달 내지 수개월 이내에 산불 발생 이전 수준으로 되돌아간다.

1·2·5 산불과 토양의 생물적 성질

산불이 발생하면 어떤 토양 생물은 연기나 고온에 노출되어 죽거나 심각한 손상을 입기도 하며, 서식지가 파괴되고 영양원이나 에너지원이 되는 산림 식물 조성군에 변화가 생긴다. 산불 발생지의 생물적 성질은 산불 강도, 연소량, 미세 지형, 수분과 같은 요인에 의해 달라진다. 토양 내에 서식하는 생물은 50~150℃의 낮은 온도에서도 치명적인 손상을 입는다. 사멸 임계온도가 종자는 50℃, 식물 조직은 60℃, 균류는 100℃, 세균은 110℃ 정도이다.

토양의 생물적 성질에 끼치는 영향은, 미생물, 균근균, 토양 무척추동물, 토양 대소 동물군이 살아가는 기반인 유기물층에서 극심하며, 광물질 토양층은 열에너지 전달이 많지 않아 토양생물상에 큰 변화가 나타나지 않는 경우도 있다. 또한 이동성이 높은 대형 및 중형 생물군은 미소 생물군만큼 심각한 영향을 받지 않는다.

산불 발생 후 토양의 생물적 성질을 회복하는 데 짧게는 한 달, 길게는 수년이 소요되지만 산불 특성, 토양 성질, 식생 종류에 따라 다르며 유기물층 복원에 요구되는 시간과 관련이 있다(Binkley & Fisher, 2020).

1 질소고정생물

콘토르타소나무 임분에서 독립생활 질소고정균에 의한 비공생 질소고정량은 산불 미발생지 0.3kg N·ha^{-1}, 산불 발생지 0.6kg N·ha^{-1}로 큰 차이가 없었다. 그러나 미국 남동부 대왕소나무 임분에서는 주기적인 처방화입 후 하층에 질소고정식물인 콩과식물의 군집이 증가하였다. 초본성 콩과식물의 질소고정량은 밀도가 낮을 경우 연 1kg N·ha^{-1} 이하이지만 밀도가 높을 경우(>2본·m^{-2})에는 연 5~10kg N·ha^{-1}이다.

2 미생물의 활성

캐나다 앨버타주의 가문비나무와 전나무 임분에서 산불 발생 6년 후 미생물 바이오매스를 조사한 결과 산불 발생지와 산불 미발생지의 차이가 없었다. 그러나 미생물 군집의 반응은 산불 강도에 따라 급속하면서도 민감하게 나타났다.

미국 뉴멕시코주 폰데로사소나무 임분에서는 극심한 산불이 발생한 지 1개월 후 세균 군집의 다양성이 감소하였지만 균류(곰팡이류) 군집의 다양성은 급격하게 증가하였다(Hart *et al.*, 2005; 그림 3-9 참조). 전반적으로 산불이 10년 또는 20년 동안 균류의 다양성을 낮추었지만 식물 뿌리의 균근 형성에 미치는 영향력은 적었다(Dove & Hart, 2017).

산불 발생 후 잔재 유기물층과 광물질 토양층의 환경적 조건은 매우 달라질 수 있다. 탄화한 흑색의 유기물질은 탄화하지 않은 물질보다 복사열을 더 잘 흡수하여 온난한 환경을 조성한다. 예를 들면 미송 모두베기 지역 가운데 연소된 곳의 5cm 깊이에서 측정한 토양 온도는 연소되지 않은 곳보다 평균 6℃ 높았으며, 식생에 의한 수분 이용이 감소하여 토양 수분이

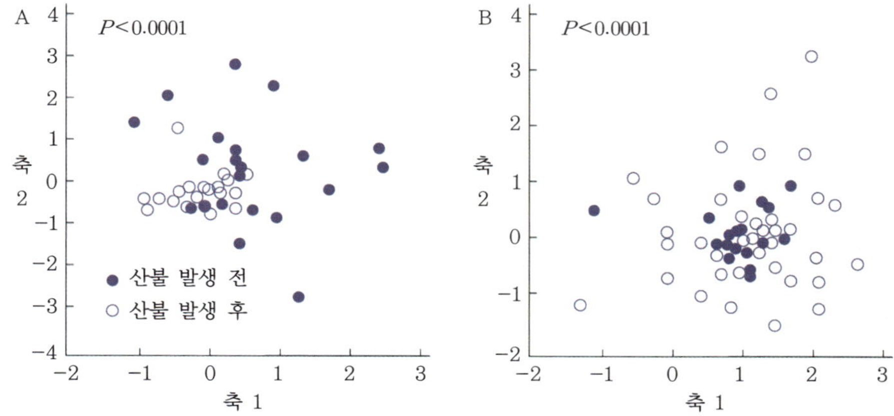

그림 3-9 미국 뉴멕시코주 폰데로사소나무 임분에서 극심한 산불이 발생한 지 한 달 후 군집 다양성의 변화(A: 세균 군집, B: 균류 군집)[Hart *et al.*, 2005]

증가하였다.

유기물 분해율을 비교하기 위해 가문비나무 임분의 토양층 상부에 망사 주머니(mesh bag)을 이용하여 셀룰로스 띠를 두 달 동안 매설한 결과 산불 발생지에서는 대부분 분해되었지만 산불 미발생지에서는 부분적으로 분해되지 않은 채 남아 있었다(Van Cleve & Dyrness, 1985). 이러한 결과는 산불 발생지의 미소 환경 변화가 화학적인 영향보다 중요하다는 점을 시사한다. 그러나 포플러 잎은 산불 미발생지보다 산불 발생지에서 서서히 분해되었으며(Grigal & McColl, 1977), 방크스소나무 침엽의 분해율은 산불 발생지와 산불 미발생지 사이에 차이가 없었다.

1·2·6 산불과 토양인자의 관계

산불 발생에 따라 토양의 물리 · 화학 · 생물적 성질에 미치는 인자 중 양분 유효도는, 반연소된 물질의 광물질 토양층 내 혼입, 가열에 의한 양분 방출, 식물종의 경쟁 감소, 온도나 수분 함량과 같은 토양 조건의 지속적인 변화 등을 통해 일반적으로 증가하였다. 그러나 토양 용적밀도의 증가, 유기물 및 질소의 산화, 재에 포함된 다량의 양분 손실, 토양 침식의 증가, 토양 생물군집 구성과 활성의 변화 등 부정적 영향이 크게 나타났다(표 3-6 참조).

1·2·7 산불과 양분 손실

산불에 의한 양분 손실은 ①기체 상태인 화합물의 산화(연소), ②정상 온도에서 고체 상태인 화합물의 기화(휘산), ③열에 의한 대류로 발생하는 재 입자(ash particle)의 비산, ④산불 발생 후 토양 침출수로부터의 이온 용탈, ⑤산불 발생 후 침식 가속화 등의 과정으로 일어난다.

표 3-6 산불 발생이 토양의 물리·화학·생물적 성질에 미치는 영향

구 분	인 자	영 향
물리 화학·광물적 성질	불투수층 형성	토양의 자연적인 발수성이 종종 증가하며 이는 표면 수 센티미터 아래 연속적인 불투수층이 형성되기 때문으로, 그 결과 토양의 침투능이 제한되고 지표유거수와 침식이 증가함
	토양 구조의 안정성	유기성 결합제의 연소로 인해 토양 구조의 복잡성이 감소함
	토양 용적밀도	입단 구조의 붕괴, 재에 의한 공극 폐쇄, 점토입자의 분산 등으로 토양 용적밀도가 증가함
	토양 입경분포	직접적인 영향은 크지 않지만 침식으로 인해 표토의 세립질 입자가 감소함
	토양 pH	유기물에 결합된 염기성 양이온(Ca^{2+}, Mg^{2+}, K^{+}, Na^{+})의 방출에 따라 일시적으로 비석회 계열의 토양에서 pH가 상승함
	광물질 조성	500℃ 이상에서만 변화가 발생함
	토색	탄화물이 첨가될 경우 흑색이 우세하지만 철 산화물로 인해 적색으로 변화하는 경우도 있음
	온도	식생 및 유기물층의 소실로 일시적인 변화가 발생함(알베도 효과 감소)
화학적 성질	유기물의 양적 성질	산불 발생 직후 감소하지만 식생종 구성의 변화와 함께 장기적으로 산불 발생 이전보다 증가할 수 있음
	유기물의 질적 성질	상당한 변화가 발생하며, 생엽이나 가지의 선택적 연소와 방향성 고분자 물질이 새롭게 형성되기 때문에 생화학적 분해에 저항성 있는 입자의 상대적인 풍부도가 증가하고, 특히 불완전연소로 발생한 탄화물은 수세기 또는 수천 년 동안 잔존할 수 있음
	양분 유효도	일시적으로 뚜렷한 증가가 발생함
	유기태 질소	유기태 질소는 기화하거나 부분적으로 암모니아태질소로 변하며, 암모니아태질소는 유기물이나 광물질의 음전하 부분에 흡착되어 생물이 이용할 수 있는 형태로 존재하지만, 시간 경과와 함께 질산태질소로 바뀌어 흡수 또는 용탈되고, 질소 유효도는 수년 내에 산불 발생 이전보다 낮아짐
	유기인	유기인은 정인산염 형태로 무기화되며 휘산에 의한 손실은 무시할 정도이고 정인산은 용탈 손실량이 매우 적음
	교환성 이온	칼슘, 마그네슘, 칼륨은 일시적으로 상당히 증가함
	이온교환용량	유기물 손실량에 비례하여 감소함
	염기포화도	유기물 연소에 따른 염기의 방출로 증가함
생물적 성질	미생물 바이오매스	미생물 바이오매스는 감소하며, 산불 발생 이전 수준으로의 회복은 식물군집의 신속한 회복에 의존함
	미생물 군집 구성	미생물 군집의 변화는 식생 군집에 따라 다르며, 장기적으로 세균보다는 균류가 감소함
	토양 무척추동물	무척추동물은 감소하나 미생물보다 영향이 크지 않음
	토양 무척추동물 군집 구성	토양 무척추동물의 군집이 변화하고, 산불 이전 수준으로의 회복은 식물군집에 따라 다름

[Certini, 2005]

이들 과정의 상대적인 중요도는 각 양분마다 차이가 있고(표 3-7 참조) 산불 강도, 토양 성질, 지형, 기후 유형 등에 따라서도 달라진다.

표 3-7 산불 발생에 따른 양분 손실량(단위: $kg \cdot ha^{-1}$)

산불 형태(임분)	질소	인	칼슘	마그네슘	칼륨
처방화입(테다소나무)	10~40	–	–	–	–
벌채 잔재 연소(미국솔송나무, 미송)					
강도	980	16	154	29	37
중도	490	9	87	7	17
벌채 잔재 연소(유칼립투스)	75~100	2~3	19~30	5~10	12~21
벌채 잔재 연소(유칼립투스)	–	10	100	37	51
산불(미송)	855	–	75	33	282

[Binkley & Fisher, 2020]

유기화합물에 포함된 양분은 상당 부분 환원된 상태이다. 환원된 형태의 질소($R-NH_2$)와 황($R-SH_2$)은 산불에 의해 연소되면 가스로 에너지를 방출하고 산화된 화합물로 변환된다. 예를 들면 아미노산인 시스테인이 연소하면 질소(N_2) 가스와 이산화황(SO_2) 가스가 방출된다. 몇몇의 휘발성 유기화합물은 기화한 뒤에 산화하지만 유기물의 연소는 전반적으로 산화 과정이다.

$$4CHCH_2NH_2COOHSH + 15O_2 \longrightarrow 8CO_2 + 14H_2O + 2N_2 + 4SO_2 + \text{energy}$$

산불에 의한 양분 손실을 조사하는 방법에는 세 가지가 있다. 첫 번째는 회화로(muffle furnace)에서 시료를 가열하여 양분 함량의 변화를 측정하는 간단한 방법이다. 여러 수준의 온도에서 20분 동안 유기물층의 표본을 가열한 뒤 질소 손실을 측정한 결과 200℃에서는 산화가 일어나지 않았지만 300℃에서는 25%, 700℃에서는 55%가 산화되었다(Knight, 1966). 산불 발생 시 유기물층에서는 깊이에 따라 온도 차이가 나는 반면에 이 방법은 회화로 내 시료가 모든 방향에서 가열되는 문제점이 있다.

두 번째 방법은 현장에서 연소물의 양분 함량 변화를 정량화하기 위한 시도이다. 연소물 양과 산불 강도 사이의 높은 변이성 때문에 정확한 측정이 어렵지만, 일반적으로 현장에서 측정한 산불에 의한 질소 손실은 연소되는 유기물의 양과 선형 관계에 있었다(그림 3-10 참조).

세 번째는 단순하게 산불 발생지와 산불 미발생지의 양분 함량을 비교하는 방법이다. 30년 동안 테다소나무-대왕소나무 생태계를 연구한 결과에 따르면 1년, 3년 또는 4년 간격의 처방화입으로 유기물층의 질소 함량이 85% 정도 감소하였다(그림 3-11 참조). 심지어 매년 산불이 30년 동안 발생한 지역은 유기물층과 토양 0~20cm 깊이에서 질소 함량이 약 300kg $N \cdot ha^{-1}$(연간 10kg $N \cdot ha^{-1}$) 감소하였다.

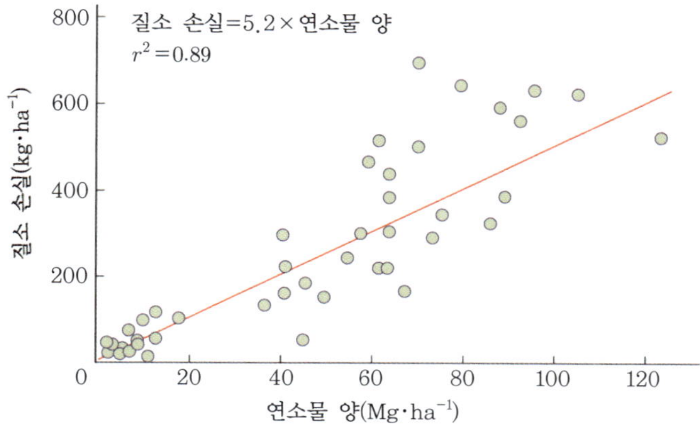

그림 3-10 **산불 발생 시 연소물 양에 따른 질소 손실**(연소물 1Mg·ha^{-1}당 5kg N·ha^{-1}이 손실되어 연소물의 양에 비례하였다.)[Binkley, 1999]

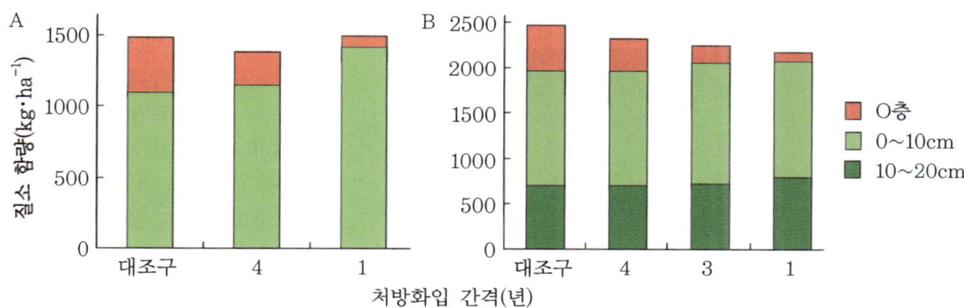

그림 3-11 **테다소나무-대왕소나무 임분에서의 30년 동안 반복적인 처방화입에 따른 질소량 변화**(질소량의 순손실이 없거나(A), 30년에 걸쳐 토양층의 질소량은 증가하지만 O층에서는 감소하여 최대 300kg N·ha^{-1} 순손실이 발생하였다(B).)[Wells, 1971; Binkley *et al.*, 1992]

그러나 30년 동안 진행한 다른 연구에서는 질소의 순손실이 발견되지 않았다. 예를 들면 테다소나무-애키나타소나무(shortleaf pine) 임분에서 30년 동안 8번 처방화입한 결과 유기물층의 질소 함량이 약 160kg N·ha^{-1}(산불 1회당 20kg·ha^{-1}) 줄어들었다(Liechty & Hooper, 2016). 산불 발생지의 토양 0~15cm 깊이에서 평균 88kg N·ha^{-1} 감소하였지만 대조구와의 유의적인 차이는 없었다. 산불에 의한 질소 손실의 최고 추정치는 약 250kg N·ha^{-1}(산불 1회당 30kg N·ha^{-1})이었다.

산불 발생 극심지에서의 질소 손실량을 추정하는 데 2002년 미국 오리건주에서 발생한 비스킷 산불(Biscuit Fire)을 참고할 수 있다(Bormann *et al.*, 2008). 동일한 조사구에서 산불 발생 전과 후의 토양을 조사한 결과 산불 발생 후 O층은 대부분 연소되었다. 토양 상층부에는 산불 이전에 발견되지 않았던 작은 석력층이 형성되었다. 산불이 발생하지 않은 지역의 O층/A층에서도 이러한 석력층은 발견되지 않은 점으로 미루어 상층(O층/A층) 부분의 세립질 물질이 산불에 의해 제거된 결과로 보인다. 유기물이 연소되고(O층은 40% 탄소 손실, 토양층은 60% 탄소 손실) 산불로 발생한 격렬한 상승기류를 타고 세립 광물질이 비산한 결과 약 125Mg·ha^{-1}의 토양이 제거된 것으로 추정되었다.

산불 발생지의 토양 손실에 관한 이해는 유기물과 질소의 손실을 추정하는 데 중요하다. 산불이 발생하기 전 0~15cm나 15~30cm와 같이 정해진 깊이에서 토양시료를 채취하고 산불 발생 후 같은 깊이에서 시료를 채취하더라도 실제로는 깊이가 다른 부분에서 채취된다는 점을 감안해야 한다(그림 3-12 참조). 시료 채취에 대한 기준선(baseline) 변화를 무시한 채 토양의 상부가 산불 발생 전과 후 동일하다는 가정하에 채취한 시료는 탄소의 실제 손실(23Mg C·ha^{-1})의 약 50%, 질소(700kg N·ha^{-1})의 약 25% 과소평가되었다.

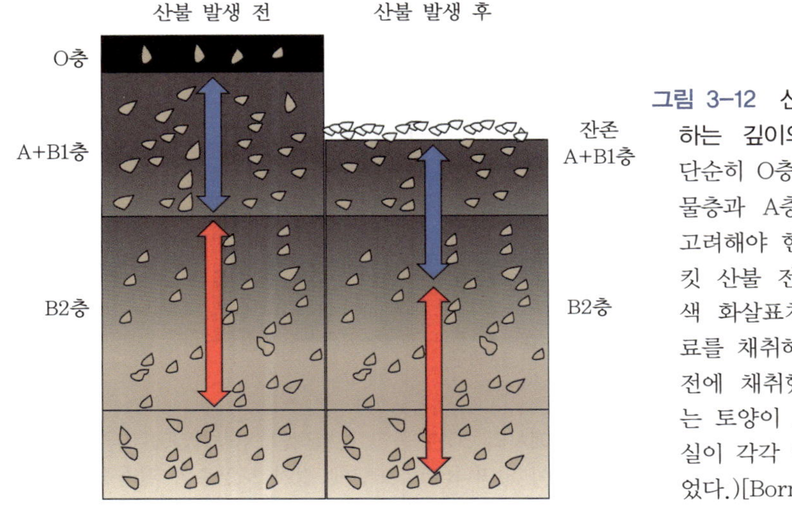

그림 3-12 산불 전후 토양시료를 채취하는 깊이의 문제(토양시료 채취는 단순히 O층의 손실뿐만 아니라 유기물층과 A층 상부의 세립 광물질도 고려해야 한다. 미국 오리건주 비스킷 산불 전후로 만약 파란색, 빨간색 화살표처럼 고정된 깊이에서 시료를 채취하면 실제로 산불 발생 이전에 채취했던 깊이보다 아래에 있는 토양이 포함되어 질소와 탄소 손실이 각각 약 25%, 50% 과소평가되었다.)[Bormann *et al.*, 2008]

인화합물의 기체화 손실은 더욱 복잡하다. 모든 인은 생태계에서 인산(PO_4^{3-}) 형태이나 산불과 같은 고온에서는 여러 형태의 산화물로 변환된다. 산불로 생성되는 가장 중요한 산화물은 오산화인(P_4O_{10})이지만 360℃에서 휘산된다(Cotton & Wilkinson, 1988).

휘산 손실은 화합물이 화학적 변화 없이 기화할 때 발생한다. 예를 들면 토양에 존재하는 질산염은 80℃보다 낮은 온도에서 기화하며, 아미노산은 농도가 너무 낮아서 질소 수지에 미치는 영향이 무의미할 수 있지만 200℃ 이하에서 연소되고 기화한다. 칼륨, 칼슘, 마그네슘과 같은 교환성 양이온의 경우 더 높은 고온에서도 안정한 상태를 유지하여 수산화칼륨(KOH)은 350℃ 이상에서 기화하고 칼슘과 마그네슘 산화물은 2,500℃에서도 안정적인 상태를 유지한다.

산불 발생지에서는 유기물층의 소실로 생성된 재의 양분 농도가 높고 대류로 인한 손실이 클 수 있다. 예를 들면 유칼립투스(*Eucalyptus pauciflora*) 낙엽의 칼슘 농도는 470mg Ca·kg^{-1}이지만 흑색 재는 5,740mg Ca·kg^{-1}, 회색 재는 14,750mg Ca·kg^{-1}이었다(Raison *et al.*, 1985). 낙엽의 재에서 칼슘 농도가 높다는 것은 탄소화합물의 가스 손실이 대량으로 발생하였고 칼슘의 경우 가스 손실이 거의 발생하지 않았음을 의미한다.

1·2·8 산불과 양분 용탈

산불 발생 후 토양으로부터의 양분 용탈은 가용성 이온의 증가, 식물 흡수 및 보유율의 변화, 유기물층과 토양의 흡착 특성, 강수와 증발산 유형 등의 영향을 받는다. 그러나 극단적인 경우에도 이러한 과정에서 손실되는 양은 다른 손실 경로나 전체 양분 수지에 비해 상대적으로 적다.

미국 워싱턴주 서부의 미송 노령림(老熟林, old growth forest)에서는 재로 방출된 대부분의 이온이 토양 상부 20cm에 보유되어 용탈 손실이 적었다. 산불이 극심했던 미송-볏과식물(pinegrass) 생태계에서 질산태질소의 용탈은 전체 질소 수지의 약 0.5%를 차지하였다(Tiedemann *et al.*, 1979). 이러한 용탈 손실은 산불에 따른 순질산화율의 가속화와 질산이온의 이동성이 원인이었다.

그러나 양이온의 용탈 손실은 토양이 가열되는 정도의 영향을 받을 수 있다. 미송-낙엽송 임분에서 칼슘, 마그네슘, 철의 용탈을 조사한 결과 산불이 나더라도 낮은 온도에서는 영향이 크지 않지만, 300℃ 이상의 온도에서는 철의 용탈이 감소한 반면에 칼슘과 마그네슘의 용탈이 상당히 증가하였다(Stark, 1977).

재에 포함된 양이온의 일부(10~30%)는 물에 쉽게 용해되어 토양으로부터 용탈된다. 미국 미네소타주 북부 리틀 수(Little Sioux) 지역에서는 산불 발생 후 계류수의 칼슘과 칼륨 농도가 각각 26%와 265% 상승하였다. 칼륨 손실이 상대적으로 크지만 추가적인 손실량이 1.5kg K·ha^{-1} 정도로 많지 않아 산림생산력에 미치는 영향은 거의 없었다(Binkley & Fisher, 2020).

그러나 2002년 미국 콜로라도주 헤이먼 산불(Hayman Fire)이 발생했던 유역을 조사한 바에 따르면 계류수 내 질산태질소 농도는 연소된 계곡의 면적에 따라 선형적으로 증가하여 산불 미발생지의 0.1mg N·L^{-1}부터, 면적 90%가 연소된 유역의 0.7mg N·L^{-1}까지로 나타났다(Rhoades *et al.*, 2011). 이렇게 양이 증가하면 수생태계에 영향을 줄 수 있지만 산불에 의해 직접적으로 손실되는 질소량에 비해서는 상대적으로 매우 적다.

1·2·9 산불과 침식

대부분 산림토양은 침식에 따른 토양 손실률이 매우 낮다. 그러나 산불 발생 후 임목의 수관과 광물질 토양층 상부의 유기물층이 제거되면 빗물의 타격으로 토양 입단이 흩어지고 공극이 극세립 입자로 막힐 수 있다.

산불 발생 후 식생, 토양 성질, 수문, 지형 발달 등의 변화로 인한 침식의 가속화는 상당한 양의 양분이 손실되는 원인이다(Wright & Bailey, 1982; 그림 3-13 · 3-14 참조). 실제 침식 증가량과 지속성은 산불 강도의 연속성, 토양 침투능, 지형, 기후, 식생 회복 유형 등에 따라 크게 다르다.

그림 3-13 산불 발생 1개월 후(A)와 1년 후(B) 지표의 변화(경남 합천군)

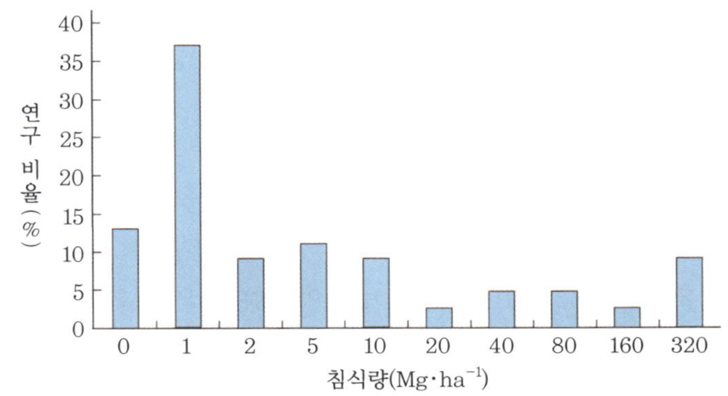

그림 3-14 산불 발생 1년 후 침식량(5Mg·ha^{-1} 이하가 전체 연구의 2/3 정도를 차지하였다.)[Binkley & Fisher, 2020]

매년 산불이 발생한 활엽수 임분의 유역은 하천 유량과 퇴적물이 50~100% 증가하였고(Ursic, 1970), 산불 발생지는 산불 미발생지에 비해 퇴적물이 3~200Mg·ha^{-1} 더 발생하였다(DeBano *et al.*, 1998).

1·2·10 맺음말

산불이 토양의 성질에 미치는 영향은 산불 종류, 초기 토양 특성, 식생 형태 등에 따라 공간적 변동이 크게 나타난다. 유기물 감소는 토양 입단의 안정성, 토양 발수성, 토양 용적밀도, 미생물 및 균류 활성과 같은 토양의 물리 · 생물적 성질에 직간접적으로 영향을 끼친다.

식생 및 유기물이 연소하면 양분이 방출되고 연소된 재가 광물질 토양층에 혼입되면서 토양의 화학적 성질인 토양 pH나 양분 유효도가 일시적으로 상승하지만 시간 경과와 함께 지속적으로 감소할 수 있다. 이는 표토층이 노출됨에 따라 강우 시 양분이 침식으로 손실되거나 토층 하부로 용탈되기 때문이다.

산불 발생지에 대해서는 단기간에 표토층을 고정할 수 있는 산림관리 방안이 필요하며, 피해목을 벌채하고 조림할 지역에서는 토양의 물리적 성질 변화를 최소화하는 일이 중요하다. 피해목 벌채지는 갱신될 식생의 활착과 생장에 도움을 줄 수 있도록 시비를 비롯한 양분 관리에 관해서도 대책을 마련해야 한다.

연습문제

1. 산림토양의 산성화가 발생하는 원인을 설명하시오.
2. 토양산성화가 산림생태계에 끼치는 영향을 설명하시오.
3. 석회물질이 토양 산도를 개량하는 원리를 설명하시오.
4. pH 5.0인 산성 토양을 토심 20cm까지 pH 6.0으로 개량하는 데 필요한 탄산칼슘의 양을 간이법을 활용하여 구하시오. 단, 토성은 사양토이며 부식 함량은 5% 미만이다.
5. 산불 발생이 토양의 물리적 성질에 끼치는 영향을 설명하시오.
6. 산불 발생이 토양의 화학적 성질에 끼치는 영향을 설명하시오.
7. 다음 표는 강원도 소나무 임분의 산불 발생 1주일 후 산불 발생지 및 인접한 산불 미발생지로부터 표토층의 토양시료를 채취하고 분석한 결과이다. 토양 분석 결과로부터 산불 발생지의 토양시료를 구분하고, 이유를 설명하시오.

조사구	토양 pH	Ca^{2+}(cmol$_c$·kg^{-1})	Mg^{2+}(cmol$_c$·kg^{-1})
조사구 1	5.8	4.5	2.0
조사구 2	5.3	2.1	1.2

8. 산불 발생에 따른 양분 손실의 주요 원인을 설명하시오.
9. 산불과 토양 침식의 관계를 설명하시오.

참고문헌

1. 고려대학교 산학협력단. 2017. 국내 석회석 산업 활성화를 위한 석회석의 산림 시용 방안 기초연구. 한국광물자원공사 위탁연구과제 보고서.
2. 구남인. 2024. 2023 전국 산림토양 산성화 현황. 국립산림과학원.
3. 구남인, 김용석, 최형태, 임주훈. 2016. 산림토양 산성화 영향모니터링 및 평가·관리기술개발. 국립산림과학원.
4. 권현호, 심연식, 이진수, 김태혁, 김정아, 윤석호, 남광수. 2007. 광해의 원인과 방지대책. 광

해방지기술 1(1): 5-25.
5. 김주섭. 2019. 석회시용이 산림생태계에 미치는 영향에 대한 문헌 고찰. 고려대학교 대학원 석사학위논문.
6. 김주섭, 장한나, 노유진, 한승현, 손요환. 2018. 산림 대상 석회 시용의 연구 경향과 산림생태계에 미치는 영향. Korean Journal of Environmental Biology 36(1): 50-61.
7. 박지숙. 2012. Effect of Liming on Chemical Speciation of Phosphorus in a Deforested Soil. 서울대학교 대학원 석사학위논문.
8. 백경원, 최병길, 이지현, 김춘식. 2024. 소나무 임분의 산불강도가 임상의 양분에 끼치는 영향. 2024 산림과학 공동학술대회 발표자료집.
9. 손요환, 김춘식, 박관수, 윤태경, 이계한. 2020. 산림토양학. 향문사.
10. 이천용, 이충화. 2004. 환경오염으로 산성화된 산림토양 되살리기. 국립산림과학원 보도자료.
11. 이충화, 이승우. 2002. 『생명의 숲』 지키기: 산성화 피해임지 회복사업 연구보고서. LG상록재단.
12. 입업연구원. 2000. 동해안 산불지역 정밀조사 보고서 I.
13. 정진현, 구교상, 이충화, 김춘식. 2002. 우리나라 산림토양의 지역별 이화학적 특성. 한국임학회지 91(6): 694-700.
14. 정진현, 김춘식, 구교상, 이충화, 원형규, 변재경. 2003. 한국 산림토양의 모암별 이화학적 특성. 한국임학회지 92(3): 254-262.
15. Adeleke R, Nwangburuka C, Oboirien B. 2017. Origins, roles and fate of organic acids in soils: A review. South African Journal of Botany 108: 393-406.
16. Akselsson C, Hultberg H, Karlsson PE *et al.* 2013. Acidification trends in south Swedish forest soils 1986-2008: Slow recovery and high sensitivity to sea-salt episodes. Science of the Total Environment 444: 271-287.
17. Alewell Cl. 2003. Acid inputs into the soils from acid rain. In: Rengel Z (ed). Handbook of Soil Acidity. Marcel Dekker, Inc., New York.
18. Binkley D. 1999. Disturbance in temperate forests of the northern hemisphere. In: Walker LR (ed). Ecosystems of Disturbed Ground. Elsevier.
19. Binkley D, Fisher RF. 2020. Ecology and Management of Forest Soils. 5th edition. John Wiley & Sons Ltd., UK.
20. Binkley D, Richter D, David MB, Caldwell B. 1992. Soil chemistry in a loblolly/longleaf pine forest with interval burning. Ecological Applications 2: 157-164.
21. Bolan NS, Hedley MJ. 2003. Role of carbon, nitrogen, and sulfur cycles in soil acidification. In: Rengel Z (ed). Handbook of Soil Acidity. Marcel Dekker, Inc., New York.
22. Bormann BT, Homann PS, Darbyshire RL, Morrissette BA. 2008. Intense forest wildfire sharply reduces mineral soil C and N: the first direct evidence. Canadian Journal of Forest Research 38: 2771-2783.
23. Certini G. 2005. Effects of fire on properties of forest soils: a review. Oecologia 143: 1-10.

24. Cotton FA, Wilkinson G. 1988. Advanced Inorganic Chemistry. 5th edition. Wiley, New York.
25. DeBano LF, Neary DG, Ffolliott PF. 1998. Fire's Effects on Ecosystems. Wiley, New York.
26. Dove NC, Hart SC. 2017. Fire reduces fungal species richness and *in situ* mycorrhizal colonization: a meta-analysis. Fire Ecology 13: 37-65.
27. Godbold D. 2003. Managing acidification and acidity in forest soils. In: Rengel Z (ed). Handbook of Soil Acidity. Marcel Dekker, Inc., New York.
28. Grigal D, McColl J. 1977. Litter decomposition following forest fire in northeastern Minnesota. Journal of Applied Ecology 14: 531-538.
29. Hart SC, DeLuca TH, Newman GS *et al.* 2005. Post-fire vegetative dynamics as drivers of microbial community structure and function in forest soils. Forest Ecology and Management 220: 166-184.
30. Huettl RF, Zoettl HW. 1993. Liming as a mitigation tool in Germany's declining forests? reviewing results from former and recent trials. Forest Ecology and Management 61(3-4): 325-338.
31. Iwald J. 2016. Acidification of Swedish Forest Soils: Evaluation of Data from the Swedish Forest Soil Inventory. Thesis of Swedish University of Agricultural Sciences.
32. Ketterings QA, Reid WS. Czymmek KJ. 2006. Lime Guidelines for Field Crops in New York. Department of Crop and Soil Sciences Extension Series CSS E06-2. Cornell University, Ithaca, New York.
33. Kim C, Koo KS, Byun JK, Jeong JH. 2005. Post-fire effects on soil properties in red pine (*Pinus densiflora*) stands. Forest Science and Technology 1: 1-7.
34. Kim C, Lee WK, Byun JK *et al.* 1999. Short-term effects of fire on soil properties in *Pinus densiflora* stands. Journal of Forest Research 4: 23-25.
35. Knight H. 1966. Loss of nitrogen from the forest floor by burning. Forestry Chronicle 42: 149-152.
36. Kunito T, Isomura I, Sumi H *et al.* 2016. Aluminum and acidity suppress microbial activity and biomass in acidic forest soils. Soil Biology and Biochemistry 97: 23-30.
37. Liechty HL, Hooper JJ. 2016. Long-term effect of periodic fire on nutrient pools and soil chemistry in loblolly-shortleaf pine stands managed with single-tree selection. Forest Ecology and Management 380: 252-260.
38. Likens GE, Bormann FH. 1974. Acid rain: A serious regional environmental problem. Science 184(4142): 1176-1179.
39. Matsumoto H, Senoo Y, Kasai M, Maeshima M. 1996. Response of the plant root to aluminum stress: analysis of the inhibition of the root elongation and changes in membrane function. Journal of Plant Research 109(1): 99-105.

40. Meesenburg H, Riek W, Ahrends B *et al*. 2019. Soil acidification in German forest soils. In: Wellbrock N, Bolte A (ed). Status and Dynamics of Forests in Germany. Springer, Cham, Switzerland.
41. Nilsson SI, Duinker P. 1987. The extent of forest decline in Europe: A synthesis of survey results. Environment: Science and Policy for Sustainable Development 29(9): 4–31.
42. Nilsson SI, Tyler G. 1995. Acidification–induced chemical changes of forest soils during recent decades: a review. Ecological Bulletins 44: 54–64.
43. Pingree MRA, DeLuca TH. 2017. Function of wildfire–deposited pyrogenic carbon in terrestrial ecosystems. Frontiers in Environmental Science 5: Article 63.S.
44. Raison RJ, Khanna P, Woods P. 1985. Mechanisms of element transfer to the atmosphere during vegetation fires. Canadian Journal of Forest Research 15: 132–140.
45. Rhoades CC, Entwistle D, Butler D. 2011. The influence of wildfire extent and severity on streamwater chemistry, sediment and temperature following the Hayman Fire, Colorado. International Journal of Wildland Fire 20: 430–442.
46. Stark NM. 1977. Fire and nutrient cycling in a Douglas fir/larch forest. Ecology 58: 16–30.
47. Sumner ME, Noble AD. 2003. Soil acidification: the world story. In: Rengel Z (ed). Handbook of Soil Acidity. Marcel Dekker, Inc., New York.
48. Tang C, Rengel Z. 2003. Role of plant cation/anion uptake ratio in soil acidification. In: Rengel Z (ed). Handbook of Soil Acidity. Marcel Dekker, Inc., New York.
49. Thiffault E, Hannam KD, Pare D *et al*. 2011. Effects of forest biomass harvesting on soil productivity in boreal and temperate forests? A review. Environmental Reviews 19: 278–309.
50. Tiedemann AR, Conrad CE, Dieterich JH *et al*. 1979. Effects of Fire on Water: a state–of–knowledge review. USDA Forest Service General Technical Report WO–10.
51. Ursic SJ. 1970. Hydrologic effects of prescribed burnning and deadening upland hardwoods in northern Mississippi. USDA Forest Service Research Paper SO–54.
52. Van Cleve K, Dyrness CT. 1985. The effect of the Rosie Creek Fire on soil fertility. In: Juday G, Dyrness CT (ed). Early Results of the Rosie Creek Fire Research Project, 1984. Miscellaneous Publication 85–2. Agricultural and Forestry Experiment Station, University of Alaska Fairbanks.
53. Von Uexküll HR, Mutert E. 1995. Global extent, development and economic impact of acid soils. Plant and Soil 171: 1–15.
54. Wells CG. 1971. Effects of prescribed burning on soil chemical properties and nutrient availability. In: Prescribed burning symposium proceedings. Asheville,

NC: USDA Forest Service, Southeastern Forest Experiment Station.

55. Wright HA, Bailey AW. 1982. Fire Ecology: United States and Southern Canada. Wiley, New York.
56. Yang Y, Li P, He H *et al.* 2015. Long-term changes in soil pH across major forest ecosystems in China. Geophysical Research Letters 42(3): 2.

제 2 장

기후변화와 산림토양

지난 20세기에 이어 이번 세기에도 인류가 당면하고 있는 가장 중대한 환경문제는 기후변화이다. 산업혁명 이후 화석연료 사용, 농업 확대, 산림 벌채 등이 계속되면서 1900년 290ppm이던 대기 중 이산화탄소 농도는 급격히 증가하여 2024년 현재 이미 420ppm을 넘었다. 대기 중 이산화탄소 농도 증가는 온실효과로 이어져 20세기 동안 전 지구 평균기온이 0.7℃ 정도 상승하였으며, 앞으로 강력한 온실가스 감축 방안이 실행되지 않는 한 지구온난화는 더욱 가속화할 것으로 예측되고 있다.

산림토양은 발달 과정에서 산림 식생의 영향을 받는 동시에 산림 식생은 지속적으로 토양에 영향을 줌으로써 산림토양과 산림 식생은 상호 밀접한 관계를 맺고 있다. 기후변화의 영향이 산림 식생은 물론이고 산림토양에도 미치기 때문에 기후변화가 산림토양에 어떠한 변화를 일으키는지, 그리고 산림토양을 어떻게 관리해야 기후변화를 완화하고 기후변화에 적응할 수 있는지 등을 이해할 필요가 있다.

2·1 토양과 기후변화의 관계

토양－식생－대기는 상호 영향을 주고받는 연속성의 관계에 있다. 즉 대기 중 이산화탄소 농도가 증가하면 기온이 상승하고, 기온은 식생(구성 및 생산성) 및 토양(토양 유기물 및 미생물)에 영향을 미친다(Silva & Lambers, 2018). 특히 토양은 식생을 유지하는 기능뿐만 아니라 탄소의 흡수, 저장, 방출 기능도 가지고 있다.

지구 전체에서 대략 2m 깊이까지의 토양에 저장된 탄소량은 1,500~2,400Gt C로 추정된다. 이는 식생에 저장된 탄소량(450~650Gt C)의 네 배 정도이고, 대기 중에 있는 탄소량(829Gt C)의 세 배 정도이다(Kayler *et al.*, 2017; 그림 3-15 참조).

전 세계 산림 면적은 2024년 현재 약 41억 ha이고(FAO, 2024; 2000년 42억 ha에서 20여 년 동안 1억 ha 감소함) 여기에 저장된 탄소량은 전체 육상생태계에 저장된 총탄소량의 절반 정도로 추정된다(Dixon *et al.*, 1994). 산림 유형을 중심으로 육상생태계를 구분하여 탄소 밀도(단위면적당 저장된 탄소의 양)를 구하고 여기에 해당 산림 면적을 곱하여 탄소

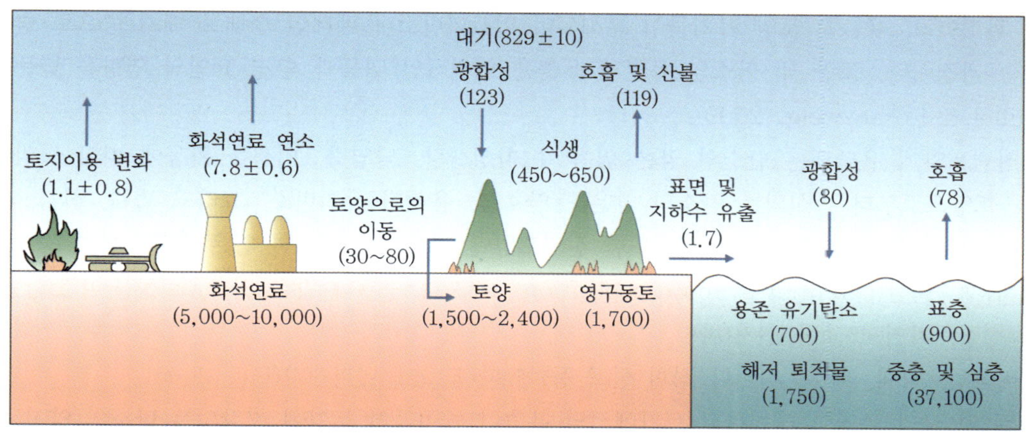

그림 3-15 전 지구의 탄소 저장고 및 저장고 간 탄소 이동 과정(괄호는 탄소 저장량(Gt C), 화살표에 있는 괄호는 저장고 간 연간 탄소 이동량(Gt C·yr^{-1})을 나타냄) [Kayler *et al.*, 2017]

저장량을 계산하면 식생은 열대림에서, 토양은 한대림에서 가장 많다(표 3-8 참조). 특히 지구 전체 산림생태계에 저장된 탄소의 절반 이상이 토양에 있다. 이와 같이 산림토양에 저장된 탄소량이 지구 전체 탄소 저장량에서 높은 비율을 차지하고 있기 때문에 이를 잘 관리하는 일이 중요하다.

표 3-8 주요 산림생태계별 탄소 밀도 및 탄소 저장량

구 분	탄소 밀도(Mg C·ha^{-1})		탄소 저장량(Pg C)		
	식생	토양	식생	토양	계
열대림	157	122	340(61.5%)	213(38.5%)	553
온대림	96	122	139(47.6%)	153(52.4%)	292
한대림	53	296	57(14.4%)	338(85.6%)	395
계			536(43.2%)	704(56.8%)	1,240

[Lal, 2005]

현재 전 세계 산림의 약 7%가 인공적으로 조림되어 집약적으로 관리되고 있다. 인공림 토양이 흡수하는 탄소의 양은 지역, 수종, 관리 방법에 따라 다르며 대략 연간 0.09~0.51Mg C·ha^{-1}를 흡수한다. 예를 들면 침식 또는 방치된 농경지에 조림하면 토양 탄소 흡수 잠재량이 무척 많아진다. 그러나 10년 이하 단벌기를 반복적으로 적용하면 벌채에 따른 토양 유기탄소 손실이 증가하므로 점차 토양 탄소 흡수 잠재량이 줄어든다(Horwath & Kuzyakov, 2018).

토양에 저장된 탄소량은 유입과 유출의 차로 결정되며 시간과 공간적으로 많은 변이를 보인다. 유입은 광합성을 통해 생성된 유기물이 잔재물(殘在物, debris) 형태로 토양에 들어가

는 과정이고, 유출은 토양 유기물이 분해되어 이산화탄소나 메테인 형태로 대기 중으로 방출되는 과정이다. 토양 내 탄소의 유입과 유출은 인위적인 활동과 환경 요인의 영향을 받는다(Hillel & Rosenzweig, 2009).

산림토양에 유입되는 탄소의 양은 임목 순1차생산량, 낙엽량, 미생물 활동에 따라 달라지고, 토양으로부터 손실되는 탄소의 양은 토양호흡, 용해된 유기탄소, 그리고 벌채, 산불, 침식과 같은 교란에 따라 달라진다. 또한 산림토양에 저장되는 탄소의 양은 기후, 특히 강수량과 잠재증발산(potential evapotranspiration), 경사나 방위와 같은 지형, 토성을 비롯한 토양 성질, 자연적 교란 인자(바람, 산불, 건조, 병해충 등)와 인위적 교란 인자(벌채, 조림지 준비작업, 식재, 배수, 시비나 석회 살포 등)에 따라 크게 달라진다(Lal, 2005).

토양으로의 유입이 늘어나고 토양에서의 유출이 줄어들면 토양에 저장되는 탄소의 양이 늘어나고 결과적으로 대기 중 이산화탄소가 줄어드는 효과가 있다. 이러한 원리에 따라 토양 내 탄소 저장을 늘릴 수 있는 다양한 방법을 적용할 수 있다. 저장량은 지역과 시기에 따라 다르므로 여건에 적합한 최적 방법을 찾는 일이 중요하다. 그러나 보다 근본적으로 탄소를 적절히 관리하는 방법은 전체적인 에너지 사용을 줄이고, 재생 가능한 에너지 생산을 늘리는 대신에 화석연료 사용을 줄이는 일이다.

대기 중 이산화탄소 농도가 증가하면 기온이 상승하고 식생 구조 및 생산성이 달라지며, 이로 인해 토양 내 탄소 저장량이나 양분 순환 경로도 달라진다. 이와 같은 양의 되먹임(positive feedback)은 대기 중 이산화탄소 농도 증가와 토양 내 탄소 유출이 계속적으로 상호 촉진하는 효과를 나타낸다(그림 3-16 참조).

반대로 기온 상승으로 인해 식물 생장이 촉진되면 식생에 저장되는 탄소량이 증가하고, 식생으로부터 토양에 유입되는 탄소량 또한 증가하여 유입량이 분해량보다 많아진다. 이러한 음의 되먹임(negative feedback)으로 토양 내 탄소 저장량이 증가하고 대기 중 이산화탄소

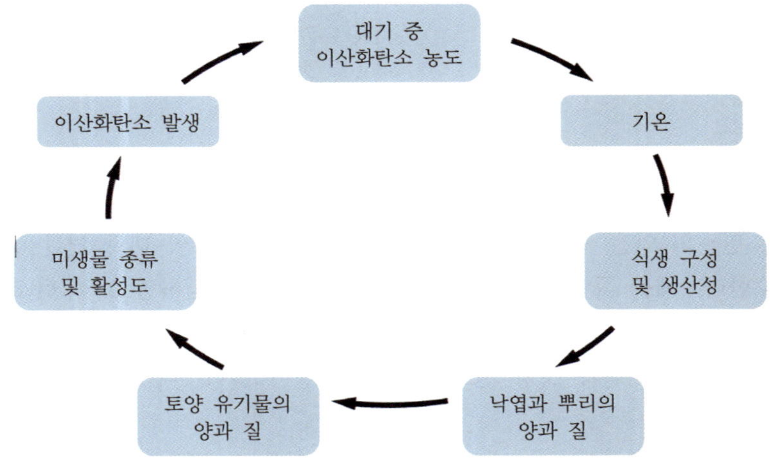

그림 3-16 이산화탄소와 기후변화의 되먹임 과정[Davidson & Janssens, 2006]

농도가 낮아진다(Davidson & Janssens, 2006).

이러한 되먹임의 방향은 온난화 정도와 지역에 따라 달라질 수 있다. 일정한 수준까지는 기온이 상승할수록 식물 생산성이 증가하고 산림 면적이 확대되어 음의 되먹임이 나타날 수 있다. 그러나 고위도 지역에서는 온난화로 눈이 녹아서 일어나는 알베도 감소, 영구동토 해빙, 산불 증가 등이 유발되어 음의 되먹임이 거의 대부분 또는 완전히 없어진다(Field *et al.*, 2007). 지나치게 심하지 않은 온난화의 경우 열대에서는 음의 되먹임을 보이고 고위도 지역에서는 양의 되먹임을 보이지만, 심한 온난화가 일어나면 전 지구적으로 양의 되먹임이 나타날 것이라는 분석이 있다.

한편 식물 뿌리는 미생물에 필요한 에너지를 두 가지 형태의 유기물로 토양에 공급한다. 하나는 설탕과 같이 순환 속도가 빠르고 분해되기 쉬운 탄소화합물 또는 아미노산 형태이며, 다른 하나는 섬유소나 리그닌과 같이 순환 속도가 느리고 분해되기 어려워 식물체 구조를 형성하는 탄소화합물이다. 이렇게 뿌리에서 공급되는 유기물로 인해 미생물과 식물의 공생 관계가 생겨나며, 이들 간의 상호작용이 토양의 물리적인 성질과 결부되어 토양 내 양분 상태를 결정한다.

토양에서 대기 중으로 방출되는 이산화탄소의 기원은 토양 내 미생물이 유기물에 있는 탄소를 이용하는 과정에서 발생하는 타가호흡과, 토양 내 뿌리 호흡에 의해 발생하는 자가호흡으로 나눌 수 있다. 그중 타가호흡에 의한 이산화탄소 발생은 토양 내 유기물 분해에 따른 결과로, 결국 토양 탄소의 손실로 나타날 수 있다. 토양 내 미생물과 뿌리 호흡에 의해 발생한 이산화탄소의 양에 따라 되먹임이 기후에 미치는 영향 정도가 달라지며, 이 과정은 식물의 생물계절 변동과 연계될 뿐만 아니라 온도와 습도의 영향을 받는다(Pendall *et al.*, 2008).

토양에서 일어나는 이와 같은 일련의 과정은 시간적 · 공간적 규모에 따른 변동이 크기 때문에 정확히 측정하기가 어려워 불확실한 부분이 많다. 최근 정밀도가 높은 센서를 사용하여 토양에서 발생하는 이산화탄소의 양을 측정하거나 안정동위원소 또는 유전체학 방법을 사용하여 미생물 활성을 밝히는 연구가 진행되고 있으므로 기후변화에 따른 토양 내 반응을 보다 자세하게 알 수 있을 것으로 기대하고 있다(Pendall *et al.*, 2008).

2·2 기후변화로 인한 산림토양의 변화

기후변화에 따라 기온이 상승하면 산림토양에 저장된 탄소의 동태가 어떻게 변할지에 관심이 높다. 그러나 산림의 탄소 수지와 관련하여 단일 인자의 일관된 효과는 알 수 없으며, 여러 복잡한 상호작용에 의한 평균적인 결과로만 나타내고 있다(Binkley & Fisher, 2020).

기후변화는 토양에 직간접적으로 영향을 끼칠 수 있다. 수십 년 내지 수백 년에 걸쳐 장기적으로 가장 큰 영향을 끼치는 부분은 토지이용 및 지피식생 변화이며 뒤이어 이와 관련한 많은 과정이 영향을 받는다. 즉 기후변화는 온도에 특히 민감한 생태계 구조나 속성에 영향을 끼쳐 식물 생산성, 지하부 뿌리 동태, 낙엽 분해, 토양호흡, 질소 무기화, 질산화 및 탈질화와 같은 여러 현상의 변화를 가져온다.

현재까지 기후변화와 산림토양의 관계에 대한 연구는 주로 산림토양의 탄소 저장량이나 탄소 순환에 초점이 맞추어져 있다(Hom, 2003). 지역적으로 한대림과 극지방은 한랭 · 습윤하여 생산성이 낮지만 동시에 유기물의 분해속도도 느려 토양에 탄소가 많이 저장되어 있다. 그런데 기후변화로 온난화가 진행되면 한대림과 극지방은 물론 온대림이나 열대림 습지에서도 유기물이 분해되어 이산화탄소가 발생하고 이는 다시 온난화로 이어지는 양의 되먹임을 지속하게 된다. 특히 한대림은 온도뿐만 아니라 생장기간 길이와 습도의 변화에도 민감하게 반응할 것으로 예상된다.

한편 연평균기온과 탄소 이동량의 관계를 전 지구 차원의 연구 자료로 종합한 결과에 따르면 기온이 5℃ 상승하면 순광합성은 연간 500g C·m^{-2}(10Mg·ha^{-1}) 증가하고, 이 중 절반에 해당하는 250g C·m^{-2}(5Mg·ha^{-1})이 지하부로 할당되는 것으로 나타났다(그림 3-17 참조). 아울러 미래에 기온이 상승하면 임목의 생장 속도가 빨라지고 임목의 지하부에 비해 지상부가 더 발달하며, 이러한 변화가 열대보다는 적정 기온 아래의 지역에서 자라던 임목에서 더욱 뚜렷하게 나타날 것으로 예측되었다(Binkley & Fisher, 2020).

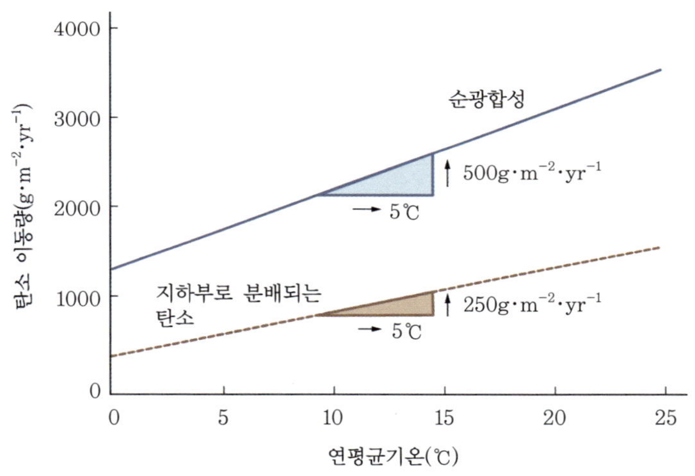

그림 3-17 기온 상승과 순광합성 및 지하부로 분배되는 탄소의 관계
[Binkley & Fisher, 2020]

기후변화에 따라 전반적인 미생물 활성뿐만 아니라 미생물 개체군도 영향을 받는다. 온도와 습도가 미생물 활성도에 영향을 끼치며, 특히 습도의 영향이 더 크다. 물론 두 인자는 서로 관계가 밀접하여 어느 정도까지 온난화가 진행되면 토양 습도가 감소하고 미생물 활성도도 감소한다(Gomez-Guerrero & Doane, 2018).

산림토양에서 유기물의 분해속도는 기후, 유기물의 성질, 미생물의 종류와 양 등 크게 세

가지 요인에 따라 달라진다. 이들 요인 중에서 온도의 역할이 가장 잘 알려져 있고, 온도가 높아지면 유기물의 분해속도가 빨라진다. 이에 따라 앞서 언급한 바와 같이 기후변화, 특히 온난화로 인해 산림토양 내 뿌리와 미생물 호흡이 증가하므로 이를 통한 탄소 손실이 예상된다(Binkley & Fisher, 2020).

일반적으로 토양 습도가 감소함에 따라 미생물 활성도, 뿌리 삼출액, 양분 확산이나 이동 등도 감소한다. 특히 산림토양이 건조했다가 다시 습윤해지면 미생물 활성도가 급격히 증가하고 질산화세균이 늘어나는 현상이 나타난다. 따라서 기후변화로 건조와 습윤이 반복적으로 일어나면 산림토양에서 대기 중으로 방출되는 NO와 N_2O의 양이 증가한다(Gomez-Guerrero & Doane, 2018).

그러나 이러한 일반적인 예측과 달리 기온 상승만으로는 산림토양 내 탄소가 감소하지 않는다는 연구 결과도 있다(Giardina & Ryan, 2000). 따라서 대기 온도와 산림토양 내 탄소 동태의 관계를 명확히 이해하고 기후변화로 인한 산림토양 내 탄소 변화를 예측하기 위해서는 다음 몇 가지 인자를 고려해야 한다.

첫째, 대기 온도 상승이 산림토양 내 온도 상승으로 바로 이어지지는 않는다. 토양이 온도에 대한 완충작용을 하기 때문에 산림토양 온도는 대기 온도와 달리 변동 폭이 크지 않다. 또한 기후변화는 단지 기온의 상승이나 하강만 나타나는 것이 아니라 강수량의 변화도 동시에 나타나므로 온도 변화만으로 산림토양 탄소 변화를 추정하는 데 한계가 있다.

둘째, 기후변화와 함께 발생하는 다른 환경 요인의 변화도 토양 내 탄소 저장량 예측을 어렵게 하는 요인이 된다. 대기 중 이산화탄소 농도가 증가함에 따라 총1차생산량이 증가하여 토양으로의 유기물 유입이 증가하고, 질소 강하물이 증가함에 따라 질소 동태가 변하여 산림토양의 탄소 동태에도 영향을 끼친다(Kirschbaum, 2006).

셋째, 유기물의 성질에 따라 분해속도가 다르므로 기후변화에 따라 식생 자체가 바뀌면 유입되는 낙엽이나 낙지와 같은 유기물의 종류와 양이 변화하여 탄소 동태도 달라진다. 따라서 현재의 식생과 미래의 식생이 같다는 전제하에 산림토양 내 탄소 변화를 추정하는 데에는 한계가 있다.

넷째, 간벌, 가지치기, 수확 벌채 등 다양한 산림경영 활동이 산림토양 내 탄소 저장에 영향을 끼치고 기후변화가 이러한 산림경영 활동에도 영향을 끼치므로 산림경영을 염두에 두고 산림토양 내 탄소 변화를 추정해야 하지만 이 역시 쉽지 않다.

다섯째, 기후변화로 인한 태풍이나 산불과 같은 자연재해가 증가하면서 국지적으로 산림토양 내 탄소의 양이 급격하게 변할 수 있다. 장기적인 경향에 대한 이견이 있기는 하지만 온난화로 인한 열대 해수면 온도 상승으로 태풍과 같은 열대성 저기압의 수명과 강도가 증가하고(Trenberth *et al.*, 2007) 폭풍과 강우에 의한 산림토양 침식이 많아져 결과적으로 산림토양 탄소의 손실이 늘어날 수 있다(Lal, 2004). 기후변화로 산불이 증가할 수 있다는 의견이 있으며(Flannigan *et al.*, 2000), 산불 발생으로 인해 산림토양 내 탄소의 양이 60%까지 감소하였다는 관측 결과도 있다(Bormann *et al.*, 2008).

여섯째, 기후변화에 의한 산림토양의 변화를 예측한 자료는 대부분 단기간의 소규모 실내외 가열실험을 통해 얻은 연구 자료를 대규모 지역과 장기간의 변화로 확대 해석하여 생성하는데 이러한 접근 자체에 한계가 있다. 왜냐하면 토양 유기물이 분해되는 초기 단계에서는 미생물에 의해 쉽게 분해될 수 있는 성질을 지닌 유기물이 분해 대상이지만 시간이 경과할수록 토양 유기물의 대부분을 차지하고 비교적 분해가 어려워 안정화된 유기물이 남으므로 초기의 빠른 분해가 전체 유기물의 분해속도를 대표할 수 없기 때문이다.

이러한 점들을 감안하면 기후변화가 산림토양의 성질, 특히 탄소 동태에 미치는 영향을 이해하는 데 상당한 어려움이 있다는 사실을 알 수 있다(Binkley & Fisher, 2020).

2·3 기후변화와 산림토양 관계의 연구 방법

2·3·1 탄소모형

산림토양은 산림생태계 전체 탄소 저장량의 절반 이상을 차지하고 있으며 전 지구적 탄소순환에서 중요한 역할을 한다. 전술한 바와 같이 기후변화에 따른 산림토양의 탄소 동태가 연구 주제로 관심을 모으고 있지만, 야외에서 장기간에 걸쳐 대규모로 실제 산림토양 탄소의 변화를 측정하는 데에는 시간과 노력이 많이 소요되기 때문에 대안으로 산림토양 탄소모형을 사용하기도 한다. 모형은 생태계 내에서 일어나는 복잡한 현상을 이해하고 예측하기 위한 도구로서 활용된다. 모형 개발은, 측정 혹은 관측된 자료를 기반으로 구축하며 이론을 수학적으로 표현하고 모의를 통해 모형의 적용 가능성을 검증하는 과정을 통해 이루어진다(Bonan, 2014).

기존의 일반 토양 탄소모형은 주로 농경지나 초지를 대상으로 개발하여 사용해 왔다(Falloon & Smith, 2009; 국립산림과학원, 2017; 표 3-9 참조). 그러나 농경지토양 또는 초지토양은 식생, 관리, 교란 체계가 산림토양과 달라 결과적으로 토양의 탄소 동태도 다르게 나타난다. 따라서 산림토양에서 탄소 동태를 연구하기 위해서는 산림 특성을 반영한 산림토양 탄소모형이 필요하다. 이러한 산림토양 탄소모형이 여럿 개발되었으며, 독립된 모형이기보다는 전체 산림생태계 모형의 하위 모형으로 일부 포함된 형태가 보통이다.

산림토양 탄소모형에서 토양 내 탄소 저장량은 식생으로부터 유입되는 유기물의 양과, 토양 내에서 일어나는 유기물의 분해와 이동 및 침식에 의해 발생하는 유출량의 차로 계산한다. 일반적으로 산림토양 탄소모형에서는 토양과 토양으로 유입되는 유기물의 물리·화학적 특성 및 분해율에 따라 둘 이상의 탄소 저장고로 구분하며, 이러한 탄소 저장고를 어떻게 정의하는가에 따라 모형의 특징이 결정된다(이아름 등, 2010).

지구온난화 시나리오를 바탕으로 토양 탄소모형을 사용하여 모의한 결과 기온이 1℃ 상승할 때마다 육지 토양 탄소 저장량의 최대 2% 정도가 손실될 수 있다는 연구 결과가 있다

표 3-9 육상생태계 탄소모형의 예시

모형 이름	일반적 특징	국가	연도	개발자
ROMUL	토양 유기물 모형	러시아	2001	Chertov *et al.*
RothC	토양 탄소 전환 모형	영국	1999	Coleman & Jenkinson
Yasso	산림토양 유기탄소 모형	핀란드	2005	Liski *et al.*
CENTURY	토양 유기물 모형(생물지구화학적 순환 모형)	미국	1987	Parton *et al.*
CBM-CFS3	탄소 수지 모형	캐나다	2006	Kurz *et al.*
Forest-DNDC	생물지구화학적 모형	미국	1991	Li *et al.*
Sim-CYCLE	육상생태계 탄소 순환 모형	일본	2005	Ito *et al.*
KFSC(FBDC)	산림토양 탄소모형	한국	2013	Yi *et al.*
FBD-CAN	산림 탄소 및 질소 모형	한국	2021	Kim *et al.*

[국립산림과학원, 2017]

(Hom, 2003). 그러나 동일한 기후변화 시나리오에 근거하더라도 사용하는 모형에 따라 토양 탄소 저장량의 추정치에 큰 차이가 난다. 예를 들면 1860년과 2100년 전 세계 토양 탄소 저장량을 비교 대상으로 할 경우 HadCM3LC 모형에서는 80Gt C이 감소하지만 RothC 모형에서는 50Gt C이 감소하여 상당한 차이가 있었다(Jones *et al.*, 2005). 이러한 차이는 주로 모형의 구조와 매개변수, 그리고 이들의 불확실성에서 기인하므로 다양한 환경 조건에서 모형을 검증하고 개선해야만 보다 정확한 모의 결과를 얻을 수 있다.

기후변화와 관련하여 산림토양에 저장된 탄소량의 변화를 모의한 여러 연구를 보면 대부분의 산림에서 토양 유기탄소가 감소하였지만 .일부에서는 오히려 증가하거나 변화가 없었다(Lal, 2005). 이와 같은 기후변화에 따른 산림토양 탄소 저장량의 변화를 예측하기 위해서는 산림토양 탄소모형이 포함된 전체 산림생태계 모형을 구동해야 하고, 이러한 모형을 구동하기 위해서는 일반적으로 많은 종류의 상세한 입력 자료가 필요하다. 그러나 Yasso 등의 산림토양 탄소모형에서는 연간 낙엽 생산량과 같은 유기물의 토양 내 유입량과 기온 및 강수량과 같은 기후 등 몇 가지 인자를 사용하여 비교적 간단하게 산림토양 탄소 저장량을 모의할 수 있다(이아름 등, 2010).

경기 포천시 광릉 지역의 천연 소나무림을 대상으로 Yasso 모형을 사용하고 IPCC(Intergovernmental Panel on Climate Change)의 A1B 시나리오에 근거하여 기후변화 추세를 반영한 산림토양 탄소 저장량의 변화를 연구하였다(이아름 등, 2009). 이 연구에 의하면 산림토양 탄소 저장량은 기후변화가 없다면 앞으로도 계속 증가하지만 기후변화가 일어난다면 1971년부터 증가하다가 2041년 이후 감소하기 시작하고 2100년에는 산림토양 탄소 저장량이 최대 약 6.7%까지 감소한다고 나타나 기후변화가 우리나라의 산림토양 탄소 저장량에도 영향을 끼칠 것으로 예상되었다.

우리나라에서 개발한 산림탄소모형을 이용하여 소나무림과 굴참나무림의 임목, 토양, 고사목 내에 저장된 탄소량을, 2012년 현재 기온을 유지할 경우와 RCP 8.5 시나리오에 근거하여 기온이 상승할 경우로 가정하여 모의하였다. 연구 결과 2100년에는 두 임분 모두 2012년에 비해 산림 탄소 총저장량이 증가하지만 기후변화에 의한 기온 상승 조건(RCP 8.5)에서 증가 폭이 적었다. 특히 기온 상승으로 인해 유기물의 분해속도가 빨라져 RCP 8.5 시나리오에서의 산림토양 내 탄소 저장량이, 기온이 일정한 조건에 비해 낮게 나타났다(이종열 등, 2015; 그림 3-18 참조).

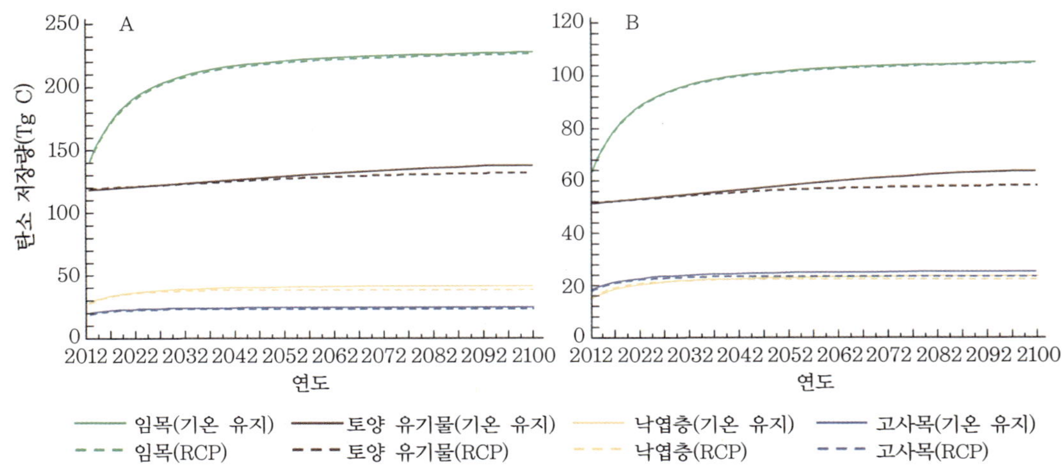

그림 3-18 우리나라 산림을 대상으로 2012년 현재 기온을 유지할 경우와 RCP 8.5 기온 상승 시나리오를 가정할 경우 2100년까지 임목, 토양, 고사목에 저장된 탄소량 변화를 예측한 결과(A: 소나무림, B: 굴참나무림)[이종열 등, 2015]

한편 우리나라 전체 산림을 대상으로 2021년 현재 기후와 RCP 4.5 및 RCP 8.5 기후변화 시나리오를 적용하여 미래 광합성을 통한 이산화탄소 흡수량과 임목 및 토양호흡을 통한 이산화탄소 배출량을 FBD-CAN 모형으로 추정하였다. 그 결과 산림에서의 이산화탄소 순흡수량이 약간 증가하다가 2080년까지 지속적으로 감소하는 것으로 나타났다(Kim *et al.*, 2021; 그림 3-19 참조). 이는 임령의 증가에 따라 광합성능력이 감소하고 호흡량이 증가한 결과에 기인하며, 산림을 이용하여 이산화탄소 흡수량을 늘리기 위해서는 산림관리가 필요함을 시사한다.

이상적인 토양 탄소모형은 모재, 기후, 낙엽 유입량 및 분해율, 생물상, 관리 여부 및 방법 등 토양 탄소 저장량과 관련이 있는 모든 요인을 포함해야 하며, 각 요인의 변화가 토양 탄소 저장량의 변화에 어떻게 영향을 끼치는지 파악할 수 있도록 만들어야 한다. 그러나 이러한 요인 간에는 복잡한 상호작용이 있기 때문에 모든 요인을 감안하여 토양 탄소 저장량의 변화를 예측하는 데에는 한계가 있을 수밖에 없다(Burke *et al.*, 1989). 또한 모형 대부분이 각각의 생태적 상호작용 중에 발생하는 되먹임을 제대로 모의하지 못하는 문제점도 있다

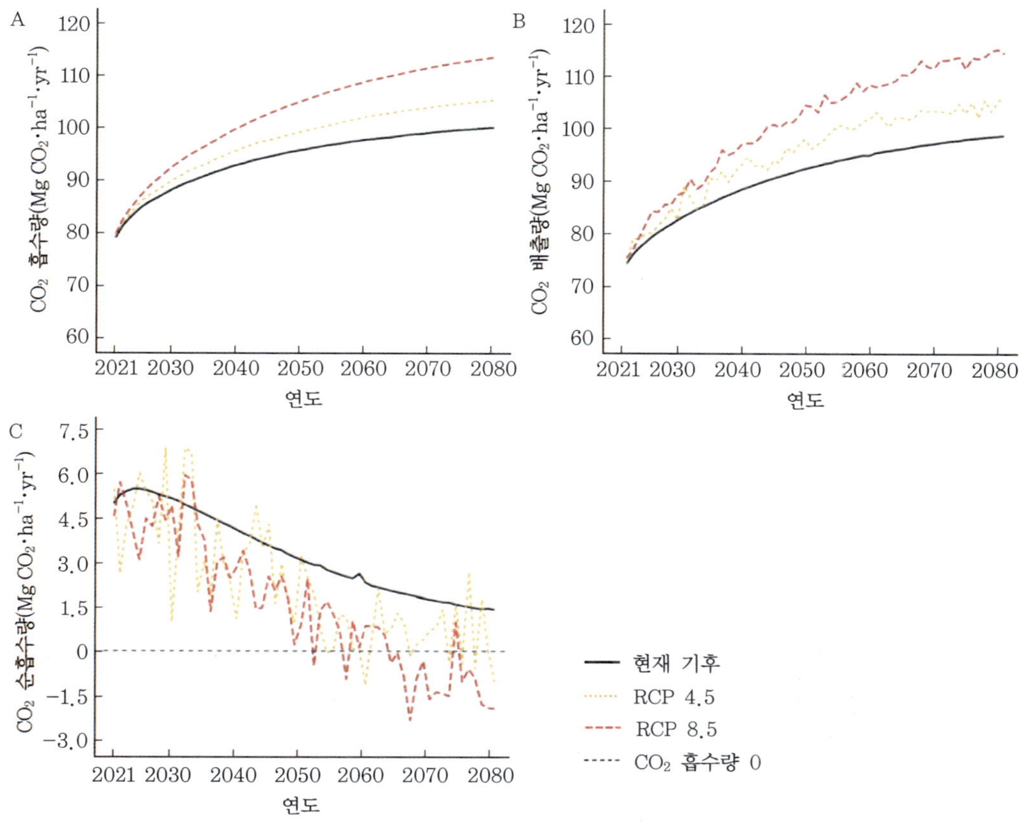

그림 3-19 우리나라 산림을 대상으로 2021년 현재 기후와 RCP 4.5 및 RCP 8.5 기후변화 시나리오를 가정하여 미래의 이산화탄소 변화를 예측한 결과(A: 흡수량, B: 배출량, C: 순흡수량)[Kim *et al.*, 2022]

(Nabuurs *et al.*, 2007).

따라서 모형을 이용하여 미래의 산림토양 탄소량 변화를 예측하기 위해서는 과거부터 현재까지 진행된 탄소 저장량 변화의 경향을 파악해야 하며, 무엇보다도 현재 저장되어 있는 토양 탄소의 양을 정확히 추정하는 일이 급선무이다. 그러나 모든 산림의 탄소 저장량 변화 경향이 동일하지 않기 때문에 지역적 특성을 반영하여 모형을 구동해야만 보다 정확한 토양 탄소 저장량을 추정할 수 있다.

2·3·2 기후변화 모의실험

기후변화에 따라 앞으로 산림이 어떻게 반응할지에 관해서는 모형을 사용하여 예측하는 방법이 일반적이지만 모형 결과에 불확실한 면이 많다. 따라서 미래에 예상되는 기후변화, 즉 온난화 또는 강수 조절 조건을 야외에 만들어 생태계 반응을 직접 관찰하는 방법이 대안이 될 수 있다. 20여 년 전부터 미국을 중심으로 캐나다, 일본, 중국, 유럽에서 온난화 실험 연구를 진행해 온 것도 이러한 이유에서이다.

온난화 방법으로는 지면으로부터 일정한 높이에 적외선등을 달아 가열하거나, 줄기 또는 가지에 열선을 감아 가열하거나, 토양에 열선을 묻어 가열하는 등 외부 열원을 사용하는 직접가열 방법이 있다. 또한 윗부분이 개방된 일정한 크기의 체임버(chamber)를 설치하여 주변으로의 열 손실을 막거나 대형 커튼으로 임목을 둘러싸서 복사열 손실을 막는 등의 간접가열 방법도 있다(Chung *et al.*, 2013).

강수를 조절하는 방법으로는 투명한 차수막 혹은 판을 일정 면적에 지표로부터 일정 높이로 설치하여 지면으로 떨어지는 강수를 전부 또는 일부 차단하고 여기에 차단된 강수를 모으거나(강수 감소), 일정량의 물을 추가하는(강수 증가) 설비를 만들기도 한다. 이와 같은 온난화와 강수 조절 방법을 동시에 복합적으로 사용하여 미래 예상되는 기후변화를 모의한 다음 토양 반응을 확인할 수 있다(그림 3-20 참조). 최근에는 극단적인 고온이나 가뭄 혹은 폭우 등의 이상기상이 빈번히 발생하고 있어 이러한 현상을 모의하는 장치도 개발되어 사용되고 있다(Kim *et al.*, 2023).

그림 3-20 온난화 및 강수 조절 실험 연구 방법(A: 적외선등(붉은 선)을 사용한 온난화, B: 투명한 플라스틱 판을 이용한 강수 차단(왼쪽 화살표) 및 여기에서 모인 강수를 다른 곳에 추가하는 강수 증가(오른쪽 화살표) 등의 강수 조절; 고려대학교 교내 연구시설)

야외 온난화 실험에서 토양을 가열하면 토양 내 유기물의 특성에 따라 유기물의 반응이 다르게 나타난다. 일반적으로 온도가 높아짐에 따라 유기물 분해속도와 뿌리 호흡이 증가하며, 온도에 대한 반응은 뿌리 호흡과 유기물 분해 간에 차이를 보인다(그림 3-21 참조). 특히 온도에 대한 유기물 분해속도의 변화는 유기물을 구성하는 화합물의 분해 과정과 효소 생성 및 활성도 등에 따라 크게 달라진다.

온난화 실험을 통해 관찰한 결과에 의하면 토양 탄소의 물리·화학적 특성에 따라 온도에 대한 분해 민감도가 달라 온난화 실험에 대한 토양 유기물의 변화 반응도 상이하게 나타난다(Bradford *et al.*, 2008; Peterjohn *et al.*, 1994). 따라서 온난화에 의한 토양 탄소 변화

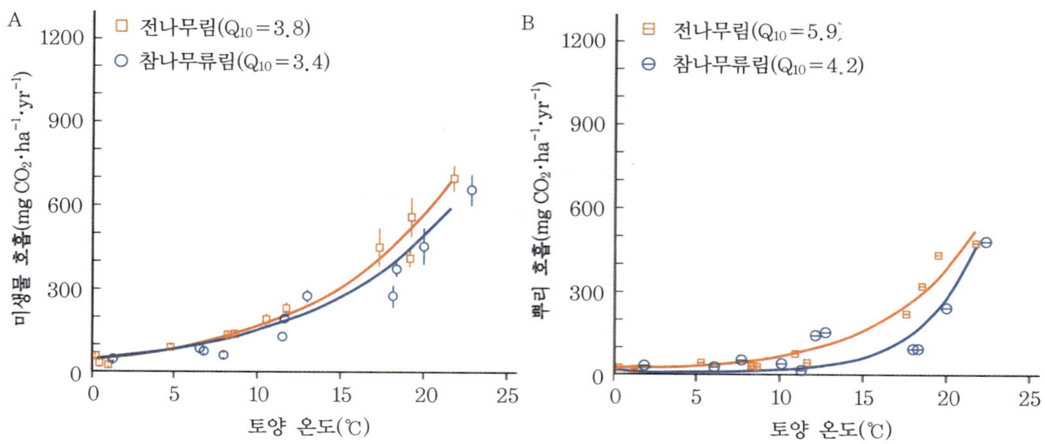

그림 3-21 토양 온도와 미생물 호흡(유기물 분해; A) 및 뿌리 호흡(B)의 관계(Q_{10}은 온도민감성지수를 나타냄)[Lee *et al.*, 2010]

를 예측하고자 할 때에는 저장된 탄소 형태별로 반응을 관찰하고 모의하는 일이 필요하다.

온난화를 통한 직접 연구는 대부분 10년 이하의 비교적 짧은 기간에 진행되었고, 온난화 초기 반응이 장기간에 걸쳐 나타날 수 있는 반응과 일치하지 않을 가능성도 높기 때문에 기후변화에 의한 산림생태계, 특히 산림토양의 변화를 예측하는 일은 쉽지 않다. 따라서 기후변화로 인한 생태계 단기 반응을 바탕으로 미래의 변화를 추론하는 데에는 한계가 있을 수밖에 없다. 이는 미국 하버드 산림(Harvard Forest)에서 진행된 연구 결과에서도 잘 나타나 5℃ 가열한 처리구에서 온난화 실험 초기에는 대조구보다 토양호흡이 무려 40% 이상 증가하였지만 10년이 지난 다음에는 대조구와 차이가 없었다(Melillo *et al.*, 2002). 또한 온난화로 10년에 걸쳐 토양 60cm 깊이까지 저장된 탄소량의 11% 정도가 감소한 것으로 나타났다.

한편 토양 온난화는 질소 무기화를 촉진하여 임목에 부족한 질소를 공급함으로써 임목 생장을 촉진하므로 산림생태계 전체로 보면 손실된 탄소보다 저장된 탄소가 더 많았다. 이 경우에도 토양 온난화에 의한 질소 무기화 증가는 초기에 효과가 가장 크고 후기로 갈수록 점차 감소하였다. 이와는 반대로 고산지대에서 적외선등을 사용한 묘목 실험에서는 무기태 질소 변화가 나타나지 않았고, 한냉한 온대 산림에서 겨울 동안 토양 온난화 처리 후 오히려 무기태 질소가 감소하였다. 온난화 처리 후 낙엽 분해가 촉진되고 이로 인해 질소 무기화 속도가 빨라지며, 임목 생장을 변화시켜 임목 상대생장이 달라지고, 또한 종마다 양분(주로 질소) 흡수 방식과 요구량이 다르기 때문에 종 구성에 변화가 생길 것으로 예상된다(Chung *et al.*, 2013; 그림 3-22 참조).

산림에서 기후변화에 의한 반응을 단기간 연구를 바탕으로는 완전히 이해하기 어렵고, 더욱이 기후변화에 의해 직접적으로 나타나는 반응과 아울러 간접적인 반응까지 고려해야만 전체적인 변화를 이해할 수 있다(Norby *et al.*, 2007).

실외 온난화 실험에 의하면 온난화 결과 일반적으로 토양 습도가 감소하는 경향이 나타났

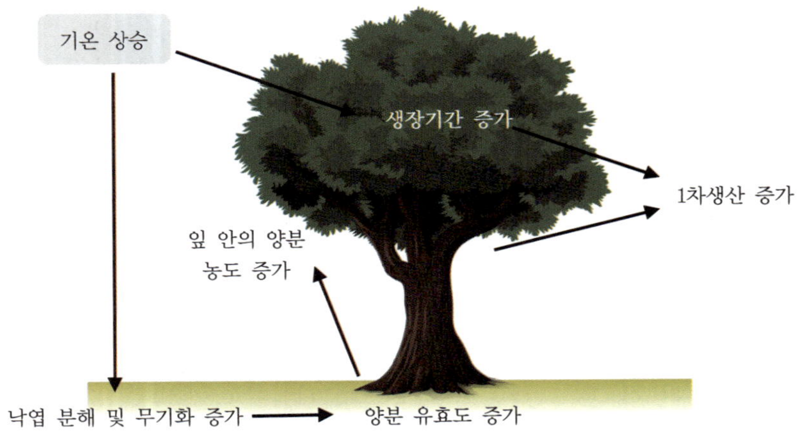

그림 3-22 온난화에 대한 산림생태계의 반응[Chung *et al.*, 2013]

으며(Peterjohn *et al.*, 1994), 상승한 토양 온도와 더불어 감소한 토양 수분이 토양 내에 저장된 탄소 동태에 영향을 줄 수 있다. 또한 이로 인해 변화된 토양 유기물과 양분, 순1차 생산량, 식생 구조가 다시 토양 환경에 영향을 끼치므로 생태계와 토양의 반응을 보다 정확하게 모의하기 위해서는 연관된 다른 환경 인자와 임목의 반응도 함께 관찰해야 한다. 일정한 크기의 생태계 전체를 온난화하여 지상부와 지하부의 반응을 연계하여 관찰하는 일이 필요하며, 특히 온난화에 의한 산림토양 반응 연구에서는 온도뿐만 아니라 습도를 동시에 조절하여 기후변화를 모의하는 실험을 해야 한다. 그러나 각종 기상 인자의 변화가 심한 야외 조건에서 원하는 온도를 일정하게 유지하며 가열하는 일이 기술적으로 어렵고, 여기에 습도 인자를 추가하면 상당한 규모의 실험이 필요하여 현실적으로 비용과 노력이 많이 소요될 수밖에 없다(Bowden *et al.*, 1998).

온난화에 의한 토양 변화를 연구하는 접근에 대해 ①적외선등을 사용하여 온난화하면 토양 수분을 변화시키고, 열선을 사용하여 온난화하면 토양을 교란하는 등 온난화 방법 자체가 가지고 있는 한계가 있으며, ②온난화 후 측정한 결과가 새로운 토양 조건에 대한 일시적인 적응 현상인지, 또는 장기간의 변화를 반영하는지에 대한 판단이 쉽지 않으며, ③비용과 노력이 많이 들기 때문에 여러 장소에서 반복적으로 하기 어렵고, 따라서 도출한 결과의 확장성에 한계가 있는 등의 단점이 지적되고 있다(Binkley & Fisher, 2020).

2·3·3 지리적 차이와 토양 변화

장기간에 걸쳐 산림토양에 축적된 유기물과 양분은 토양에서 일어나는 무기광물 입자의 표면과 입단에 흡착되는 물리적 현상 및 유기화합물의 화학적 반응의 결과이다. 기후변화에 의해 토양에서 일어나는 변화도 이와 같은 물리적 · 화학적 반응에 따라 나타난다. 미래 기후변화에 의한 토양 변화를 예측하려면 지리적 차이에 의해 나타나는 현상을 이해해야 하며 이와 관련이 있는 연구 사례를 찾아볼 수 있다(Binkley & Fisher, 2020).

하와이에서 거리상으로는 고작 수 킬로미터 떨어져 있지만 고도 차가 커서 기온이 크게 다른 습윤 열대 산악림에서 연구한 결과가 있다. 이 연구 결과에 의하면 연평균기온이 13℃인 곳에 비해 18℃인 곳에서 총1차생산량이 많았고 이에 따라 지하부로 유입되는 탄소의 양이 증가하였다. 하지만 유입된 탄소의 분해속도가 오히려 빨라져서 결과적으로 토양에 저장된 탄소는 연평균기온과 관계가 없었다(Giardina *et al.*, 2014; 그림 3-23 참조).

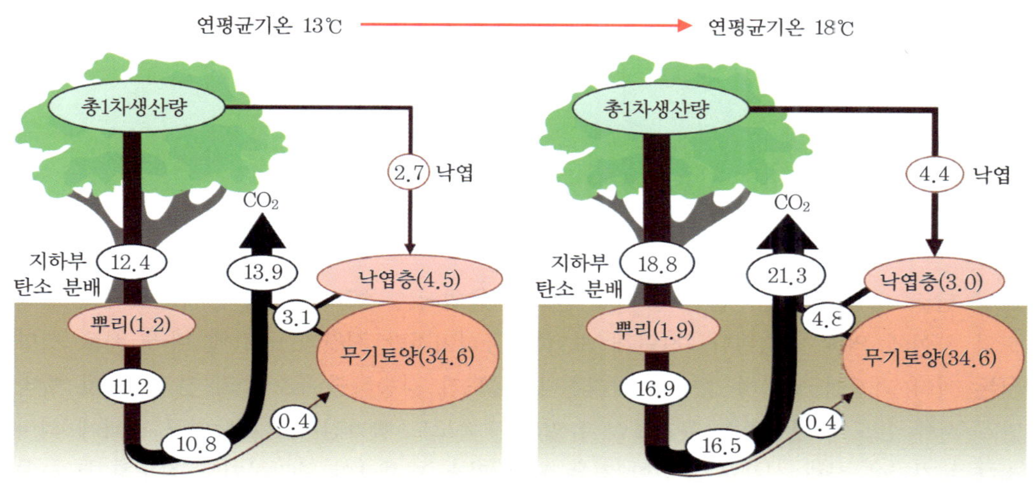

그림 3-23 연평균기온 상승에 따른 토양 표면 발생 이산화탄소, 낙엽 유입, 지하부 탄소 분배, 총1차생산량 등의 변화(낙엽층, 무기토양, 뿌리 등의 괄호는 저장량($Mg\ C \cdot ha^{-1}$), 나머지 숫자는 연간 이동량($Mg\ C \cdot ha^{-1} \cdot yr^{-1}$)을 나타냄)[Giardina *et al.*, 2014]

한편 북위 55~68°, 동경 6~28°에 광범위하게 위치한 북유럽 국가의 산림에서 기온, 강수량, 토성과, 낙엽층 및 1m 깊이까지 토양에 저장된 유기탄소의 관계를 연구한 결과가 있다. 연평균기온과 강수량이 증가함에 따라 토양 유기탄소의 양이 증가하였다. 연평균기온의 상승에 따라 토양 유기탄소량이 증가한 경향은 특히 배수성이 좋고 입자 크기가 큰 토양에서, 배수성이 보통이고 입자 크기가 중간 정도인 토양에 비해 훨씬 더 명확하게 나타났다. 기온이 높고 강수량이 많을수록, 그리고 배수성이 좋을수록 토양에 저장된 탄소량이 증가하는 경향이 있었다. 이러한 조건에서는 순1차생산량 증가에 따른 탄소 유입이 유기물 분해에 의한 탄소 손실보다 커서 나타나는 현상이다. 따라서 배수성이 좋은 토양의 북유럽 산림에서는 앞으로 기온이 상승할수록 토양 탄소 저장량이 늘어날 것으로 추정할 수 있다. 그러나 배수성이 불량하고 작은 입자로 구성된 토양에서는 토양 유기탄소량과 연평균기온 또는 강수량의 상관관계가 나타나지 않았다. 특히 이 연구는 토양에 저장된 탄소의 양이 단지 연평균기온이나 강수량과 같은 기후 인자뿐만 아니라 토성 같은 다른 토양생성인자의 영향도 크게 받음을 보여 준다(Binkley & Fisher, 2020; Callesen *et al.*, 2003).

미국 전역을 대상으로 모형을 통해 1m 깊이까지 토양 내 저장된 유기탄소의 양을 모의한 결과가 있다(Domke *et al.*, 2017). 이 연구에 의하면 기온이 5℃ 상승함에 따라 토양 유기탄소가 오히려 1ha당 3Mg C 정도로 감소한 것으로 나타나 기온과 토양 탄소 간에는 음의 상관이 있음을 알 수 있다.

이와 같이 기온과 토양 탄소 저장량 간의 관계는 연구에 따라 증가, 감소 또는 변동 없음으로 나와 일관된 경향을 보이지 않았다. 결국 기온의 공간적·시간적 변화에 따른 토양 내 탄소 저장량의 변동은 간단하고 통일된 경향을 보이지 않으며, 따라서 이들의 관계는 물론이고 이와 같은 관계를 가져온 요인에 대해서도 지속적인 연구가 필요하다(Binkley & Fisher, 2020).

2·4 기후변화에 따른 산림토양 탄소 관리

토양 탄소 저장량의 변화는 토양으로 탄소가 유입되는 속도와 토양에서 탄소가 손실되는 속도의 차이에 의해 결정된다. 간단해 보이는 공식이지만 시간과 공간에 따라 서로 영향을 미치는 여러 과정이 얽히며 양상이 달라진다. 온도가 상승하면 유기물의 분해속도가 빨라지지만 동시에 온도에 반응하여 유기물이 유입되는 속도도 빨라진다. 많은 연구 결과에 의하면 초지나 농경지에 산림 식생을 도입할 경우 토양 탄소 저장량이 증가하기도 감소하기도 하며, 이는 상황에 따라 달라지는 여러 현상의 차이 때문으로 볼 수 있다.

기후변화에 따른 산림토양 탄소 저장량의 변화를 추정하는 가장 명확한 근거 자료는, 현재 토양 조건과 기후에 따라 다르게 나타나는 토양 탄소 저장량의 지리적인 경향에서 찾을 수 있다. 일반적으로 온난한 지역의 토양은 한랭한 지역의 토양보다 더 많은 양의 탄소를 저장한다. 특히 산림토양에서는 교란의 빈도와 강도가 탄소 저장량에 영향을 크게 미쳐서 한 번 일어난 산불이 이전까지 오랫동안 저장해 온 탄소를 일시에 없앨 수 있다(Binkley & Fisher, 2020).

개별 연구 결과들이 항상 일치하지는 않지만 일반적으로 모형을 사용하거나 실제 인위적인 방법으로 온난화를 모의한 결과를 보면 앞으로 기후변화가 계속되면 토양 탄소 저장량이 감소할 것으로 예측한 경우가 상대적으로 많다(Kirschbaum, 2000). 이러한 예측에 근거하여 기후변화에 따른 산림토양 탄소 저장량 감소를 억제하고 나아가 탄소 저장량을 늘리기 위해서는 산림 황폐화 속도를 늦추고 조림을 늘리며 산림생태계 생산성을 높일 수 있는 제반 산림경영 방안을 동시에 강구해야 한다(Dixon *et al.*, 1994).

인류가 오랫동안 산림을 이용하였지만 산림토양 탄소 저장량을 늘리기 위해 의도적인 활동을 한 적은 없다. 기존 산림에서 탄소 저장량을 늘리거나 유지하는 방안으로는 토양 비옥도 개선, 산불이나 토양 침식 방지, 열대림에서의 이동식 농업 축소, 조림 또는 벌채 후 잔재물 유지, 탄소 배출을 최소화하는 조림 방식의 적용 등을 들 수 있다. 새로운 산림을 조성하여 탄소 저장량을 늘리는 방안으로는 신규조림과 재조림, 천연갱신 촉진 등이 있다(Dixon *et al.*, 1994).

일반적으로 토양 표층에 있는 유기탄소는 교란에 취약하여 쉽게 손실되므로 이를 방지할 수 있도록 관리해야 한다. 하층에 있는 유기탄소는 비교적 단기간의 교란에는 손실되지 않지만 이를 장기간 유지할 수 있는 관리 방법이 없다. 토양 유기탄소는 전체 산림생태계의 한 구성 요소이므로 식생과 같은 다른 생태계 구성 요소와의 상호작용을 통해 관리할 수 있다(Nave *et al.*, 2019). 표 3-10은 주요 산림생태계별 토양 내 유기탄소 관리를 위한 방안이다.

표 3-10 주요 산림생태계별 토양 유기탄소의 변화를 일으키는 요인 및 관리 방법

생태계 유형	유기탄소 변화의 주 요인	유기탄소 손실을 최소화하는 관리 방법	유기탄소 증가를 위한 관리 방법
열대우림	과도한 벌채, 자연림의 인공림으로의 전환, 가뭄	초지 확대 방지, 혼농임업	적극적인 재조림, 질소고정수종 활용, 시비 처리
온대림	산불, 벌채 잔존물 제거	산불 발생지나 벌채지 재조림, 벌채 잔존물 유지, 처방화입	질소 시용, 신규조림과 재조림, 경제성이 낮은 농경지에 조림
한대 침엽수림	산불, 생산성이 낮은 산림으로의 전환	유령림의 공간적 배치로 산불 발생 억제, 벌채 잔존물 유지	가문비나무를 사시나무나 산불에 적응력이 강한 소나무류로 대체

[Nave *et al.*, 2019]

미국에서 산림토양 내 탄소 저장량을 증대할 수 있는 제반 활동별 잠재량을 추정한 연구가 있다. 이 연구에서 산림경영 활동은 갱신, 시비, 황폐지 복구(폐광지 포함), 개벌 대신 부분 벌채, 윤벌기 연장, 토사 유출 감소, 산불 관리, 토양 탄소 증가를 위한 별도 관리 등을 포함한다. 토지이용 변화에는 신규조림 확대, 산림 황폐화 감소, 신규 조림지 관리 등이 포함되며, 혼농임업에는 농작물 사이 수목 식재, 방목지 식재, 수변식생 조성, 방풍림과 도시숲 조성 등이 포함된다.

활동의 성과를 세 단계(낮음, 보통, 높음)로 가정하여 산림토양 내 저장되는 탄소의 양을 산정하였더니 산림경영 활동의 결과 24.5~103.2Mt C·yr^{-1}, 토지이용 변화의 결과 7.5~51.4Mt C·yr^{-1}, 혼농임업의 결과 16.9~28.2Mt C·yr^{-1} 등으로 추정되었다. 단위면적당 연간 탄소 흡수 증가율이 특히 높은 활동은 시비(875~3,061kg C·ha^{-1}·yr^{-1})와 산림 황폐화 방지(1,740~3,461kg C·ha^{-1}·yr^{-1})였다(Heath *et al.*, 2003).

이러한 산림토양에 탄소 저장량을 증대할 수 있는 모든 활동을 적용할 경우 연간 증가하는 탄소 저장량은 48.9~185.8Mt C·yr^{-1}, 평균 105.9Mt C·yr^{-1}이며, 임목 바이오매스와 낙엽층에 추가로 저장되는 탄소량을 토양에 저장되는 양의 4~6배로 본다면 탄소 총저장량은 420~630Mt C·yr^{-1}에 달할 것으로 추정되었다(Heath *et al.*, 2003). 그러나 산림토양 탄소

저장량을 증대하기 위한 제반 활동도 장소에 따라 결과가 상이하므로 각 활동이 가져올 실제 효과를 확인해야 한다.

2·5 맺음말

산림토양 내에 저장된 탄소는 대기나 임목에 저장된 탄소보다 월등히 많고, 대기 중 이산화탄소 농도와 산림토양 탄소 저장량은 상호 밀접한 관련이 있다. 그러나 기후변화에 따라 이들의 상호작용이 어떻게 나타날 것인가에 관해서는 연구자 간의 이견이 여전히 있다.

모형과 인위적 온난화 실험을 통해 기후변화에 의한 토양 탄소 저장량과 순환 속도의 변화를 예측하는 방법이 있으나 모형이나 실험 연구의 한계와 더불어 산림 자체의 속성에서 기인한 불확실성이 있다. 그럼에도 불구하고 각종 활동을 통해 산림토양에 저장되는 탄소의 양을 증대할 수 있는 현실적인 방안이 제시되어 있으므로 이를 고려하여 산림생태계를 관리하는 일이 필요하다.

연습문제

1. 기후변화에서 육지 토양에 저장된 탄소가 지닌 의미를 설명하시오.
2. 기온 상승과 토양 탄소 저장량의 관계를 설명하시오.
3. 기후변화와 토양 탄소의 관계를 이해할 때 고려해야 할 인자는 무엇인지 설명하시오.
4. 토양 탄소모형의 역할과 한계점을 설명하시오.
5. 우리나라에서 기후변화가 토양 탄소 저장량에 미치는 영향을 모의한 결과를 설명하시오.
6. 인위적 온난화 실험에 의한 토양 탄소 변동의 경향과 이러한 결과가 갖는 의미를 설명하시오.
7. 기후변화를 완화할 수 있는 산림토양 탄소의 관리 방안을 설명하시오.

참고문헌

1. 국립산림과학원. 2017. 산림토양 탄소모델 개발 및 활용. 연구보고 17-06.
2. 손요환, 김춘식, 박관수, 윤태경, 이계한. 2020. 산림토양학. 향문사.
3. 이아름, 노남진, 윤태경, 이수경, 서경원, 이우균, 조용성, 손요환. 2009. 연륜연대학적 접근을 이용한 Yasso 모델의 산림 탄소저장량 추정. 한국임학회지 98: 791-798.
4. 이아름, 이궁, 손요환, 김래현, 김춘식, 박관수, 이경학, 이명종. 2010. 해외 산림토양탄소모델 분석을 통한 한국형 모델 개발방안 연구. 한국임학회지 99: 791-801.
5. 이종열, 한승현, 김성준, 장한나, 이명종, 박관수, 김춘식, 손영모, 김래현, 손요환. 2015. RCP 8.5 기후변화 시나리오에 따른 소나무림과 굴참나무림의 산림 탄소 동태 변화 추정 연

구. 한국농림기상학회지 17: 35-44.

6. Binkley D, Fisher RF. 2020. Ecology and Management of Forest Soils. 5th edition. Wiley.
7. Bonan GB. 2014. Connecting mathematical ecosystems, real-world ecosystems, and climate science. New Phytologist 202(3): 731-733.
8. Bormann BT, Homann PS, Darbyshire RL, Morrissette BA. 2008. Intense forest wildfire sharply reduces mineral soil C and N: the first direct evidence. Canadian Journal of Forest Research 38: 2771-2783.
9. Bowden RD, Newkirk KM, Rullo GM. 1998. Carbon dioxide and methane fluxes by a forest soil under laboratory-controlled moisture and temperature conditions. Soil Biology and Biochemistry 30: 1591-1597.
10. Bradford MA, Fierer N, Reynolds JK. 2008. Soil carbon stocks in experimental mesocosms are dependent on the rate of labile carbon, nitrogen and phosphorus inputs to soils. Functional Ecology 22: 964-974.
11. Burke IC, Yonker CM, Parton WJ *et al.* 1989. Texture, climate, and cultivation effects on soil organic matter content in U.S. grassland soils. Soil Science Society of America Journal 53: 800-805.
12. Callesen I, Liski J, Raulund-Rasmussen K *et al.* 2003. Soil carbon stores in Nordic well-drained forest soils: Relationships with climate and texture class. Global Change Biology 9: 358-370.
13. Chung H, Muraoka H, Nakamura M *et al.* 2013. Experimental warming studies on tree species and forest ecosystems: A literature review. Journal of Plant Research 126: 447-460.
14. Davidson EA, Janssens IA. 2006. Temperature sensitivity of soil carbon decomposition and feedbacks to climate change. Nature 440: 165-173.
15. Dixon RK, Brown S, Houghton RA *et al.* 1994. Carbon pools and flux of global forest ecosystems. Science 263: 185-190.
16. Domke GM, Perry CH, Walters BF *et al.* 2017. Toward inventory-based estimates of soil organic carbon in forests of the United States. Ecological Applications 27: 1223-1235.
17. Falloon P, Smith P. 2009. Modelling soil carbon dynamics. In: Kutsch WL *et al.* (ed). Soil Carbon Dynamics: An Integrated Methodology. Cambridge University Press, Cambridge, UK.
18. FAO. 2015. Global forest resources assessment 2015: How are the world's forests changing? 2nd edition.
19. FAO. 2024. SDG Indicators Data Portal.
20. Field CB, Lobell DB, Peters HA, Chiariello NR. 2007. Feedbacks of terrestrial ecosystems to climate change. Annual Review of Environment and Resources 32: 1-29.

21. Flannigan MD, Stocks BJ, Wotton BM. 2000. Climate change and forest fires. The Science of the Total Environment 262: 221–229.
22. Giardina CP, Litton CM, Crow SE, Asner GP. 2014. Accelerated soil carbon loss does not explain warming related increases in soil CO_2 efflux. Nature Climate Change 4: 822–827.
23. Giardina CP, Ryan MG. 2000. Evidence that decomposition rates of organic carbon in mineral soil do not vary with temperature. Nature 404: 858–861.
24. Gomez–Guerrero A, Doane T. 2018. The response of forest ecosystems to climate change. In: Horwath WR, Kuzyakov Y (ed). Climate Change Impacts on Soil Processes and Ecosystem Properties, Elservier.
25. Heath LS, Kimble JM, Birsey RA, Lal R. 2003. The potential of U.S. Forest soils to sequester carbon. In: Kimble JM *et al.* (ed). The Potential of U.S. Forest Soils to Sequester Carbon and Mitigate the Greenhouse Effect. CRC Press.
26. Hillel D, Rosenzweig C. 2009. Soil carbon and climate change. CSA News 54(6): 4–11.
27. Hom J. 2003. Global change and forest soils. In: Kimble JM *et al.* (ed). The Potential of U.S. Forest Soils to Sequester Carbon and Mitigate the Greenhouse Effect. CRC Press.
28. Horwath WR, Kuzyakov Y. 2018. The potential for soils to mitigate climate change through carbon sequestration. In: Horwath WR, Kuzyakov Y (ed). Climate Change Impacts on Soil Processes and Ecosystem Properties. Elservier.
29. Jones C, McConnell C, Coleman K *et al.* 2005. Global climate change and soil carbon stocks: predictions from two contrasting models for the turnover of organic carbon in soil. Global Change Biology 11: 154–166.
30. Kayler Z, Janowiak M, Swanston C. 2017. Global Carbon. U.S. Department of Agriculture, Forest Service, Climate Change Resource Center. fs.usda.gov/ccrc.
31. Kim HS, Noulèkoun F, Noh NJ, Son Y. 2021. Impacts of the national forest rehabilitation plan and human–induced environmental changes on the carbon and nitrogen balances of the South Korean forests. Forests 12: 1250.
32. Kim HS, Noulèkoun F, Noh NJ, Son Y. 2022. Future projection of CO_2 absorption and N_2O emissions of the South Korean forests under climate change scenarios: Toward net–zero CO_2 emissions by 2050 and beyond. Forests 13(7): 1076.
33. Kim KJ, Kim H, Cho MS *et al.* 2023. Experimental design of open–field temperature and precipitation manipulation system to simulate summer extreme climate events for plants and soils. Turkish Journal of Agriculture and Forestry 47: 132–142.
34. Kirschbaum MUF. 2000. Will change in soil organic carbon act as a positive or negative feedback on global warming? Biogeochemistry 48: 21–51.
35. Lal R. 2004. Soil carbon sequestration impacts on global climate change and food

security. Science 304: 1623–1627.
36. Lal R. 2005. Forest soils and carbon sequestration. Forest Ecology and Management 220: 242–258.
37. Lee N, Koo JW, Noh NJ *et al.* 2010. Autotrophic and heterotrophic respiration in needle fir and *Quercus*–dominate stands in a cool–temperate forest, central Korea. Journal of Plant Research 123: 485–496.
38. Melillo JM, Steudler PA, Aber JD *et al.* 2002. Soil warming and carbon–cycle feedbacks to the climate systems. Science 298: 2173–2176.
39. Nabuurs GJ, Masera O, Andrasko K *et al.* 2007. Forestry. In: Metz B, Davidson OR, Bosch PR *et al.* (ed). Contribution of Working Group Ⅲ to the Fourth Assessment Report of the Intergovernmental Panel on Climate Change. Climate Change 2007: Mitigation. Cambridge University Press, Cambridge, UK and New York.
40. Nave L, Marin–Spiotta E, Onti T *et al.* 2019. Soil carbon management. In: Busse M *et al.* (ed). Global Change and Forest Soils. Elsevier.
41. Norby RJ, Rustad LE, Dukes JS *et al.* 2007. Ecosystem responses to warming and interacting global change factors. In: Canadell JG *et al.* (ed). Terrestrial Ecosystems in a Changing World. Springer.
42. Pendall E, Rustad R, Schimel J. 2008. Towards a predictive understanding of belowground process responses to climate change: have we moved any close? Functional Ecology 22: 937–940.
43. Peterjohn WT, Melillo JM, Steudler PA *et al.* 1994. Responses of trace gas fluxes and N availability to experimentally elevated soil temperatures. Ecological Applications 4(3): 617–625.
44. Silva LCR, Lambers H. 2018. Soil–plant–atmosphere interactions: Ecological and biogeographical considerations for climate–change research. In: Horwath WR, Kuzyakov Y (ed). Climate Change Impacts on Soil Processes and Ecosystem Properties. Elservier.
45. Trenberth KE, Jones PD, Ambenje P *et al.* 2007. Observations: Surface and Atmospheric Climate Change. In: Solomon S, Qin D, Manning M *et al* (ed). Contribution of Working Group Ⅰ to the Fourth Assessment Report of the Intergovernmental Panel on Climate Change. Climate Change 2007: The Physical Science Basis. Cambridge University Press.

제3장

도시 토양

생태적 관점에서 도시는, 식생을 포함한 자연 상태의 지표면이 인공 재료를 기반으로 한 인위적 구조물로 바뀐 곳으로, 이러한 변화로 인해 광, 바람, 온도, 수분 등의 제반 환경이 자연 상태와는 다른 특성을 띠게 된다. 따라서 도시에 형성된 도시숲(urban forest; 도시 내 가로수, 녹지, 공원, 수목 군락지 등)은 인위적으로 변화된 도시 환경의 영향을 받는다(변우혁 · 김기원, 2010).

도시숲은 도시의 미기후를 비롯해 토양을 포함한 도시생태계 전반에 영향을 주고 생태계의 여러 가지 기능을 조절하는 역할을 한다(그림 3-24 참조). 도시숲이 제공하는 다양한 생태계서비스와 관련하여 미국 캘리포니아주의 두 도시에서 조사한 연구 결과에 의하면 에너지 절약, 이산화탄소 흡수, 대기질 개선, 홍수 피해 저감, 심미적 가치만 계산하더라도 식재, 전정 등 도시숲을 조성하고 관리하는 데 소요되는 비용보다 많고 편익–비용분석 결과도 1.52~1.85로 나타나 도시숲의 경제적 가치가 높게 평가되었다(Tyrainen *et al.*, 2005).

도시 토양(urban soil)은 도시나 도시 주변 지역에서 나타나는, 농경지가 아니면서 인위적으로 혼합되거나 채워져 형성되고 표층이 50cm 이상이거나 표면이 오염된 토양으로 정의하며(Pouyat & Trammell, 2019), 도시숲 토양(urban forest soil)은 그중에서 특히 도시숲의

그림 3-24 서울시 안산도시자연공원에서 바라본 시내 전경
(도시숲은 미기후 완화를 비롯한 도시생태계의 다양한 기능을 조절한다.)

기반이 되는 토양을 가리킨다.

3·1 도시와 토양 환경

지구 환경에서 일어나고 있는 두드러진 현상 중 하나가 도시에 인구가 집중되는 도시화이다. 전 세계 인구 중 도시에 사는 인구 비율은 1950년 30%(7억 5,000만 명)였지만 1990년에는 43%(23억 명), 2018년에는 55%(42억 명)로 늘어났으며 2050년에는 68%(67억 명)를 차지할 것으로 전망된다. 지역에 따라 도시화 정도의 차이가 있어서 전체 인구 중 도시 인구 비율을 기준으로 2018년 현재 북아메리카는 82%, 유럽은 74%인 반면에 아프리카와 아시아는 각각 43%와 50% 정도로 나타나 개발 수준이 높은 지역일수록 도시화의 비율이 높은 경향을 보였다(United Nations, 2018).

도시에 인구가 집중됨에 따라 도시 토지의 비중도 급속하게 늘어나고 있다. 미국의 경우 1982년부터 1997년 사이에 도시 지역의 면적이 34% 증가하였다. 또한 아시아 지역의 경우 토지 면적 중 도시가 차지하는 비중이 현재 1% 내외이지만 60년 후에는 50%에 달할 것으로 예측된다. 전 지구적으로 보면 도시 면적은 전체 토지 중 2%에 불과하지만 여기서 발생하는 이산화탄소의 양이 인위적으로 배출되는 전체 이산화탄소의 97%를 차지하는 것으로 알려져 있다(Lorenz & Lal, 2009).

도시의 생태 환경은 인위적 교란이 거의 없는 자연환경과 매우 다르며 대기 · 토양 · 물 오염, 이산화탄소 배출량 증가, 미기후 및 대기후 변화, 외래 식물 및 동물 수입 등 여러 면에서 독특한 특징을 나타낸다(Pouyat *et al.*, 2007). 인구가 도시에 집중될수록 지속가능성을 위해서는 도시의 사회적 · 경제적 · 생태적 회복력을 갖추어야 한다. 최근 들어 기후변화로 인해 극단적인 기상 현상이 빈번하게 발생하고 홍수나 산사태 등의 재해가 늘어나면서 도시에서 숲을 적극적으로 활용하여 생태적 회복력을 높이는 일이 필요해졌다(United Nations Habitat, 2022).

도시의 급격한 확장으로 토양 손실이나 토양 성질이 악화함에 따라 도시 토양에 대한 관심이 커지고 있으며, 도시계획 또는 조경 측면에서도 이전과는 달리 토양을 점차 중요시하고 있다. 그럼에도 불구하고 가로수나 공원 등 도시 녹지공간의 조성 및 관리에 소요되는 비용의 불과 5% 내외만 관수나 시비 등의 토양 관리에 사용되고 있는 실정이다(Kielbaseo, 2008). “비싼 나무를 아무렇게나 준비한 토양에 심는 것보다는 많은 비용을 들여 준비한 토양에 상대적으로 덜 비싼 나무를 심는 것이 훨씬 낫다.”는 말은 도시 토양의 중요성을 강조하고 있다(Craul, 1999).

물질의 유입 · 유출 및 순환 측면에서 도심, 주택지, 산림 등을 비교해 보면 큰 차이가 있음을 알 수 있다(그림 3-25 참조). 산림에 유입되는 물질은 대부분 토양으로 들어가서 흡수 · 재순환되는 양이 많지만, 도시에서는 많은 양의 물질이 표면 유출을 통해 손실되고 극히

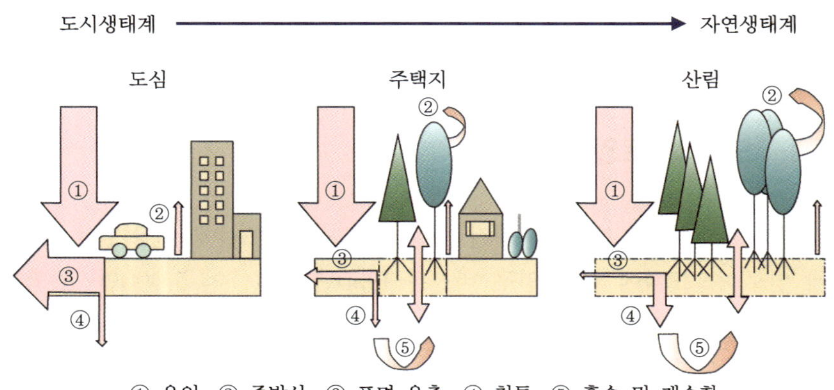

그림 3-25 생태계 유형별 물질 순환 비교[Pouyat *et al.*, 2007]

일부만 토양에 침투되며 흡수나 재순환되는 양도 매우 적다.

도시 토양은 도시 녹지와 공원의 일부를 제외하면 원래의 자연 상태를 유지하고 있는 경우가 거의 없고 대부분 인위적 원인으로 심하게 교란된 상태에 있다. 즉 수목 생장에 필요한 수분, 양분, 공기와 뿌리 확장에 필요한 공간 등의 조건을 제대로 갖추지 못한 상태이다. 또한 도시 토양은 다른 토양에 비해 변이가 커서 수직적으로 표층에서 심층으로 갈수록 성질이 전혀 다른 토양층이 나타나는 경우가 많고, 수평적으로 불과 수 미터 안에서도 토양의 성질이 달라질 수 있다. 특히 비료나 퇴비 시용, 대기오염물질과 중금속 유입, 오염된 물을 이용한 관수, 겨울철 제빙염 사용, 낙엽과 낙지 제거, 외래종으로부터 발생한 잔재물 유입 등으로 인해 토양의 화학적 성질이 악화하는 현상이 나타난다.

3·2 도시 토양의 환경적 특징

토양은, 기반인 모재에 더해 기후, 지형, 생물 등의 환경 조건 및 발달 시간에 따라 각기 다른 특성을 띤다. 근래 사람이 토양에 미치는 영향이 점차 커지면서 다섯 가지 토양생성인자 중 하나인 생물 안에 사람을 포함시켜 강조하기도 한다. 하지만 농경지토양이나 도시 토양과 같이 인위적 활동의 영향을 크게 받는 경우에는 기존 생물 인자와 구분하여 별도로 다루거나 다른 토양생성인자를 조절하는 독립변수로 표현하기도 한다(Binkley & Fisher, 2020).

도시 토양은 독특한 미기후 환경에서 발달하고 외래종이나 비교적 단순한 식물과 같은 생물 인자의 영향을 받기 때문에 일반 산림토양과 다른 물리·화학적 성질을 보인다. 더욱이 인위적 활동으로 인해 지형이 바뀌고 중금속이나 유기화합물과 같은 화학물질이 공급되므로 물질 순환도 자연 상태와 다른 양상으로 일어난다.

토양생성인자 중 모재는 도시화의 영향을 가장 적게 받는 인자일 수 있다. 그러나 가로수나 공원을 조성할 때 인위적으로 바닥재를 깔고 그 위에 새로운 토양을 채우므로 모재까지도 도시의 영향을 크게 받는 셈이다. 또한 새롭게 조성된 도시 토양의 경우에는 발달 시간이 짧아 층위가 충분히 분화하지 못하고 근권 발달도 미약하다.

일반적으로 도시 토양은 입자가 굵은 암석이나 모래 위주로 구성되고, 뿌리가 충분히 확장할 수 있는 수직적·수평적 공간이 제한적이다. 게다가 표면이 아스팔트나 콘크리트로 덮여 있고, 주변은 암석, 콘크리트 구조물, 전기나 상하수도 설비 등으로 둘러싸인 경우가 많다. 토양이 답압되어 통기성, 투수성, 배수성 등이 낮고 뿌리의 생육 공간도 부족하여 식물이 자라기에 적합하지 않은 환경이다(Jim, 2008).

3·2·1 기후 환경

도시와 자연생태계의 기후는 각기 다른 양상을 띠며 특히 기온에서 큰 차이가 있다. 도시화로 인해 도시와 주변 지역의 연평균 지표 온도가 전 세계적으로 0.19~2.60℃ 상승하였으며, 우리나라 서울시의 경우 도시화에 의한 기온 상승 효과가 1.15℃라고 보고된 바 있다(IPCC, 2019; Kim *et al.*, 2016).

일반적으로 도시 중심부 기온이 외곽의 자연생태계 기온에 비해 더 높다. 이는 강수의 빠른 배수로 물 수지가 변화하고, 식생이 적어 증발산에 의한 냉각 효과가 낮은 한편 지표를 구성하는 물질의 변화로 열 흡수가 증가하며, 도시 내에 아스팔트 도로나 건물과 같이 열을 저장하는 구조물이 많기 때문이다. 이에 따라 최저기온이 높아지고 수목의 생장 개시가 빨라지고 생장기간이 길어지며 개화와 결실이 영향을 받아서 동물의 번식과 분포가 달라진다(Craul, 1999; Pouyat *et al.*, 2003; 표 3-11 참조).

도심의 경우 낮에 비교적 많은 열을 보유하여 주변 지역보다 기온이 현저하게 상승하는 열섬(heat island) 현상이 나타나고 밤이 되면 서서히 원상태로 돌아갔다가 다시 낮이 되면 기온이 상승하는 과정이 반복적으로 일어난다. 심하면 도심 기온이 외곽 기온보다 12℃나 높아지는 경우도 있으며, 보통 열섬 현상은 도시 규모가 커질수록 심해진다.

고층 건물이 많은 도시에서는 풍속이 감소하지만 골바람이 생겨 주변의 풍향과 상관없이 일정한 방향으로 부는 바람 통로가 형성되고 돌풍이 발생하기도 한다. 이렇게 형성된 바람은 식물, 특히 목본식물의 수관에 영향을 끼친다. 바람이 많이 부는 도시 지역에서 자라는 수목은 잎 크기가 작고 수관 생장도 외곽 산림지대에 비해 더디다.

도시 지역의 연간 총강우량, 강우 빈도, 일별 강우 경향도 외곽 지대와 달라서 보통 주변 지역과 비교했을 때 연평균 강우량이 많고 증발량이 적다. 특히 지표가 가열되어 상승기류가 강해지는 오후와 초저녁의 평균 강우량과 극한 강우 빈도가 늘어나고 있다(IPCC, 2019). 또한 도시에서는 대기오염 현상이 광범위하게 나타나며, 대기오염물질로 인해 구름의 양이 증가하는 반면에 광 차단으로 태양복사량은 감소한다(송영배, 2007; Alberti, 2008). 도시숲은 이러한 열섬 현상과 대기오염의 완화에 도움이 될 수 있다.

표 3-11 주변 농촌 지역 대비 도시 지역 기후 인자의 변동

인 자	지 수	주변 농촌 지역 대비
태양광	전체 광량 자외선 맑은 날 지속 기간	15~20% 감소 15~20% 감소 5~15% 감소
기온	연평균 맑은 날	0.5~1.5℃ 증가 2~6℃ 증가
풍속	연평균 바람이 없는 날	15~20% 감소 5~20% 증가
상대습도	겨울 여름	2% 감소 8~10% 감소
강수	총강우량	5~10% 증가
구름	구름의 양	5~10% 증가

[Heidt & Neef, 2008]

3·2·2 토양 온도

도시의 열섬 현상은 토양 온도를 높이는 효과를 가져온다. 도시 토양에서 2cm 깊이의 표층 온도는 교란이 없는 산림토양에 비해 3℃가량 높고, 심지어는 교란이 심한 도심지의 토양 온도가 자연 산림토양에 비해 6℃가량 높다는 연구 결과도 있다. 토양 온도의 상승으로 미생물 활성도가 올라가 유기물의 분해속도와 질소 무기화가 증가한다고 알려져 있다.

도시 토양 내 탄소량은 식생 관리, 토양 형성 과정 등에 따라 크게 다르기 때문에 도시 토양이 유기탄소 저장고가 될 수도, 오히려 방출원이 될 수도 있다. 예를 들면 건조 또는 반건조 지역에 형성된 도시 토양은 탄소를 저장하는 역할을 하지만 온대 지역의 도시 토양은 탄소의 방출원이 되고 있다. 그러나 이러한 일부 연구 결과에도 불구하고 도시 토양 내 탄소의 양은 토양 깊이에 따라 차이가 많고 대개 토양의 얕은 깊이에서만 연구가 이루어지고 있어 자료의 불확실성이 높은 편이다(Lorenz & Lal, 2009).

3·2·3 토양 수분

토양 온도 외에 토양 수분도 도시 환경의 영향을 받아 변화한다. 일반적으로 도시 토양의 표면은 아스팔트나 콘크리트와 같은 불투수성 재료로 덮여 있어 침투보다 지표 유출량이 많고, 무기광물이 노출된 경우라도 보행자, 차량, 주차, 건설 활동 등에 의한 답압으로 수분 침투는 제한적이다. 지표의 불투수성 피복과 답압은 도시의 토양 수분에 가장 큰 영향을 끼치는 요인이다.

지표가 불투수성 재료로 피복된 비율이 도시 녹지는 0%이지만 공원이나 운동장은 15%, 주택지는 50%, 밀집된 개발 지역이나 산업지대는 90%, 그리고 도시 중심부는 100%에 이를 수 있다. 이와 같은 점을 감안하면 도시 토양에서 물 순환의 악화를 막기 위해 불투수성 재료로 피복하는 일을 최소화하거나 투수성 재료를 사용하여 수분의 침투를 높이는 방안을 고려할 수 있다. 특히 도시계획 단계에서 자연 강수와 물 관리를 통합하여 건조 피해를 예방하는 일이 필요하고, 수종별로 수관의 형태에 따라 강수차단량이 크게 달라지는 점도 고려해야 한다(Sieghardt *et al*., 2005).

보통 도시에서는 강수가 바로 배수되기 때문에 지하수의 양이 점차 줄어들어 지하수위가 낮아지고 지하수위의 변동 폭이 커지면서 도시 수목이 건조 피해를 입는 경우가 잦다. 또한 단기간에 강우강도가 매우 높을 경우 지표 유출이 급격하게 늘어 홍수 위험이 높아지기도 한다(IPCC, 2019). 특히 도시 기온이 높아 증산량과 증발량이 많지만 수분 공급은 원활하지 않아 토양 습도가 낮다.

배수성은 통기성에도 영향을 주므로 지하수위가 지면으로부터 최소한 50cm 아래에 있어야 한다. 배수에 영향을 주는 입지의 형태나 토양의 구조와 토성도 최적화해야 한다. 그러나 현실적으로 입지나 토양의 구조 및 토성을 바꾸는 일이 쉽지 않기 때문에 배수가 원활하지 않은 곳에서는 수분에 대한 내성이 있는 수종을 선정하는 일이 유일한 대안이 될 수밖에 없다(Sieghardt *et al*., 2005).

3·2·4 토양 공극

도시 토양은 일반적으로 공극의 발달이 부진하다. 주로 사람이나 기계에 의한 답압이 원인이지만 토양을 이동하는 과정에서 또는 사용하는 용도에 따라 답압이 발생하기도 한다. 답압은 상당한 깊이까지 일어나며 수목 뿌리나 토양 동물이 확장 또는 이동하는 데 장애가 된다. 결국 토양 내 여러 화학반응에 영향을 끼쳐 생물지구화학적 순환 속도가 감소할 수 있다(Lorenz & Lal, 2009).

용적밀도의 경우 교란이 없고 유기물이 풍부한 산림토양에서는 1g·cm^{-3}이지만, 도시 토양에서는 1.5g·cm^{-3} 이상인 경우가 많으며 답압이 심하여 2.0g·cm^{-3} 이상인 경우도 있다. 답압이 심해지면 토양 용적밀도가 높아지고 총공극이 줄어들며 크기별 공극 비율도 달라진다. 통기성과 수분 침투에 중요한 역할을 하는 대공극이 줄어들고, 수목이 흡수할 수 있는 수분을 보유하는 모세관공극도 줄어든다. 답압에 의해 통기성이 낮아지면 가스의 확산 및 교환이 느려지고 뿌리와 미생물 호흡에 필요한 산소가 부족해진다. 일반적으로 토양 공기 중 산소 농도가 10% 이하로 낮아지면 식물 뿌리에 피해가 나타난다(Sieghardt *et al*., 2005).

답압된 상태에서는 이러한 환경에 적응한 일부 종의 생장에만 유리하고, 공기가 부족해져 공중 질소를 고정하는 수목의 생장도 저해된다. 아울러 토양 내 질산화나 유기물 분해가 느려지고 양분 유효도가 낮아지며 양분 순환 속도가 감소한다.

3·2·5 토양 산도

도시 내 건물이나 도로 주변의 토양 산도는 자연 상태의 산림에 비해 알칼리성을 나타낸다. 건축 구조물에 포함되거나 도로의 결빙 방지에 사용한 알칼리성 물질이 토양에 유입되기 때문으로 추정되며, 경우에 따라서는 pH가 9.0 전후에 이르기도 한다. 토양이 알칼리성을 띠면 철, 망가니즈, 아연, 구리, 붕소와 같은 미량양분은 불용성 상태가 되어 부족현상을 나타낼 수 있고 양분 원소 간 불균형이 야기될 수 있다. 반면에 알칼리성 토양에서는 불용성 상태가 된 납이나 알루미늄이 수목에 흡수되지 않는 효과도 있다.

그런데 산성을 띤 건성강하물 또는 습성강하물의 영향으로 도시 토양의 산성도가 심해지기도 한다. 이에 따라 염기성 양이온의 용탈이 발생하여 칼슘이나 마그네슘과 같은 양분의 부족현상이 나타날 수 있다. 또한 산성도가 높은 도시 토양에서는 납이나 알루미늄 농도가 증가하는 중금속 오염이 발생할 수 있다. 도시 토양에서는 강한 산성 또는 강한 알칼리성으로 극단적인 경우가 많으므로 이에 대한 대책도 현상에 적합하도록 마련해야 한다.

우리나라 주요 도시숲에서 토양 산도를 연구한 결과에 의하면 서울시의 경우 pH가 층위에 따라 남산의 아까시나무림에서 4.18~4.34, 소나무림에서 4.59~4.99, 신갈나무림에서 4.67~4.71이었고, 도심에 있는 창덕궁 내 녹지에서 4.08~4.40, 북한산에서 대부분 4.32 이하였다. 또한 대전시에서는 대부분 4.50 이하, 경남 창원시에서는 4.35~4.55로 나타나 도시숲 토양에서 전반적으로 산성도가 심하였다(변우혁 · 김기원, 2010; 표 3-12 참조).

표 3-12 우리나라 도시숲 토양 A층의 화학적 성질

도시	지 역	임 상	pH	유기물 (%)	총질소 (%)	교환성 양이온 ($cmol_c \cdot kg^{-1}$)		
						K^+	Ca^{2+}	Mg^{2+}
서울	남산	소나무	4.99	6.89	0.11	0.93	5.77	1.01
		신갈나무	4.67	7.06	0.31	0.64	4.46	0.49
		아까시나무	4.18	3.45	0.14	0.31	0.47	0.22
대전	남선공원	리기다소나무	4.70	2.06	0.14	0.25	1.12	0.58
		아까시나무	4.10	2.11	0.27	0.31	1.35	0.22
		상수리나무	4.02	1.75	0.26	0.34	0.82	0.31
		소나무	4.15	1.24	0.17	0.20	0.60	0.25
창원	남산공원	곰솔	4.45	1.35	0.11	0.27	1.22	0.37
		리기다소나무	4.37	7.80	0.09	0.36	1.46	0.52
		상수리나무	4.49	1.60	0.16	0.38	1.31	0.58
		아까시나무	4.35	1.73	0.19	0.38	1.86	0.54

[변우혁 · 김기원, 2010]

한편 대전시 주요 도시숲의 토양 pH는 1986년 4.71에서 2003년 4.42로 낮아졌고, 토양 산성화가 심해짐에 따라 칼슘, 마그네슘, 칼륨, 나트륨 등의 염기성 양이온 농도가 1992년과 비교하여 2003년에 각각 52%, 70%, 20%, 40% 감소하였다(장관순, 2003). 그러나 서울시 9개 대로변의 가로수 토양은 pH 6.6~8.0(평균 7.12)인 약알칼리성으로 나타났다(유재윤 · 손요환, 2003).

주요 도시의 토양 내 질소와 양이온 농도는 일반 산림토양에 비해 전반적으로 낮다. 이는 토양 산도와도 관련이 있으며 수목 생육을 위한 적절한 토양 관리가 필요함을 시사한다.

3·2·6 제빙염

도로의 결빙을 방지하기 위한 제빙염(除氷鹽, deicing salt)이 광범위하게 사용되고 있다. 미국의 경우 제빙염 사용으로 교통사고 발생률이 최소 78% 이상 감소한다는 연구 결과도 있다. 그러나 도시 지역에서 집중적으로 사용되는 제빙염은 도시 토양뿐만 아니라 지하수와 담수생태계에 영향을 끼치고 식수를 통해 사람의 건강까지 해칠 수 있다고 알려져 있음에도 불구하고 제빙염 문제가 심각하게 다루어지지 않고 있다(Hinz *et al.*, 2022).

보통 제빙염으로 염화나트륨(NaCl), 염화칼슘($CaCl_2$) 등을 널리 사용한다. 이들 염은 쉽게

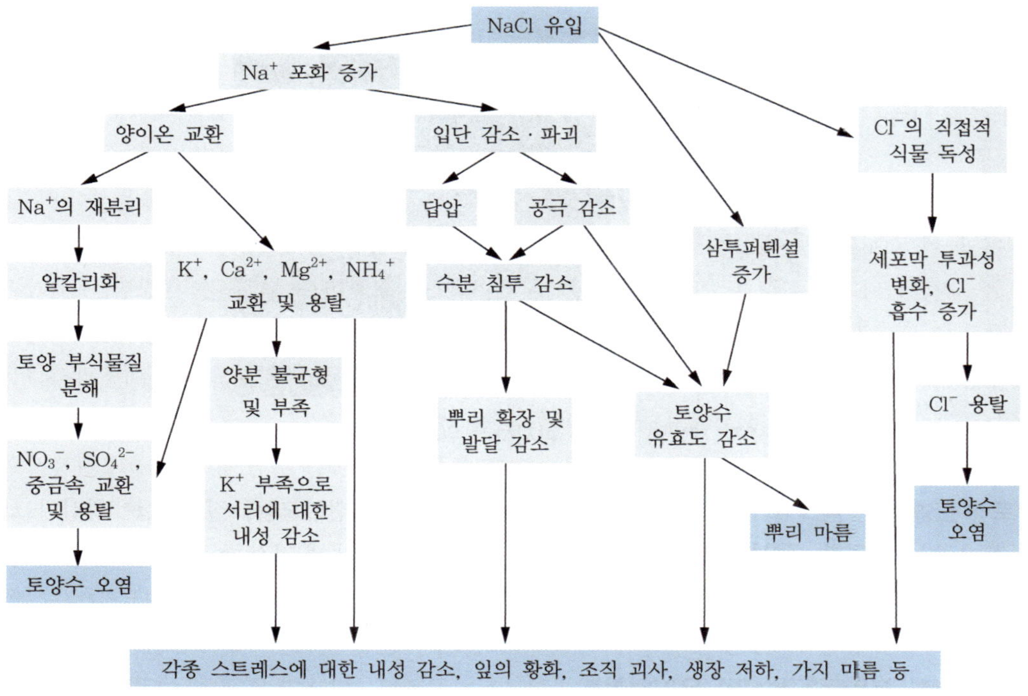

그림 3-26 제빙염으로 사용되는 염화나트륨이 토양과 수목에 영향을 끼치는 기작 [Sieghardt *et al.*, 2005]

용해되어 토양에 도달하고 뿌리를 통해 흡수되거나 토양에 오랫동안 머물다가 결국 지하수에 유입된다. 제빙염은 여러 기작을 통해 각종 스트레스에 대한 수목의 내성 감소, 잎의 황화, 조직 괴사, 생장 저하, 가지 마름 등을 일으킨다(그림 3-26 참조).

염에 대한 내성은 수종별로, 그리고 동일한 수종이라도 개체에 따라 다르다. 염에서 해리된 두 가지 이온이 각각 수목에 흡수되는 비율이 다르고, 수목의 염에 대한 내성은 이온 흡수와 뿌리 및 줄기에서의 보유 정도에 따라 달라진다. 단풍나무, 피나무, 벚나무, 물푸레나무 등은 염소를 많이 축적하여 내성이 낮고 버즘나무, 아까시나무, 가래나무 등은 잎의 염소 함량이 적어 내성이 높으며 자작나무, 팽나무, 참나무류 등도 흡수한 염이온이 잎으로 잘 이동하지 않아 내성이 높다. 일반적으로 버즘나무, 아까시나무, 팽나무, 참나무류와 같이 온난·건조한 기후에 분포하는 종이 염과 건조에 내성이 높다(Sieghardt *et al.*, 2005).

제빙염으로 인한 피해를 줄이기 위해서는 제설 장비를 효과적으로 사용하여 제빙염 사용량 자체를 줄이고, 기상과 도로 상황에 따라 과도하지 않도록 적정량의 제빙염을 사용하며, 토양을 비롯한 환경에 영향이 적은 제빙염을 사용하는 등 다양한 방안을 강구할 필요가 있다(Hintz *et al.*, 2022). 도로변 가로수나 도시숲이 제빙염에 의한 피해를 입지 않으려면 미리 도로를 따라 펜스와 같은 구조물을 설치하여 제빙에 사용된 물질이 도로를 벗어나지 않도록 해야 한다(그림 3-27 참조). 이미 제빙염의 영향을 받은 토양에는 더 이상 염을 사용하지 않도록 하고 관수를 통해 토양과 뿌리 주변의 염을 제거한다.

그림 3-27 제빙염 피해를 방지하기 위해 도로변에 설치한 펜스

토양에 흡착된 나트륨이 재교환되도록 하기 위해 석고, 질산암모늄, 질산칼륨, 황산마그네슘 등을 사용하거나, 양분 균형을 위해 비료를 뿌리고 토양의 물리적 성질을 개선하기 위해 유기물을 공급하기도 한다(Sieghardt *et al.*, 2005).

3·2·7 토양 중금속 및 유기화합물

건성 또는 습성 강하물을 통해 도시에 유입되는 중금속, 유기화합물, 질소, 황 등의 양은 농촌이나 일반 산림 지역에 비해 높은 것이 보통이다. 미국 뉴욕 중심부의 참나무류에서 수관통과우를 통해 유입되는 질소의 양이 도시 외곽이나 농촌 지역에 비해 50~100% 높고, 도시에서 벌어지는 각종 공사에서 발생한 칼슘이나 마그네슘과 같은 알칼리성 먼지 입자의 유입량도 많다는 연구 결과가 있다. 또한 뉴욕의 도시 토양 내 납, 구리, 니켈 등 중금속 농도가 주변 지역보다 세 배에서 다섯 배까지 높고, 시카고에서도 도시 토양 내 중금속 농도가 주변 지역보다 다섯 배나 높다고 보고되었다.

도시 토양에서 중금속 농도는 도시화 정도, 그리고 중금속 물질을 사용하는 공장이나 운송체계와 같은 오염원의 분포 및 이동 경로에 따라 공간적 분포가 다르다. 일반적으로 도시 토양 내 중금속 농도는 도로에 가까운 표층에서 가장 높고 도로에서 멀어질수록, 그리고 표층으로부터 깊어질수록 낮아진다(Pouyat *et al.*, 2007).

토양 내 중금속이 수목에 흡수되어 피해를 나타내는 데는 토양 산도, 양이온교환용량, 점토와 유기물 함량 등이 영향을 끼친다. 음전하를 띤 토양 콜로이드 표면은 수소이온과의 친화성이 높기 때문에 pH가 낮아지면 중금속과 교환되어 토양용액 중 중금속 유효도가 높아진다. 그러나 양이온교환용량이 높으면 중금속이 흡착하여 중금속 유효도는 낮아진다. 토양 내 유기물 함량이 많아져도 중금속과 유기산이 복합체를 만들기 때문에 중금속의 이동성이 낮아진다. 따라서 점토, 유기물, pH가 높을수록 중금속 유효도가 낮아져 수목에 대한 피해는 감소한다. 중금속은 균근 형성과 기능에도 영향을 끼쳐 토양 내 중금속 농도가 높아지면 해충이나 질병에 대한 내성이 줄어든다(Sieghardt *et al.*, 2005).

살충제, 살균제, 제초제, 살선충제 등 각종 부류의 농약이나 유해한 유기화합물이 도시 토양에 도달할 수 있다. 이들 물질은 토양에 흡수되거나 토양을 통해 용탈되거나 표면에서 유출되기도 하며, 토양과 화학반응을 하거나 토양 내 생물에 흡수되기도 한다. 농약의 가장 큰 영향은 토양 생물, 특히 토양 미생물에서 나타나며 질산화세균이나 질소고정세균이 종종 피해를 입는다. 유기 오염물질이 분해되면 독성 대사산물이 생산되어 식물 생장과 토양 생물에 심각한 영향을 끼친다.

오염물질의 유입은 다른 생물지구화학적 과정의 변화를 가져오기도 한다. 구리와 납 농도가 높은 도시 토양에서는 미생물 활성도가 50% 정도 감소하고 이로 인해 낙엽 분해속도가 느려져 낙엽층이 두꺼운 상태로 남는다. 그러나 도시 토양 내 중금속 오염도가 낮아지면 유기물의 분해속도와 토양 질소의 무기화 · 질산화가 회복된다(Pouyat *et al.*, 2007).

유기화합물에 의해 오염된 도시 토양을 개량하는 방법으로 현장에서 가열하거나 토양을 파서 세척하는 방법, 그리고 식물 · 미생물 또는 킬레이트 등을 이용하여 흡수하는 방법 등이 있지만 비용이 많이 소요된다(Sieghardt *et al.*, 2005). 중금속 오염이 심한 토양의 경우 토양 자체를 교환하거나 오염되지 않은 토양을 섞어 주는 방법도 있다.

서울시의 남산, 창덕궁, 북한산 지역과 대전시의 남선공원, 도솔산, 보문산 지역, 그리고 경남 창원시의 남산공원, 천주산 지역 등지에서 토양 내 카드뮴, 크로뮴, 구리, 망가니즈, 니켈 등의 농도를 측정한 결과 「토양환경보전법」에서 규정한 토양오염우려기준 이하로 나타나 중금속에 의한 토양오염은 없는 것으로 보고된 바 있다(변우혁 · 김기원, 2010). 그러나 서울시 주요 도로변의 토양 내 카드뮴, 구리, 납, 아연 등의 중금속 농도는 각각 0.01~0.19mg·kg^{-1}, 미검출~234.45mg·kg^{-1}, 미검출~381.23mg·kg^{-1}, 2.97~737.59mg·kg^{-1} 등으로 측정되어 일부 조사지에서 「토양환경보전법」의 우려기준을 초과하였으며(김권래 등, 2002), 가로수 토양의 중금속 농도가 산림토양에서보다 높았다(유재윤 · 손요환, 2003).

그 밖에 도로변 토양에서는 자동차 연료를 연소하는 과정에서 배출되는 다환방향족탄화수소류(polycyclic aromatic hydrocarbons, PAHs), 잔류성유기오염물질(persistent organic pollutants, POPs)과 같은 유기 오염물질의 농도가 교통량에 비례하여 높아지지만(Dong & Lee, 1999) 우리나라에서 토양오염우려기준 이상으로 검출되었다는 보고는 아직 없다.

3·2·8 토양 유기물과 양분

도시화로 일어난 생태 환경의 변화가 도시 토양에 함유되어 있는 유기물과 양분 상태에 어떠한 영향을 끼치는지는 알려진 바가 적다. 다만 토양 내 전체 유기물 양에는 차이가 없지만 잘 분해되지 않는 성질을 지닌 유기물의 양이 일반 산림토양보다 많다는 연구 결과가 있다. 도시 토양에는 비교적 질이 낮은 낙엽과 낙지가 유입되고, 토양 온도가 상승하여 분해되기 쉬운 성질을 지닌 탄소화합물이 먼저 빠르게 분해되기 때문이다(Pouyat *et al.*, 2003).

도시 토양은 표면이 아스팔트나 콘크리트와 같은 불투수성 재료로 피복되어 물 침투가 적기 때문에 토양 수분이 낮아져 유기물 분해속도가 느리고 토양 유기탄소 손실도 적은 편이다. 또한 가로수나 공원은 낙엽 · 낙지 등의 유기물이 수시로 제거되기 때문에 도시 토양에 유입되는 유기물 양이 일반 산림토양에 비해 적다. 종종 도시의 공원에서 많은 양의 비료나 퇴비를 빈번하게 사용하여 가로수와 다르게 오히려 토양 내 유기물이 과다한 경우도 있다. 도시의 녹지는 일반 산림과 유사하게 유기물 양이 풍부하고 양분 순환도 비슷하지만 대기오염물질의 영향은 여전히 받는다(Lorenz & Lal, 2009).

가로수 토양의 경우 보통 양분 공급량이 부족하고 양분 간 불균형도 나타난다. 질소, 인, 칼륨, 마그네슘과 같은 주요 양분이 부족하고 유기물 양도 매우 적다. 필수양분 부족이 도시 내 수목 생장을 제한하기도 한다. 그러나 도시숲에서 일반 농업용 복합비료를 과도하게 사용하면 토양 내 수용성 양분, 특히 질소 농도가 높아져 지하수로 유입될 수 있다. 제설제에 가끔 비료를 섞어 살포하기도 하지만 양분 과다 공급, 식생 양분 불균형, 지하수 부영양화 등을 초래할 수 있으므로 주의해야 한다.

이용 빈도가 높은 도시 공원에서 동물 배설물에 의한 영향도 종종 나타난다. 많은 양의 질소와 인이 포함되어 있는 동물 배설물에서 기인한 질산화가 일어나 토양이 산성화하면 수용성 중금속 농도가 높아지고 토양 내 식생에 필요한 양분의 불균형 상태를 유발할 수 있다(Sieghardt *et al.*, 2005).

3·3 도시 토양 관리

도시숲 환경은 수목이 생장하기에 열악하며, 도시숲에서 자라던 수목이 고사하면 생태적·심미적·사회적 측면에서 문제가 될 뿐만 아니라 경제적으로도 큰 손실이다. 이를 막기 위해 현재 수목이 자리한 도시숲의 토양과 입지환경을 개선하는 데는 많은 시간과 비용이 소모된다. 따라서 도시숲을 조성하는 단계에서 토양과 입지환경을 면밀히 검토하고, 예상되는 스트레스나 위해 인자에 대비하여 수목 생육에 적합한 조건을 갖추는 일이 중요하다.

3·3·1 토양산성화 대책

무엇보다 도시 토양에 대한 면밀하고 지속적인 모니터링을 실시하여 토양산성화가 진행되고 있는지를 확인해야 한다. 만약 산성화 경향이 명확하고 원인이 밝혀졌다면 이를 제거하거나 줄이는 일이 가장 적절한 대책이 된다. 그러나 보통의 경우 대기오염에 따른 산성 물질의 지속적 유입이 토양산성화의 원인이므로 단기간에 이를 제거하기는 어렵다. 따라서 심한 산성화가 확인되면 석회가 포함된 토양개량제를 사용하는 방안을 강구할 수 있다.

석회를 사용하여 토양을 약산성으로 교정하려면 먼저 토양시료를 정확히 분석하여 토양 산도를 확인한 다음 이를 근거로 환산계수를 이용하거나 토성 및 부식 함량을 기준으로 시용량을 산출한다(변우혁·김기원, 2010; 제Ⅲ편 제1장 1·1·3 참조). 경사지의 도시 토양에 토양개량제를 시용할 때에는 시용한 석회가 유실될 가능성을 염두에 두어 일정한 깊이로 골을 파고 처리한 다음 흙이나 유기물로 덮어 준다.

도시 토양의 산성화에 대한 장기적인 대책은, 원천적으로 토양을 산성화하는 오염물질의 유입을 줄이는 대신에 유기물 공급과 분해를 원활하게 하고 양이온 용탈을 방지하여 자연적으로 산성화에 대한 토양의 완충능력을 회복시키는 것이다.

3·3·2 유기물 및 양분 관리

토양에는 식생의 지상부와 지하부 일부가 고사하여 발생한 유기물의 유입, 모암의 풍화, 대기를 통해 양분이 공급되며, 미생물 분해에 의한 유기물 손실, 수목에 의한 흡수, 용탈로 양분이 소모된다. 수목의 생육단계별로 토양에 자연적으로 유입되는 지상부 및 지하부 유기물이 미생물에 의해 분해되므로 과도한 용탈이 없다면 수목 생장에 필요한 토양 양분의 부족 현상은 일어나지 않는다. 그러나 도시숲 토양에서는 보통 낙엽이나 낙지와 같은 유기물이 주기적으로 제거되고, 설사 유기물이 유지되더라도 미생물의 분해작용이 활발하지 않은 데다 양분이 용탈되는 현상까지 일어나 양분 부족을 겪는다. 특히 도시 토양은 사람이 조성, 관리하므로 유기물의 유출 · 유입 과정 외에도 관수, 비료 공급 등 여러 요인의 영향을 직접적으로 받는다.

서울시, 대구시, 대전시 등 세 도시에서 도시숲의 유형(가로수, 도시공원, 학교숲, 하천변 녹지)별로 조사한 결과에 따르면 토양의 탄소 저장량이 하천변 녹지, 가로수, 학교숲, 도시공원 순으로 많게 나타났다(Yoon *et al.*, 2016). 우리나라 주요 도시숲 토양에 함유되어 있는 유기물 및 질소를 비롯한 양분의 농도는 일반 산림토양에 비해 낮고, 특히 교환성 양이온 농도가 매우 낮았다(변우혁 · 김기원, 2010). 서울숲과 같은 도시공원이라도 토지 피복의 유형(침엽수림, 활엽수림, 혼효림, 잔디, 나지, 습지 등)에 따라 토양 유기탄소 양이 10배가량 차이가 나기도 한다(IPCC, 2019).

도시숲 토양에 양분을 지속적으로 공급할 수 있는 방안으로 식생의 유기물을 활용하는 방법이 있다. 즉 발생한 유기물을 현장에서 바로 활용하면 생물적 토양 개량이 가능한 데다 비용도 절약할 수 있다(그림 3-28 참조). 또한 교목과 함께 하층에 관목을 식재하여 보다 자연적인 구조로 녹지를 조성하면 유기물층이 형성되어 토양 온도나 습도의 변화를 완충하는 부수적인 효과도 얻을 수 있다.

그림 3-28 수목 주변으로 낙엽, 낙지 등의 유기물을 유지하거나(A) 제거한(B) 사례

양분 부족이 심각한 도시숲 토양에는 유기물과 양분을 유기질비료나 화학비료로 공급하는 방안을 강구할 수 있다. 화학비료를 시용하면 비교적 단기간에 효과가 나타날 수 있지만, 손실되는 양분이 많고 수질오염이나 예상치 못한 부작용이 생길 수 있기 때문에 신중하게 결정해야 한다. 반면에 유기질비료는 양분 공급과 토양의 물리적 성질을 개선해 주는 효과를 동시에 얻을 수 있지만 빠른 효과를 기대하기는 어렵다. 이때 토양 산도에 따라 주요 양분 유효도 및 미생물 활성도가 달라지기 때문에 토양 산도를 함께 고려해야 한다.

도시숲 토양에서도 일반 산림토양과 마찬가지로 유기물의 공급과 분해, 그리고 수목에 의한 양분 흡수가 균형을 이루는 자연적 양분 순환 체계를 염두에 두고 유기물 및 양분 관리 방안을 마련해야 한다(그림 3-29 참조).

그림 3-29 상층, 중층, 하층 모두 식생이 유지되어 자연적 양분 순환 체계를 갖춘 도시공원(서울시 안산도시자연공원)

3·3·3 답압 및 수분 관리

사전 예방이 사후 처리보다 훨씬 낫다는 측면에서, 도시숲 토양의 답압을 줄이기 위한 예방 조치와 관리 방법이 중요하다. 답압을 유발하는 보행자, 자동차, 기계 등의 토양 접근을 최소화하고, 통행량이 많은 곳에는 답압이 일어나지 않도록 미리 목제 또는 철제 통로를 마련하거나 수목 주변에 물리적 보호장치를 설치한다. 토양 표면에 목재 칩을 덮거나 매트를 깔아 답압의 영향을 줄이고 아울러 침식을 방지한다(그림 3-30 참조). 토양 동물에게 필요하고 입단 형성에 도움이 되는 부식이 유지되도록 낙엽과 낙지를 관리하며, 식생이 없는 나지 상태가 되지 않도록 초본이나 관목으로 토양 표면을 피복한다. 강우나 태양복사의 직접적인 영향을 받아 토양 입단이 파괴되지 않도록 목질 재료로 멀칭하여 토양을 물리적으로 보호한다.

답압이 이미 발생한 토양에서는 사후 처리로 기계적 방법을 통해 다져진 상태를 완화하고 모래를 섞어 주어 통기성을 개선한다. 공기를 주입하거나 목재 칩으로 멀칭하고, 격자형 틀

그림 3-30 답압 및 침식 방지를 위해 깔아 놓은 섬유질 매트 (서울시 독립공원)

을 이용하여 표층 토양을 보호한다. 또한 뿌리 밀도가 높고 물리적 저항에도 뿌리가 발달할 수 있는 수종을 식재하여 수목 뿌리가 토양에 대공극을 만들고 유기물을 공급함으로써 토양 구조를 안정화하는 데 기여하도록 한다(Sieghardt *et al.*, 2005).

도시 토양에서 답압이 심한 평지 이외에 배수가 불량한 곳은 많지 않다. 배수가 불량할 경우에는 간단히 도랑을 내거나, 답압으로 다져진 수목 주변 토양을 파 낸 뒤 굵은 모래, 자갈 등을 채워 과습하지 않도록 한다. 도시 토양에서는 보통 과습보다 수분 부족이 문제이므로 자연적으로 발생하는 유기물을 전부 또는 일부 남겨 두거나 토양 표면을 목재 칩으로 덮어 수분 증발량을 줄여 준다. 경사가 급한 곳에서는 일정한 간격을 두고 등고선 방향으로 도랑을 파서 유기물과 수분이 고이도록 하거나, 유기질비료를 시용하여 토양에 양분과 수분을 공급한다.

3·3·4 산사태 관리

우리나라 산림은 경사가 급하고 모래가 많은 사질 계통 토양에서 발달하며, 특히 여름철에 발생하는 집중호우로 산사태에 취약한 특성이 있다. 산사태는 강우, 지질, 지형, 식생 등 자연적 요인과, 산지 개발이나 도로 건설에 의한 사면 변형 등 인위적 요인에 의해 발생한다(문정희 · 윤혜철, 1997). 도시 지역의 경우 주택 개발이나 도로 개설을 목적으로 산림지를 절개한 경우가 많은 데다 주민이 밀집한 까닭에 산사태가 발생하면 일반 산림에서 발생할 때보다 더 큰 피해를 입을 수 있다.

도시숲에서 산사태를 관리하기 위해서는 우선 산사태 위험 지역을 사전에 판별하여 산지 개발 및 이용을 제한해야 한다. 농림축산식품부령 「산지관리법 시행규칙」에서 제시한 산사태 위험지판정기준표에 따라 경사길이와 위치, 모암, 임상, 사면형, 토심, 경사도 등을 바탕으로 산사태위험도를 네 등급으로 나누어 판정한다.

도시숲은 일반 산림에 비해 아까시나무나 리기다소나무와 같은 황폐지 복구 및 사방용 수종의 비율이 높다. 이들 수종은 대개 토심이 얕은 곳에 식재되어 있고 수령 30~40년이 넘어 바람이나 집중호우에 취약한 상태에 있으므로 도시숲에서 산사태가 발생할 가능성을 높인다(산림청, 2010).

따라서 산사태 발생 위험이 높은 곳에서는 황폐지 복구 및 사방용 수종을 소나무 또는 참나무류와 같은 심근성 수종으로 갱신하여 장기적으로 대비해야 한다(최경 등, 1994). 이때 대면적을 일시에 벌채하고 갱신하기보다는 천연갱신을 유도하거나 벌채를 점진적이고 소규모로 진행해야 토양 유실을 막을 수 있다. 이러한 장기적인 식생 전환 외에도 도로나 주택 주변의 경사지나 절개지에 사방시설을 설치하고 보강하여 사면을 안정적으로 관리한다. 배수시설을 적절하게 갖추고 사방댐, 계류보, 골막이 등의 사방구조물도 설치할 필요가 있다(그림 3-31 참조).

그림 3-31 산사태 방지를 위해 도시공원에 설치한 사방시설
(서울시 인왕산도시자연공원)

3·4 가로수 토양

가로수는 「도시숲 등의 조성 및 관리에 관한 법률」에 "「도로법」 제10조에 따른 도로(고속국도를 제외한다) 등 대통령령으로 정하는 도로의 도로구역 안 또는 그 주변지역에 조성·관리하는 수목"으로 정의되어 있다. 가로수의 식재 기반인 가로수 토양은 사람, 차량 등의 통행과 수목 생장이 동시에 일어나는 특수한 환경에 있기 때문에 일반적인 도시 토양이나 도시숲 토양, 생활숲 토양(마을숲 토양, 경관숲 토양, 학교숲 토양) 등과 구별하여 기능에 적합하게 조성하고 관리해야 한다.

도시에 있는 수목 중에서도 특히 가로수는, 토양 조건이 열악하고 뿌리 발달에 필요한 공간이 충분히 확보되지 않는 환경에서 생육하기 때문에 생장이 불량하고 수명도 원래보다 짧은 것이 보통이다. 수목의 활발한 생장을 위해 가로수 토양이 갖추어야 할 다섯 가지 기본 조건으로 ①양호한 물리·화학적 성질 및 뿌리 생장에 충분한 공간(부피), ②적절한 토양 수분, ③양호한 배수성, ④통기성, ⑤필요한 양분 공급 등을 들 수 있다(Craul, 1999).

3·4·1 가로수 토양 조성

가로수 토양을 조성하는 방식은 지역과 환경에 따라 차이가 크다. 유럽의 경우 석력(石礫; 직경이 2mm 이상인 암석과 광물 입자)과 토양을 섞어 가로수 토양을 조성하는 것을 기본으로 한다. 석력은 통행의 하중을 견디어 답압이 일어나더라도 완전히 부서지지 않아야 한다. 석력 사이의 공간에 있는 토양은 물과 양분을 수목에 충분히 공급할 수 있어야 하므로 석력과 토양의 적절한 비율이 중요하다. 토양의 비율이 너무 높으면 답압이 쉽게 일어나 뿌리 발달이 억제되고 통기성과 배수성이 불량해지며, 반대로 석력의 비율이 너무 높으면 물과 양분 공급이 어려워진다. 보통 석력과 토양의 비율은 대략 4 : 1로 하여 토양이 전체 공간의 25% 내외를 차지하도록 한다. 또한 석력은 가능한 한 크기가 균일해야 좋다(Sieghardt *et al.*, 2005).

수목이나 관목을 실제로 심을 구덩이는 답압이 일어나지 않은 표토로 채우며, 구덩이의 크기는 가급적 크게 하고 깊이는 최소한 60cm를 확보한다. 원활한 배수를 위해 파이프를 묻거나 다른 설비를 한다. 가로수 토양을 만들기 위해 석력과 토양을 섞는 방법에는 ①다른 곳에서 미리 섞어 놓은 재료를 운반하여 현장에서 바로 사용하거나 ②현장에서 직접 물을 뿌리며 재료를 섞어서 만들거나 ③현장에서 건조한 상태로 석력과 토양을 섞어서 만드는 방법 등이 있으며, 방법마다 장단점이 있다(Sieghardt *et al.*, 2005).

가로수는, 아스팔트나 콘크리트로 포장되고 통행으로 인한 진동과 답압이 일어나는 도로 쪽으로 뿌리를 확장하는 데 한계가 있으므로 그나마 통기성과 투수성이 나은 반대편 보도 쪽으로 확장할 수밖에 없다. 미국에서는 이러한 가로수 토양의 표면을 보호하기 위해 자갈을 까는 경우가 많다. 자갈층은 하중을 견디고 폭우에 토양이 씻겨 나가지 않게 하며, 수분의 토양 침투가 유리하게 하고 잡초 발생도 방지한다. 이때 사용하는 자갈은 둥근 것보다 서로 맞물리는 각진 것이 낫고, 석회암 자갈은 칼슘과 마그네슘 성분 때문에 토양 pH가 높아지므로 피하도록 한다(Craul, 1999). 유기물로 표면을 멀칭하기도 하지만 이렇게 하면 여기에서 답압과 분해가 일어나고 강한 강우로 씻겨 내려가기도 하므로 주기적인 유지 관리가 필요하다.

수목만으로 가로수를 조성할 경우 맨 위 토양은 10~15cm 두께를 직경 7~19mm 정도 되는 균일한 크기의 자갈로 덮고, 그 아래 A층은 30cm 정도 깊이를 사양토 계열 토성에 유기물 함량이 4% 정도인 토양으로 한다. B층은 30~60cm 깊이로 양질사토 계열 토양으로 하며, 마지막으로 C층은 최소 60cm 이상의 깊이에서 배수가 잘되는 모재층으로 하는 방식을 기본으로 한다(Craul, 1999).

그러나 상층에 수목이 있고 하층에 관목이나 초본이 있는 경우에는 A층을 10cm 깊이로 양토 혹은 사양토 토성에 유기물 함량이 5% 정도 되도록 한다. B층은 10~60cm 깊이로 사양토나 양질사토 토성에 유기물 함량이 1% 정도 되도록 하며, C층은 60cm 이상 깊이로 배수가 잘되는 모재층으로 하되 배수가 나쁘면 배수관을 설치한다. 이때 일년생 초본류로 하층 식생을 조성하면 매년 수목 뿌리에 교란이 생길 수 있으므로 가능한 한 피하고, 관목으로 하층 식생을 조성한 경우에는 유기물로 멀칭을 한다. 멀칭 두께는 10cm를 초과하지 않도록 하며 수목과 관목의 줄기를 덮지 않아야 한다(Craul, 1999).

우리나라에는 「도시숲 등의 조성 및 관리에 관한 법률」을 근거로 도시숲, 생활숲, 가로수 등을 모두 포괄하여 다룬 「도시숲 · 생활숲 · 가로수 조성 · 관리 기준」(산림청고시 제2023-48호)과, 가로수만을 대상으로 조성 및 관리 지침을 제시한 『가로수 조성 · 관리 매뉴얼』(산림청, 2022)이 마련되어 있다.

「도시숲 · 생활숲 · 가로수 조성 · 관리 기준」에서 도시숲 등의 식재 기반 조성과 관련하여 제시한 내용을 살펴보면, 토양 배수성과 통기성이 좋은 단립 구조의 사질양토로 토양입자

50%, 수분 25%, 공기 25% 구성비를 기준으로 하며 진흙, 잡초, 콘크리트 조각 등 식재에 지장을 초래하고 수목 생육을 방해하는 토양 중 불순물을 제거한다. 또한 식물 근계의 발달을 저해할 수 있는 자갈층, 고결층, 채수층 등은 제거하거나 물리성이 좋은 토양을 객토하여 수목 생존과 생육에 필요한 유효토심을 확보한다.

아울러 식물의 종류(잔디, 초화류, 관목, 교목 등)별 생존 최소 토심과 생육 최소 토심, 배수층 두께를 제시하고 있다. 예를 들어 심근성 교목의 경우 자연 토양에서 생존 최소 토심은 90cm, 생육 최소 토심은 토양등급 중급 이상에서 150cm, 배수층 두께는 30cm 등으로 정해져 있다.

토양의 물리적 · 화학적 특성과 관련해서는 유효수분량, 공극률, 투수성, 토양 경도, 토양 산도, 전기전도도, 양이온교환용량, 전질소량, 유효태 인산 함유량, 교환성 칼륨, 교환성 칼슘, 교환성 마그네슘, 염분 농도, 유기물 함량 등을 등급별로 제시하고 있다. 필요한 경우 적용할 수 있는 토양 개량 방법도 토성, 토양 산도, 염분 함유량, 유기물 함량에 따라 정해져 있다.

성토 시 물리성 약화 또는 고결을 방지하기 위해 비가 오는 중이거나 비가 온 직후에는 대형 장비를 이용한 작업을 피하되 불가피하게 대형 장비를 사용하여 토양이 다져진 경우 식재 공사를 착수하기 전에 50cm 이상 깊이로 경운한다.

표면 배수 기울기는 2% 이상 되도록 하고, 임해매립지와 쓰레기매립지 등 식재불량 지반, 배수불량 지반, 지하수위가 높은 지역, 인공지반 등에서는 심토층 배수를 하되 유공관, 다발관, 배수판, 부직포, 자갈 등을 사용한다. 배수불량 지반에서는 배수시설을 설치한 후 매립 · 성토하며 원지반과 성토 토양 사이에 교란이 발생하지 않도록 한다. 배수관 설치 시 기초는 하중을 균등하게 분포시킬 수 있어야 하고, 기초에 콘크리트를 사용하지 않을 때에는 잘 고른 뒤 양질의 부드러운 모래나 흙을 깔고 다져야 한다. 한편 자갈 배수층을 설치할 때에는 최소한 1% 이상 기울기를 두도록 하고 바닥면을 충분히 다져 토양 분리포를 설치하며, 직경 20~40mm의 자연 자갈을 넣은 뒤 지반용 섬유를 덮어 마무리한다.

인공지반 식재 시에는 고정하중(식재토양, 수목, 시설물 등의 하중)과 이동하중(사람의 이동, 식물 · 건축물 유지 관리에 따른 기구의 하중) 및 수목 생장에 따른 하중의 증가 등을 고려하여 자연 토양과 개량 토양을 적절히 사용한다. 식재층 바닥면은 원활한 배수를 위해 2% 이상 기울기를 두어야 하며, 배수층은 자갈과 모래 등의 천연골재, 합성수지 배수판 등을 사용한다(국가법령정보센터).

『가로수 조성 · 관리 매뉴얼』에서 가로수의 생육기반 조성과 관련하여 제시한 내용을 보면, 식재 구덩이는 단변 2m 이상 충분한 크기로 하고 불량토 치환, 객토, 배수불량지에는 배수층을 설치하고 통기와 관수를 위한 기능성 파이프를 삽입한다. 가로수 식재나 불가피한 지형 변경 등으로 발생한 표토는 일정한 장소에 보관하였다가 재사용하며 표토는 깊이 30cm 이상 보존한다. 통기관은 가로수 1주당 4개 이상 설치하고 길이 1m, 직경 10cm 규격에 내부를 쇄석으로 채운다.

도시 지역의 가로수는 수분 부족이 발생할 우려가 크므로 수로형 기반을 조성하여 담수 기능을 강화하며, 강우 시 표면 유출수가 바로 우수관으로 배출되지 않고 가로수 주변 토양으로 흡수될 수 있도록 한다. 통기관으로 토양 내 수분 전달 기능을 높이고, 집수 및 관수 시설을 설치하여 우수를 저장, 활용할 수 있도록 한다(산림청, 2022; 그림 3-32 참조).

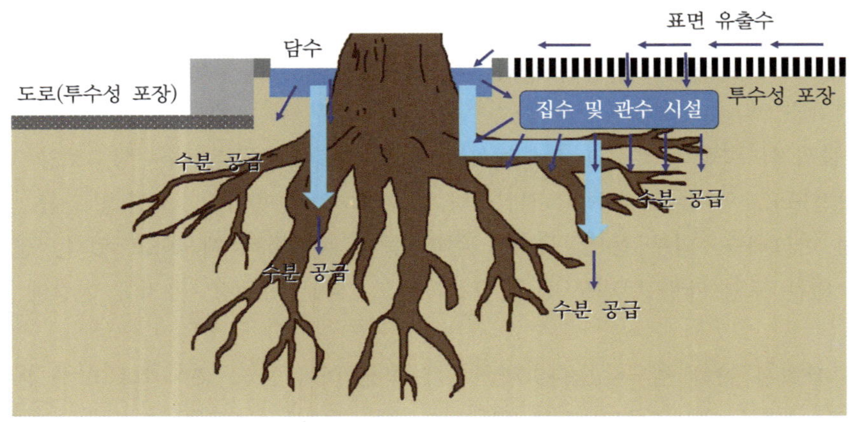

그림 3-32 가로수 토양으로의 수분 공급을 위한 관수 체계[산림청, 2022]

3·4·2 가로수 토양 관리

미국에서 가로수 토양 관리는 지역 환경에 따라 차이가 있지만 수목의 굵기를 기준으로 직경 15cm 이하로 작은 경우 관수와 아울러 시비도 하고, 직경 15~30cm인 경우에는 단근(斷根, root pruning)을 하며, 직경 30cm 이상인 성목에 대해서는 별도 작업이 제시되어 있지 않다(Miller, 1997).

우리나라에서는 『가로수 조성 · 관리 매뉴얼』(산림청, 2022)과 「서울시 제2차 가로수 조성 · 관리 기본계획」(서울특별시, 2019)에서 가로수의 생육 환경을 개선하기 위한 구체적 방법을 정하고, 매년 가로수 조성 및 관리사업 실적을 보고하고 있다. 2022년 가로수 관리사업 현황에 따르면 전국 가로수를 대상으로 수행한 관리사업 중 토양과 관련한 항목으로 비료 주기, 토양 개량, 관수 등이 있고, 비료 주기는 542,929본, 토양 개량은 7,055본, 관수는 985,015본 시행한 것으로 보고되었다(산림청, 2023).

『가로수 조성 · 관리 매뉴얼』에서는 가로수의 식재 기반 조성 및 관리 측면에서 수행할 수 있는 토양 관리 방안을 제시한다. 우선 가로수의 근계 발달 및 잔뿌리 생성을 도모하기 위해 한정된 보도 폭 내에서 생육 공간을 최대한 넓게 확보하고, 크기 1.5m×1.5m 내외의 가로수 보호틀과 보호덮개를 설치한다. 보호틀 조성 후 파쇄목과 파쇄석으로 멀칭하거나 초본류를 식재하여 답압을 방지한다.

토양 환경 개선 작업은 가로수 생육이 왕성한 2~4월에 집중적으로 시행하되 유기질비료와 일부 화학비료를 주기적으로 공급하고 유공관에 통기, 관수, 시비를 위한 기능성 파이프를 삽입한다. 점토가 28% 이상인 토성은 부토량(敷土量)을 40cm 이상으로 하고 배수시설을 설치하며, 모래가 20% 이하 또는 80% 이상인 토성은 부토량을 40cm 이상으로 하고 식재지반토 30cm와 부토 40cm를 혼합하여 사용한다. pH 5.0 이하 강산성 토양은 소석회 또는 석회고토 비료를 사용하고 표준시비량을 늘리며, pH 7.5 이상 강알칼리성 토양은 부토량을 40cm로 늘리거나 유황시비 또는 산처리를 한다. 아울러 염분 함유량이 0.05% 이상이면 배수시설을 설치하고, 유기물 함량이 1% 미만이면 표준시비량을 늘리도록 한다(산림청, 2022; 서울특별시, 2019).

가로수 시비와 관련하여 미국에서 토양 내 인과 칼륨 농도가 각각 30ppm과 20ppm인 상태에 질소를 130~170kg·ha^{-1} 추가하였더니 가로수의 생장이 급격히 증가하여 조성 후 8년이 지나자 질소비료를 주지 않은 경우에 비해 평균 수관 면적이 30% 이상 증가한 결과도 있다. 가로수 토양이 초본류로 피복된 경우에는 여기에 비료를 직접 살포하는 대신 액체비료를 토양에 주입하면 초본류에 대한 피해를 줄이는 방법이 된다(Miller, 1997).

뿌리가 썩지 않고 잔뿌리가 발달할 수 있도록 수분을 원활하게 공급하고 통기성을 높이기 위해 가로수 주위에 수직 유공관을 설치하기도 한다. 또한 굵은 자갈로 표층을 덮으면 뿌리 호흡이 잘 이루어지므로 수간이 썩는 일을 방지할 수 있다. 월동 관리로는 제빙염이 묻은 눈이 가로수 토양에 쌓여 있지 않도록 하고, 표토를 비닐로 멀칭하는 방법으로 염화물 피해를 예방한다. 제빙염 피해를 입은 경우 다량의 관수로 세척하거나 활성탄을 투입하여 토양을 개량한 뒤 증산억제제를 살포한다(산림청, 2022).

3·5 맺음말

인구가 집중된 도시생태계는 자연생태계와 다른 특징을 보이며, 특히 양분 순환 경로나 속도 면에서 큰 차이가 있다. 도시 토양은 기후 환경은 물론이고 토양 온도와 습도, 공극과 산도, 주요 양분 농도 등에서 일반 산림토양과 다르기 때문에 수목을 포함한 식물 생육에 적정한 환경을 만들 수 있는 별도의 관리 방안이 필요하다.

단기적으로는 토양개량제를 사용하거나 물리적 방법으로 토양을 개량한다. 장기적으로는 수목 생장을 증진할 수 있는 도시 토양 관리 방법을 개발하여 적용하고, 토양 연결 통로를 설치하며, 이용 구역과 식생 생육 구역을 분리하는 수목벨트 설치 등을 고려할 수 있다. 아울러 건물이나 도로가 설치되기 전에 미리 토양 입지 조건이 불리한 곳을 개량하거나 다른 곳의 토양으로 교체하는 등의 작업도 필요하다(Jim, 2008).

대기 중 이산화탄소 농도와 기온 상승, 강수 패턴 변화, 외래종 증가를 비롯하여 전 지구적으로 광범위하게 일어나고 있는 환경 변화는 도시에서 벌어지고 있는 변화와 여러 면에서 유사하다. 이와 같은 변화에 대해 도시 토양이 보이는 반응과 이에 대응하는 관리 방안은,

미래의 기후변화를 포함한 환경 변화에 인류가 어떻게 대응할 것인가에 대한 많은 시사점을 제공한다. 특히 다른 토양에 비해 집중적으로 관리하는 도시 토양에서 상대적으로 쉽게 탄소 저장량을 높일 수 있는 점은, 여러 토지이용 형태에서 기후변화를 완화할 수 있는 잠재력을 향상하기 위한 방안을 강구하는 데 참고가 될 수 있다.

연습문제 ▌

1. 도시생태계가 자연생태계와 다른 점을 물질 순환 개념을 중심으로 설명하시오.
2. 도시 토양과 일반 산림토양을 비교해 설명하시오
3. 도시와 외곽 자연 지대 간 기후 환경의 차이를 설명하시오.
4. 도시 토양 수분의 특성과 이러한 특성이 탄소 동태에 미치는 영향을 설명하시오.
5. 도시 토양 산도의 경향과 이를 완화할 수 있는 방안을 설명하시오.
6. 도시 토양 양분 및 유기물 관리 방안을 설명하시오.
7. 도시 토양에서 수분을 증대할 수 있는 방안을 설명하시오.
8. 도시 토양에서 산사태 위험의 특징과 이에 대한 관리 방안을 설명하시오.
9. 가로수 토양의 조성 및 관리에서 토양 수분과 관련한 내용을 설명하시오.

참고문헌 ▌

1. 국가법령정보센터. law.go.kr. 법제처.
2. 김권래, 이현행, 정창욱, 강지영, 박순남, 김계훈. 2002. 서울시 주요 도로변 토양오염 조사: Ⅱ. 강동구, 광진구, 노원구, 서대문구, 성동구 내 주요 도로변 토양. 한국응용생명화학회지 45: 92-96.
3. 문정희, 윤혜철. 1997. 산사태의 발생요인과 재해 예지방법 연구. 한국지역개발학회지 9: 107-124.
4. 변우혁, 김기원. 2010. 도시숲 이론과 실제. 이채.
5. 산림청. 2010. 2010년 도심지역 산사태 실태 조사 · 분석.
6. 산림청. 2022. 가로수 조성 · 관리 매뉴얼.
7. 산림청. 2023. 2022년 가로수 조성 및 관리사업 실적.
8. 서울특별시. 2019. 서울시 제2차 가로수 조성 · 관리 기본계획.
9. 손요환, 김춘식, 박관수, 윤태경, 이계한. 2020. 산림토양학. 향문사.
10. 송영배. 2007. 건강 도시를 위한 기후환경계획 바람통로 계획과 설계방법. 그린토마토.
11. 유재윤, 손요환. 2003. 서울시 가로수의 연륜층 및 식재 주변 토양의 중금속 농도와 연륜 생장. 한국환경농학회지 22: 118-123.
12. 장관순. 2003. 대도시 및 주변의 토양에서 pH와 주요 양이온의 장기적인 변화에 대한 고찰. 환경관리학회지 9: 399-406.

13. 최경, 이홍섭, 윤호중, 김재현. 1994. 산사태 예방용 적정 수종. 산림과학논문집 49: 103-109.
14. Alberti M. 2008. Advances in Urban Ecology: Integrating Humans and Ecological Processes in Urban Ecosystems. Springer.
15. Binkely D, Fisher RF. 2020. Ecology and Management of Forest Soils. 5th edition. Wiley-Blackwell.
16. Craul PJ. 1999. Urban Soils: Application and Practices. Wiley.
17. Dong TTT, Lee BK. 2009. Characteristics, toxicity, and source apportionment of polycylic aromatic hydrocarbons (PAHs) in road dust of Ulsan, Korea. Chemosphere 74: 1245-1253.
18. Heidt V, Neef M. 2008. Benefits of urban green space for improving urban climate. In: Carreiro MM *et al.* (ed). Ecology, Planning, and Management of Urban Forests: International Perspectives. Springer.
19. Hintz WD, Fay L, Relyea RA. 2022. Road salts, human safety, and the rising salinity of our fresh waters. Frontiers in Ecology and the Environment 20(1): 22-30.
20. IPCC. 2019. Climate change and land: An IPCC special report on climate change, desertification, land degradation, sustainable land management, food security, and greenhouse gas fluxes in terrestrial ecosystems.
21. Jim CY. 2008. Opportunities and alternatives for enhancing urban forests in compact cities in developing countries. In: Carreiro MM *et al.* (ed). Ecology, Planning, and Management of Urban Forests: International Perspectives. Springer.
22. Kielbaso JJ. 2008. Management of urban forests in the United States. In: Carreiro MM *et al.* (ed). Ecology, Planning, and Management of Urban Forests: International Perspectives. Springer.
23. Kim S, Kim YK, Song SK, Lee HW. 2016. Impact of future urban growth on regional climate changes in the Seoul Metropolitan Area, Korea. Science of The Total Environment 571: 355-363.
24. Livesley SJ, McPherson EG, Calfapietra C. 2016. The urban forest and ecosystem services: impacts on urban water, heat, and pollution cycles at the tree, street, and city scale. Journal of Environmental Quality 20(1): 119-124.
25. Lorenz K, Lal R. 2009. Carbon dynamics in urban soils. In: Lal R, Follett RF (ed). Soil Carbon Sequestration and the Greenhouse Effect. 2nd edition. SSSA Special Publication 57.
26. Miller RW. 1997. Urban Forestry: Planning and Managing Urban Greenspaces. 2nd edition. Prentice Hall.
27. Pouyat RV, Effland WR. 1999. The investigation and classification of humanly modified soils in the Baltimore Ecosystem Study. Classification, correlation, and management of anthropogenic soils. USDA-NRCS, National Soil Survey Center.

28. Pouyat RV, Pataki DE, Belt KT *et al.* 2007. Effects of urban land-use change on biogeochemical cycles. In: Canadell JG *et al.* (ed). Terrestrial Ecosystems in a Changing World. Springer.
29. Pouyat RV, Russell-Anelli J, Yesilonis ID, Groffman PM. 2003. Soil carbon in urban forest ecosystems. In: Kimble JM *et al.* (ed). The Potential of U.S. Forest Soils to Sequester Carbon and Mitigate the Greenhouse effect. CRC Press.
30. Pouyat RV, Trammell TLE. 2019. Climate change and urban forest soils. In: Busse M *et al.* (ed). Global Change and Forest Soils. Elsevier.
31. Sieghardt M, Mursch-Radlgruber E, Paoletti E *et al.* 2005. The abiotic urban environment: Impact of urban growing conditions on urban vegetation. In: Konijnendijk CC *et al.* (ed). Urban Forests and Trees. Springer.
32. Tyrvainen L, Pauleit S, Seeland K, Vries S. 2005. Benefits and uses of urban forests and trees. In: Konijnendijk CC *et al.* (ed). Urban Forests and Trees. Springer.
33. United Nations. 2018. World Urbanization Prospects 2018.
34. United Nations Habitat. 2022. World Cities Report 2022.
35. Yoon TK, Seo KW, Park GS *et al.* 2016. Surface soil carbon storage in urban green spaces in three major South Korean cities. Forests 7(6): 115.

부록

산림토양형

일러두기

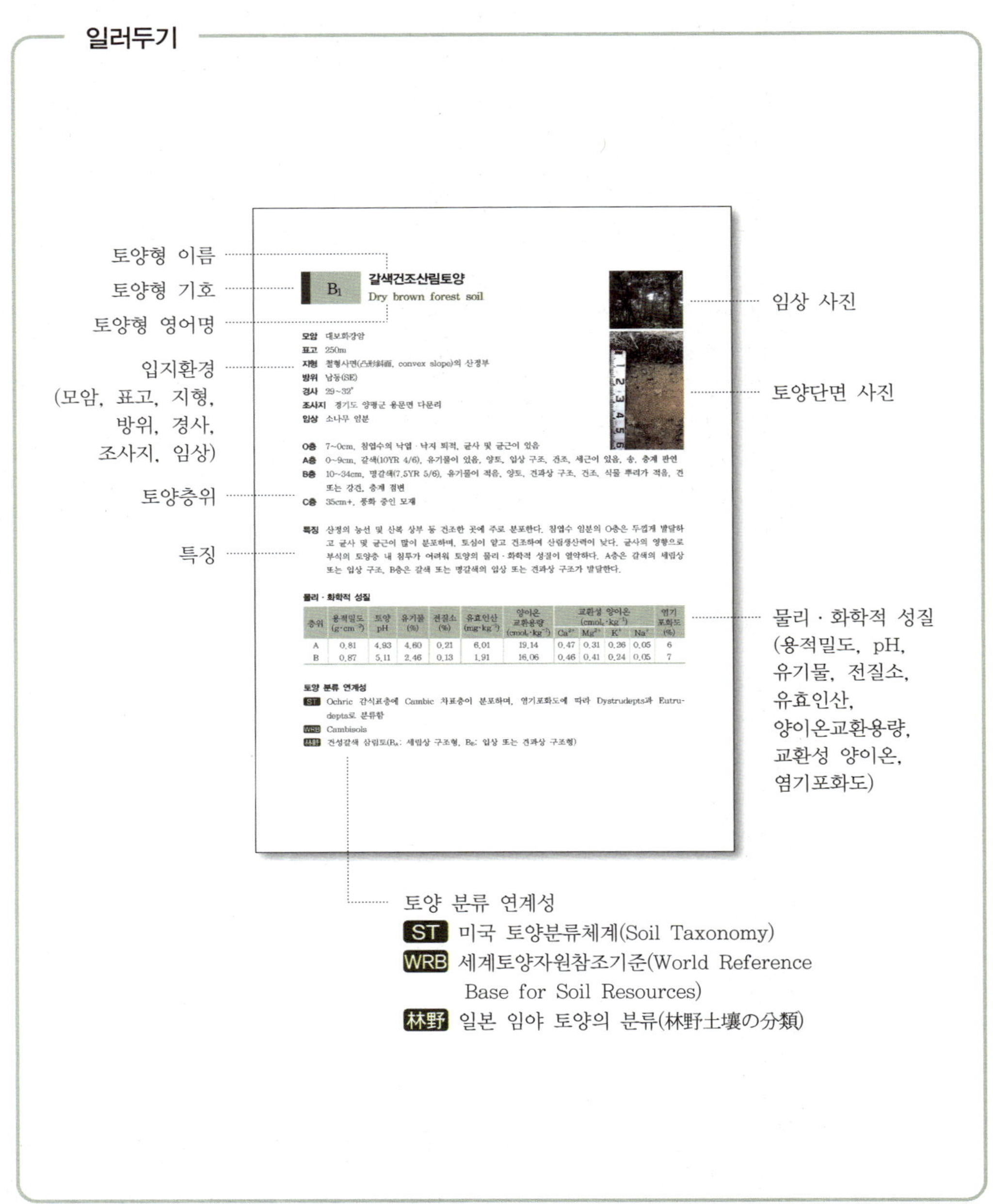

B₁ 갈색건조산림토양
Dry brown forest soil

모암 대보화강암
표고 250m
지형 철형사면(凸形斜面, convex slope)의 산정부
방위 남동(SE)
경사 29~32°
조사지 경기도 양평군 용문면 다문리
임상 소나무 임분

O층 7~0cm, 침엽수의 낙엽 · 낙지 퇴적, 균사 및 균근이 있음
A층 0~9cm, 갈색(10YR 4/6), 유기물이 있음, 양토, 입상 구조, 건조, 세근이 있음, 송, 층계 판연
B층 10~34cm, 명갈색(7.5YR 5/6), 유기물이 적음, 양토, 견과상 구조, 건조, 식물 뿌리가 적음, 견 또는 강견, 층계 점변
C층 35cm+, 풍화 중인 모재

특징 산정의 능선 및 산록 상부 등 건조한 곳에 주로 분포한다. 침엽수 임분의 O층은 두껍게 발달하고 균사 및 균근이 많이 분포하며, 토심이 얕고 건조하여 산림생산력이 낮다. 균사의 영향으로 부식의 토양층 내 침투가 어려워 토양의 물리 · 화학적 성질이 열악하다. A층은 갈색의 세립상 또는 입상 구조, B층은 갈색 또는 명갈색의 입상 또는 견과상 구조가 발달한다.

물리 · 화학적 성질

층위	용적밀도 ($g \cdot cm^{-3}$)	토양 pH	유기물 (%)	전질소 (%)	유효인산 ($mg \cdot kg^{-1}$)	양이온 교환용량 ($cmol_c \cdot kg^{-1}$)	교환성 양이온 ($cmol_c \cdot kg^{-1}$)				염기 포화도 (%)
							Ca^{2+}	Mg^{2+}	K^+	Na^+	
A	0.81	4.93	4.60	0.21	6.01	19.14	0.47	0.31	0.26	0.05	6
B	0.87	5.11	2.46	0.13	1.91	16.06	0.46	0.41	0.24	0.05	7

토양 분류 연계성
ST Ochric 감식표층에 Cambic 차표층이 분포하며, 염기포화도에 따라 Dystrudepts과 Eutrudepts로 분류함
WRB Cambisols
林野 건성갈색 삼림토(B_A: 세립상 구조형, B_B: 입상 또는 견과상 구조형)

출처: 『산림토양단면도집』(국립산림과학원, 2005)

갈색건조 갈색약건 갈색적윤 갈색약습 적색계갈색건조 적색계갈색약건 적색건조

적색약건 황색건조 암적색건조 암적색약건 암적색적윤 암적갈색건조 암적갈색약건

회갈색건조 회갈색약건 화산회건조 화산회약건 화산회적윤 화산회습윤 화산회자갈많은

화산회성적색건조 화산회성적색약건 약침식 강침식 사방지 미숙 암쇄

B1 갈색건조산림토양
Dry brown forest soil

모암 대보화강암
표고 250m
지형 철형사면(凸形斜面, convex slope)의 산정부
방위 남동(SE)
경사 29~32°
조사지 경기도 양평군 용문면 다문리
임상 소나무 임분

O층 7~0cm, 침엽수의 낙엽 · 낙지 퇴적, 균사 및 균근이 있음
A층 0~9cm, 갈색(10YR 4/6), 유기물이 있음, 양토, 입상 구조, 건조, 세근이 있음, 송, 층계 판연
B층 10~34cm, 명갈색(7.5YR 5/6), 유기물이 적음, 양토, 견과상 구조, 건조, 식물 뿌리가 적음, 견 또는 강견, 층계 점변
C층 35cm+, 풍화 중인 모재

특징 산정의 능선 및 산복 상부 등 건조한 곳에 주로 분포한다. 침엽수 임분의 O층은 두껍게 발달하고 균사 및 균근이 많이 분포하며, 토심이 얕고 건조하여 산림생산력이 낮다. 균사의 영향으로 부식의 토양층 내 침투가 어려워 토양의 물리 · 화학적 성질이 열악하다. A층은 갈색의 세립상 또는 입상 구조, B층은 갈색 또는 명갈색의 입상 또는 견과상 구조가 발달한다.

물리 · 화학적 성질

층위	용적밀도 ($g \cdot cm^{-3}$)	토양 pH	유기물 (%)	전질소 (%)	유효인산 ($mg \cdot kg^{-1}$)	양이온 교환용량 ($cmol_c \cdot kg^{-1}$)	교환성 양이온 ($cmol_c \cdot kg^{-1}$)				염기 포화도 (%)
							Ca^{2+}	Mg^{2+}	K^+	Na^+	
A	0.81	4.93	4.60	0.21	6.01	19.14	0.47	0.31	0.26	0.05	6
B	0.87	5.11	2.46	0.13	1.91	16.06	0.46	0.41	0.24	0.05	7

토양 분류 연계성

ST Ochric 감식표층에 Cambic 차표층이 분포하며, 염기포화도에 따라 Dystrudepts과 Eutrudepts로 분류함

WRB Cambisols

林野 건성갈색 삼림토(B_A: 세립상 구조형, B_B: 입상 또는 견과상 구조형)

B2 갈색약건산림토양
Slightly dry brown forest soil

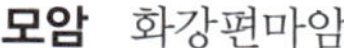

모암 화강편마암
표고 760m
지형 철형사면(凸形斜面, convex slope)의 완경사지
방위 북동(NE)
경사 20~25°
조사지 경기도 가평군 설악면 가일리
임상 잣나무 임분

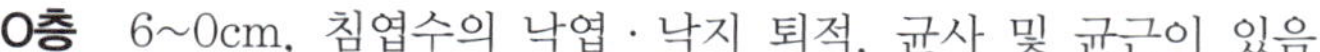

O층 6~0cm, 침엽수의 낙엽 · 낙지 퇴적, 균사 및 균근이 있음.
A층 0~16cm, 암갈색(10YR 3/3), 유기물이 많음, 양토, 입상 구조, 약건, 세근이 있음, 송, 층계 점변
B층 17~55cm, 갈색(10YR 4/4), 유기물이 많음, 미사질 양토, 입상 또는 견과상 구조, 약건, 식물 뿌리가 적음, 견 또는 강견, 층계 불명
C층 56cm+, 풍화 중인 모재

특징 완만한 산정 및 산복부에 주로 분포하며, 침엽수 임분의 O층은 비교적 두껍고, 균사 및 균근이 발달한다. A층은 깊이가 얕고, 약건 상태의 입상 구조가 발달하며, 층계는 점변 또는 판연하다. B층은 갈색으로 약간 건조하지만 적윤한 지역도 있으며 A층에 비해 토층이 단단하고, 괴상 구조 또는 견과상 구조가 발달한다.

물리 · 화학적 성질

층위	용적밀도 ($g\cdot cm^{-3}$)	토양 pH	유기물 (%)	전질소 (%)	유효인산 ($mg\cdot kg^{-1}$)	양이온 교환용량 ($cmol_c\cdot kg^{-1}$)	교환성 양이온 ($cmol_c\cdot kg^{-1}$)				염기 포화도 (%)
							Ca^{2+}	Mg^{2+}	K^{+}	Na^{+}	
A	0.88	5.19	5.65	0.33	6.43	18.04	0.42	0.25	0.41	0.05	6
B	0.91	5.38	5.44	0.32	5.25	19.14	0.45	0.33	0.41	0.05	7

토양 분류 연계성

ST Ochric 감식표층에 Cambic 차표층이 분포하며, 염기포화도에 따라 Dystrudepts와 Eutrudepts로 분류함
WRB Cambisols
林野 약건성갈색 삼림토(Bc)

B3 갈색적윤산림토양
Moderately moist brown forest soil

모암 화강편마암
표고 500m
지형 요형사면(凹形斜面, concave slope)의 완경사지
방위 남서(SW)
경사 15~20°
조사지 강원도 인제군 북면 한계리
임상 신갈나무 임분

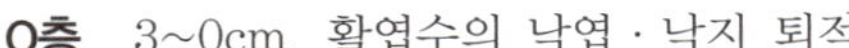

O층 3~0cm, 활엽수의 낙엽 · 낙지 퇴적
A1층 0~24cm, 흑갈색(10YR 2/3), 유기물이 아주 많음, 미사질 양토, 떼알 구조, 적윤, 세근이 많음, 송, 층계 점변
A2층 25~48cm, 암갈색(10YR 3/4), 유기물이 많음, 미사질 양토, 입상 구조, 적윤, 중근이 많음, 층계 명확
B층 49~92cm, 황갈색(10YR 5/6), 유기물이 있음, 미사질 양토 또는 양토, 괴상 구조, 약습, 중근 또는 세근이 있음, 층계 불명
C층 93cm+, 풍화 중인 모재

특징 산복의 요형 및 산록 완경사지에 분포하며, O층은 갈색건조 또는 갈색약건 산림토양형에 비해 얇게 형성되어 있다. 낙엽 · 낙지의 분해가 빠르며, 부식이 대부분 표토층에 유입되어 있고, 산림 생산력이 높다. 수분 및 통기성이 양호하여 식물 뿌리가 B층 하부까지 분포한다. A층은 흑갈색으로 토심이 깊고 적윤하며 떼알 구조 또는 입상 구조, B층은 갈색으로 적윤하며 괴상 구조가 발달한다.

물리 · 화학적 성질

층위	용적밀도 $(g \cdot cm^{-3})$	토양 pH	유기물 (%)	전질소 (%)	유효인산 $(mg \cdot kg^{-1})$	양이온 교환용량 $(cmol_c \cdot kg^{-1})$	교환성 양이온 $(cmol_c \cdot kg^{-1})$				염기 포화도 (%)
							Ca^{2+}	Mg^{2+}	K^{+}	Na^{+}	
A	0.85	5.34	9.55	0.49	64.11	20.90	0.93	0.38	0.45	0.05	9
B	0.88	5.14	2.53	0.16	6.65	20.02	0.27	0.17	0.29	0.03	4

토양 분류 연계성

ST Ochric 감식표층에 Cambic 차표층이 분포하며, 염기포화도에 따라 Dystrudepts와 Eutrudepts로 분류하고, Umbric 표층에 Argillic 차표층 중 염기포화도 35% 이상은 Hapludalfs, 35% 이하는 Hapludults로 분류함

WRB Umbrisols

林野 적윤성갈색 삼림토(B_D)

B₄ 갈색약습산림토양

Slightly wet brown forest soil

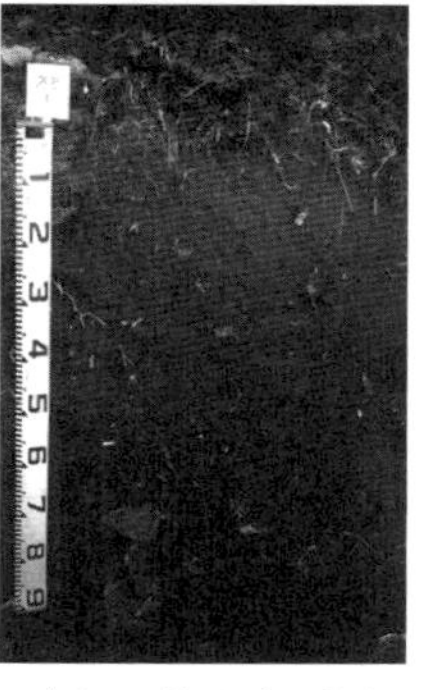

모암 화강편마암

표고 310m

지형 요형사면(凹形斜面, concave slope)의 계곡부

방위 북서(NW)

경사 12~15°

조사지 경기도 가평군 하면 마일리

임상 일본잎갈나무 임분

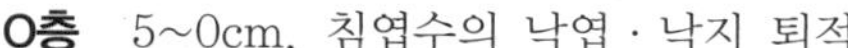

O층 5~0cm, 침엽수의 낙엽 · 낙지 퇴적

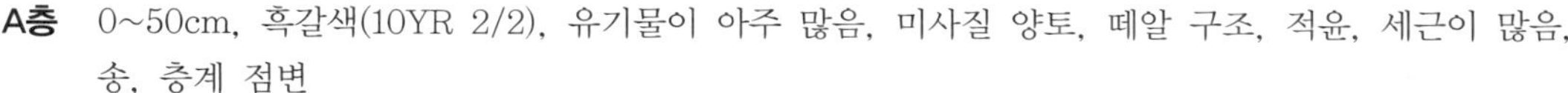

A층 0~50cm, 흑갈색(10YR 2/2), 유기물이 아주 많음, 미사질 양토, 떼알 구조, 적윤, 세근이 많음, 송, 층계 점변

B층 51~100cm, 암갈색(10YR 3/3), 유기물이 많음, 양토, 괴상 구조, 약습, 식물 뿌리가 있음, 송, 층계 불명

C층 101cm+, 풍화 중인 모재

특징 산록 및 산복 완경사지의 계곡부에 주로 분포하고, 갈색적윤산림토양형에 비해 수분 함량이 높지만 과습하지는 않다. 토양 수분 조건이 양호하여 낙엽 · 낙지의 분해가 빠르고 부식의 표토층 유입이 활발하다. A층은 흑갈색으로 적윤하고 떼알 구조 또는 입상 구조, B층은 토심이 깊고 괴상 구조가 발달한다.

물리 · 화학적 성질

층위	용적밀도 ($g \cdot cm^{-3}$)	토양 pH	유기물 (%)	전질소 (%)	유효인산 ($mg \cdot kg^{-1}$)	양이온 교환용량 ($cmol_c \cdot kg^{-1}$)	교환성 양이온 ($cmol_c \cdot kg^{-1}$)				염기 포화도 (%)
							Ca^{2+}	Mg^{2-}	K^+	Na^+	
A	0.61	5.13	8.53	0.53	64.70	20.02	0.90	0.24	0.45	0.05	8
B	0.77	5.63	3.90	0.25	9.70	18.70	0.36	0.05	0.20	0.05	4

토양 분류 연계성

ST Ochric 감식표층에 Cambic 차표층이 분포하며, 염기포화도에 따라 Dystrudepts와 Eutrudepts로 분류하고, Umbric 표층에 Argillic 차표층 중 염기포화도 35% 이상은 Hapludalfs, 35% 이하는 Hapludults로 분류함

WRB Umbrisols

林野 약습성갈색 삼림토(B_E)

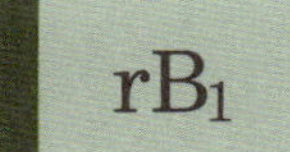

적색계갈색건조산림토양
Dry reddish brown forest soil

모암 대보화강암
표고 85m
지형 직선사면(直線斜面, rectilinear slope)의 완경사지
방위 남서(SW)
경사 7~10°
조사지 전라북도 완주군 용진면 신지리
임상 소나무 임분

O층 3~0cm, 소나무의 낙엽 · 낙지 퇴적
A층 0~14cm, 적갈색(5YR 4/6), 유기물이 적음, 미사질 양토, 입상 구조, 건조, 세근이 있음, 송, 층계 점변
B층 15~39cm, 명적갈색(5YR 5/6), 유기물이 적음, 미사질 양토, 견과상 구조, 건조, 식물 뿌리가 적음, 연, 층계 불명
C층 40cm+, 풍화 중인 모재

특징 구릉지나 저해발 산지의 산정 및 산복 사면에 주로 분포하는 건조한 토양으로 O층이 약하게 발달하고, 토심이 얕으며, 산림생산력이 낮다. 적색 풍화현상에 의해 A층은 명갈색 또는 적갈색이고 점착성이 없으며 대부분 송한 토양으로 세립상 구조 또는 입상 구조, B층은 적갈색에 견과상 구조가 발달한다.

물리 · 화학적 성질

층위	용적밀도 ($g \cdot cm^{-3}$)	토양 pH	유기물 (%)	전질소 (%)	유효인산 ($mg \cdot kg^{-1}$)	양이온 교환용량 ($cmol_c \cdot kg^{-1}$)	교환성 양이온 ($cmol_c \cdot kg^{-1}$)				염기 포화도 (%)
							Ca^{2+}	Mg^{2+}	K^+	Na^+	
A	1.03	4.56	1.02	0.05	2.86	8.14	0.48	0.16	0.20	0.05	11
B	0.93	4.92	0.34	0.03	4.01	12.10	0.85	0.85	0.19	0.06	16

토양 분류 연계성

ST Ochric 감식표층에 Argillic 차표층이 분포하며, 염기포화도 35% 이상은 Hapludalfs, 35% 이하는 Hapludults로 분류함
WRB Alisols 또는 Acrisols
林野 건성적색계 삼림토(rB_A: 세립상 구조형, rB_B: 입상 또는 견과상 구조형)

rB2 적색계갈색약건산림토양

Slightly dry reddish brown forest soil

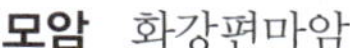

모암 화강편마암

표고 180m

지형 산록 완경사지

방위 남동(SE)

경사 15~20°

조사지 전라북도 완주군 소양면 명덕리

임상 소나무 및 리기다소나무 임분

O층 4~0cm, 침엽수의 낙엽 · 낙지 퇴적

A층 0~20cm, 적갈색(5YR 4/4), 유기물이 적음, 미사질 식양토, 입상 구조, 약건, 세근이 있음, 연, 층계 점변

B층 21~43cm, 적갈색(5YR 4/6), 유기물이 적음, 미사질 양토, 견과상 구조, 약건, 식물 뿌리가 적음, 연, 층계 점변

C층 44cm+, 풍화 중인 모재

특징 구릉지나 저해발 산지의 산복 이하 적색 풍화현상이 일어나는 곳에 분포하고, 산림생산력은 보통이다. A층은 적갈색으로 약간 건조하고 점착성이 약하며 입상 구조, B층은 적갈색이며 약간 건조하고 견과상 구조가 발달한다.

물리 · 화학적 성질

층위	용적밀도 ($g \cdot cm^{-3}$)	토양 pH	유기물 (%)	전질소 (%)	유효인산 ($mg \cdot kg^{-1}$)	양이온 교환용량 ($cmol_c \cdot kg^{-1}$)	교환성 양이온 ($cmol_c \cdot kg^{-1}$)				염기 포화도 (%)
							Ca^{2+}	Mg^{2-}	K^{+}	Na^{+}	
A	1.31	4.39	1.33	0.09	0.36	10.78	0.42	0.25	0.38	0.08	11
B	1.47	4.89	0.66	0.04	0.32	8.80	0.21	0.52	0.25	0.08	12

토양 분류 연계성

ST Ochric 감식표층에 Argillic 차표층이 분포하며, 염기포화도 35% 이상은 Hapludalfs, 35% 이하는 Hapludults로 분류함

WRB Alisols 또는 Acrisols

林野 약건성적색계 삼림토(rB_C)

R1 적색건조산림토양
Dry red forest soil

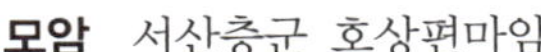

모암 서산층군 호상편마암

표고 32m

지형 철형사면(凸形斜面, convex slope)의 완경사지

방위 남서(SW)

경사 13~20°

조사지 충청남도 태안군 근흥면 정죽리

임상 소나무 임분

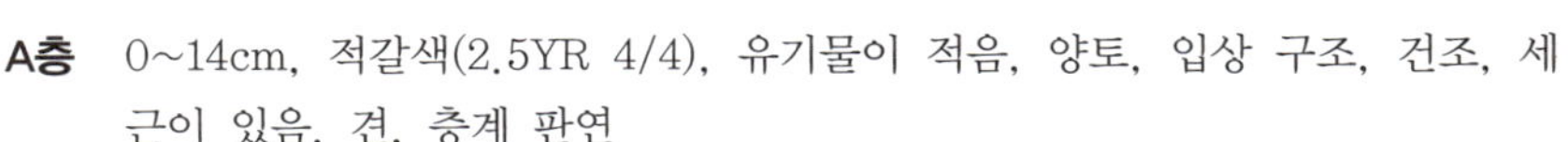

A층 0~14cm, 적갈색(2.5YR 4/4), 유기물이 적음, 양토, 입상 구조, 건조, 세근이 있음, 견, 층계 판연

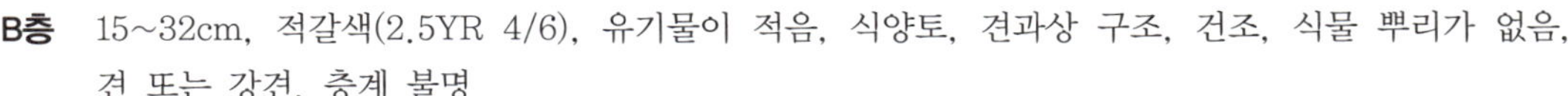

B층 15~32cm, 적갈색(2.5YR 4/6), 유기물이 적음, 식양토, 견과상 구조, 건조, 식물 뿌리가 없음, 견 또는 강견, 층계 불명

C층 33cm+, 풍화 중인 모재

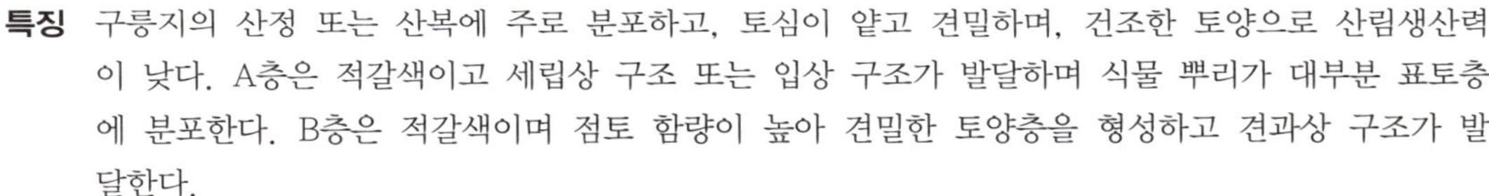

특징 구릉지의 산정 또는 산복에 주로 분포하고, 토심이 얕고 견밀하며, 건조한 토양으로 산림생산력이 낮다. A층은 적갈색이고 세립상 구조 또는 입상 구조가 발달하며 식물 뿌리가 대부분 표토층에 분포한다. B층은 적갈색이며 점토 함량이 높아 견밀한 토양층을 형성하고 견과상 구조가 발달한다.

물리 · 화학적 성질

층위	용적밀도 (g·cm^{-3})	토양 pH	유기물 (%)	전질소 (%)	유효인산 (mg·kg^{-1})	양이온 교환용량 (cmol$_c$·kg^{-1})	교환성 양이온 (cmol$_c$·kg^{-1})				염기 포화도 (%)
							Ca^{2+}	Mg^{2+}	K^+	Na^+	
A	1.28	5.77	0.78	0.06	1.16	4.84	1.45	1.90	0.43	0.11	80
B	1.31	5.52	0.79	0.04	0.28	9.24	1.43	4.42	0.31	0.16	68

토양 분류 연계성

ST Ochric 감식표층에 Argillic 차표층이 분포하며, 염기포화도 35% 이상은 Hapludalfs, 35% 이하는 Hapludults로 분류함

WRB Alisols 또는 Acrisols

林野 건성 적색토(R_A: 세립상 구조형, R_B: 입상 또는 견과상 구조형)

R$_2$ 적색약건산림토양
Slightly dry red forest soil

모암 서산층군 편상화강암

표고 32m

지형 구릉지의 완경사지

방위 남서(SW)

경사 5~10°

조사지 충청남도 서산시 인지면 차리

임상 소나무 및 곰솔 임분

A층 0~21cm, 암적갈색(5YR 3/4), 유기물이 적음, 양토, 입상 구조, 약건, 세근이 있음, 연, 층계 판연

B층 22~48cm, 명적갈색(2.5YR 5/8), 유기물이 적음, 식양토, 견과상 구조, 약건, 식물 뿌리가 적음, 견, 층계 불명

C층 49cm+, 풍화 중인 모재

특징 구릉지의 산복과 산록에 분포하며, 토층이 견밀하여 통기성과 투수성이 불량하다. A층은 암적갈색이고 약간 건조하며 입상 구조, B층은 명적갈색이며 견과상 구조가 발달하고 미사와 점토 함량이 높아 토양 배수가 불량하다.

물리 · 화학적 성질

층위	용적밀도 ($g \cdot cm^{-3}$)	토양 pH	유기물 (%)	전질소 (%)	유효인산 ($mg \cdot kg^{-1}$)	양이온 교환용량 ($cmol_c \cdot kg^{-1}$)	교환성 양이온 ($cmol_c \cdot kg^{-1}$)				염기 포화도 (%)
							Ca^{2+}	Mg^{2+}	K^+	Na^+	
A	1.14	4.58	1.64	0.09	3.14	7.04	0.40	0.54	0.35	0.11	20
B	1.23	4.55	0.84	0.05	5.27	6.16	0.32	0.63	0.33	0.10	22

토양 분류 연계성

ST Ochric 감식표층에 Argillic 차표층이 분포하며, 염기포화도 35% 이상은 Hapludalfs, 35% 이하는 Hapludults로 분류함

WRB Alisols 또는 Acrisols

林野 약건성 적색토(R$_C$)

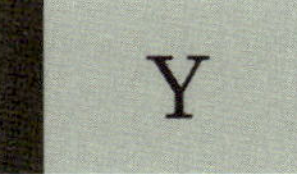

황색건조산림토양
Dry yellow forest soil

모암 대보화강암
표고 170m
지형 철형사면(凸形斜面, convex slope)의 완경사지
방위 남(S)
경사 7~10°
조사지 경상남도 남해군 고현면 대곡리
임상 곰솔 임분

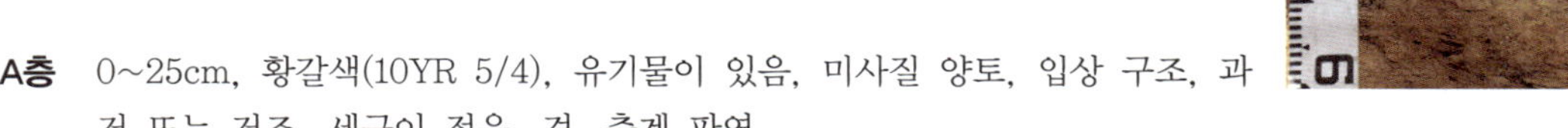

A층 0~25cm, 황갈색(10YR 5/4), 유기물이 있음, 미사질 양토, 입상 구조, 과건 또는 건조, 세근이 적음, 견, 층계 판연
B층 26~54cm, 황갈색(10YR 5/8), 유기물이 적음, 미사질 양토, 견과상 구조, 건조, 중근과 식물 뿌리가 적음, 강견, 층계 점변
C층 55cm+, 풍화 중인 모재

특징 해안 지역의 구릉지에 분포하며, 해풍의 영향으로 매우 건조하고, 산림생산력이 낮다. A층은 황갈색에 견밀하며 뿌리가 적고 입상 구조가 발달한다. B층은 토심이 얕고 미사 함량이 높아 통기성 및 투수성이 불량하고 견과상 구조가 발달한다.

물리 · 화학적 성질

층위	용적밀도 (g·cm^{-3})	토양 pH	유기물 (%)	전질소 (%)	유효인산 (mg·kg^{-1})	양이온 교환용량 (cmol$_c$·kg^{-1})	교환성 양이온 (cmol$_c$·kg^{-1})				염기 포화도 (%)
							Ca^{2+}	Mg^{2+}	K^{+}	Na^{+}	
A	1.24	5.2	2.34	0.13	13.59	8.74	2.66	1.61	0.20	0.32	55
B	1.35	5.3	1.00	0.07	4.27	7.26	1.92	1.54	0.17	0.30	54

토양 분류 연계성

ST Ochric 감식표층에 Argillic 차표층이 분포하며, 염기포화도 35% 이상은 Hapludalfs, 35% 이하는 Hapludults로 분류함
WRB Alisols 또는 Acrisols
林野 건성 황색토(Y_A: 세립상 구조형, Y_B: 입상 또는 견과상 구조형)

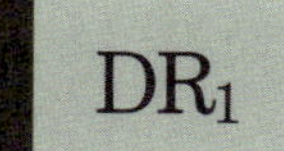

DR1 암적색건조산림토양
Dry dark red forest soil

모암 석회암
표고 350m
지형 철형사면(凸形斜面, convex slope)의 산정부
방위 남서(SW)
경사 28~30°
조사지 강원도 영월군 서면 광전리
임상 소나무 및 신갈나무 임분

O층 5~0cm, 낙엽 · 낙지 퇴적
A층 0~16cm, 적갈색(5YR 4/4), 유기물이 많음, 미사질 식양토, 입상 구조, 건조, 세근이 있음, 연 또는 견, 층계 점변
B층 17~48cm, 명적갈색(5YR 5/8), 유기물이 적음, 미사질 양토, 견과상 구조, 건조, 식물 뿌리가 있음, 강견, 층계 판연
C층 49cm+, 풍화 중인 모재

특징 석회암과 같은 염기성 암을 모재로 생성된 토양으로 모암의 영향을 받아 모재층에 가까워질수록 적색이 뚜렷하다. 산정 또는 산복 남사면의 건조한 지형에 분포하며, 토심이 얕고 자갈이 많아 산림생산력이 낮다. A층은 적갈색이며 입상 구조, B층은 명적갈색이며 견과상 구조가 발달한다.

물리 · 화학적 성질

층위	용적밀도 ($g \cdot cm^{-3}$)	토양 pH	유기물 (%)	전질소 (%)	유효인산 ($mg \cdot kg^{-1}$)	양이온 교환용량 ($cmol_c \cdot kg^{-1}$)	교환성 양이온 ($cmol_c \cdot kg^{-1}$)				염기 포화도 (%)
							Ca^{2+}	Mg^{2+}	K^+	Na^+	
A	0.77	6.53	5.12	0.27	4.39	12.10	13.56	3.06	0.72	0.05	144
B	0.87	6.16	1.93	0.14	2.72	13.64	9.79	6.96	0.48	0.09	127

토양 분류 연계성

ST Ochric 감식표층에 Cambic 또는 Argillic 차표층이 분포하며, 염기포화도가 높아 Hapludalfs, Dystrudepts 등으로 분류함
WRB Luvisols
林野 건성염기계 암적색토(*e*DR_A: 세립상 구조형, *e*DR_B: 입상 또는 견과상 구조형)

DR2 암적색약건산림토양
Slightly dry dark red forest soil

모암 석회암
표고 274m
지형 철형사면(凸形斜面, convex slope)의 완경사지
방위 북동(NE)
경사 21~25°
조사지 강원도 영월군 북면 문곡리
임상 소나무 임분

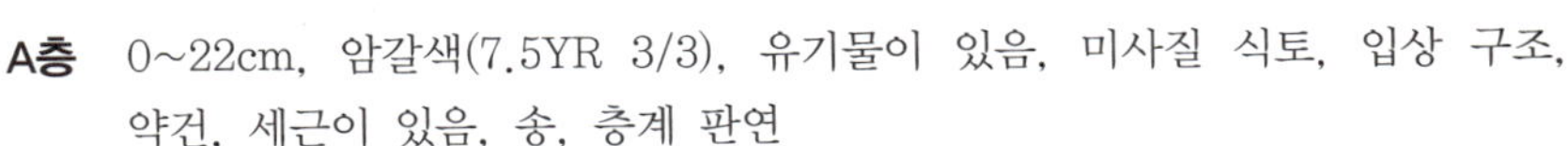

A층 0~22cm, 암갈색(7.5YR 3/3), 유기물이 있음, 미사질 식토, 입상 구조, 약건, 세근이 있음, 송, 층계 판연
B층 23~52cm, 적갈색(5YR 4/4), 유기물이 적음, 미사질 식토, 견과상 구조, 약건, 식물 뿌리가 없음, 견, 층계 판연
C층 53cm+, 풍화 중인 모재

특징 석회암을 모재로 하는 토양으로 산복과 산록의 완경사지에 분포하며, 산림생산력은 보통이다. A층은 암갈색이며 입상 구조이고, B층은 적갈색 또는 명적갈색이며 견과상 구조가 발달한다. 미사와 점토 함량이 높아 토양 배수와 통기성이 불량하다.

물리 · 화학적 성질

층위	용적밀도 ($g \cdot cm^{-3}$)	토양 pH	유기물 (%)	전질소 (%)	유효인산 ($mg \cdot kg^{-1}$)	양이온 교환용량 ($cmol_c \cdot kg^{-1}$)	교환성 양이온 ($cmol_c \cdot kg^{-1}$)				염기 포화도 (%)
							Ca^{2+}	Mg^{2+}	K^{+}	Na^{+}	
A	0.86	7.07	3.87	0.23	3.99	13.42	16.67	4.15	0.49	0.07	159
B	0.84	7.30	1.30	0.10	14.51	11.88	16.50	3.89	0.57	0.10	177

토양 분류 연계성

ST Ochric 감식표층에 Cambic 또는 Argillic 차표층이 분포하며, 염기포화도가 높은 지역은 Hapludalfs 또는 Dystrudepts 등으로 분류함
WRB Luvisols
林野 약건성염기계 암적색토(*e*DRc)

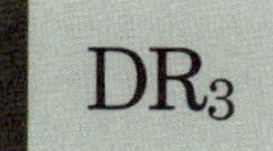

암적색적윤산림토양

Moderately moist dark red forest soil

모암 석회암
표고 277m
지형 요형사면(凹形斜面, concave slope)의 완경사지
방위 북서(NW)
경사 18~21°
조사지 강원도 평창군 미탄면 수청리
임상 일본잎갈나무 임분

A층 0~28cm, 암적갈색(5YR 3/3), 유기물이 있음, 미사질 식양토, 떼알 구조, 적윤, 세근이 많음, 송, 층계 판연
B층 29~91cm, 적갈색(2.5YR 4/8), 유기물이 적음, 미사질 식양토, 괴상 구조, 적윤, 식물 뿌리가 있음, 연, 층계 점변
C층 92cm+, 풍화 중인 모재

특징 석회암 지대의 산록 및 계곡부의 토심이 깊은 곳에 분포하며, 산림생산력이 높다. A층은 암적갈색 또는 적갈색이며 떼알 구조가 잘 발달한다. B층은 적윤 또는 약습하며 미사 함량이 높고 괴상 구조가 발달한다.

물리 · 화학적 성질

층위	용적밀도 (g·cm^{-3})	토양 pH	유기물 (%)	전질소 (%)	유효인산 (mg·kg^{-1})	양이온 교환용량 (cmol$_c$·kg^{-1})	교환성 양이온 (cmol$_c$·kg^{-1})				염기 포화도 (%)
							Ca^{2+}	Mg^{2+}	K^+	Na^+	
A	0.85	8.11	4.00	0.26	4.81	17.8	19.01	7.29	0.53	0.06	151
B	0.87	8.11	1.00	0.09	4.40	11.0	14.86	0.86	0.31	0.05	146

토양 분류 연계성

ST Ochric 감식표층에 Argillic 차표층이 분포하며, 염기포화도가 높은 지역은 Hapludalfs로 분류함
WRB Luvisols 또는 Phaeozems
林野 적윤성염기계 암적색토(*e*DR$_D$)

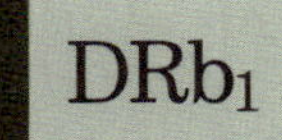

암적갈색건조산림토양
Dry dark red brown forest soil

모암 적색사암, 응회암
표고 47m
지형 철형사면(凸形斜面, convex slope)의 완경사지
방위 남서(SW)
경사 25~28°
조사지 경상북도 영덕군 축산면 고곡리
임상 소나무 임분

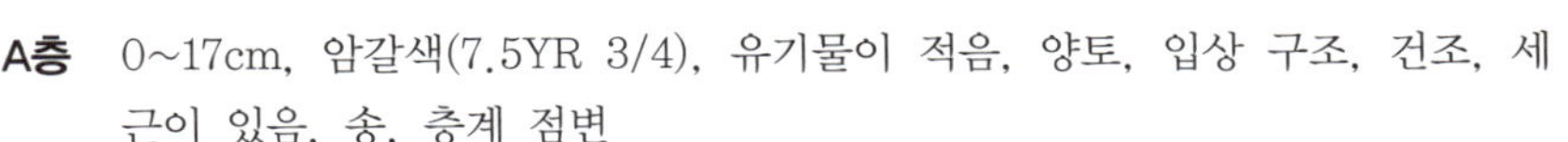

A층 0~17cm, 암갈색(7.5YR 3/4), 유기물이 적음, 양토, 입상 구조, 건조, 세근이 있음, 송, 층계 점변
B층 18~38cm, 암적갈색(2.5YR 3/6), 유기물이 적음, 사양토, 견과상 구조, 건조, 식물 뿌리가 적음, 연, 층계 불명
C층 39cm+, 풍화 중인 모재

특징 퇴적암 지대의 응회암, 적색사암, 역암류를 모재로 생성된 약산성 토양으로 건조한 지형에 분포하며, 자갈 함량이 높고 토심이 얕아 산림생산력이 낮다. A층은 암갈색이고 건조하며 입상 구조가 발달한다. B층은 암적갈색이고 건조하며 토심이 깊어질수록 모재의 색이 강하게 나타난다.

물리 · 화학적 성질

층위	용적밀도 (g·cm^{-3})	토양 pH	유기물 (%)	전질소 (%)	유효인산 (mg·kg^{-1})	양이온 교환용량 (cmol$_c$·kg^{-1})	교환성 양이온 (cmol$_c$·kg^{-1})				염기 포화도 (%)
							Ca^{2+}	Mg^{2+}	K^+	Na^+	
A	1.05	5.33	1.52	0.07	5.99	9.46	2.93	2.35	0.23	0.09	59
B	1.17	5.85	0.14	0.01	1.68	6.38	4.21	3.63	0.20	0.18	129

토양 분류 연계성

ST Ochric 감식표층에 Cambic 또는 Argillic 차표층이 분포하는 지역 중 염기포화도에 따라 Eutrudepts, Dystrudepts, Fragiudalfs, Hapludalfs 등으로 분류함
WRB Cambisols
林野 건성비염기계 암적색토(*d*DR$_A$: 세립상 구조형, *d*DR$_B$: 입상 또는 견과상 구조형)

DRb2 암적갈색약건산림토양

Slightly dry dark red brown forest soil

모암 적색사암, 응회암

표고 25m

지형 직선사면(直線斜面, rectilinear slope)의 완경사지

방위 남서(SW)

경사 21~25°

조사지 경상북도 영양군 입암면 흥구리

임상 소나무 임분

A층 0~21cm, 암적갈색(2.5YR 3/3), 유기물이 적음, 미사질 양토, 입상 구조, 약건, 세근이 있음, 송, 층계 점변

B층 22~72cm, 암적갈색(2.5YR 4/3), 유기물이 적음, 미사질 양토, 견과상 구조, 약건, 식물 뿌리가 적음, 연, 층계 불명

C층 73cm+, 풍화 중인 모재

특징 퇴적암 지대의 응회암, 적색사암, 역암류를 모재로 생성된 약산성 토양으로 약건하며 단면 내 자갈 함량이 높다. A층은 암적갈색이며 약건하고 입상 구조, B층은 암적갈색 또는 명적갈색으로 약건하지만 적윤한 곳도 있으며 견과상 구조가 발달한다.

물리 · 화학적 성질

층위	용적밀도 ($g \cdot cm^{-3}$)	토양 pH	유기물 (%)	전질소 (%)	유효인산 ($mg \cdot kg^{-1}$)	양이온 교환용량 ($cmol_c \cdot kg^{-1}$)	교환성 양이온 ($cmol_c \cdot kg^{-1}$)				염기 포화도 (%)
							Ca^{2+}	Mg^{2+}	K^+	Na^+	
A	1.35	6.11	1.55	0.09	2.77	5.94	4.05	2.19	0.33	0.05	111
B	1.37	6.10	1.02	0.06	5.57	6.60	5.18	3.42	0.35	0.06	137

토양 분류 연계성

ST Ochric 감식표층에 Cambic 또는 Argillic 차표층이 분포하는 지역 중 염기포화도에 따라 Eutrudepts, Dystrudepts, Fragiudalfs, Hapludalfs 등으로 분류함

WRB Cambisols

林野 약건성비염기계 암적색토(*d*DR$_C$)

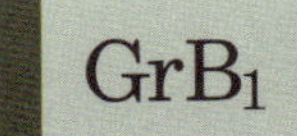

회갈색건조산림토양
Dry gray brown forest soil

모암 이암
표고 110m
지형 철형사면(凸形斜面, convex slope)의 완경사지
방위 남동(SE)
경사 12~15°
조사지 경상북도 포항시 안강읍 검단리
임상 소나무 임분

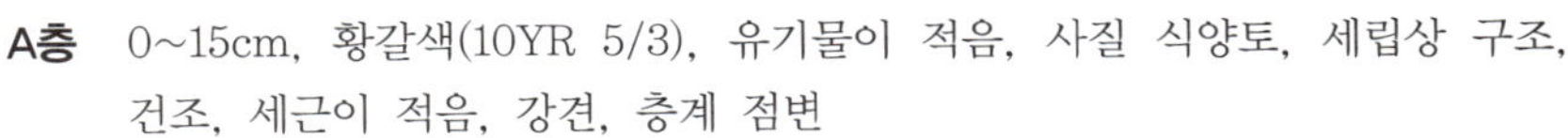

A층 0~15cm, 황갈색(10YR 5/3), 유기물이 적음, 사질 식양토, 세립상 구조, 건조, 세근이 적음, 강견, 층계 점변
B층 16~31cm, 회황갈색(10YR 5/2), 유기물이 적음, 미사질 식양토, 견과상 구조, 건조, 식물 뿌리가 적음, 강견, 층계 불명
C층 32cm+, 풍화 중인 모재

특징 퇴적암 지대의 이암, 혈암, 사암을 모재로 생성된 토양으로 과거 심한 침식을 받아 건조하고 견밀하며, 통기성과 투수성이 매우 불량하여 산림생산력이 낮다. A층은 황갈색이며 세립상 구조가 약하게 발달하고 과건 또는 건조하다. B층은 회황갈색이며 건조하고 견밀하며 견과상 구조가 발달한다.

물리 · 화학적 성질

층위	용적밀도 ($g \cdot cm^{-3}$)	토양 pH	유기물 (%)	전질소 (%)	유효인산 ($mg \cdot kg^{-1}$)	양이온 교환용량 ($cmol_c \cdot kg^{-1}$)	교환성 양이온 ($cmol_c \cdot kg^{-1}$)				염기 포화도 (%)
							Ca^{2+}	Mg^{2+}	K^+	Na^+	
A	1.36	5.25	1.81	0.12	8.27	13.42	1.95	3.29	0.34	0.08	42
B	1.56	5.72	0.93	0.06	0.84	13.20	4.16	5.72	0.27	0.10	77

토양 분류 연계성

ST Ochric 감식표층에 Cambic 또는 Argillic 차표층이 분포하는 지역 중 염기포화도에 따라 Eutrudepts, Dystrudepts, Fragiudalfs, Hapludalfs 등으로 분류함
WRB Cambisols 또는 Leptosols
林野 표층글레이화 적 · 황색토(gRY_I, 강한 환원층이 존재하는 경우)

GrB₂ 회갈색약건산림토양

Slightly dry gray brown forest soil

모암 이암

표고 100m

지형 직선사면(直線斜面, rectilinear slope)의 완경사지

방위 남동(SE)

경사 10~15°

조사지 경상북도 포항시 안강읍 검단리

임상 곰솔 임분

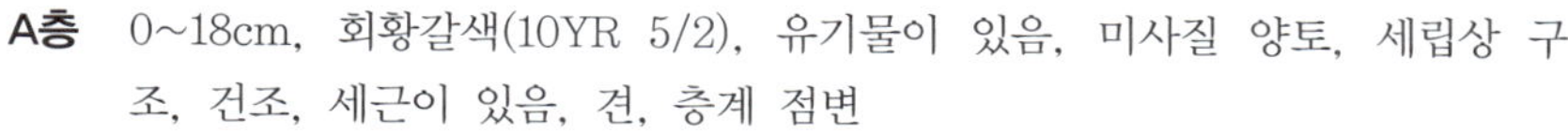

A층 0~18cm, 회황갈색(10YR 5/2), 유기물이 있음, 미사질 양토, 세립상 구조, 건조, 세근이 있음, 견, 층계 점변

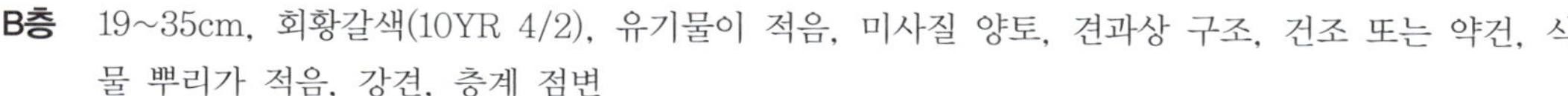

B층 19~35cm, 회황갈색(10YR 4/2), 유기물이 적음, 미사질 양토, 견과상 구조, 건조 또는 약건, 식물 뿌리가 적음, 강견, 층계 점변

C층 36cm+, 풍화 중인 모재

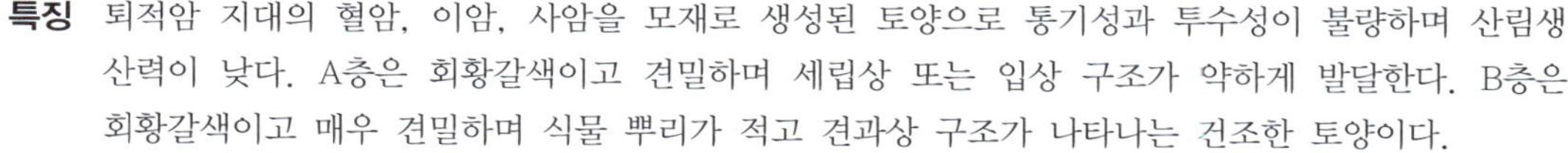

특징 퇴적암 지대의 혈암, 이암, 사암을 모재로 생성된 토양으로 통기성과 투수성이 불량하며 산림생산력이 낮다. A층은 회황갈색이고 견밀하며 세립상 또는 입상 구조가 약하게 발달한다. B층은 회황갈색이고 매우 견밀하며 식물 뿌리가 적고 견과상 구조가 나타나는 건조한 토양이다.

물리 · 화학적 성질

층위	용적밀도 ($g \cdot cm^{-3}$)	토양 pH	유기물 (%)	전질소 (%)	유효인산 ($mg \cdot kg^{-1}$)	양이온 교환용량 ($cmol_c \cdot kg^{-1}$)	교환성 양이온 ($cmol_c \cdot kg^{-1}$)				염기 포화도 (%)
							Ca^{2+}	Mg^{2+}	K^+	Na^+	
A	0.96	5.50	2.25	0.15	14.80	12.54	2.18	2.49	0.34	0.12	41
B	1.03	5.81	1.45	0.08	4.50	16.06	2.09	2.66	0.25	0.11	32

토양 분류 연계성

ST Ochric 감식표층에 Cambic 또는 Argillic 차표층이 분포하는 지역 중 염기포화도에 따라 Eutrudepts, Dystrudepts, Fragiudalfs, Hapludalfs 등으로 분류함

WRB Cambisols 또는 Leptosols

林野 표층글레이화 적 · 황색토(gRY$_I$, 강한 환원층이 존재하는 경우)

Va$_1$ 화산회건조산림토양

Dry volcanic ash forest soil

모암 현무암

표고 1,100m

지형 철형사면(凸形斜面, convex slope)의 산정부

방위 북동(NE)

경사 25~27°

조사지 제주도 서귀포시 남원읍 한남리

임상 곰솔 임분

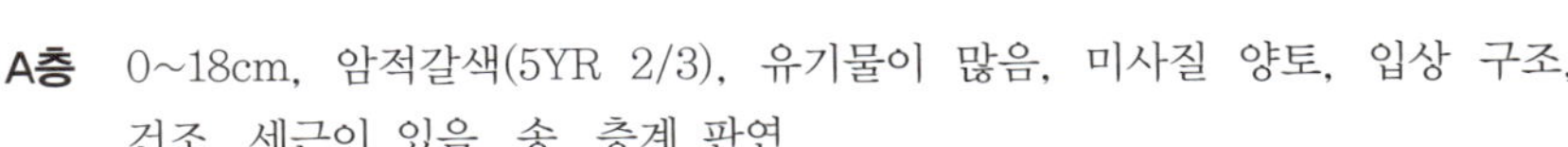

A층 0~18cm, 암적갈색(5YR 2/3), 유기물이 많음, 미사질 양토, 입상 구조, 건조, 세근이 있음, 송, 층계 판연

B층 19~45cm, 적갈색(5YR 4/4), 유기물이 많음, 미사질 양토, 견과상 구조, 건조, 식물 뿌리가 적음, 견 또는 강견, 층계 불명

C층 46cm+, 풍화 중인 모재

특징 화산 분화구나 구릉지의 산정부에 주로 분포하며, 화산 활동의 모재로부터 생성된 토양으로 산림 생산력이 낮다. A층은 암적갈색이며 유기물 함량이 매우 높고 점착성이 없으며 층계는 판연하다. B층은 적갈색에 견과상 구조가 발달한다.

물리 · 화학적 성질

층위	용적밀도 ($g \cdot cm^{-3}$)	토양 pH	유기물 (%)	전질소 (%)	유효인산 ($mg \cdot kg^{-1}$)	양이온 교환용량 ($cmol_c \cdot kg^{-1}$)	교환성 양이온 ($cmol_c \cdot kg^{-1}$)				염기 포화도 (%)
							Ca^{2+}	Mg^{2+}	K^+	Na^+	
A	0.48	5.30	18.64	0.84	16.48	26.18	0.69	0.86	0.40	0.08	8
B	0.66	5.61	6.19	0.33	1.40	20.02	0.41	0.50	0.10	0.05	5

토양 분류 연계성

ST Umbric 감식표층에 Cambic 차표층이 분포하며 Hapludands로 분류함

WRB Andosols

林野 건성화산계 암적색토(vDR$_A$: 세립상 구조형, vDR$_B$: 입상 또는 견과상 구조형)

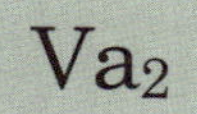

Va2 화산회약건산림토양

Slightly dry volcanic ash forest soil

모암 현무암
표고 600m
지형 산록의 급경사지
방위 남동(SE)
경사 18~20°
조사지 제주도 서귀포시 상효동
임상 곰솔 임분

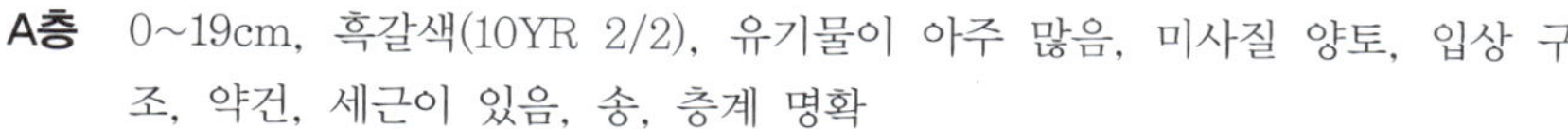

A층 0~19cm, 흑갈색(10YR 2/2), 유기물이 아주 많음, 미사질 양토, 입상 구조, 약건, 세근이 있음, 송, 층계 명확

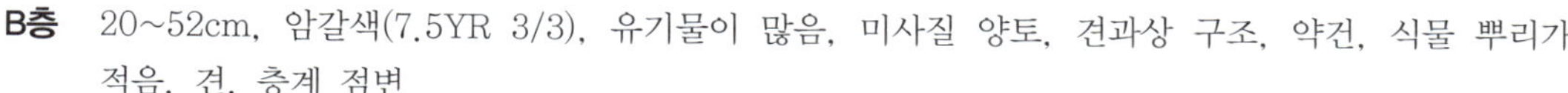

B층 20~52cm, 암갈색(7.5YR 3/3), 유기물이 많음, 미사질 양토, 견과상 구조, 약건, 식물 뿌리가 적음, 견, 층계 점변

C층 53cm+, 풍화 중인 모재

특징 화산회토를 모재로 산복에 분포하며 산림생산력이 비교적 높다. A층은 흑갈색 또는 암갈색이며 입상 구조가 발달하고 토양 수분 조건이 양호하다. B층은 암갈색이고 약간 건조하며 견과상 또는 괴상 구조가 발달한다.

물리 · 화학적 성질

층위	용적밀도 ($g \cdot cm^{-3}$)	토양 pH	유기물 (%)	전질소 (%)	유효인산 ($mg \cdot kg^{-1}$)	양이온 교환용량 ($cmol_c \cdot kg^{-1}$)	교환성 양이온 ($cmol_c \cdot kg^{-1}$)				염기 포화도 (%)
							Ca^{2+}	Mg^{2+}	K^+	Na^+	
A	0.39	5.31	18.21	0.79	5.76	27.50	0.46	0.34	0.22	0.08	4
B	0.74	5.42	4.65	0.24	1.07	19.36	0.33	0.37	0.10	0.06	4

토양 분류 연계성

ST Umbric 감식표층에 Cambic 차표층이 분포하며 Hapludands로 분류함
WRB Andosols
林野 약건성화산계 암적색토(vDR$_C$)

Va3 화산회적윤산림토양

Moderately moist volcanic ash forest soil

모암 현무암
표고 430m
지형 직선사면(直線斜面, rectilinear slope)의 완경사지
방위 남동(SE)
경사 10~13°
조사지 제주도 남제주군 남원읍 한남리
임상 삼나무 임분

O층 7~0cm, 침엽수의 낙엽 · 낙지 퇴적
A층 0~45cm, 암갈색(7.5YR 2/3), 유기물이 아주 많음, 미사질 양토, 떼알 구조, 적윤, 세근이 있음, 송, 층계 판연
B층 46~92cm, 암적갈색(5YR 3/6), 유기물이 있음, 미사질 양토, 괴상 구조, 적윤, 식물 뿌리가 적음, 견, 층계 불명
C층 93cm+, 풍화 중인 모재

특징 화산회토를 모재로 산록 완경사면에 분포하며, 토심이 깊고 유기물도 많아 산림생산력이 높다. 수분 및 낙엽 · 낙지 분해 조건이 양호하고, 자갈이 적당하게 혼입되어 있으며, 통기성 및 투수성도 양호하다. A층은 암갈색이고 유기물이 많으며 떼알 구조이고, B층은 암적갈색이며 토심이 깊고 괴상 구조가 발달한다.

물리 · 화학적 성질

층위	용적밀도 ($g \cdot cm^{-3}$)	토양 pH	유기물 (%)	전질소 (%)	유효인산 ($mg \cdot kg^{-1}$)	양이온 교환용량 ($cmol_c \cdot kg^{-1}$)	교환성 양이온 ($cmol_c \cdot kg^{-1}$)				염기 포화도 (%)
							Ca^{2+}	Mg^{2+}	K^{+}	Na^{+}	
A	0.54	5.85	17.77	0.92	4.95	24.42	8.89	2.52	0.29	0.10	48
B	0.86	5.82	2.67	0.24	0.36	14.08	1.51	1.26	0.11	0.05	21

토양 분류 연계성

ST Umbric이나 Mellanic 감식표층에 Cambic 차표층이 분포하며 Fulvudands, Hapludands, Melanudands 등으로 분류함
WRB Andosols
林野 적윤성화산계 암적색토($_v$DR$_D$)

Va_4 화산회습윤산림토양

Wet volcanic ash forest soil

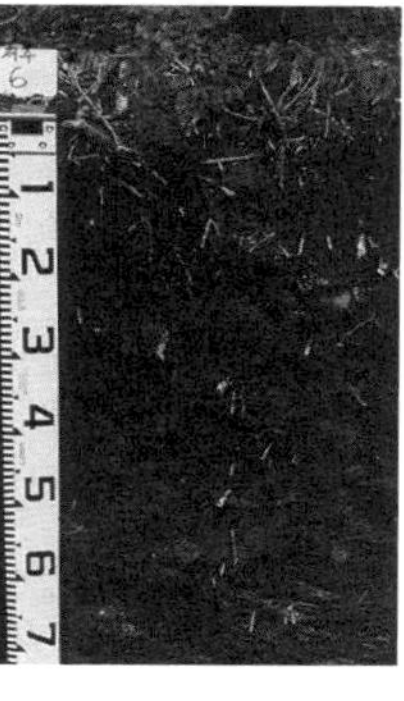

모암 현무암

표고 450m

지형 요형사면(凹形斜面, concave slope)의 완경사지

방위 동(E)

경사 5~7°

조사지 제주도 남제주군 남원읍 한남리

임상 삼나무 임분

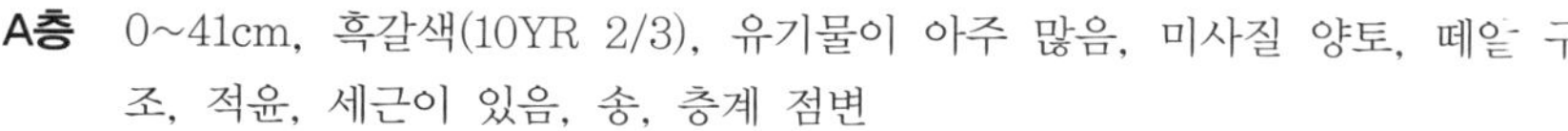

A층 0~41cm, 흑갈색(10YR 2/3), 유기물이 아주 많음, 미사질 양토, 떼알 구조, 적윤, 세근이 있음, 송, 층계 점변

B층 42~85cm, 암갈색(10YR 3/4), 유기물이 있음, 사질 식양토, 괴상 구조, 약습, 식물 뿌리가 있음, 견, 층계 불명

C층 86cm+, 풍화 중인 모재

특징 화산회토를 모재로 산악지에 주로 분포하며 토심이 깊고 유기물을 다량 함유하고 있는 미사질 토양으로 산림생산력이 높다. A층은 흑갈색이고 유기물이 많으며 떼알 구조, B층은 암갈색이며 적윤 또는 약간 습하고 괴상 구조가 발달한다.

물리 · 화학적 성질

층위	용적밀도 $(g \cdot cm^{-3})$	토양 pH	유기물 (%)	전질소 (%)	유효인산 $(mg \cdot kg^{-1})$	양이온 교환용량 $(cmol_c \cdot kg^{-1})$	교환성 양이온 $(cmol_c \cdot kg^{-1})$				염기 포화도 (%)
							Ca^{2+}	Mg^{2+}	K^+	Na^+	
A	0.35	5.19	14.5	0.67	11.10	27.72	0.22	0.35	0.37	0.14	4
B	0.51	5.63	3.60	0.20	12.90	18.70	0.24	0.20	0.24	0.14	4

토양 분류 연계성

ST Umbric이나 Mellanic 감식표층에 Cambic 차표층이 분포하며 Fulvudands, Hapludands, Melanudands 등으로 분류함

WRB Andosols

林野 약습성화산계 암적색토(vDR_E)

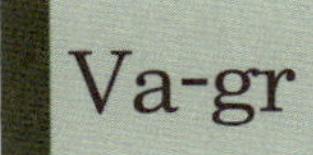

Va-gr 화산회자갈많은산림토양
Gravelly volcanic ash forest soil

모암 현무암

표고 1,100m

지형 요형사면(凹形斜面, concave slope)의 계곡부

방위 남서(SW)

경사 8~11°

조사지 제주도 서귀포시 상효동

임상 신갈나무 임분

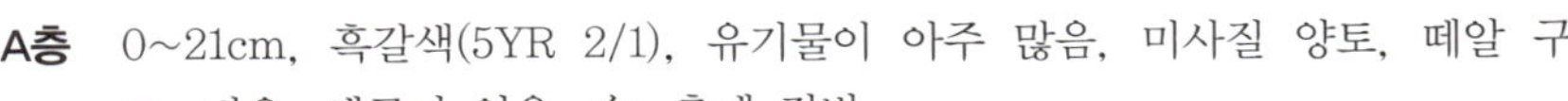

A층 0~21cm, 흑갈색(5YR 2/1), 유기물이 아주 많음, 미사질 양토, 떼알 구조, 적윤, 세근이 있음, 송, 층계 점변

BC층 22cm+, B층으로 이행 중인 전이층

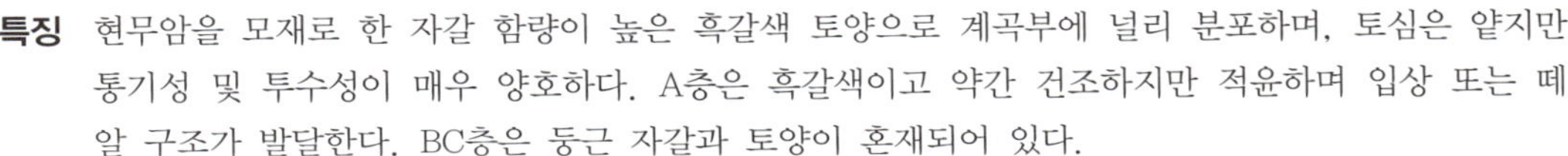

특징 현무암을 모재로 한 자갈 함량이 높은 흑갈색 토양으로 계곡부에 널리 분포하며, 토심은 얕지만 통기성 및 투수성이 매우 양호하다. A층은 흑갈색이고 약간 건조하지만 적윤하며 입상 또는 떼알 구조가 발달한다. BC층은 둥근 자갈과 토양이 혼재되어 있다.

물리 · 화학적 성질

층위	용적밀도 (g·cm^{-3})	토양 pH	유기물 (%)	전질소 (%)	유효인산 (mg·kg^{-1})	양이온 교환용량 (cmol$_c$·kg^{-1})	교환성 양이온 (cmol$_c$·kg^{-1})				염기 포화도 (%)
							Ca^{2+}	Mg^{2+}	K^{+}	Na^{+}	
A	0.50	5.20	12.38	0.58	14.04	20.24	0.32	0.63	0.26	0.04	6

토양 분류 연계성

ST Umbric 감식표층에 Fulvudands로 분류함

WRB Andosols 또는 Leptosols

林野 미숙토(Im)

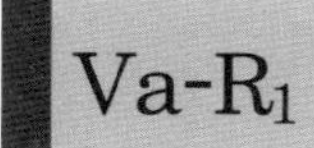

Va-R1 화산회성적색건조산림토양

Dry red volcanic ash forest soil

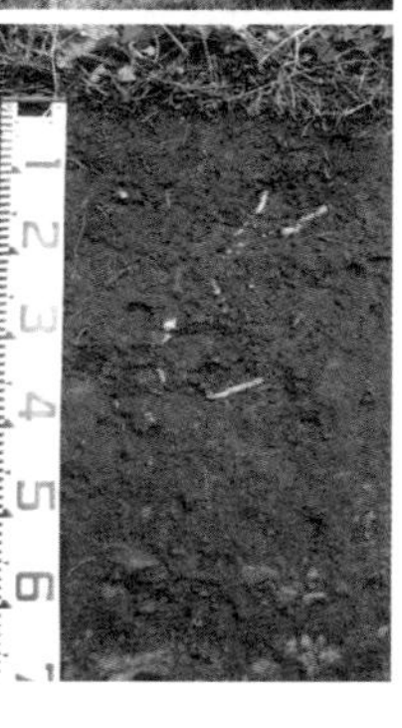

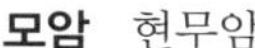

모암 현무암

표고 45m

지형 직선사면(直線斜面, rectilinear slope)의 완경사지

방위 남서(SW)

경사 12~15°

조사지 제주도 북제주군 한경면 판포리

임상 곰솔 임분

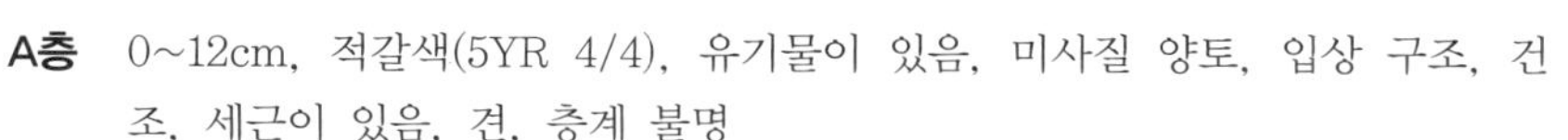

A층 0~12cm, 적갈색(5YR 4/4), 유기물이 있음, 미사질 양토, 입상 구조, 건조, 세근이 있음, 견, 층계 불명

B층 13~46cm, 적갈색(5YR 4/6), 유기물이 적음, 양토, 견과상 구조, 건조, 식물 뿌리가 적음, 강견, 층계 불명

C층 47cm+, 풍화 중인 모재

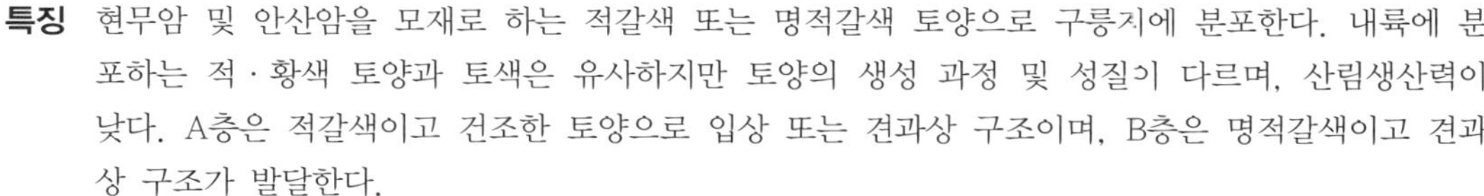

특징 현무암 및 안산암을 모재로 하는 적갈색 또는 명적갈색 토양으로 구릉지에 분포한다. 내륙에 분포하는 적·황색 토양과 토색은 유사하지만 토양의 생성 과정 및 성질이 다르며, 산림생산력이 낮다. A층은 적갈색이고 건조한 토양으로 입상 또는 견과상 구조이며, B층은 명적갈색이고 견과상 구조가 발달한다.

물리 · 화학적 성질

층위	용적밀도 ($g·cm^{-3}$)	토양 pH	유기물 (%)	전질소 (%)	유효인산 ($mg·kg^{-1}$)	양이온 교환용량 ($cmol_c·kg^{-1}$)	교환성 양이온 ($cmol_c·kg^{-1}$)				염기 포화도 (%)
							Ca^{2+}	Mg^{2+}	K^+	Na^+	
A	1.10	5.70	3.03	0.17	19.17	11.44	3.27	3.13	0.17	0.18	59
B	1.24	6.28	1.57	0.09	4.27	10.12	4.56	3.65	0.10	0.24	84

토양 분류 연계성

ST Ochric이나 Umbric 감식표층에 Cambic 차표층이 분포하는 지역은 Hapludands로 분류함

WRB Andosols

林野 건성화산계 암적색토(vDR_A: 세립상 구조형, vDR_B: 입상 또는 견과상 구조형)

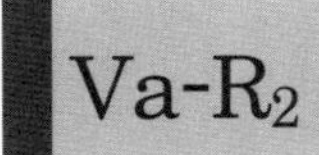

Va-R$_2$ 화산회성적색약건산림토양

Slightly dry red volcanic ash forest soil

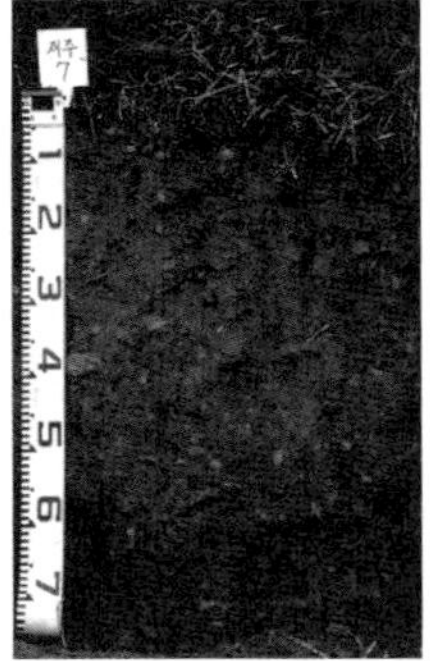

모암 현무암
표고 84m
지형 직선사면(直線斜面, rectilinear slope)의 완경사지
방위 북서(NW)
경사 12~15°
조사지 제주도 북제주군 애월읍 봉성리
임상 곰솔 임분

A층 0~24cm, 암적갈색(5YR 3/3), 유기물이 있음, 미사질 양토, 입상 구조, 건조, 세근이 있음, 견, 층계 점변
B층 25~65cm, 암적갈색(5YR 3/4), 유기물이 적음, 미사질 양토, 견과상 구조, 건조, 식물 뿌리가 적음, 견 또는 강견, 층계 불명
C층 66cm+, 풍화 중인 모재

특징 현무암 및 안산암을 모재로 하는 암적색 토양으로 구릉지 및 오름 지역에 분포한다. 내륙에 분포하는 적·황색 토양과 토색은 유사하지만 토양의 생성 과정 및 성질이 다르고 산림생산력이 다소 낮다. A층은 암적갈색이며 건조한 토양으로 입상 또는 견과상 구조이고, B층은 견과상 구조가 발달하며 토심이 비교적 깊다.

물리·화학적 성질

층위	용적밀도 ($g·cm^{-3}$)	토양 pH	유기물 (%)	전질소 (%)	유효인산 ($mg·kg^{-1}$)	양이온 교환용량 ($cmol_c·kg^{-1}$)	교환성 양이온 ($cmol_c·kg^{-1}$)				염기 포화도 (%)
							Ca^{2+}	Mg^{2+}	K^+	Na^+	
A	0.96	5.81	7.81	0.29	32.92	14.89	4.28	0.34	0.27	0.33	35
B	1.35	5.93	3.93	0.15	18.19	13.55	0.86	0.57	0.09	0.30	13

토양 분류 연계성

ST Ochric이나 Umbric 감식표층에 Cambic 차표층이 분포하는 지역은 Hapludands로 분류함
WRB Andosols
林野 약건성화산계 암적색토(vDR$_C$)

Er₁ 약침식토양
Slightly eroded soil

모암 대보화강암
표고 200m
지형 철형사면(凸形斜面, convex slope)의 완경사지
방위 남동(SE)
경사 24~27°
조사지 서울특별시 노원구 상계동
임상 소나무 임분

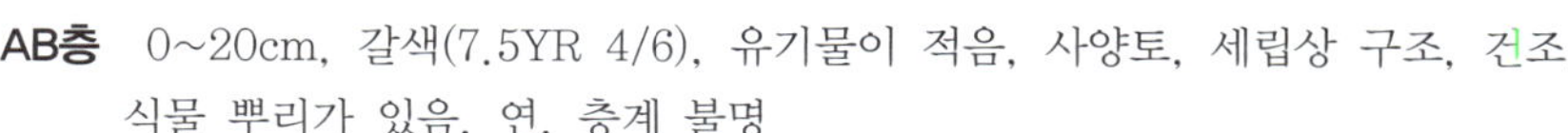

AB층 0~20cm, 갈색(7.5YR 4/6), 유기물이 적음, 사양토, 세립상 구조, 건조, 식물 뿌리가 있음, 연, 층계 불명
C층 21cm+, 풍화 중인 모재

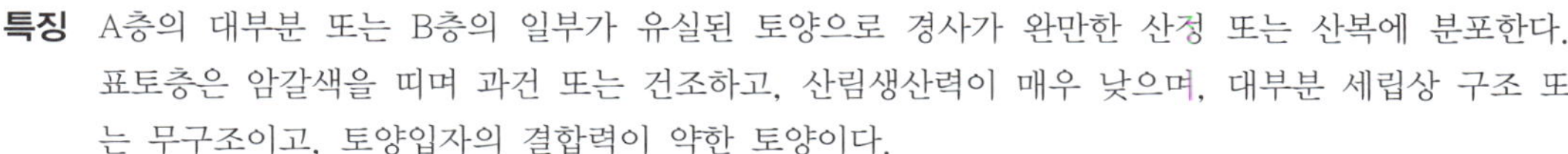

특징 A층의 대부분 또는 B층의 일부가 유실된 토양으로 경사가 완만한 산정 또는 산복에 분포한다. 표토층은 암갈색을 띠며 과건 또는 건조하고, 산림생산력이 매우 낮으며, 대부분 세립상 구조 또는 무구조이고, 토양입자의 결합력이 약한 토양이다.

물리 · 화학적 성질

층위	용적밀도 ($g \cdot cm^{-3}$)	토양 pH	유기물 (%)	전질소 (%)	유효인산 ($mg \cdot kg^{-1}$)	양이온 교환용량 ($cmol_c \cdot kg^{-1}$)	교환성 양이온 ($cmol_c \cdot kg^{-1}$)				염기 포화도 (%)
							Ca^{2+}	Mg^{2+}	K^{+}	Na^{+}	
AB	0.94	5.23	1.52	0.21	42.2	14.2	0.47	0.20	0.20	0.04	6

토양 분류 연계성

ST Ochric 감식표층에 경사 25% 이내 지역에 사질 토성급은 Udipsaments, 양질 또는 식질 토성급은 Udorthents로 분류함
WRB Leptosols 또는 Regosols
林野 수식토(Er-α)

Er₂ 강침식토양
Severely eroded soil

모암 대보화강암
표고 255m
지형 철형사면(凸形斜面, convex slope)의 능선부
방위 남동(SE)
경사 29~31°
조사지 서울특별시 노원구 상계동
임상 소나무 임분

B층 0~16cm, 황등색(10YR 7/8), 유기물이 적음, 사토, 무구조, 건조, 세근이 적음, 연, 층계 명확
C층 17cm+, 풍화 중인 모재

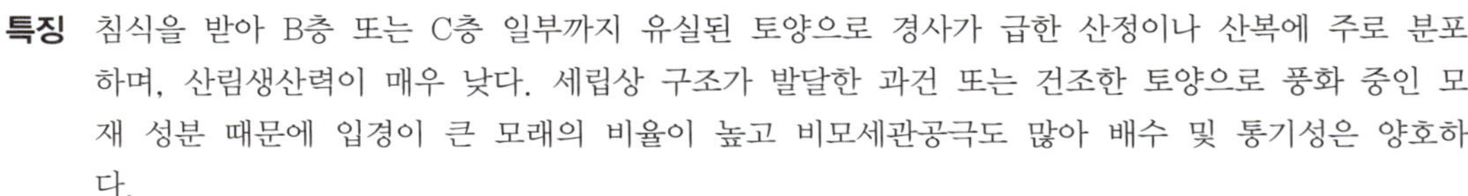

특징 침식을 받아 B층 또는 C층 일부까지 유실된 토양으로 경사가 급한 산정이나 산복에 주로 분포하며, 산림생산력이 매우 낮다. 세립상 구조가 발달한 과건 또는 건조한 토양으로 풍화 중인 모재 성분 때문에 입경이 큰 모래의 비율이 높고 비모세관공극도 많아 배수 및 통기성은 양호하다.

물리 · 화학적 성질

층위	용적밀도 $(g \cdot cm^{-3})$	토양 pH	유기물 (%)	전질소 (%)	유효인산 $(mg \cdot kg^{-1})$	양이온 교환용량 $(cmol_c \cdot kg^{-1})$	교환성 양이온 $(cmol_c \cdot kg^{-1})$				염기 포화도 (%)
							Ca^{2+}	Mg^{2+}	K^+	Na^+	
B	1.22	5.14	0.63	0.06	7.41	5.50	0.24	0.15	0.10	0.03	9

토양 분류 연계성

ST Ochric 감식표층에 경사 25% 이내 지역에 사질 토성급은 Udipsaments, 양질 또는 식질 토성급은 Udorthents로 분류함

WRB Leptosols 또는 Regosols

林野 수식토(Er−β)

Er-c 사방지토양

Erosion controlled soil

모암 대보화강암

표고 150m

지형 철형사면(凸形斜面, convex slope)의 산정부

방위 북서(NW)

경사 25~28°

조사지 경기도 양주시 회천면 율전리

임상 아까시나무 임분

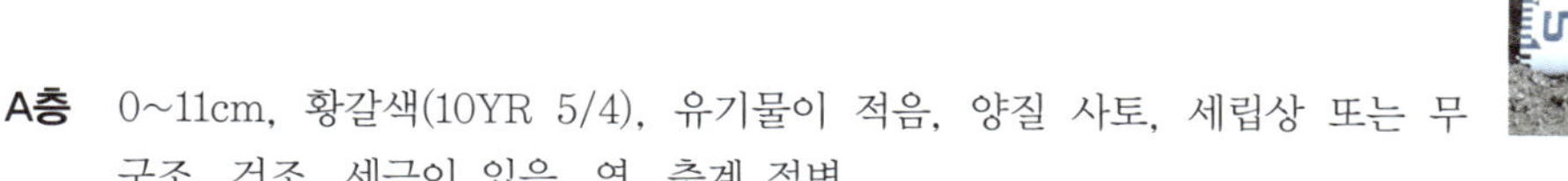

A층 0~11cm, 황갈색(10YR 5/4), 유기물이 적음, 양질 사토, 세립상 또는 무구조, 건조, 세근이 있음, 연, 층계 점변

B층 12~45cm, 명황갈색(10YR 6/8), 유기물이 적음, 사양토, 세립상 구조, 건조, 식물 뿌리가 적음, 송, 층계 불명

C층 46cm+, 풍화 중인 모재

특징 급경사지의 산정 및 산복 사면에 분포하며, 과거 심한 침식을 받았지만 사방사업에 의해 토양 유실이 일시 정지된 상태로 산림생산력이 낮다. A층은 과건 또는 건조하고, 토양 구조가 발달하지 않았으며, B층은 자갈 함량이 높고 건조하다.

물리 · 화학적 성질

층위	용적밀도 ($g \cdot cm^{-3}$)	토양 pH	유기물 (%)	전질소 (%)	유효인산 ($mg \cdot kg^{-1}$)	양이온 교환용량 ($cmol_c \cdot kg^{-1}$)	교환성 양이온 ($cmol_c \cdot kg^{-1}$)				염기 포화도 (%)
							Ca^{2+}	Mg^{2+}	K^+	Na^+	
A	1.19	5.07	1.54	0.11	13.37	7.70	0.28	0.13	0.16	0.02	8
B	1.27	5.34	1.42	0.08	8.08	5.94	0.31	0.09	0.17	0.03	10

토양 분류 연계성

ST Ochric 감식표층의 경사 25% 이내 지역에 사질 토성급은 Udipsaments, 양질 또는 식질 토성급은 Udorthents로 분류함

WRB Regosols

林野 수식토(Er)

Im 미숙토양
Immature soil

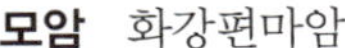

모암 화강편마암

표고 110m

지형 요형사면(凹形斜面, concave slope)의 완경사지

방위 북동(NE)

경사 12~15°

조사지 경기도 남양주시 진접읍 부평리

임상 일본잎갈나무 임분

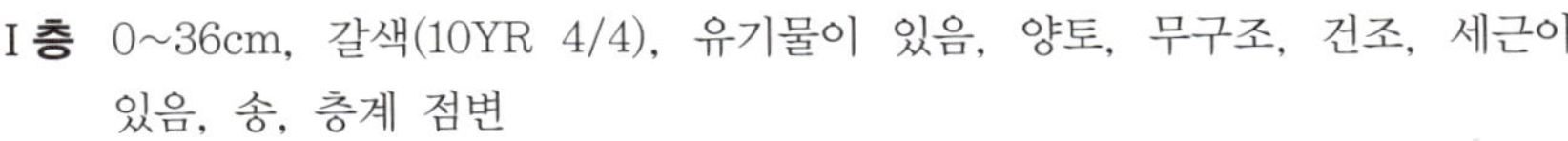

Ⅰ층 0~36cm, 갈색(10YR 4/4), 유기물이 있음, 양토, 무구조, 건조, 세근이 있음, 송, 층계 점변

Ⅱ층 37~100cm, 갈색(10YR 4/6), 유기물이 적음, 사양토, 무구조, 건조, 식물 뿌리가 있음, 송, 층계 점변

Ⅲ층 101cm+, 풍화 중인 모재

특징 산복 하부 및 산록 저지에 분포하고, 퇴적작용에 의해 토심이 깊은 편이지만 토양 생성 기간이 짧아 층위 분화 및 토양 구조가 발달하지 않는다. 대부분 모래, 자갈 등의 퇴적물이 많아 보수력이 약하다.

물리 · 화학적 성질

층위	용적밀도 ($g \cdot cm^{-3}$)	토양 pH	유기물 (%)	전질소 (%)	유효인산 ($mg \cdot kg^{-1}$)	양이온 교환용량 ($cmol_c \cdot kg^{-1}$)	교환성 양이온 ($cmol_c \cdot kg^{-1}$)				염기 포화도 (%)
							Ca^{2+}	Mg^{2+}	K^{+}	Na^{+}	
Ⅰ	0.92	4.95	2.23	0.15	1.05	16.06	0.77	0.68	0.40	0.05	12
Ⅱ	0.84	5.41	0.89	0.11	5.13	15.18	1.25	1.46	0.28	0.07	20

토양 분류 연계성

ST Ochric 감식표층에 Udorthents로 분류함

WRB Regosols

林野 미숙토(Im)

Li 암쇄토양
Lithosols

모암 대보화강암
표고 720m
지형 철형사면(凸形斜面, convex slope)의 급경사지
방위 북서(NW)
경사 28~30°
조사지 충청북도 영동군 상촌면 둔전리
임상 소나무 임분

A층 0~14cm, 황갈색(10YR 5/3), 유기물이 적음, 사양토, 입상 구조, 건조, 세근이 있음, 송, 층계 명확
R층 14cm+, 기반암

특징 산정 및 경사가 급한 산복 사면에 주로 분포하며, 암쇄 퇴적물이 섞여 있어 큰 자갈이나 암석이 많고 건조하여 산림생산력이 낮다.

물리 · 화학적 성질

층위	용적밀도 ($g \cdot cm^{-3}$)	토양 pH	유기물 (%)	전질소 (%)	유효인산 ($mg \cdot kg^{-1}$)	양이온 교환용량 ($cmol_c \cdot kg^{-1}$)	교환성 양이온 ($cmol_c \cdot kg^{-1}$)				염기 포화도 (%)
							Ca^{2+}	Mg^{2+}	K^+	Na^+	
A	0.82	5.20	2.23	0.37	11.0	8.55	2.83	0.89	0.35	0.06	48

토양 분류 연계성

ST Ochric 감식표층에 Udorthents로 분류함
WRB Leptosols
林野 미숙토(Im)

MEMO

찾아보기 ▌

:: **S**

:: **T**

:: **U**

:: **V**

:: **W**

저자약력

손 요 환
(孫堯丸)

고려대학교 농과대학 임학과(농학사)
고려대학교 대학원 임학과(농학석사)
미국 Colorado State University 임학과(M.S.)
미국 University of Wisconsin-Madison 임학과(Ph.D.)
고려대학교 생명과학대학 환경생태공학부 교수

김 춘 식
(金椿埴)

전남대학교 농과대학 임학과(농학사)
전남대학교 대학원 임학과(농학석사)
미국 Michigan Technological University 산림자원환경학부(Ph.D.)
경상국립대학교 농업생명과학대학 환경산림과학부 교수

노 남 진
(魯南賑)

고려대학교 생명환경과학대학 산림자원환경학과(농학사)
고려대학교 대학원 산림자원학과(농학석사)
고려대학교 대학원 환경생태공학과(이학박사)
호주 Western Sydney University 혹스브리환경연구소 Postdoc
강원대학교 산림환경과학대학 산림과학부 교수

박 관 수
(朴寬洙)

충남대학교 농과대학 임학과(농학사)
충남대학교 대학원 임학과(농학석사)
미국 New York State University 임학과(Ph.D.)
前 충남대학교 농업생명과학대학 산림환경자원학과 교수

윤 태 경
(尹泰鯨)

고려대학교 생명과학대학 환경생태공학부(이학사), 문과대학 사회학과(문학사)
고려대학교 대학원 환경생태공학과(이학박사)
상지대학교 생명환경대학 조경산림학과 조교수

이 계 한
(李啓漢)

전남대학교 농과대학 임학과(농학사)
전남대학교 대학원 임학과(농학석사)
미국 Iowa State University 임학과(Ph.D. in Forestry)
전남대학교 농업생명과학대학 산림자원학과 교수

이 저서에는 한국연구재단의 중점연구소 연구사업(NRF-2021R1A6A1A10045235)
지원으로 수행된 연구의 결과물이 인용되었다.

신고
산림토양학

초판 1쇄 발행 2025년 1월 3일

저자 손요환, 김춘식, 노남진, 박관수, 윤태경, 이계한
발행인 나규성
발행처 **향문사**
주소 서울특별시 강서구 공항대로 227, 1004호
전화 02-584-5671~2
팩스 02-584-5673
등록 1957년 11월 25일 제2020-000135호
인쇄 ㈜청아디앤피
제본 민성바인텍
ISBN 978-89-7187-277-2 93520

정가 43,000원